U0386681

谨以此丛书纪念
钱学森诞辰一百周年

曹刚川 二〇〇五
十一月

国家出版基金项目
NATIONAL PUBLICATION FOUNDATION

钱学森科学技术思想研究丛书

钱学森论火箭导弹和航空航天

凌福根　编

科学出版社

北　京

内 容 简 介

　　本书编录了钱学森从 1933 年开始撰写的散见于报刊的火箭导弹和航空航天方面的文章、讲话和随笔，以及内容涉及该领域的主要书信。钱学森1945 年前后为美国陆军航空兵科学咨询团撰写的咨询报告《Toward New Horizons(迈向新高度)》中的 7 个部分，也首次译成中文收入本书。另外，以附录形式介绍了《钱学森文集》、《导弹概论》、《星际航行概论》等学术著作的主要内容。本书比较系统、完整地展示了钱学森在火箭导弹和航空航天领域的学术贡献。

　　本书采集文献时间跨度大、散布范围广、内容基本完整，可作为火箭导弹和航空航天领域科研工程人员、管理人员以及钱学森研究工作者的参考书，同时也具有较高的文献收藏价值。

图书在版编目 CIP 数据

钱学森论火箭导弹和航空航天/凌福根编 . —北京:科学出版社,2011
(钱学森科学技术思想研究丛书)

ISBN 978-7-03-030213-7

Ⅰ. 钱…　Ⅱ. 凌…　Ⅲ.①钱学森(1911～2009)-火箭-文集②钱学森(1911～2009)-导弹-文集③钱学森(1911～2009)-航空航天工业-文集
Ⅳ.①TJ7-53②V-53

中国版本图书馆 CIP 数据核字 (2011) 第 020310 号

责任编辑:魏英杰　王志欣　王贻社 / 责任校对:赵桂芬
责任印制:吴兆东 / 封面设计:陈　敬

斜 学 虫 版 社 出版
北京东黄城根北街 16 号
邮政编码:100717
http://www.sciencep.com

北京中科印刷有限公司 印刷

科学出版社发行　各地新华书店经销

*

2011 年 3 月第 一 版　　开本:720×1000 1/16
2024 年 3 月第四次印刷　　印张:22
字数:423 000
定价:188.00 元
(如有印装质量问题,我社负责调换)

《钱学森科学技术思想研究丛书》序

在现代科学技术革命、政治多极化、经济全球化与文化多元化的新形势下,人类面对越来越复杂的世界,我国社会主义现代化建设同样也面对各种各样的复杂性问题。突破还原论,发展整体论,在还原与整体辩证统一的系统论基础上构建现代科学技术体系,探索开放的复杂巨系统理论与方法,并付诸实践,已经成为现代科学技术发展进程中的重大时代课题。

早在 19 世纪末,恩格斯就曾经预言[①],随着自然科学系统地研究自然界本身所发生的变化的时候,自然科学将成为关于过程,关于这些事物的发生和发展以及关于把这些自然过程结合为一个伟大的整体的联系的科学。1991 年 10 月,钱学森根据现代科学技术发展的新形势,进一步明确指出[②]:"我认为今天的科学技术不仅仅是自然科学工程技术,而是人认识客观世界、改造客观世界整个的知识体系,这个体系的最高概括是马克思主义哲学。我们完全可以建立起一个科学体系,而且运用这个科学体系去解决我们中国社会主义建设中的问题。……我在今后的余生中就想促进这件事情。"

在东西方文化互补、融合的基础上,钱学森提出的探索宇宙五观世界观(胀观、宇观、宏观、微观、渺观)、社会主义社会三个文明(物质、政治、精神)与地理建设(生态文明)的体系结构、现代科学技术体系五个层次、十一个大部门的总体思想、开放的复杂巨系统理论、从定性到定量综合集成研讨厅与大成智慧学等,构成了钱学森科学技术思想的核心内涵。可以说,钱学森科学技术思想的核心是对现时代科学技术发展趋势的总体把握,是依据现时代科学技术综合化、整体化的发展方向,对恩格斯关于自然科学正在发展为"一个伟大的整体联系的科学"这一预见的科学论证与深刻阐发,它必将大大推动科学技术的发展,必将成为中国社会主义现代化建设的强大思想武器。因此,深入学习、研究、解读、继承,并大力传播与发展钱学森的科学技术思想,是我们这一代科技工作者不可推卸的历史责任。

钱学森在美国的二十年,潜心研究应用力学、工程控制论和物理力学,参与开拓美国现代火箭技术,成就为世界著名的技术科学家和火箭技术专家;回国后的前二十五年,专心致志地领导、开拓我国导弹、航天事业,成为世界级的航天发展战略家、系统工程理论与实践的开拓者和国家功臣;晚年的钱学森,在马克思主义哲学

---

① 马克思恩格斯选集(4 卷). 2 版. 北京:人民出版社,1995:245.

② 钱学森. 感谢、怀念与心愿. 人民日报,1991-10-17.

的指导下，在科学技术的广阔领域里不懈地探索着，从工程技术走向了科学论，成为具有大识、大德和大功的大成智慧者，具有深厚马克思主义哲学功底的科学大师和思想家。钱学森提出的科学技术思想具有非同寻常的前瞻性和战略意识，对于我国科学技术的发展与社会主义现代化建设是一座无价的思想宝库。我们这些来自不同学术领域的后来者，研究、解读他的创新科学技术思想，是有难度的，在知识域上也是有局限性的。现在呈现在读者面前的《钱学森科学技术思想研究丛书》只是我们学习、研究钱学森科学技术思想的初步成果。我们把本丛书奉献给读者，目的是希望尽我们的微薄之力，进一步推动钱学森科学技术思想的研究工作，诚恳地欢迎社会各界提出不同的意见，并进行广泛的学术交流。

　　在《钱学森科学技术思想研究丛书》陆续与读者见面的时候，我们衷心地感谢国内相关领域的学者、专家积极主动地参与研讨，尽心尽力地出谋划策，无私地贡献自己的知识和智慧；特别要感谢谢光选、郑哲敏院士和新闻出版总署、科学出版社的领导和同志们，正是他们的大力支持和鼓励，才使本丛书得以在钱学森百年诞辰之际问世。

《钱学森科学技术思想研究丛书》编委会

2010 年 12 月 11 日

前　言

　　钱学森从 20 世纪 30 年代大学求学期间就开始研究和发表火箭导弹与航空航天领域的学术成果,至 40 年代已经在高速空气动力学、火箭推进技术、工程控制论等方面发表了很多开创性的学术著作和研究成果,成为航空航天技术领域世界著名科学家。1955 年回国以后,努力开拓、发展中国的火箭导弹技术,为中国的国防建设和航天事业作出了卓越贡献。纵观钱学森的百年人生,火箭导弹和航空航天是他从事研究最早、工作时间最长、成果建树极多的一个领域。本书收集了钱学森在这个领域散见于各种报刊的文章、讲话、随笔和书信,读者可以比较集中地学习钱学森在该领域创建的知识宝库,比较系统地了解钱学森在该领域的学术成就。

　　本书分七章。前五章收集了钱学森在火箭导弹和航空航天领域的 39 篇论文、讲话和随笔。其中,有钱学森在 20 世纪 30 年代撰写的 6 篇文章,包括他的第一篇学术性文章,1933 年发表在《空军》杂志上的“美国大飞船失事及美国建筑飞船的原因”,还有在 1945 年前后为美国陆军航空兵提供的科学咨询报告《Toward New Horizons(迈向新高度)》中由钱学森撰写的七个部分。这五章是按内容分类编排的,但每一章的各节是按文献发表或产生时间的先后排序的。第六章收录了钱学森撰写的火箭导弹和航空航天方面的信件 35 封。第七章由第二炮兵装备研究院赵少奎研究员撰写。

　　本书收集的部分年代较早的文献和资料,原件中个别字迹不清,编录时可能存在不一致的地方。至于全书的体例形式、语言使用习惯、单位量纲表示等,尽量保持了原作风貌,没有按现行习惯和标准规定进行更改,只对原载报刊编辑排版中特别明显的误漏作了补正。

　　在成书过程中,李力劭、凌舒亚帮助完成了大量的采集编录工作,在此致以深切感谢。另外,特别要感谢丛书编委会各位老师的鼎力相助和指教。由于原始素材分布广泛、年代跨度大,加上时间紧促,本书不足之处在所难免,请广大读者指正。

编者

2011 年 2 月

目　录

第一章　航空航天总论

第一节　美国大飞船失事及美国建筑飞船的原因*

（1）Akron 号的构造大要

自 1925 年，美国海军飞船 Shonandoah 号被风吹坏，美国海军当局，即觉有再造飞船来补充的需要。在 1926 年国会中通过制造一只大型军用飞船的议案。后来也就将这个建议包含在"五年航空扩张计划"之内。当时因为要作种种研究和预备工作，所以直到 1928 年 10 月方才和 Goodyear-Zeppelin 公司签订合同，由该公司承造两只 6,500,000 立方呎的硬式飞船。第一只飞船便是 Akron 号。

Akron 号采用多层构造，即最里面的是气袋，气袋外面是线网，再外面是骨架，最外的是布皮。气袋分为多个，其中最大的有 74 呎长，圆径 130 呎，能容 980,000 立方呎氦气。气袋用橡胶布作成。

气袋外面的骨架全部用硬铝（duralumin）制成，共有 36 条纵梁，再加上许多圆架，就成了坚固的结构。此外还有 3 条贯通全船的走道，一条在船顶中央，两条分布在船腹两旁，这不但使船中交通便利，并可加增骨架的坚强。

Akron 号的发动机总共有 8 架，都是 Maybach 汽油机，在海面能每分钟作 1,600 转，发 560 匹马力，故共有 4,480 匹马力。发动机每马力合重量 4.5 磅，而每马力时耗油 0.45 磅。但 Akron 号发动机的特点，在能任意改变其转动的方向，其螺旋桨也可以由前后的方向改到上下的方向，所以不但有前后的推动力，而且更有上下的牵引力。因此操纵十分便利。还有一个特点，就是发动机的废气并不直接排于空气中，而经过一具冷却器，凝结其中的水分，以补偿因用汽油而失去的重量，使飞船常保持平衡的状态。至于燃料方面，Akron 号能搭载 124,000 磅的汽油，分储 120 个铝制的油箱中。滑润机件的机油也有 12,000 磅，分装 8 个油箱中。因有这多的储油量，所以能作长距离飞行。

此外尚有发电机，发电供全船应用。又有中波及短波无线电收发机。军备方面，有 7 个炮位，及数架战斗飞机。为安全起见，操纵室有两个，平常用船首的一个，必要时，也可以用藏后下方舵板中的一个。总结起来 Akron 飞船的性能如下：

---

* 本节原载 1933 年 4 月 23 日《空军》周刊第 24 期，29～34 页。文中的飞船，就是大气层中的飞艇。

公称氦气容量(气袋95%满)	6,500,000 立方呎
全排气量	7,400,000 立方呎
全长	785 呎
最大直径	132.9 呎
宽	137.5 呎
高	146.5 呎
气袋数	12
空船重量	221,000 磅
有用搭载重量	182,000 磅
总举力(根据公称氦气容积)	403,000 磅
有用搭载重量和总举力之比	45.2%
发动机数目	8
最大马力(海面)	4,480 匹
最大速度(在3,000呎高度)	72.8 海里/时
正常燃料搭载量	124,000 磅

速度(海里/时)	静空中最大飞行距离(海里)
72.8	4,800
60	6,600
50	9,000
40	13,000

	兵员	官员
船员(包括飞机的驾驶员)	77	12
平常船员(包括飞机的驾驶员)	38	10

(2) 失事情形

但又有谁能意料到这一只设计完美的大飞船竟步英国飞船 R101 号的覆辙坠海而毁呢？在 4 月 3 日的晚上，Akron 号自东部飞船根据地 Lakehurst 出发，作定例的飞航，在 4 日的下午八时四十五分即见有雷雨，后来继续飞向东北，此时雷雨在船之南方，但雾重，不能见到地面情形，船身尚平衡，但重 5,000 磅。在晚上十时，沿 New Jersey 海岸飞行，即为雷雨所包围。到了午夜十二时半，飞船即自 1,600 呎的高度迅速向下降落，此时发动机皆开足马力。因欲令船上升，故把一切的镇船物体，均投入海中，以减轻船身重量。这是没有效果，因为直降到离海面 800 呎以后，船才上升至 1,500 呎。这次上升是因为有上升的气流把船吹上。三分钟以后，上升气流十分混乱，因此船身也颠覆得很厉害。可见此时已经到了雷雨的中心地带了。于是全船人员皆起而工作。但船左右倾侧得很厉害,终于把上部的直舵毁去。不过副船长尚以下部直舵操纵飞船,此时船已急降,但船首却以二十度之角度上仰。船外方雾重,不见海面。后来船一直降到 300 呎,遂知已无可为力,一瞬间船已落水,海水自舱窗中冲入,船即为浪所卷出。失事地点在 New Jersey 州海岸附近,离 Barnegat 灯船约二十哩。

此时适有一只德国的小运油船 S. S. Phoebus 号经过,但雾重又有风雨,救起者,只海军上尉 Herbert Vietorwiley,副舰长,无线电员 Richard Copeland,及其他两兵员 Erwin 和 Deal。但 Copeland 在后又以重伤死,所以全船十九官员,五十七士兵中,只三人生还。死者中有航公局长 William A. Moffett 少将,Akron 船长海军中校 Frank Carey Mc Cord,Lakehurst 海军飞行根据地指挥中校 Fred Thomas Rerry,及航空局的 Henry Barton Cecil 中校。这些人都是美国飞船方面的专家。失去了他们,比失去了数千万元的飞船还要可惜,而此后美国的飞船事业,是否尚可继续,也就成问题了。

至于失事的原因,到现在尚无定论。有的说是遭雷击的缘故,有的说不是,是遭风雨而遇到低气压的缘故,但德国的徐伯林飞船船长 Eckener 博士,以为这都不可信,因为飞船应该有能力抵抗这些的。现在美国正以 William W. Phelps 少将为首,及 Harry E. Shoemaker 上校,Chester Mckinly Holten 中校等组成了一个调查会,研究失事的情形及原因,将来总可以明白的。因为这件事不但关系美国一国,而是关系全世界的,关系飞船事业的将来的。

说完了这件事,我们不得不问一问,为什么英国和美国都用了数千万元来建筑这庞大的飞船? 它们在军事上,究竟有什么特长的用处? 我们知道用飞船来轰炸敌国的时期已经过了,因为它易为飞机所攻击。现在的飞船,都是用来作侦察的任务的。但是海军在洋面上侦察,用巡洋舰或飞机似乎都可以的。他们为什么要用飞船? 下面便是这个问题的解答。

(3) 飞船和巡洋舰

以下我们用巡洋舰和飞船比较。假设飞船的重量为 300 吨,则其性能大致如下:

总举力	300 吨
船容积	11,500,000 立方呎
长	780 呎
最大直径	173 呎
马力	10,700 匹
最大速度	100 哩/时
巡航速度	70~80 哩/时
最大巡航距离	4,400 哩(以 70 哩/时之速度飞行)

　　固然巡洋舰能做得到的任务,飞船未必都能做得到,但有了飞船,那么巡洋舰就可以余下能力来做他所特长的事。所以有了飞船,巡洋舰并不能算是无用了。但是一只 10,000 吨级的巡洋舰在巡航时的速度大约不出 20 海里/时(即 23 哩/时),而飞船则能到 60 海里/时(即 69 哩/时),所以如专以巡航而论,则一只 300 吨的飞船可以抵过 3 只 10,000 吨级的大巡洋舰。

　　自第 1 图至第 7 图表示飞船和巡洋舰的优劣。第 1 图是表示在观察能力方面,飞船比巡洋舰超过甚多。因为自巡洋舰的 150 呎高的塔上瞭望,其界限不出 15 哩。但自飞船的飞行高度,即 3,000 呎高处下,则足有 67 哩之远。所以巡洋舰以 20 海里/时的速度,走 12 小时,观察区域不过 8,300 平方哩,而飞船,如以 60 海里/时飞行,则足有 111,000 平方哩,即 13 倍于前者。

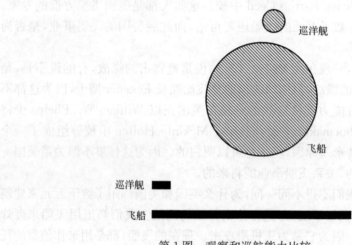

第 1 图　观察和巡航能力比较

　　由第 2 图,我们可以知道一只巡洋舰要 570 个人员,而一只飞船,只要 60 个人。同样,一只巡洋舰的估价是 17,000,000 美金,而一只飞船的估价是 10,000,000 美

(a) 人员比较

(b) 建筑价格比较

第 2 图

金。所以如被敌军破坏时,由巡洋舰失去的人员十倍于飞船失去者。而金价上的损失也 1.7 倍于飞船。这种人员及金钱上的差异,犹不能轻视。

但以上曾经说过,一只飞船可以抵过 3 只巡洋舰所作的巡航工作。所以我们必须综合地来比较一下:第 3 图表示,欲完成同一任务,用巡洋舰必须投下 51,000,000 美金,而飞船只用 10,000,000 美金,即前者为后者的 5 倍。人员的需要上,巡洋舰要 1,710 人,飞船只要 60 人,二者之比为 28.5。第 4 图表示巡洋舰的总排水量即重量为 30,000 吨,而飞船则为 300 吨,有 100 倍的差异。又每 3 只巡洋舰所要的马力为 321,000 匹,飞船只要 10,700 匹,前者又为后者的 30 倍。第 5 图表示 12 小时中,巡洋舰需燃料 338 吨,而飞船只要 11 吨,又有 31 倍的差异。并且在燃料价格上,巡洋舰要 2,366 金元,飞船只要 275 金元,前者又为后者的 8 倍。

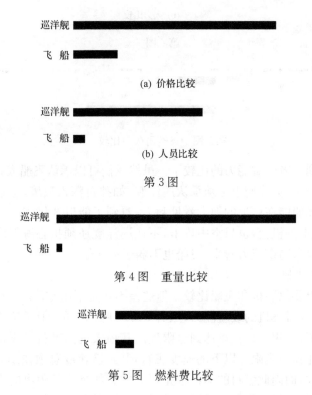

(a) 价格比较

(b) 人员比较

第 3 图

第 4 图 重量比较

第 5 图 燃料费比较

最紧要的还是第 6 图,在这里,巡洋舰及飞船所要的人力及机力有了比较。巡察每一平方哩,巡洋舰所要的机力是 30 马力时,而飞船则仅 0.38 马力时,相去 95 倍之多。至于巡察每一平方哩所要的人力,则巡洋舰要 0.83 人时(即所要的人数乘时间),而飞船只 0.0065 人时,又有 128 倍的差异。由上面所说的比较,飞船无论在金钱的节省上,效能上,都比巡洋舰好得多。但有人或以为巡洋舰要比飞船更能支持长久的时间,但自第 7 图看来,连这也是不对的。因为自巡洋舰的燃料搭载量及其燃料消耗量看来,巡洋舰在 30 海里/时的最大航距只 4,000 海里,而飞船在这一速度下,有 16,000 海里,超出 3 倍。所以在 30 海里/时的速度之下,飞船的续航时间为 22 天,而巡洋舰只不过 5.5 天,前者为后者的 4 倍。

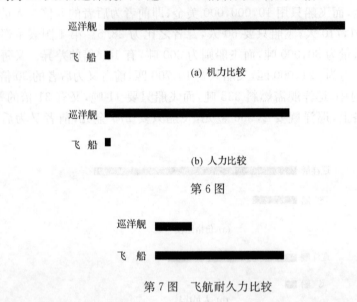

(a) 机力比较

(b) 人力比较

第 6 图

第 7 图　飞航耐久力比较

　　最后要说到二者防御能力的比较了。虽然我们可以承认飞船太容易被高射炮及战斗飞机攻击了,但我们也必须承认巡洋舰,如独自深入敌境,也是很容易被敌人包围。何况飞船能在更远的地方看见敌人,看到了能以 3 倍多的速度逃回自己阵地,至其受攻击的机会,也只空中攻击,不像巡洋舰还须担心海军炮,潜水艇,水雷等敌人。所以自防御能力看来,飞船也不弱于巡洋舰。

　　(4) 飞船和飞机

　　现在我们更要以飞机和飞船比较。但这差不多是不用比较的。因为飞机是最不宜于巡航的,今日飞机的续航能力,虽有 5,000 哩以上的,但是这些不过为制造记录而用的罢了,实用飞机很难达到这限度。其最大的困难就是飞机既不能停留空中不动又不能在一定限度以下的速度飞行,其经济速度总须在 100 里/时以上,所以需马力甚大,而因此燃料的消耗也是很大的。如欲作长距离的飞行则必须搭载多量燃料,而此多量燃料又加重机身重量,更须用更大的机力,方能飞行。可是最不幸的是飞机举力只和其翼面积成正比,但翼面的重量却与其体积成正比,而且机身过大,重量分布更难,所以飞机愈大,其有用的搭载能力与总重量之比,反而愈小。例如世界最大的飞机 DO-X 号总重量为 48 吨,而其机身净重为 35 吨,即占总重量 73%。但比它稍小的 Romar 号,总重量为 19.5 吨,机身净重为 11.2 吨,即占总重量57.5%。由此看来 DO-X 号确已超过经济的限度。

正相反,飞船飞行时的空气抵抗与船身的面积成比例,但其举力却与其体积成比例,如以 L 代表举力,D 代表抵抗力,$\pmb{L}$ 代表船长[①],则

$L \propto \pmb{L}^3$

$D \propto \pmb{L}^2$

$L/D \propto \pmb{L}^{3/2} \propto \pmb{L}^{1.5}$

即船型愈大,则举力和抵抗力之比也会大起来。第8图就是表示飞船和飞机之 L/D 比与举力之关系。可见飞机 L/D 比不变而飞船的 L/D 比则递增,小飞船的效率不如飞机,但在220,000磅时,飞船已和飞机的效率相等,举力再加,飞船即能胜过飞机了。但这里说的还是总举力和总抵抗之比,如以有用的搭载量来说,大飞机更不如大飞船之有效了。

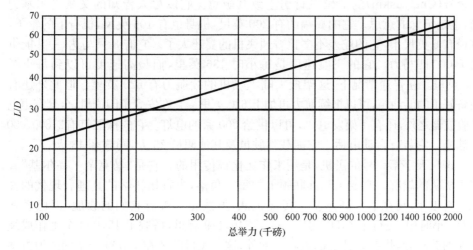

第8图

(5) 结论

所以我们的结论是:作广阔洋面的巡察,飞船比巡洋舰或飞机都更经济,更有效力。但这不过为美国说的。在中国事实便完全两样。

第一,中国无海外殖民地,且非攻击侵略的国家,所以无作长距离飞行的必要。何况中国的敌人日本,其全部土地皆在长距离的轰炸飞机飞行能力之内,所以更无须能一气飞行一万哩的飞船。

第二,飞机的制造费较小,一机所费不过十数万元,而飞船则须数千万元,相差一千倍。而且飞机制作较易,无须十分特殊的技术,所用材料也较易采置。飞船则

---

① 原刊出时误排为"E代表船长"。

须十分专门的技术,就如美国那样高度技术的国家,也还得请教德国的工程师,所以在现在情况之下,中国实无制造飞船的能力。

第三,中国海军根本薄弱,也当然无制造飞船这特殊武器的必要。因为健全的军力,必须是平衡的,各方皆备的组织。

第二节　飞行的印刷所[*]

——世界最大陆上飞机"马克辛·高尔基"号

今年苏联航空界的最大成就,要算世界最大陆上飞机"马克辛·高尔基"号的落成了(苏联 ANT-20)。它在今年 6 月 19 日出现于莫斯科红场上,对于救护契略斯金号(Chelyuskin)的 7 位飞行勇士致其敬意。它以尽人皆知的文豪高尔基为名,也是纪念的意思。它的翼幅约有 200 英尺,机身也有 106 英尺,机身下的轮子,直径有 6 英尺半,它的舵差不多比普通飞机的翼还大了。它有 8 只马达,一共能供给 7,000 匹马力。它的飞航速度是每小时 136 英里,而最高速度可以到每小时 148 英里。在普通情况下,这架最大陆上飞机的续航力有 620 英里。但此外还有预备好了的储油箱,可以把续航力再加上 620 英里。它在安置了印刷机,全套有声电影收放器之外,还有 1 架发电机,可以供给 200 家的电灯。它的探照灯有 2,800,000 只烛光。它装有自动电话。它能载驾驶员及其他职员 23 人,同旅客 43 人。

这只天字第一号的飞机,是用来作文化宣传用的。它是"马克辛·高尔基"宣传飞机队的旗舰。它要飞到苏联领土的每一角落,去宣扬科学的真理和现代的文化。在去年,马克辛·高尔基宣传飞机队,虽然还不曾有它们的旗舰,但已经在 3,710 小时中,飞行了 4,500 次,经过了 246,179 英里,搭载了 15,053 个工作成绩优秀的劳动者,作为荣誉上的鼓励。此外,这一飞机队还在 1,500 个不同的地方举行了两千次集会,分发了 8,800 磅的宣传品。今年加入了这架设备完美的旗舰,马克辛·高尔基宣传队的成绩必然的会超过去年的。

"马克辛·高尔基"号主要特点之一,是它的轮转印刷机。印刷机及其原动力的马达,总共只有 550 磅重。当飞机在飞行中,它 1 小时中可以印出八千张两面印刷的宣传品。和印刷机相联结的是图片显影室,在飞行中摄入的照片,可以在那里显影制版,用到印刷品上去。更有趣的是这架飞机上的 16 架电话的自动接线机,这种接线机安置在飞机上,算是破天儿第一遭,它是利用光及声的记号来活动的。它主要的是为机长及职员间的通话,但在旅客的房间里也有电话。ANT-20 号上的无线电装置,需要 3 个人去运用它。电报可以直接从飞机上送到 1,400 英里外去。此外还有一套广播机,也是宣传工具之一。当飞机离地面半英里高时,地面上

* 本节原载 1934 年 12 月 16 日《世界知识》半月刊第 1 卷第 7 号,314~315 页。

已经可以听到自飞机上播音机传来的声音。所以如果因为在偏僻的地方而无适当的降落场，"马克辛·高尔基"号还可以飞翔于该地方之上空用播音机放送演说及音乐，同时掷下在机内印好的印刷品，然后飞机回它的大本营，如此其任务既可完成，而又不必冒险降落。虽然这只大飞机主要的是用在文化宣传方面的，但也可以搭载43位旅客，使得到最舒适的飞翔。在一般设备之外，ANT-20号还有一个小厨房，可以供给熟食，假如高兴，也可以来一个淋浴。在旅客室中，又有一个小图书室，陈列文学、社会科学及自然科学的书籍。

"马克辛·高尔基"号的制造，是由 M. E. Koltsov 想出来的，他是苏联的一位闻名的作家。他在1932年提出建造这架"飞行的印刷所"的意见于报章杂志同盟（Jugar），（M. E. Koltsov 是这同盟的主席）人家都怀疑其能否成功。但当这种意见用报章公布于大众前，就立刻得到热烈拥护，于是组织了"马克辛·高尔基"宣传飞机队委员会，进行募款建造"马克辛·高尔基"号。在列宁格勒，只费了10天功夫，就从工人中募集了 1,000,000 卢布，在高尔基省（高尔基的故乡）集了 568,000 卢布，合其他各处，一共募有 6,000,000 卢布之多。钱有了，于是由图波列夫（A. N. Tupolov）设计，在莫斯科中央空气水力试验所建造。完全是苏联的原料，苏联的工人，苏联的钱。有120多个的工厂供给制造这世界最大陆上飞机所需要的东西，所以也是苏联航空工业的结晶。

第三节　最近飞机炮之发展[*]

1. 最初试验的结果

现在的军用飞机，无论在效率方面，或结构之坚固方面，都比从前有很多的进步，所以将重炮应用到飞机上去，也比从前要容易得多。而且用飞机重炮来攻击各种目标，无论目标在空中，或陆上，或海上，其效率，其可靠之程度，都不见得次于陆上的重炮。

重炮之试用于飞机上，在欧战后不久，即已开始。约在1914年至1918年之间，炮径为37毫米。但因此时安全伞尚未普遍使用，所以试验的人员是很危险的。有一次把37毫米口径的炮装在一只两人乘的推进飞船上。那时对于船身的流线化，很不讲究，其笨重的情形，真如一只飞行的运货船，而且在起飞的时候，激起很多的浪花，把炮手的全身都湿了，就是船位中也满都是水，所以其窘状是很可笑的。这还好，最危险的是：虽然试验时，炮身装有特制的后坐力吸收器，但是不知什么缘故，这吸收器并不发生所要的作用，所以飞船在飞行中，因为本来速度就很小，突然受了炮弹的后坐力，而就停止飞行，结果飞船的两翼，起了很大的震动而飞船几乎跌下来。有了这一次的经验,就有一位热心飞机炮的美国先生,想出一种奇奇怪怪的方法。他的方法是在重炮的后面,再加装一个副炮,重炮施放的时候,副炮也同时施放,不过副炮所放出来的不是炮弹,而是铁屑之类的东西。因为前面的主炮,其后坐力是向后的,而后面的副炮,其后坐力是向前的,同时施放,两个后坐力也就适可抵消。但是后面的副炮,其方向必定要和主炮一致,而又绝不能令其所放出的铁屑打到飞机的本身,所以主炮施放的方向就很不自由,而且一不小心就会发生危险。并且即令能不令副炮打到飞机本身各部分,但随飞的友机,也难保不为其铁屑所伤。所以试验了不久,这一种离奇的方法,也就还给这位美国的发明家了。

2. 飞机炮的特长

这些试验初期中的失败并不能阻碍飞机炮的发展。因为我们都承认在陆地上,在海面上,如果自身的炮火,其口径比敌人的要大,则无疑的,我们是在优势的地位的,这一定律,当然也可应用到空中的战斗上去。一架飞机如果驾上一门重炮,而且速度又大于其敌对的飞机,则其火力必定可以先达到敌人,而敌人的火力因距离过远,无所施其能力。在空防方面,如攻击敌人的轰炸机,或攻击敌人的气船,如用高射炮,不但因为高射炮是在地面上的,其距离敌机太远,而且高射炮固定不动,其活动的范围也太小。我们如果有了架有重炮的高速飞机,则可深入敌阵,作非常有效的攻击,而同时火力的范围,也因为飞机的高速度而大大的增加。在地面上的高射炮其火力的范围,完全为其射程所限制,而瞄准也十分困难,必须顾虑到风速对于炮弹的影响,及敌机之三度空间的活动。但在飞机重炮,其情形就很不同:第一,因为敌机离炮位较近,风速对炮弹的影响,必定很小,所以在瞄准时,可以略而不计。第二,因为自身也在空中运动,所以与敌机速度的差异也比较小,在瞄准时所要顾虑的,也就这一点。因此在飞机上施放,比在陆地上施放要容易得多。瞄准既然简单容易,自然也就更能命中,所以效率也必能提高。如果在飞机的重炮,要攻击陆地上或海面上的标的,因为自身是在高速飞行中,其弹道必受空气阻力及速度的影响,所以看来能否精确瞄准,是很成问题的事,但是据今日实际试验的结果,知道只要炮位装置适宜,而炮手又不为空行中的强烈 37 毫米口径的重炮,使其气流所困,则命中是很容易办到的。所以我们可以得到一个结论,就是:37 毫米的飞机炮,如其射程在 1,500 米左右,无论对空中或地上的标的,其命中率也可很高。而其胜于地面上的高射炮,则可毫无疑义。

3. 最近的发展

也因为有这些特长,所以英国空军在欧战后对此方的研究是继续不断的。最近就有一种自动炮出现,口径是 37 毫米。专为现在的高速飞机而设计,其口径,火药种类,及出口的速度皆由仔细的考虑及精密的试验而决定。比如对下列诸点都研究过:

（一）其战术上的使用法。

（二）其标的之特性。

（三）在精确命中条件之下，其最大可能的射程。

此种飞机炮之主要特点为：

（一）其重量必愈小愈妙，这是飞行上所必要的条件。

（二）后坐力也必须减至最小限度，以免对飞机的飞行发生危险。

（三）发射炮的动作是自动的，所以装弹的工作可以减轻不少。

（四）全炮的控制及施放只要炮手1名，而且在两发的中间，炮手尚有瞄准的时间。

至于后坐力的实在数值，在陆地的固定炮位上施放约为1,600磅（即七百二十五又四分之三公斤），如在活动之飞机上施放，则为1,400磅（即635公斤）。后坐力在飞机上所以减低的原因是：

（一）飞机的骨架，其伸缩弹力较大。

（二）空气也很能吸收坐力，一旦施放，则在飞机周围的空气，都能令坐力减小。

因为这两个原因，所以飞机本身成为最好不过的后坐力吸收器了，所以即将这种37毫米的炮装在较小的飞机上，也可不至于使飞机的结构方面复杂而难于制造，飞机重量方面也不至于增加多少。但是有一点却不能不注意的，就是施放的时候总不免有一股强烈的烟火，所以在决定装置的地位上，不能不有考虑。

4. 新式飞机炮的使用

在1914年至1918年的欧战中，经验告诉我们：普通步枪口径的机关枪对飞机的效能是比较弱小的，除非我们能够直接命中而打在驾驶员，或其他要害的地方，如发动机，或汽油箱，或小巧的控制装置。在欧战中，有不少的飞机，虽然中了机关枪的弹火，但因非要害所在，所以仍能完成其使命而安全的飞回自己的阵地。而且有时驾驶员在飞行时，就连其飞机被弹火所中的事，也不知道，直到后来降下地面，检查机件时才发现。但敌机如果遇到一架有37毫米重炮的飞机，无论其命中的地处，是否要害，绝无幸免。因为这种37毫米炮，其弹药是高炸力的，并且带有一个非常敏锐的信管，就是碰到布皂也会炸裂，所以即使不全体毁坏，也绝失其控制能力。

这一种飞机炮在海面上及陆地上也有非常的威力。如潜水艇、小军舰、步兵的队伍、唐克车[①]、照空队、运输队、铁路列车等都是很好的目标。在攻击潜水艇及唐克车的时候，可以用穿甲高炸力炮弹，更加一个缓发信管，使炮弹在打入铁甲后，再炸烈。则潜水艇之入水，必定因为若干机件之损坏而延迟，所以再用炸弹来攻击，也比较要容易得多了。这种装有重炮的飞机比起轰炸飞机也胜过不少，因为轰炸飞机必须接近目标，方才能发挥其威力，而飞机炮则无须如此，其射程长短大有伸

---

① 即坦克。

缩的余地,所以自身的安全也可以有保障,不至冒险。

　　现在英国这种飞机炮为维克斯公司(Vickors-Armstrong)所造,装有一种特制的瞄准器,对空中的目标及地面上的目标都能应用。这种瞄准器的特长在只需一次校正,以后目标之地位有更动,即能自动的变化,所以炮手可以集中其注意力于对动炮身及施放。所用的炮弹通常为高炸弹,有极敏锐之雷管,并且外加一个信管,使炮弹在一定时间爆裂。所以在空中战斗的时候,即使不能命中,也不至于落到自己的阵地中,而害及友军。当在不同情形之下,也可用别种炮弹。其装存飞机中的坐架,主要是一个水平环,环上有齿。炮身之支柱即用齿轮在这一个水平环上转动。而且支柱并不固定炮身之仰角,所以射击的方向可以变化无穷。要变更方向,只要转动一个方向轮,就能随心所欲。施放虽然是自动性质,但如敏捷的运用飞钮,也能放单发,伸缩性很大。由此看来,这种新式飞机炮比起试验初期的产物,真不知道有多少的进步,也就是英国空军不断努力的结果了。

第四节　气船与飞机之比较及气船将来发展之途径*

一、引言

　　气船自由德国齐伯林伯爵(Count Ferdinand Von Zepplin)之研究改良,始渐至于实用。及欧战开始,其威力大显,即妇人孺子亦莫不知齐伯林之名矣。然气船之用于军事攻击,今已为过去之历史,盖在欧战终了以前,飞船即不复用于轰炸。计在此时期中,伦敦共受 51 次之气船攻击,死 1,413 人,伤 3,408 人,财产之损失亦有数百万磅。但与此相抵者,亦有 18 只气船及其驾驶人员为飞机及高射炮所击坠;有 8 只气船在其回程中为协约军所毁;更有 3 只气船在其格纳库中为英国飞机所击毁。故在欧战末期,气船已为飞机所制,而失去其军事上之价值矣。

　　1918 年复有 4 只气船在格纳库中毁于火,于是齐伯林气船不复现于轰炸战中,而氢气之不宜用于气船,亦可显见。吾人试考气船之全部历史,其中突出而成功者唯 Los Angeles 号及 Graf Zepplin 号二船而已;而此二船又皆为德国所制。其他英、法、意、美诸国所制之气船无一不失事而终其运命。然不论德国之制造术是否较胜于他国,抑其驾驶术是否较精,气船之历史过短,吾人所制之气船过少,尚不能断言其果否能致诸实用也。盖德造气船共 127 只,美造 3 只,英造 5 只,法 1只,而意国所造不过半硬式之小气船而已;故全部合计,亦不过 140 只。今日公认为交通之利器者,如火车,轮船,飞机,如其制造总数不过 140 只,则必无今日之成绩也。吾人决不可因 R101 号之毁于火,Akron 号之沉于大西洋而以为气船无发展之价值。故必以正确之目光,比较其长短,然后更研究其改进之途径。此则本篇之目的也。

────────

　　* 本节原载 1935 年 1 月《航空杂志》第 5 卷第 1 期,81～100 页。

二、气船与飞机之比较

（一）气船与飞机不同之点

气船与飞机不同之点有三：

（1）为飞行之效率。

（2）为其最经济之吨位。

（3）为旅客之安适。

约言之，飞行效率影响其飞行之距离，及其所消耗之燃料，故与其费用有关。气船在此点上，变化甚大，须以其载重大小及速度而定；飞机则无甚变化。至于吨位方面，气船以大为宜，飞机则以小巧居胜，故如一航路之营业不繁，则宜用飞机；盖如用有高效率之运输器而不能满载，反不如用一效率低之运输器而能满载也。旅客之安适问题，虽不能如上列两者之重要，然在与其他交通机关相竞争时，则甚重要。

（二）飞行之效率

言飞行器之飞行距离，普通皆知气船远胜于飞机，盖一飞行器之飞行距离，可以下式计算：

$$R = (375\eta/F) \times (\omega/W) \times (L/D)$$

其中 η＝螺旋桨之效率

F＝每一轴马力时所需之燃料（磅）

L/D＝举力与抵抗力之比

R＝继续飞行之哩数

W＝总重量

ω＝起飞时所带之燃料量（磅）

然 η，F 及 ω/W 三者，无论在气船或飞机皆甚相近，故两者唯一之分别，即在 L/D 一因素。然 L/D 又可代表一飞行器之效率，盖抵抗为吾人之损失，举力为吾人之所得。L/D 愈大，即表示所得多，而所失少，故飞行效率高。

飞机之 L 及 D，皆为空气动力；而气船之 L 为静力，D 为动力，有此根本性质上之差异，L/D 之值与飞行速度之关系亦颇有不同。飞机之 L/D，其变化甚小，在低速度时，翼面之仰角甚大，其效率不佳，故 L/D 较小。速度渐增 L/D 之值亦渐大，然不久即止，盖过此则机身之抵抗增加甚速，故虽翼面之效率略有增进，亦不能使全机之 L/D 改进。如速度更增，则增面之仰角更小，其效率亦渐减，而又以机身抵抗之急速增加，全机之 L/D 必减小更速。然此种变化如与气船之 L/D 比较，则甚小，盖飞船之举力非由运动而来，故其值不变。因速度而变化者，唯抵抗力，速度为零时，无抵抗，故 $L/D = \infty$；速度渐增，则抵抗亦增，L/D 之值渐减。

第一图中所示，即 L/D 与速度之关系。其中一为美国海军飞船 Akron 号，一为 Lockheed 飞机公司所造之 Vega 式飞机。前者为新式之气船，后者亦为高速飞机中之优秀者，故可用为气船及飞机特性之比较。图中所示情形与上所述，完全相

合。其实飞机各种翼面之 L/D，其出入甚小（见第一表），故即不计入机身之抵抗，其平均最大值不过二十。

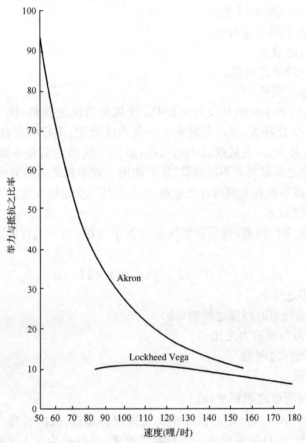

第一图

第一表　各种翼面之最大 L/D 比

种　名		最大 L/D 比
R. A. F.	15	20.2
Curtiss	27	21.7
Curtiss	G-62	20.8
GöHingen	429	17.7
U. S. A.	27	18.6
Clark	y	21.1
GöHingen	436	19.6
N. A. C. A.	77	15.5
GöHingen	387	17.0
U. S. A.	35A	15.7
U. S. A.	65B	19.3

　　第二图中之水平直线,即表示此最大值,即飞行之最大才能的飞行效率。图中之其他曲线即表示各种大小之气船,在不同速度下之最大可能之 L/D 比。吾人求欲此数值,须先设立每一方呎之氦气,其在一般空气情形下,净举力为 0.0594 磅,故

$$L = 0.0594\gamma$$

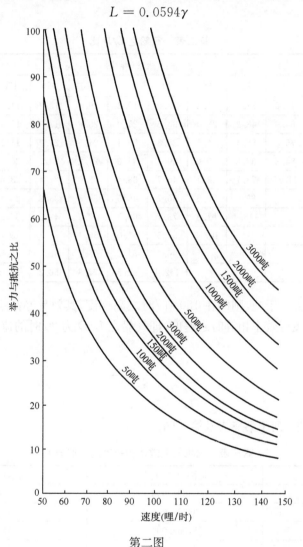

第二图

　　又据 N. A. C. A. 之变压风洞试验结果,飞船船身之抵抗系数如下式:$C_S = 0.222R^{-0.15}$,其中 R 为 Reynolds Number,即 $9,330V\gamma^{1/3}$,V 为速度(哩/时)。故全抵抗即

$$D = C_S V\gamma^{2/3} = 0.000144\gamma^{0.617}V^{1.85}$$

即 $L/D = \dfrac{412\gamma^{0.383}}{V^{1.85}}$

由此公式,吾人可计算各种重量之气船在不同速度中之 L/D 比,其结果如第二表。第二图之曲线,即利用此表中之数值制成。吾人自第二图,可得一极有价值之结论,即气船之 L/D 比,不但因速度而变,其值又与其排空量有关;气船愈大,其效率亦愈高。

第二表　气船之 L/D 比

总重 (吨)	速度(哩/时)										
	50	60	70	80	90	100	110	120	130	140	150
50	69.3	49.6	37.0	29.2	23.5	19.3	16.1	13.7	11.9	10.3	8.6
100	90.0	64.6	48.2	38.0	30.5	25.0	20.8	17.9	15.4	13.5	11.8
150	105.5	75.6	56.4	44.5	38.8	29.4	24.5	21.0	18.1	15.8	13.9
200		84.3	62.8	49.6	39.8	33.6	27.2	23.4	20.2	17.9	15.4
300		119.5	73.7	58.1	46.7	38.4	32.0	27.4	23.6	21.6	18.1
500			89.5	70.5	56.7	46.5	39.8	33.2	28.7	25.0	21.9
1,000			116.4	91.8	73.7	60.3	50.2	43.2	37.2	32.6	28.5
1,500				107.5	86.5	71.0	59.1	50.7	43.7	38.2	33.6
2,000					96.1	81.2	65.7	56.5	48.8	43.2	37.2
3,000					112.1	92.8	77.3	66.2	57.0	52.2	43.7

若其总重为一千吨,则即在 180 哩/时之高速度,其效率亦高于飞机。今更计算飞机及气船飞行效率相等时之速度,即气船之 L/D 为 20 时的速度。

故

$$20 = \frac{412V^{0.383}}{U^{1.85}}$$

$$U = 5.13V^{0.207}$$

计算之结果,列于第三表及第三图。

第三表　飞机气船效率相等时之气船速度

吨重	排空量(立方呎)	时速(哩/时)
50	1,684,000	99.9
100	3,368,000	115.3
150	5,052,000	125.1
200	6,736,000	133.0
300	10,104,000	144.5
500	16,840,000	160.9
1,000	33,680,000	185.7
1,500	50,520,000	201.4
2,000	67,360,000	214.0
3,000	101,040,000	232.5

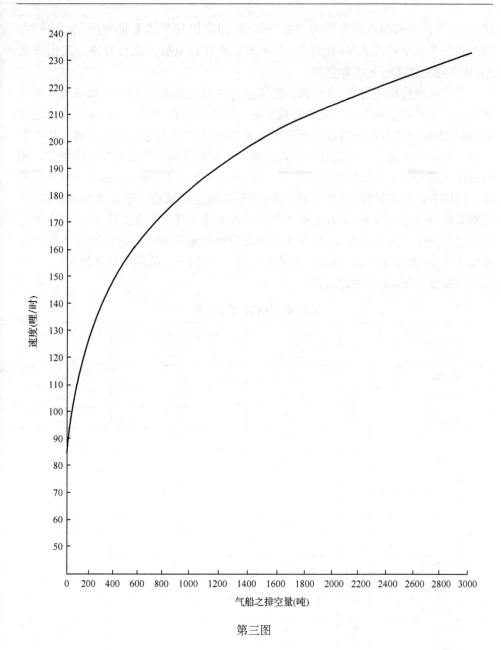

第三图

　　由此可见，以效率而论，则气船之于大型，必 300 吨以上，始能见其长，故今日所造气船，决不能为优劣之评判也。

（三）最经济之吨位

　　以上所讨论者，皆为 L/D 之种种关系，此数虽可代表全机飞行之效率。然精密言之,吾人可利用者只全举力中之一部分,即除机身本体重量外,所余之举力。故吾人在考究全机之 L/D 比以外,更须知空重在总重所占之百分率。此比率愈小,则实际上之飞行效率亦愈高。

夫飞机所恃以飞行者,为翼面。然翼面之举力与其面积成比率,即长度之平方成比例。而其重量则与长度之立方成比例。因飞机之翼,皆如一梁,中负机身之重量;而举力则平均分于翼面。而每呎翼面其所负之举力与长度成比例。其产生之曲力矩则与长度之平方成比例。此虽就同一翼形及同一重量分配方法而言。如将机体重量分散于翼面而不令集中于一处,或改良机中之结构方法,皆可减小其重量。然因有此根本特性,此种变通方法,终不能避免此缺点。第四表所示,为数种飞机其机身净重之分配;第五表所列为今日数十种飞机之净重及总重,及其净重占总重之百分率。为明显起见,复用此表中之数值制成第四图。由此可见飞机之总重如大于 20 吨即不经济,其最有效之限度为 10 吨以下。故谓今日飞机在吨位上,已与其限度不远,亦不为过言也。

第四表　飞机机重之分配

项目		Condor(磅)	Loening Amphibian(磅)	Fokker-X-A(磅)
发动机	不在设计者控制之下	1,724	960	2,160
螺旋桨		539	119	309
发动机附件		1,251	200	519
电气装置		322	140	111
机轮及轮制		472	102	340
机舱装修		1,755	69	875
机覆		669	434	150
其他		258	52	61
翼	在设计者控制之下	2,612	791	1,800
尾		245	128	170
机身构架		827	183	660
发动机巢		380		120
发动机架		94	35	
落地架		348	131	395
尾轮架		70	17	
飞行控制装置		252	59	110
船身			511	
翼端浮艇			57	
合计		11,818	3,988	7,780

续表

	Condor(磅)	Loening Amphibian(磅)	Fokker-X-A(磅)
全长	57 呎 6 吋	34 呎 10 吋	50 呎
全阔	91 呎 8 吋	45 呎	79 呎 3 吋
发动机(马力)	1,570	350(?)	1,275
全翼面(平方呎)	1,510	504	845
空重(磅)	11,818	3,988	7,780
有用搭载量(磅)	6,082	1,367	5,320
总重(磅)	17,900	5,355	13,100
翼负荷(每平方呎磅数)	11.9	10.6	15.3
动力负荷(每马力磅数)	14.6	11.1	10.3
最高时速(哩/时)	138.9	125	154
巡航速度(哩/时)	118	110	126
旅客及机师数	20	2	14
携油量(加仑)	444	140	360
飞行距离(哩)	824	580	755

第五表　飞机之空重,总重及空重占总重之百分率

	空机重(磅)	满载总重(磅)	空量占总重之百分率(%)
Aeronon Scovt	420	700	60
Flyabout D-1	573	962	59.7
Bird	1,230	1,990	61.8
Eaglet	1,350	2,303	58.5
Curtiss Wright B-14-B	2,008	3,067	65.5
United Stearman 4-Cm-1	2,563	4,067	63.0
Bellanea Pacemaker	2,465	4,300	57.4
Consolidated Fleetster 20A	3,850	6,800	56.6
Douglas Dolphin 3	5,970	8,200	72.8
Bellanea Airbus	5,220	9,590	54.5
Ford 5-AT-D	8,140	14,000	58.1
Consolidated Commodore	10,410	17,600	59.2
Curtiss Condor	11,674	17,900	65.5
Rohrbach Rocoo	15,860	23,100	68.6
Fokker F-32	14,900	24,250	61.5
FrenchDyle-Bacalan. B. -70	16,758	28,665	58.5
Sikorsky S-40	23,000	34,000	67.7
Rohrbach Romar	25,675	39,775	65
Tunkers G-38	32,800	46,000	71.3
Dornier DO-X	70,000	96,000	73.0

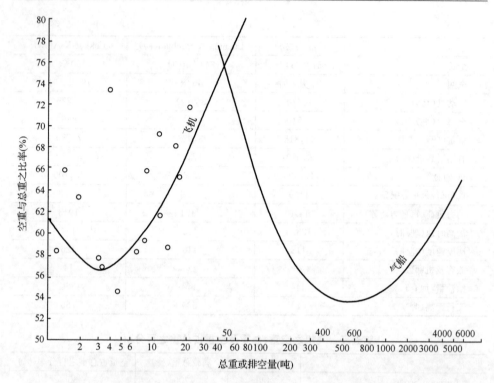

第四图

至于气船，其重量之变化，亦犹飞机，吨位当有相当之限制。然因其结构与飞机相差甚多，故以今日之情形而论去此限制尚远。盖飞船之举力与其长度之立方成比例，其主要之骨架则与长度之四乘方成比例，而发动机及外皮之重量只与长度之平方成比例。故在加大船身之初步，后二者之效果大于前者，其空船重在总重中所占之部分反可减小；非过一限度后不增也。

吾人在求空船重在总重百分率时，不能用前段之方法，因今日所造之飞机其结构皆相去不远，而气船则各有不同；且其吨位亦过小。故必用理论上计算，今请择最新式之气船 Akron 号为标准。此船之总重约为二百吨，各部重量见第六表。

第六表　　Akron 号船身重量对总重之百分率

船身骨架	22.73
舵及平衡板等	3.15
外皮、气袋、气门等	9.10
动力机械	12.51
废气水分收回装置	2.58
燃料系统	4.76

续表

镇船系统	0.73
电气及无线电器	0.93
船舱	2.41
入库装置	0.78
控制器等	1.10
空船重合计	57.79

更设船身骨架重量之分配如第七表。

第七表　骨架重量分配

纵梁	40.1
龙骨	11.1
横圈架 主环	33.3
横圈架 副环	8
钢线	4
气袋线网	4

由上两表,吾人可计算各部详细之重量分布,并假设其与船长之关系如第八表。

第八表　各部重量与船长之关系

项目	在总重中所占之百分率	与船长(L)之关系
纵梁	9.13	L4
		L3
龙骨	2.5	L3
环架 主环	7.5	L4
环架 副环	1.8	L4
钢线	0.9	L3
气袋外线网	0.9	L4
舵及平衡器等	3.15	L3
外皮、气袋、气门等	9.1	L2
动力器械	12.51	L2
废气水分回收装置	2.58	L2
燃料系统件	1.76	L
镇船装置	0.73	L
电器投无线电等	0.93	L
船室	2.41	L3
入库装置	0.78	L
控制装置及其他	1.10	L

将与船长关系相同之各部相加,结果如第九表。

第九表　气船船重与船长之关系

	在总重中所占之百分率(%)
与长度之四乘方成比例者	13.24
与长度之立方成比例者	15.05
与长度之平方成比例者	24.2
与长度成比例者	5.3
合计	57.8

根据第九表,吾人可计算气船总重与其空船重之关系,计算之结果,如第十表。此种数值亦一并加入第四图。

第十表　气船空重与总重之关系

吨位	在总重中所占之百分率(%)				
	L4 项	L3 项	L2 项	L 项	合计
50	8.35	15.05	38.6	13.4	75.4
100	10.4	15.05	30.4	8.4	64.3
150	12.1	15.05	26.7	6.5	60.4
200	13.21	15.05	24.2	5.3	57.8
300	15.2	15.05	21.2	4.1	55.6
500	18.0	15.05	17.8	3.0	53.9
1000	22.7	15.05	14.2	2.0	54.0
1500	26.0	15.05	12.4	1.0	54.5
2000	28.6	15.05	11.2	1.0	55.9
3000	32.8	15.05	9.3	0.9	58.1

由此可见气船之结构方面,其最高效率在三百吨至两千吨之间。故其发展尚未可限量也。

(四)旅客之安适

对旅客之舒适最有关系者为客舱之大小。今日之飞机其地位之狭小,可谓为公认之事实。此在短途飞行而有良好之通风,尚可过去,如欲长度飞行,此种设备,实过简陋。然欲加大客舱之容积,亦非易事;舱大则抵抗增加,需更大之动力以推进之。但于气船则较易设法,盖气船之长度甚大,客舱所占之地位,只其中之一小部分,故欲扩充其容积,可只加增其长度,而无须加增其宽度,故结果在飞行时,其抵抗力必无若干之变化。反之飞机之身度自有一定之限度,加增客舱容积之唯一方法为加增之宽度,故抵抗之增加必甚多。

对旅客之安适有关者,尚有四端:

(1) 左右之摆动;

(2) 俯仰之运动;

(3) 升降之运动;

(4) 震动。

引起第一项运动之原因,大半为机身之一部分受一上升气流影响。故其摆动之强度与机身之面积成比例。今为比较方便起见,令飞机与气船之外露面积相等,如此则在纵轴两方之面积相等,故引起摆动之力必相等。摆动之强度逐与此力之着力点及纵轴间之距离成比例。但着力点之距离与宽长比(Aspect Ratio)成比例。飞机之宽长比为 8∶1;而气船则为 1∶6,故气船之摆动强度在同面积,同风力之下,只飞机之四十八分之一。然实际上,摆动之强度又与复原力成反比例。气船之重心在其浮力中心之下,故有极大之复原力;而飞机则无之(有之,唯因驾驶人之控制而生之副翼作用而已)。由以往之经验,知气船在飞行中,其左右摆动之运动非常小,通常旅客皆无此项之感觉。

至于俯仰之运动,飞机之情况与气船相差不多。其复原力皆为人为的。气船因其长度较大,故俯仰角增加,然因其重量分布于纵轴比较平均,故其周率小。飞机则周率大,因此旅客之不适,必为之增加。

升降之运动,则因飞船之船身较大,故在同一上升之风力中,气船似较易受其影响。然实际上亦因其船身甚大,故无此大量之气流足以完全包围之。因此气船与飞机在此点上,无若干之分别。

若言震动,则因气船之客舱往往距发动机房甚远,故震动即可免去不少。飞机则因机身甚小,无法使发动机远离客舱,故震动必较强。

(五) 余论

以上所述,皆可见大气船之胜于飞机;然或有人以为气船只宜于长途之低速度飞行,如横渡太平洋时。若用于短途高速度之飞行则为不可能矣。其实亦不尽然。今如以 Akron 号为例,此船之发动机重量连螺旋桨及动力传递装置在内共为50,412磅,今以有效搭载量之半即 85,000 磅为燃料之重。则此船动力装置之总重为

$$50,412 + 85,000 = 135,412 \text{ 磅}$$

设在短途航行之发动机连螺旋桨在内,每马力重 2 磅,而每马力时用油半磅,则飞行六小时,可能之最大动力装置为 X

$$135,412 = 2X + 0.5 \times 6X = 5X \quad \therefore X = 27,080 \text{ 马力}$$

Akron 号之现在马力为 4,480 匹,而其最大速度为 84 哩/时,故如有 27,080 马力,则

$$\text{速度} = 84 \times (27,080 \div 4.480)^{\frac{1}{2.85}} = 158 \text{ 哩/时}$$

其飞行距离为 $158 \times 6 = 948$ 哩

其飞行时间之结果见第十一表。

第十一表　气船在短途航行中之性能

飞行时间(时)	最大速度(哩/时)	飞行距离(哩)
6	158	950
5	164	820
4	171	680
3	179	540

由此气船亦能作短途之高速飞行。然或以为速度增加,则船身所受之空气压力必增加而有加重船身之必要。但此亦非不可避免者,盖高速度之气船可以减小其长度及直径之比率,令其粗短;如此可以增加其抵抗压力之能力,而不增其重量。

三、将来发展之途径

一切航空器之设计,其目标不外减轻重量及节省动力二者。如机身之重量可以减小,则搭载之能力即能增加,故其运用遂能更为经济。动力如能节省,则不但直接能减轻发动机之重量,又可间接使燃料之搭载量减少,如此燃料之费用自能节省。此固吾人所熟知者也。气船之设计,其目标自不外此,故其将来发展之途径亦可分为两方面,一即减轻船身重量,亦可谓结构上之改进;一即节省动力,亦可谓为飞行效率之改进。

(一)飞行效率之改进

今请先述此方面可能之发展。夫吾人所谓飞行效率者,即举力(L)及抵抗(D)之比,即增加L/D之值。故达到此目的亦有二法,一即增加举力,一即减小抵抗。在减小抵抗方面,吾人之希望殊少,盖今日飞船之体形,大致与理想中之流线形相去极近。譬如在气船事业之初,船身多作雪茄形,而今日则不复有用此种船身者矣。旧式气船之船舱及驾驶室皆悬于船身之下方,故受空气流之冲击,而多抵抗。今日之气船如R100,R101,Akron及Macon号之客舱无不纳入船腹中。而Akron及Macon号且将发动机亦收入船室中,其动力用长轴及直角齿轮传于船身之外螺旋桨。Macon号之设计者,对减少空气抵抗力方面,尤多努力。如螺旋桨之轴,覆以流线罩,此与飞机落地架所用者极相似;他如通风口,散热器等皆使不曝于风力中。

至于船身在空气中前进而引起之摩擦抵抗,据多次试验,知一般油漆过之织物,如无毛茸,则其抵抗大约相等。第五图即其试验结果之一。试验法以欲试之表面,制成一圆筒,筒悬于木架上;筒外更套一筒,此筒转动时,内筒必亦随其方向而转,然因有悬线纽力之抵抗,其旋转只能到某一角度。此角度即可代表面之摩擦抵抗,试验时,内外两筒之间隔为0.250吋。图中各曲线,代表各种不同之表面。然

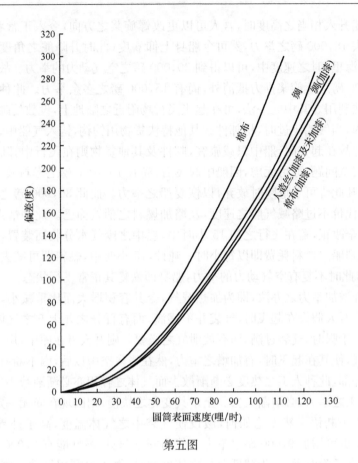

第五图

凡有油漆者,其差别即甚小。换言之,减小抵抗之希望殊少;然则增进飞行效率之唯一方法,为增加气船之举力。增加举力之方法,为

(1) 利用气船之速度所产生之举力;

(2) 加热于气袋中之气体,以减小其比重;

(3) 设法利用氢气,以增加举力。

今请以 Akron 号为例:此船之总重量为 403,000 磅,其有效搭载量约为百分之四十,即 160,000 磅,如作长途飞行,则其搭客量只其十分之一,即 16,000 磅。然吾人可以利用其能变更方向之螺旋桨,令其发生上举之力,即令其旋转之平面,自垂直方向,改为水平方向。在 Akron 号中,其螺旋桨在设计时,目的在发生向下之拉力,以便下降。然在将来商用气船中,吾人可令生上升之推力,此或须用变螺距之螺旋桨,然此固毫无困难。在 Akron 号,此项推力为 15,000 磅;故当气船起飞时,可以利用此种人工的举力,令气船多载 15,000 磅。此时气船虽在静止时有 15,000 磅之过重,然船中亦有相当重量之镇船水,故在安全方面,可无问题。

当气船升入相当之高度时,吾人可以更改螺旋桨之方向,令入正常状况,如此吾人虽失去 15,000 磅之举力,然可令船身上仰 6 度(此时升降舵之角度为 0 度),如此在 70 海里/时之速度中,可以得到 30,000 磅之空气动力的举力。故除去与起飞时 15,000 磅之螺旋桨推力抵消外,尚有 15,000 磅之多余举力。此种举力吾人自必须设法利用。其中之一法,可在起飞飞行场附近之陆地上,设数处邮件站。在此邮件站内,当气船飞过时,将邮件或其他特快货物用钓钩,钩入气船中,此当无任何之困难。故在起飞时,船中只载旅客,邮件及其他货物则在飞行中,陆续收入船中。至于安全问题,亦可无虑,因船中起飞后,尚有 100,000 磅之燃料及 16,000 磅之镇船水,凡此皆可于危险时放弃,以恢复船之举力。而此 30,000 磅之空气动力的举力,其代价不过略减气船之速度,及略加燃料之消费而已。此种情形在 15 小时,即能完全改正,盖在飞行之初 15 小时中,船中之废气水分收回装置,可以闭而不用,如此则船之燃料耗费即以每小时一吨计,15 小时中,燃料即可减去 15 吨,即 30,000 磅,此时不复有空气动力的举力,船身即恢复其正常飞行状态。

第二种增加举力之办法,即为加热载气,令其容积增大而比重减小,故其举力即可增加。吾人假设在起飞时,气袋并不盛满,而有百分之九十五之气体,此盖为免去飞至二千呎时,气袋过满,而有放泄气之必要。则吾人可在库中,用人工方法,加热于氦气,使其在起飞时,有加增之举力,然在飞入空中以后,因不断有冷空气流过气袋之外部,此种人工之热度必渐渐散去而气体之容积亦必渐渐减小,而比重加大,故此人工之举力,必渐渐失去。至于其变化之快慢,则因现在尚无一定之试验,吾人不能作一断语。然无论如何,假设使气袋中之气体温度,高于外界十度(华氏),吾人至少可增加 9,000 磅之举力。然为安全起见,最好能有 9,000 磅次要之货物,可以在危险时抛去,为减低散热之速度起见,吾人可利用发动机废气中之热量,因在最初飞行之数小时中,因气船正在满载时,发动机之马力,必在其最大限度,而同时因吾人急需渐渐减轻船体重量,故废气水分收回装置,必闭而不用。此时经过此装置之空气可引入气袋及外壳之夹层中,如此可利用废气中之热量,以阻气袋中热量之散逸。有此种种之方法,故吾人所设之 9,000 磅,外加举力,决非过多。

综上所述,二者之总加增,至少有 39,000 磅。故有效搭载量增加 31.1%,即吾人假设气船作短途飞行,其载客量 80,000 磅,亦有 49% 之增加。故有效之飞行效率,亦可同样增加。

第三种增加举力之办法,为利用氢气。此气本为用于盛气袋者,然因其爆裂性过大,故美国之飞船皆用氦气,而第一部分之计算亦根据氦气之性质。其实可分气袋为两部,中心部盛以氢气,而外围部盛以氦气,如此火险既可免去,而因氢气之比重较氦气为小,故举力亦可加增。据 1933 年美国 NACA 年会论文,如用氢气为提士尔发动机之燃料,则气船之搭载量可加增百分之六十二,而其飞程亦可加百分之三十五。

（二）气船重量之减轻

今日之硬式大气船皆可归入齐伯林式。所谓齐伯林式者,即船身之主要骨架,由金属之纵架及横环架连接而成,再加钢线以增其坚固。船之表面用布帛包裹,气体则盛于气袋,置于骨架之内。故船体之形状,不以气体之压力而保持。但如以为齐伯林式气船,其一切详细构造,皆必如以前之齐伯林气船,因英国及美国之气船,均不能为齐伯林气船矣。实际上,除真正之齐伯林式而外,尚有四种类似之结构。即

R100 式

R101 式

Graf Zepplin 式

Akron 或 Macon 式

在德国,其所造之 Graf Zepplin 及正在制造中之 LZ129 号,与其传统之齐伯林式结构相去极近。其环架皆呈多边形,二主环架之间,有两个或三个环架,纵梁即连接各多边之角顶。钢线之张于环架上者,所以用为气袋间之隔壁;其围绕船身者,用以抵抗尾部制控面所加于船身之扭力。副环架之结构较轻而无钢线网。在船身之底部有一龙骨,为全船之脊,且又为安置镇船水,燃料箱,客舱,及操纵室之地。而全部之前后交通亦赖以完成。在气袋及外层钢线之间,尚有一层较密之线网,此所以用以传达气袋压力至骨架者也。前者为剪力线,即上所谓围绕船身之网线。然各部所承担之责任,亦殊不能分明其界限。如气袋网亦负抵抗剪力之责,而剪力线亦能承空气所加于外皮之压力。而外皮又能增加全船之坚固。在一切之正统齐伯林气船中,骨架皆由三角梁构成。三角顶为三坚铝(Duralumin)条,三主材之间再以小坚铝条钉固之,全体即成一梁,三梁之接头处皆借助于角板(Gusset Plate)。

英国之 R100 号(排空量 5,000,000 立方呎)及 R101 号(排空量 5,500,000 立方呎)皆与上述之齐伯林式结构不同。二船之骨架无副环架,且纵梁之数目甚少。R100 号中只十六根;在 R101 号中,只十五根。而 Akron 及 Macon 两气船中,皆有三十六根。因其纵梁之数目减少,故每一梁所承负之力量即加大,故其尺寸即可增加,因而设计较易,而其重量亦可减小若干。然因此其间空隙甚大,故在固着外皮时,不免有相当之困难。R100 号与齐伯林式结构相差较少,因全体皆用坚铝。但其梁甚大,亦成三角形,三角顶之主材为三坚铝管,管由坚铝条由螺旋卷成再用钉钉固;副材则为盒形铝梁,四向凿有小孔,以减轻其重量。R101 号之梁,较 R100 号为小,然较齐伯林式气船为大,且其主材为三不锈钢管,副材则为坚铝所制。在 R100 号中,二梁之接头处,用一特制之接头架,有螺丝线可以伸缩,故在装置时,略有加减之余地。R101 号则完全用销钉联结,故无伸缩之余地,而在制造时,非十分

准确不可。据云,在计算各处尺寸时,有十五位数字之多。

美国之 Akron 号及 Macon 号其最主要之特点,在其主环架之构造。环架亦由三角梁构成,其一顶角向内,故向外之一面为平面。外方再加钢条,故其本身非常坚固。因此环架上之钢线网可无须更担保持船形之责任,而可以令其有伸缩性。一气袋一旦破坏,而失其气形,则其两旁之气袋必压向空处;如在旧式之线网,因无伸缩性,此时骨架所受之力必甚大。新式之环架则无之。其第二特点,为龙骨之数目。此船共有三龙骨,一在船顶,二在两旁,互距四十五度;因有三龙骨,船身之坚度及力量大增,而全船之交通亦便利不少。

吾人比较以上所述之各种结构方法,即可见美式最佳,故第一部分之重量计算,即用为根据。故将来之气船,在构架方面,必向此途发展。在材料方面,主要部分可仿英国引用不锈钢,以免锈蚀问题。至于次要部分,因其负力不大,则以用坚铝为宜。而将来镁合金之用于气船,其量亦必渐多,盖此种材料较铝尤轻,其力量虽不能如坚铝之大,然在各种零件,则可利用之以减轻重量。此外冶金术日新月异,自必有助于气船重量之减少。而在 1921～1923 年之坚铝,其拉力不过每方时30,000 磅。1931 年造 Akron 时,已增至 42,000 磅。最近美国铝业公司(American Aluminium Co.)更发明一种铝合金名为 24ST 者,其 0.064 时厚之薄片,拉力竟达每方时 65,000 磅。

然在所谓齐伯林式结构之外,亦有不少气船设计家,主张用完全不同之方法者。最近美国人 Roland B. Respess 发明一种新结构。其要点在一贯通船心之纵梁,自船首直达船尾;在此纵梁上,置车轮式之坚固环架,其轴即此纵梁。环架间则放置气袋。在环架上,有纵向之钢线,并不固结环架上,而有相当之活动性。钢线之两端结于船首与船尾。在船之腹部有一轻而有力之龙骨,联结诸环架,而与中心轴同一方向。中心轴、环架、龙骨及纵向之钢线,其所抵抗者,为曲力及剪力。此外尚有一组钢线,其方向并非平行于主轴,而与此成一小角度,故围绕船身而是螺旋状,此即所以负担扭力者。在环架之前,尚有数扎围绕船身之钢线,使气袋之压力能传达于主骨架。此种结构之特点,在设计时,各部力量,皆可精确计算,故既可免危险,又可减轻重量。Respess 曾制成一 1:30.2 之模型,在纽约大学之 Gugen-

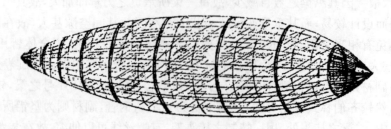

第六图

heim航空学校试验,知其安全因素可达十以上,因此即有暴风亦不能破坏之。据其计算此种气船如载八十一人,能以每小时一百哩之速度飞行三千哩;每小时燃料之耗费,只美金十元,而低速度之Losangdes却须二十五元。每船之建造费为$100,000而飞行站之设置须$1,000,000,故其用于商业飞行之可能性甚大云。

四、结论

吾人在第一部分中,讨论气船与飞机在飞行效率方面,结构效率方面,及旅客安适方面之比较;在第二部分讨论气船将来发展之途径,处处皆可以指出气船改进之余地尚多,而尤以大气船为有希望。飞机则在吨位方面似已达一限度,证以今日大飞机之不如前数年建造之多,盖可知吾人在理论上所得之结果为不谬矣。至于气船作长途飞行,其安全性必不亚于飞机,吾人可以Graf Zepplin号之成绩(见第十二表)为证。待LZ-129号造成,因其排空量(见第十三表)较大,此种气船之优越性更能表现。最近加入气船事业者又有苏联对此方亦十分努力。故吾人终在不远之将来,见世界航空线上,满布伟大之气船,而此时亦见Count Ferdinand Zepplin之可敬重也。

第十二表 Graf Zepplin之成绩

	载客人数	邮件(公斤)	货物(公斤)	飞行公里数
1933年	476	2,591	2,086	165,661
1929~1933年	6,900	17,591	37,177	743,365

五年中无一次失事。

第十三表 LZ-129

最大圆径	134尺
全高	145尺
全长	812尺
排空量	7,070,000立方尺
气袋数	16
动力	4,400马力
燃料量	130,000磅
飞行距离	以每小时80哩之速度,8,000哩

载客五十人,以其他货物十吨,及船员三十五人。

第五节　德国、瑞士在航空几个领域的近期进展[*]

一、火箭

德国发展火箭大约始于 1936 年,当时德国正在进行狂热的战前准备,规划的主要应用如下:

① 主发动机:用于歼击机和战斗机,它们要求有高的爬升率以及在高空能够高速飞行。

② 副发动机:用于辅助短距起降并提高爬升率。

③ 推进器:用于防空火箭、滑翔炸弹、加速炸弹及弹射弹等弹药。

④ 推进器:用于鱼雷以及空射鱼雷在入水前的制动减速。

⑤ 火箭燃料产生燃气:用于驱动火箭转动和平动。

鉴于上述目标,德国的工业部门和研究机构被动员起来,比较活跃的研究单位包括:

① Braunschweig 赫尔曼戈林航空研究中心:一小部分研究设施位于 Volken-rode(Neoggareth and Edse),大部分位于 Fassburg(其负责人为 A. Busemann,主管为 Grumbt 和 Winkler)。

② München 航空研究中心:计划增扩到 Ottobrunn(负责人是 O. Lutz)。

③ Heeresanstalt,Peenemünde。

④ Rheinmetall-Borsig,A. G.,Berlin-Marienfelde(固体燃料)。

⑤ Fa. Wilhelm Schmidding,A. G. Bodenbach(液体燃料)。

⑥ H. Walter,K. G.,Kiel(过氧化氢燃料)。

对燃料的研究包括固体燃料、固液燃料以及液体燃料。采用固液燃料的火箭其固体燃料贮存于燃烧室,液体燃料注入燃烧室并在其中与固体燃料发生反应,这种类型的燃料以前未知,值得认真考虑。

1. 固体燃料火箭

德国陆军火箭采用的燃料为硝化纤维与二甘醇二硝酸盐的混合物,同时含有少量其他的组分。混合的燃料压缩为块状,称为 POL Pulver(pulver ohne lösungsmittel),制造商为:

① Dynamit,A. G.,Hamburg。

---

[*] 本节是钱学森 1945 年《Toward New Horizons(迈向新高度)》第 3 卷《技术方面的情报材料》第 1 部分的内容,刘玉文,译。限于篇幅略去了德国固体推进剂实例、德国固体推进剂火箭、德国小型液体推进剂火箭、液体推进剂名录等 4 个附录。

② Westphälische-Anhalt Sprengstoff，A. G.，Wittenberg(Elbe)。

③ Wolff，A. G.，Walrode(North of Hanover)。

常用的两种规格的块状燃料为中空圆柱体(药柱)，尺寸如表 1-5-1 所示。

表 1-5-1 常用的两种规格的块状燃料

	药柱 I	药柱 II
外径/mm	58	15
内径/mm	9	
长度/mm	134	400

一般情况下，一枚火箭只使用一个药柱 I，但也有一些火箭使用 7 个小直径药柱 II。燃料均匀燃烧的最低压力为 80 个大气压(1,140psi)，但实际使用时燃烧室的压力一般设计为 120 个大气压(1,700psi)。在 120 个大气压下，燃料的线性燃烧速度为 11mm/s 或 0.43in. /s。燃烧面与喷管截面比值为 400，比燃料消耗量为 18lb/hr-lb，对应的有效排放速度为 6,400ft/s。燃料的使用温度范围为一40℃～60℃，该温度范围是由燃烧速度决定的，而燃烧室内计算温度为 2,500℃。可以看出，德国生产的燃料比美国生产的燃料温度使用范围宽，但燃烧压力要高很多。

必须设法降低燃烧压力，才能制造质量较轻的火箭。曾试图在燃料中添加诸如铂盐之类的特殊催化剂以降低燃烧压力，但到目前为止都未成功。另一方面，在发射导弹时通过降低燃烧压力以增加燃烧时间，Rheinmetall-Borsig，A. G. 开发了一个机械控制活门或称之为调节器使燃料得以平稳燃烧。调节器的效果如图 1-5-1 所示，上面的曲线是没有调节器的情况，燃料的燃烧断断续续，下面的曲

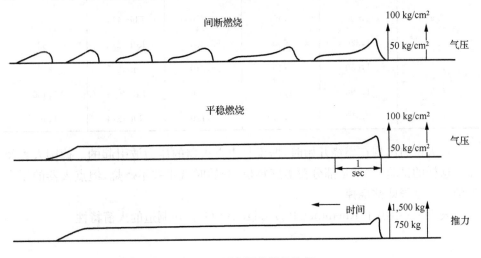

图 1-5-1 压力调节器的效果

线是有调节器的情况,燃料平稳燃烧。调节器的结构如图 1-5-2 所示,从左至右,分别表示不同阶段的改进模型。当燃烧室的气体压力高于活门预置值,活门打开,压力释放,当燃烧室气体压力低于活门预置值,活门关闭,燃烧室积累压力。通常调节器采用一个或多个连在一起的活门以减轻喷管的压力。对调节器的弹簧进行不同的设置可以得到不同的燃烧时间,如表 1-5-2 所示。

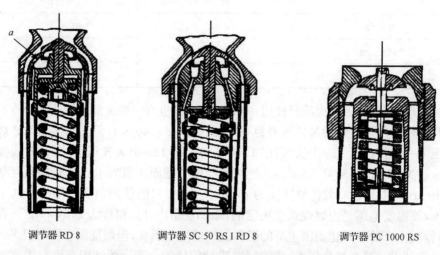

调节器 RD 8　　　　　调节器 SC 50 RS I RD 8　　　　调节器 PC 1000 RS

图 1-5-2　固体燃料发动机的压力调节器

表 1-5-2　Rheinmetall-Borsig UNIT RI-502 不同燃烧时间对应的推力

燃烧时间/s	最大推力/lb	平均推力/lb	冲量/lb. s	燃料装药	调节器设置/lb
2.8	2,480	2,480	6,870	Ebia 414	—
2.9	2,400	2,400	6,870	Ebia 414	—
9.0	1,320	600	5,360	Rdf 42/5	352
9.0	1,650	740	6,610	Rdf 42/5	352
6.5	1,490	1,130	7,070	Rdf 42/4	1,460
6.3	2,310	1,150	2,120	Rdf 42/4	1,460

最大推力出现在燃烧开始时,据说是由点火器的压力波引起的。德国人曾经做过这样的试验,将纸张部分覆盖燃料块,开始时纸张并不燃烧,但点火器的压力波消失后纸张即被烧掉。

表 1-5-3 给出了 Rheinmetall-Borsig, A. G. 公司制造的火箭特性。

表 1-5-3　　Rheinmetall-Borsig 固体燃料火箭

型号	冲量/lb.s	燃烧时间/s	燃烧室平均压力/psi	总重/lb	比冲/s	
SD4HLRS	750	0.6	1,700	13.9	54	
SD5ORS	1,500	0.5	1,700	26.5	57	无
SD7ORS	3,530	0.7	1,700	61.7	57	调
10.5cm R-FL	440	1.3	1,700	26.5	16.6	节
21cm W Gr	8,150	2	1,700	108	75	器
21cm RLG	6,620	2.8	1,700	99	67	
RI-502	6,620	6	812	93	71.5	有
RI-503	13,200	6	880	181	73	调
PC500RS	11,000	2.4	880	286	38.5	节
SC500RS	28,600	2	1,010	475	60.6	器

2. 固液燃料火箭

该类火箭的一个例子是石墨与氧化氮（N_2O）组合。石墨被压缩成固体,置入发动机的燃烧室,形状可做成有大量小孔的圆盘,小孔的方向与气流方向相同;或压缩成中空的圆柱体,孔的方向与气流方向相同。氧化剂为氧化氮,由喷管的远端注入燃烧室。为了阻断热量传导至燃烧室壁,靠近燃烧室壁的外层石墨无孔。用一个小装药完成点火,为了确保石墨装药表面在开始时同时均匀燃烧,石墨装药的孔中填充赛璐珞作为起爆药。这样 1 秒内就可使推力达到最大,估计这类火箭在40 秒内可建立起 1,100 lb 的推力。

该类火箭另一种可能的组合为:氧化剂采用亚硝酰基的高氯酸盐晶体（$NOClO_4H_2O$）,燃料为氨（NH_3）。氧化剂（代号 PC_2）与石墨混合压缩成适当形状置于燃烧室内,液体燃料 NH_3 注入燃烧室即可自动燃烧。该配方是一小实验室（Damköhler Eggerflüss）通过实验获得的,燃烧时压力 285psi,比冲介于 $180\sim200s$ 之间,燃烧室温度 $2,000℃$。

3. 液体燃料火箭

值得注意的是尽管德国的液体燃料火箭开始时采用液氧和酒精,但近期开发的重点却放在了过氧化氢和氮苯胺酸类的燃料上。下面几段给出研究开发这类火箭的要点。

1）液氧和碳氢化合物

对该类火箭最为雄心勃勃的测试装置由 Busemann 领导的 E. Sänger 实验室建造，位于 Fassburg（在 Celle 附近）。其中碳氢化合物采用燃油，液氧现场制造，流量 165 lb/hr，贮存于容量为 50 吨的罐中，液氧罐采用 3 英尺厚的沙子隔热，用铜管将液氧引至测试台。Sänger 制定了一个制造 200,000lb 火箭的宏伟计划，燃料泵由蒸汽涡轮机驱动，涡轮蒸汽通过发动机的水冷管获得并经液氧浓缩。但是该实验装置未取得实质性试验成果，Sänger 于 1941 年放弃了该组织。1944 年后期，Grumbt 重拾该试验，他现在仍是该实验站的负责人，不过为便于操作将氧化剂由液态氧改为气态氧。下面是试验成果的一些要点：

① 通过二乙基锌实现点火，首先将二乙基锌导入燃烧室并在其中与空气燃烧，然后再将燃料注入燃烧室。二乙基锌在空气中能够自燃。

② 采用容量相同但长细比不同的燃烧室进行了系统的测试，从燃烧室的轴向一端注入燃料，对长而细的燃烧室进行了测试，但最有效的燃烧室其长细比大约为 2。

③ 燃烧室压力为 570psi、容积与喷管面积比值为 45 英寸、长细比为 2、燃料与氧的最优比率为 2.9 时，测得排放速度为 8,800ft/s。

④ 燃油和氧的注入口设计为相互正切，但未进行测试。

⑤ 试验采用水冷，并计划在临界压力时用液氧冷却发动机，用离心泵抽取液氧。采用临界压力的好处是可避免冷却液沸腾。

⑥ 计划用光学方法测量喷射速度，该方法分别获取射流方向 45°处和射流反方向 45°处的射流谱线，通过多普勒效应测量射流速度。该方法由 Konen 提出，钠盐作为着色剂。

2）N_2O(GM-1)作为氧化剂

Lutz 曾在 Ludwigshafen 工作，主要研究向飞机发动机中喷射 N_2O 以提高高空功率，认识到既然飞机可携带液态 N_2O 储箱，那么 N_2O 也可用作火箭的氧化剂以辅助火箭起飞。所以当他撤到 Volkenrode 后，就开始进行液体燃料火箭的研究，用汽油作为燃料，而 N_2O 用作氧化剂，燃烧室的温度较低，大约 2,000℃，排放速度大约 5,000ft/s。

3）过氧化氢燃料

过氧化氢最初由 H. Walters, K. G. 开发用于鱼雷，后来发现浓度 80％的过氧化氢与水合肼（$N_2H_2 \cdot H_2O$）结合可自动燃烧，水合肼与甲醇的混合物称为 C-Stoff，与浓度 80％的过氧化氢共同用于 Me-163B 火箭战斗机的动力装置。该装置含有一涡轮机,用以驱动过氧化氢泵和燃料泵,涡轮机由 H_2O_2 分解出的气体驱动。通过控制涡轮机调节推力的大小,其最大推力可达 3,650 lb,用 C-Stoff 对动力装置降温。最大推力时,燃烧室的压力为 310psi,部分推力时,燃烧室的压力自然要低得多,因而部分推力时燃料的消耗率要比全推力时高。全推力时,消耗率为 18 lb/hr/lb-thrust,若考虑驱动泵系统的消耗,总的消耗率为 19.8 lb/hr/lb-thrust。例如,若只有 1/4 推力,那么消耗率将比上述数值高出 70%,所以巡航状态下燃料的消耗非常大。弥补的措施为设计两个发动机:一个推力 660 lb,用于巡航,另一个推力 3,300 lb,用于爬升。但双发动机的设计一直没能生产。

4）氮酸燃料

针对过氧化氢和水合肼的不足,BMW 和 München 航空研究中心开发出了氮酸燃料。德国人研制这类燃料的出发点是基于使用安全,重点是降低成本并缩短点火迟滞,这自然导致要研制混合燃料。该燃料由两部分组成,称为 ergol 的部分不具活性,即使加酸也不会自燃;但与活性部分或称为 initiator 结合,即可燃烧。其点火迟滞甚至比单独使用点火器还要短,这样不仅降低了成本还提高了点火性能。现在许多火箭都使用这类燃料,如防空火箭 Wasserfall 用的就是 Salbei-Visol 化合物。

5）单一推进剂

德国人曾试图将氨（NH_3）与氧化氮（N_2O）混合到一起,以及将氨溶入硝酸氨（NH_4NO_3）中。Schmidding 公司曾极力推崇一种硝酸甲脂酒精的混合物（CH_3NO_3）以及甲醇（CH_3OH）,但都未取得显著的成就。

6）渗透式冷却

为了冷却发动机尤其是喷管,开展了对多孔渗液材料的研究,液体可渗透材料的外壁。试验表明,仅用 0.083 lb/s/sq ft,气体温度达到 1,100℃、速度 2,000 ft/s 时,材料壁温可维持在 100℃。所以用多孔渗液材料作为外壁的渗透式冷却方式是有效的也有望实现。

二、箭翼

随着飞行器速度的提高,空气压缩效应亦趋严重。众所周知,该效应可通过马赫数这一参数进行表征,马赫数定义为飞行速度与音速之比。若马赫数接近于 1,机翼的气动特性急剧变化:升力减小、阻力增大。目前飞机采用的传统机翼,气动特性的急剧变化发生在 0.74 马赫处。为避免高速情况下气动效率的损失,必须设计新的翼形以提高临界马赫数。

Pfeilflügel 箭翼(图 1-5-3)的目的就是为了提高临界马赫数,由 Busemann[1] 首先提出,用于马赫数大于 1 的超音速飞机,但 Betz[2] 将其改用于亚音速飞行。采用这种方法通常情况下相同的翼形其马赫数可提高 0.1,如若直翼的临界马赫数为 0.74,那么箭翼的临界马赫数则为 0.84,因此该方法对气动力的使用有较大提升。

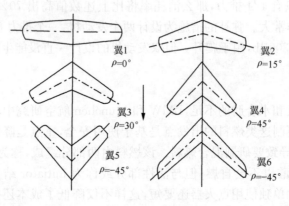

图 1-5-3　箭翼

对箭翼研究比较活跃的机构有:

① 哥廷根空气动力研究所的风洞事业部,位于 Seiferth,负责人为 Betz。

② 德国航空航天研究所,位于柏林阿德勒斯霍夫。

③ 不伦瑞克赫尔曼戈林航空研究中心的风洞事业部,负责人为 Blenk,位于 Th. Zobel。

1. 基本原理

此处考虑空气无黏滞,因而机翼的表面不存在边界层。将具有无限翼展的机翼置于马赫数为 0.6 的气流中,翼展方向与气流方向垂直(图 1-5-4),由于马赫数低于临界值,机翼具有较高的气动效率。假设观测者沿翼展方向运动,速度 0.5 马赫,那么,对于运动着的观测者而言,机翼相当于置于马赫数为 $\sqrt{0.6^2+0.5^2}=0.780$ 的气流中,但气流方向与翼展的夹角为 $\tan^{-1}\dfrac{0.6}{0.5}=50°10'$(图 1-5-5)。也可以说机翼置于马赫数为 0.78 的气流中,其后掠角为 $90°-50°10'=39°50'$。事实上,沿

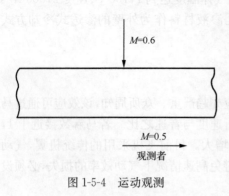

图 1-5-4　运动观测

机翼方向运动的观测者并不会改变机翼周围气流的物理位置,因而作用在机翼上的气动力与置于马赫数为 0.6 的气流中的无后掠角直翼相同。

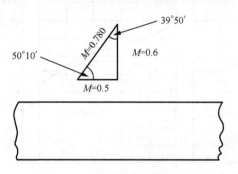

图 1-5-5　运动观测得到的合成运动

上面的分析唯一忽略的因素是流体的粘滞性。由于流体的粘滞性,与固体面紧邻的流体速度为 0。对于运动的观测者而言,紧邻固体面的流体速度并不为 0,而是与观测者的运动速度相同。这样考虑流体的粘滞性和边界层,将带后掠角的无限长机翼与运动观测者观测到的无限长直翼进行类比就不成立。然后由于固态物体上的压力分布取决于边界层外的流体,而在边界层外,流体的粘滞性可以忽略,因而上段得到的结论实际上是正确的,这已经由 Koch[3] 进行的一系列试验所证实。在这些试验中,采用翼形厚度 9% 的同一机翼对不同的后掠角进行了测试(图 1-5-6)。根据上面给出的结论,有效速度为来流速度 V 的分量 $V\cos\beta$,这样若 p 表示机翼表面某点与自由流体在相同速度 $M\cos\beta$ 下测得的静压差,那么 $p/q\cos^2\beta^2$ 与后掠角无关(M 为自由流体的马赫数,$q = 1/2\rho V^2$)。如图 1-5-7～图 1-5-9 所示。

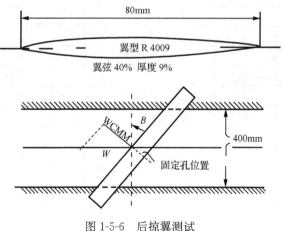

图 1-5-6　后掠翼测试

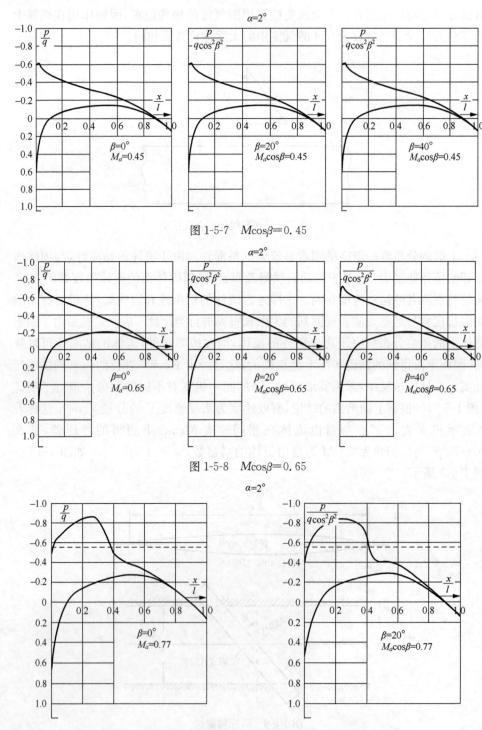

图 1-5-7　$M\cos\beta = 0.45$

图 1-5-8　$M\cos\beta = 0.65$

图 1-5-9　$M\cos\beta = 0.77$

2. 箭翼的气动特性

在实际应用中,翼展是有限的且机翼要对称,这可通过箭翼前掠和后掠实现。这样基于无限翼展的简单情形将不再适用而必须依靠风洞试验。Ludwieg 用 80mm 翼展的小模型作了大量的试验测试,翼型采用哥廷根 623(与 NACA4412 类似),测试的一组机翼如图 1-5-3 所示,图 1-5-10～图 1-5-13 给出了测试结果。图 1-5-10 明确表示出了箭翼的优势,后掠角为 4.5°时,箭翼在 $M=1.2$ 时的阻力系数与直翼在 $M=0.8$ 时相同。

加上发动机舱和机身后(图 1-5-14)阻力将会增大,图 1-5-15 给出了针对图 1-5-14 所示模型的测试结果,可以看出箭翼仍保持了其优势。同时可以看出,机身的不利影响较小,而发动机舱使阻力大大增加。这意味着无论是螺旋桨发动机还是涡轮喷气发动机,采用一个发动机较为适宜。当然发动机舱的安装位置不同影响亦不相同,在没有充分试验之前尚不能得出通用结论。

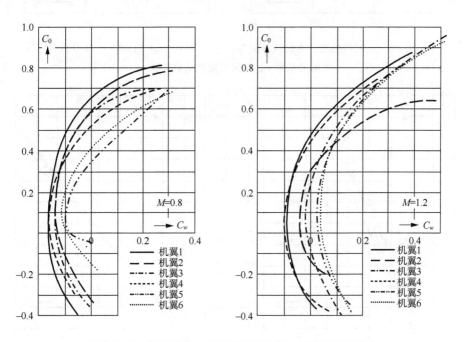

图 1-5-10　马赫数为 0.8 和 1.2 时 1 号～6 号机翼的极点

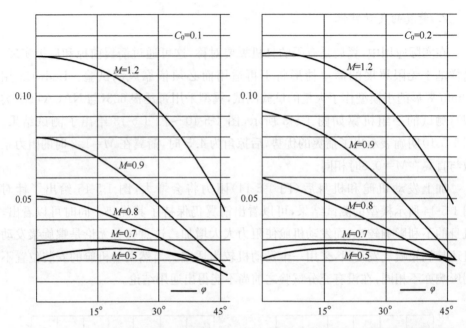

图 1-5-11　不同马赫数升力系数分别为 $C_0 = 0.1$ and $C_0 = 0.2$ 时 1～4 号机翼的
阻力系数 C_w 与后掠角的函数关系

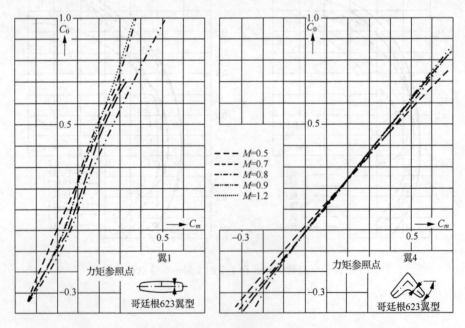

图 1-5-12　1 号和 4 号机翼力矩系数 C_m 与升力系数的函数关系

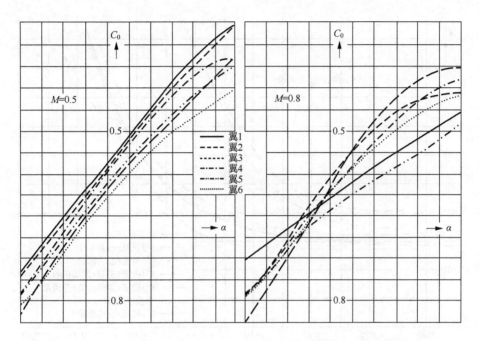

图 1-5-13　马赫数为 0.5 和 0.8 时升力系数 C_0 与攻角的函数关系

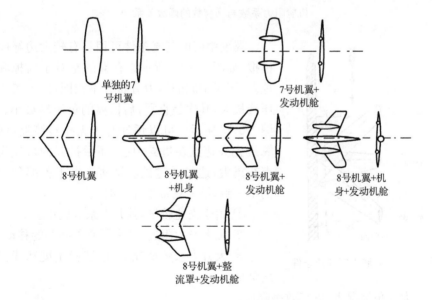

图 1-5-14　加上机身或发动机舱的 7 号、8 号机翼

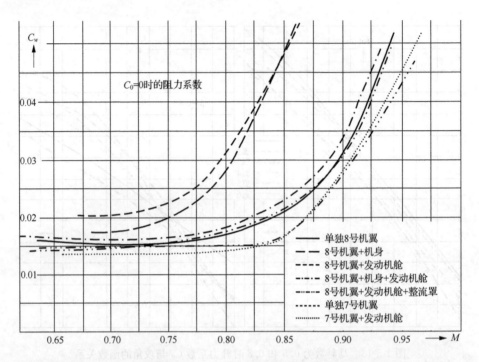

图 1-5-15　升力系数 $C_0=0$ 时有机身和发动机舱及无机身和发动
机舱阻力系数与马赫数的函数关系

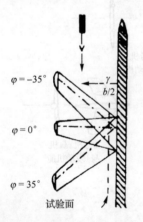

图 1-5-16　翼展中间气流条件

翼展中间的气流条件可用具有较大边缘圆盘模拟,如图 1-5-16 所示。有趣的是对于前掠和后掠翼,翼展中间的压力分布并不相同,前掠翼的负压峰最大,其次是直翼,后掠翼的负压峰最小。如图 1-5-17 所示。可以预计对于无扭转箭翼,前掠翼最先失速点在机翼中心,而后掠翼的最先失速点在翼尖,这已通过试验证实。由于各部分失速的不一致,给箭翼带来如下缺点:

① 由于失速较早,其升力系数较小。

② 最大升力附近,带来压心不必要的移动。

③ 大升力系数情况下,滚转稳定度和线稳定度降低。

④ 大攻角情况下,副翼效率降低。

箭翼的这些缺点无论在高速或低速情况下都需要进一步研究弥补。

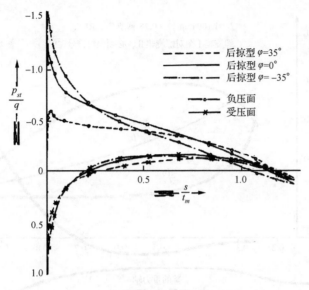

图 1-5-17　前掠翼和后掠翼中心附近的压力分布

3. 用于螺旋桨设计

　　箭翼的原理可方便地用于螺旋桨,由于螺旋桨桨叶叶梢速度比叶根高,桨叶既可向前弯曲也可向后弯曲。如图 1-5-18 所示。图 1-5-20 给出了图 1-5-19[4] 所示桨叶的测试结果,可以看出,由于存在边界层的相互作用,向前弯曲的桨叶与直桨相比并不具优势,但向后弯曲的桨叶比直桨有效,尤其桨尖速度较高时。

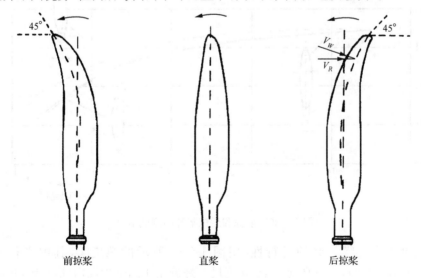

图 1-5-18　前掠和后掠螺旋桨桨叶

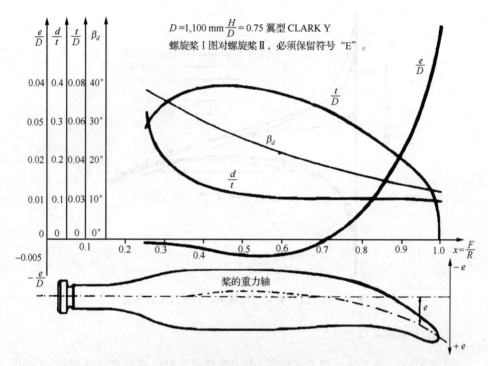

图 1-5-19　测试桨叶的外形

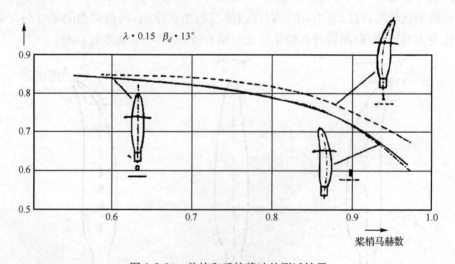

图 1-5-20　前掠和后掠桨叶的测试结果

　　为展示该类螺旋桨的可行性,用图 1-5-21 所示的螺旋桨,其中飞行速度 540mph($M=0.8$),飞行高度 32,800 英尺。螺旋桨 I 的桨尖周向速度为 740ft/s,

螺旋桨 II 的桨尖周向速度为 590ft/s。两种翼型按曲线 III 给出的桨尖有效马赫数进行加工,最大桨尖有效马赫数为 0.9,效能明显提高。当然,由于螺旋桨 I 的弯曲度大,加工要困难一些,螺旋桨 II 更为实用。无论如何,箭翼原理用于螺旋桨可使飞行速度达到 0.8 马赫。

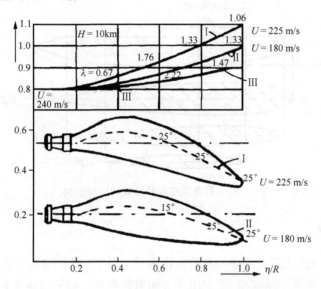

图 1-5-21 马赫数为 0.8 时的后掠桨叶

4. 用于机身设计

箭翼可在高马赫数下飞行的优点,还可从另外一个角度理解:箭翼上表面的气流和最大速度线由图 1-5-22 近似给出,若激波出现在最大速度线附近,气流与激波波前并不正交,在偏离法线的方向上,激波的局部马赫数远大于 1;而对于法向激波,情况与直翼相近,激波的局部马赫数近似为 1,这就解释了为什么箭翼的临界飞行马赫数比直翼要高。从这也可看出,箭翼的本质是要使最大速度线倾斜于当地气流方向。

该原理亦可方便用于具有较高临界马赫数机身形状的设计,对于任一剖面,最大速度点大致与气流平行的剖面最宽处相对应。具有高临界马赫数的机身应

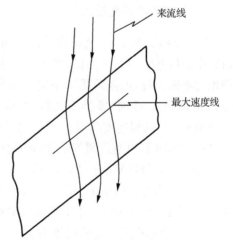

图 1-5-22 前掠翼上表面的气流条件

具有的形状如图 1-5-23 所示。即使在飞机对称点 P，因机身有两个峰脊，也能使最大速度线倾斜于气流方向。这一思想最初由 Messerschmidt 飞机公司的 Voigt 提出，但尚未做风洞试验。

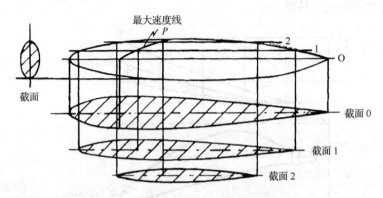

图 1-5-23　具有高临界马赫数的机身形状

三、冲压发动机

虽然德国一直试图开发冲压发动机作为动力装置，但是根据收集到的信息和数据，该项工作也是刚刚起步，距实用还有相当的距离。但是高流速燃料至少是气体燃料的稳定燃烧已取得突破，对德国冲压发动机在亚音速下的进一步性能测试与理论计算结果的比对将在美国进行。冲压发动机设计的一些概念将在设计思想中给出。

1. 德国的冲压发动机

Kiel 的 Fa. Walter 公司设计的冲压发动机在 Volkenrode 的赫尔曼戈林航空研究中心(LFA)进行了测试，常温下其阻力系数为 0.3。随着喷射燃料的增加，其净推力不断上升，但随后推力下降。净推力的最大值随速度增加，但当马赫数由 0.42 增加到 0.85 时，净推力系数(净推力除以动压与前端面面积的乘积)由 0.4 降低至 0.3。风洞速度高至 700ft/s 时发动机仍可点火。在达到风洞最高测试速度($M=0.85$)时，可通过调节燃料的喷射压力控制燃烧，但燃烧并不平稳。$M=0.8$ 时，净推力的燃料消耗为 7lb/hr/lb。

Sänger 曾在 Dornier-217 轰炸机上安装了一个直径 2m 的大冲压发动机，并从 Ainring 飞到 Fassburg。冲压发动机的燃烧并不平稳。据飞行员说，飞机高速飞行时，几乎感觉不到发动机的推力。

Sänger 的尝试失败后，冲压发动机的研制由 Pabst 领导的位于 Bad Eilsen 的 Focke-Wulf 公司接管。为了减小外部阻力，采用外部压缩以缩短发动机的长度。

据称扩散道内总压力的损失仅由3%上升到5%。燃烧室中的燃烧装置针对气体燃料设计。每个燃烧装置包含一个带尖角的锥腔,气体燃料由与锥底相连的管子导入锥腔内(图1-5-24),燃料然后流向锥腔与锥底盘片之间的环状空间内,稳定火焰的盘片产生涡流和湍流。有多个燃烧装置,按锥腔直径散开

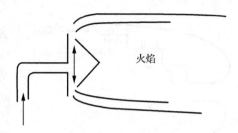

图 1-5-24　冲压发动机燃烧装置

分布,燃烧室的直径大约18cm,共安装50个燃烧装置。

　　该装置在LFA的高速风洞中进行了测试,燃料为氢气。燃料的注入速率与马赫数成正比。观测到的性能如表1-5-4所示。

表 1-5-4　燃料为氢气时,燃烧装置风洞测试结果

马赫数	燃料注入速率 /(gm/s)	净推力 /kg	净推力下的燃料消耗率	
			/(gm/kg/s)	/(lb/hr/lb)
0.3	7	7	1.00	3.6
0.4	10	13	0.77	2.8
0.5	13	20	0.65	2.3
0.6	16	28	0.57	2.1
0.7	19	35	0.54	1.9
0.8	22	38	0.58	2.1
0.9	25	22	1.14	4.1

　　由于氢气的最低热量值为52,500BTU/lb,而汽油的最低热量值为18,700BTU/lb,所以上述消耗率转换为汽油时要乘上因子52,500/18,700 = 2.81。真正燃烧掉的燃料比率取决于喷流速度,如表1-5-5所示。

表 1-5-5　汽油燃烧比和喷流温度对应关系

喷流温度/(℃)	燃烧比
200	65
300	80
500	99
700	100

　　Heeresanstalt(位于Kummesdorf,在柏林南25km)的Trommsdorf曾设计过

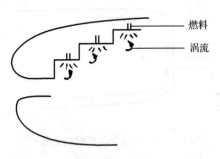

燃料

涡流

图 1-5-25　炮射导弹冲压发动机燃烧室

一个炮射冲压发动机(图 1-5-25)导弹,命名为"Reichweitengeschoss",设计射程 60~80km。该导弹为旋转稳定。冲压发动机工作时导弹对应的速度为 2.5 马赫。此时燃烧室入口处的温度达到 400~500℃。这样不用火花塞和其他装置的辅助即可实现点火。Kummesdorf 测试所用的燃料为二硫化碳(CS_2),其特点是易于点火。燃料箱旋转产生的压力将燃料注入燃烧室。

燃烧室由赫尔曼戈林航空研究中心(LFA)的 Edse 设计,分为几个部分,入口处的速度大约为 100m/s。由于制造时间推迟,Edse 并未能够对燃烧室的每个部分进行静态测试,但为增强燃料的燃烧曾计划将硝酸酯($C_8H_{17}NO_3$)添加至燃料内。

2. 设计思想

在 LFA 的超音速风洞中对扩散道进行了测试,发现常规管口情况下法向激波总是在管口前面形成,扩散道的效率极低。为了改进设计,入口设计为环状,并在管道前连接一锥体,该锥体将产生斜激波。由于通过斜激波的损失通常比通过法向激波的损失小,所以扩散道的效率得到提高。

若只在短时内工作,考虑用煤作为冲压发动机的燃料。将煤粉与黏合剂制成片状置于燃烧室内。采用这种机制的优点为:燃料便宜;无燃料喷射系统,设计简单。但在试验时遇到了困难,由于燃烧不充分,燃烧后生成的是 CO 而不是 CO_2。要在高流速下充分燃烧,有两种办法,要么引入湍流,要么把燃烧室设计得很长。为了改进燃烧,计划通过添加剂解决该问题。该类冲压发动机的倡导者为 Lippisch 和 Sänger。

法国发明家 de Lavand 设计了具有新型燃烧室的冲压发动机,燃烧室为渐次增大的圆柱体(图 1-5-25),每个台阶角落处都可产生稳定火焰的湍流。

四、脉冲发动机

1. 历史回顾

1935 年,Schmidt 在德国航空部的支持下开始对脉冲发动机的研究工作。他的第一步是设计并测试每秒 50 次的点火装置。该装置为机械结构,通过活塞将燃料和空气的混合物压缩实现自身点火。活塞缸前面的空气阀的形状与现在使用的空气阀相同,但燃料喷射装置则相当复杂,由覆盖纱网的多个喷嘴构成。燃料则由与气流相反的方向压入。这样做的目的据说是为了在不同空速情况下燃料与空气的比率都是常数。在最初测试时发现,虽然点火装置可实现每秒 50 次的点火,但活塞缸的工作频率却是每秒 100 次,该频率与活塞缸的自然频率相同。该点火装置没有什么用处并被放弃。

1939 年或 1940 年,位于柏林的 Argus Motor 公司开始对脉冲发动机进行研究,开始时使用他们自己设计的空气阀。该设计采用螺旋进气道,空气进入燃烧室的阻力要比空气从燃烧室流出的阻力小得多,然而燃料喷射系统则相当简单,仅有一个喷嘴,频率大约为每秒 50 次。后来舍弃 Schmidt 复杂的燃料喷射系统和 Argus 笨拙的空气阀,将 Schmidt 和 Argus 的设计优点合二为一,使脉冲发动机走向实用,其构成与现在使用的脉冲发动机相同。

大约在 1941 年,由于 V-2 火箭的开发尚未到实用程度,德国航空部的 Schelp 意识到脉冲发动机的潜力并建议将其用于小型无人驾驶轰炸机,机体由 Fiessler 飞机公司设计,这就是 V-1。Volkenrode 的赫尔曼戈林航空研究中心(LFA)在其 2.8m 的高速风洞中对脉冲发动机的气动特性进行了详细测试。为了这次测试,去掉了风洞的回程段,风洞的运行状态类似于 Eiffel 类风洞,以利于空气交换。

2. 工程开发

LFA 气动力学部的 Busemann 是德国航空部的顾问,由他决定脉冲发动机的研制开发合同到期后是否还需要续签,所以他清楚脉冲发动机工程开发的整个历史过程。下面综述一下德国开发脉冲发动机的要点:

1) 脉冲发动机的空气动力学

Argus 公司最初提交给 LFA 进行风洞测试的脉冲发动机采用螺旋空气阀,不加整流罩,直接安装在进气道的前端,结果发现进气道的外部阻力非常大。这样,虽然发动机的静态推力达到 600lb,但速度达到 380mph 时,其净推力为 0。为了减小阻力,像现在的发动机一样,将空气阀完全包在整流罩内,净推力为 0 的速度提高到 435mph。进一步改进喷射系统,空气速度在 0~340mph 的范围内,净推力增加到 660lb,净推力为 0 的速度增加到 560mph。脉冲发动机的气动设计和喷射系统仍有提升的空间,但这些研究必须在高速风洞中进行才有可能,这是因为发动机的外部阻力非常重要,研究过程中必须将这一因素考虑进去。

要进一步提高脉冲发动机的推力,必须加大空气阀进气口的有效面积。现在的设计其开口的有效面积只有 60%,其余 40%被网栅所占。进气口面积加大,空气流量相应增多,同样发动机可获得更大推力,如去除螺旋空气阀网栅的部分网线,脉冲发动机的静态推力由 660lb 提高到 880lb,在全推力状态下,燃料的消耗率由 3 lb/hr/lb 降低至 2.8 lb/hr/lb。该项工作由位于 Ainring 的 DFS 公司的 Eisla
和 Dietrich 完成。为了减小阻力,进气道需全部埋入机身内(与脉冲发动机采用相
同原理,另外一个有趣的应用是发动机在较冷气象条件下的保温,只不过在这里是
将热气喷射至发动机的热管内)。

2) 送气加力

如果单独将空气导入爆轰气体燃料混合物后面的进气道,那么当混合物爆破
后,其作用相当于活塞向外推压空气柱。这样就提高了每次爆轰的空气量,结果得
到更大的冲量,提高了效率。必须将气体和气体燃料混合物分开,这样做的原因有
两个:一是混合比不当燃烧不充分;二是即使混合物充分燃烧,爆轰压较低,能量的
利用率不高。

Schmidt 曾基于这一原理作过一些这方面的工作。在发动机上增加第二个螺
旋空气阀,仅当燃料喷射时,将附加气流导入燃烧室。不过根据 Busemann 的报
告,并未取得标志性成果。

3) 脉冲和冲压的组合

Dietrich 的另一个建议是在冲压发动机进口处安装一个脉冲发动机。这样,
在低速飞行时,没有燃料注入冲压发动机管道,冲压发动机管道的作用就像是一个
增压器。在高速飞行时,脉冲发动机推力趋于下降,但它可以作为点火器,点燃注
入冲压发动机的燃料。因此,可望在很宽的速度变化范围内增加推力,并进一步实
现自启动。

4) 复式管装置

为解决单个脉冲发动机推力随时间大幅度变化的问题,Kamm 试图通过安装
复式管减轻这一影响。但由于各个进气管的工作相位不同,一个管排出的热气会
阻碍另外一个管的进气。从一个管中排出的热气流量相当可观,这样处在进气阶
段的另一管中气体密度降低,结果是双管结构产生的推力小于单管结构推力的 2
倍。这一困难到现在为止尚未解决。

五、涡轮发动机在飞机上的安装问题

常规发动机和螺旋桨推进系统的安装问题在于为发动机寻求最合适的位置以
使干涉引起的阻力最小,并不至于给控制面带来不必要的影响。同样的问题也存
在于涡轮飞机。由于喷射速度高,排出的气体温度高,对飞机其他部分的影响甚至
比常规发动机更大。所以安装问题是喷气飞机设计必须考虑的重要问题之一。

1. 涡轮发动机风洞测试模型

为了研究这一安装问题,风洞测试是最方便的方法。在德国这方面的研究工作大部分由哥廷根空气动力研究所(AVA)完成。首先需要确定的最好方法是通过模型测试对涡轮发动机进行模拟。AVA将电风扇和燃烧酒精结合到一起模拟涡轮发动机。进入模型管路的空气通过风扇的轴向压缩并经酒精燃烧加热后排出。管道中的风扇由电动机驱动。由于与飞行速度相比风洞速度较低,只需要适当的排气速度即可,因而风扇采用单级驱动。要保证平稳燃烧,选择酒精作为燃料。

第一个要回答的问题是燃烧增加的热量是否绝对必需,当然答案要视所研究的气动特性条件而定。若围绕涡轮发动机的气流特性固定不变,则不需要增加热量。更精确的结果是若冷喷和热喷时入口和出口的冲量变化相同,则不需要增加热量。AVA在后面的测试中都采用冷喷方式。然而由于冷喷和热喷的分布不同,在考虑包含喷射尾迹(诸如尾部表面特性)气动特性的研究时,只能通过热喷才能精确测定。

如果冷喷和热喷增加的动量相同,那么气流量必不相同。这可通过如下方法弥补:适当减小冷喷模型排气口的面积,使动量改变与气流量相同;冷喷模型的管路中引入低密度气体,以减小排出气体的密度。但两种方法都不易实现。

2. 涡喷发动机模型的气动力测试

问题一是涡轮发动机进气道自身的气动特性,包括对其运转状态、升力、推力等方面的研究[7~9]。

问题二是进气道与机翼的干扰阻力,重点是尽量使表面速度的增量最小。表面速度通过气压孔测定,这样可使在高马赫数飞行条件下延迟表面激波的产生。研究发现,对于箭翼要使进气道和机翼的整流形状达到最优相当复杂,这是由于流过箭翼的气流特性不对称所引起的。

问题三是翼面相对于进气道安装位置不同对发动机气动特性的影响。对该问题的首次近似是通过冷喷模型完成的[12]。但是,Busemann通过对实际热喷涡喷发动机的行为观测到一个有趣的现象,如所期望的一样,在8倍发动机直径范围内喷流和周围的空气可光滑混合。在此之外,出现周期为1/2秒的大涡流导致尾部振动,开始表现出不稳定现象。

3. 进气道进气口设计

考虑两类进气口:进气口外部安装,即涡轮发动机的进气道与飞机其余部分分开,进气道进气口安装在飞机外,而涡轮发动机藏于飞机内。对于外部安装,研究表明[13,14]为满足所有飞行速度下的性能和攻角要求[7~9]，进气道的前缘形状应为圆形。对于内部安装，由于流过后掠翼表面气流的非对称性，进气道藏于后掠翼内部比较困难[15]。在这方面难以找出一个普适性准则，每种情况都要分别研究。但通过测试表明，这样的进气口安装形式可使总损耗减少至 10%。

六、超音速气动力学

德国对超音速气流的研究主要集中在如下几个主题：

① 炮弹和导弹的气动特性。

② 与高速脉冲发动机和冲压发动机设计相关的气流问题。

③ 爆裂或激波。

④ 已在脉冲发动机和冲压发动机两个报告中作过叙述。③ 项本质上是空气动力和化学现象的结合，在空气动力方面可简化为柱面或球面激波问题，该主题仅作了一些理论方面的研究工作。

1. 炮弹和导弹的试验研究

对炮弹和导弹的试验研究包括弹道靶测试和风洞测试两个方面。对于弹道靶测试，最有意思的装置是赫尔曼戈林航空研究中心的两个弹道靶测试风洞，其中一个风洞长 400m，发射端直径 5.4m，靶端直径 7.6m。该风洞可通过抽真空达到 0.05 个大气压，相当于 72,200 英尺高度。抽真空设备为 500kW 的排风装置，抽一次真空需要 4 小时，这样弹道测试可在极低空气密度条件下进行。另外还有一个横向风弹道靶测试风洞，长 30m，宽 0.6m。自由空气流入 3,000m² 的真空罐中，可以产生高达 200m/s 的横向风。在此速度下，测试持续时间为 0.6s，对弹道测试而言，时间足够。

风洞测试的研究机构如下：

① 哥廷根空气动力研究所（AVA），负责人为 Walchner。

② Heeresantstalt Peenemünde（HAP）（1944 年 1 月搬至 Kochel），负责人为 Hermann；

③ 赫尔曼戈林航空研究中心（LFA），负责人为 Busemann。

④ Hochschule Aachen 空气动力研究所（AIA），本报告风洞测试的详细描述来自于该机构。

此处最主要的问题是风洞试验作为炮弹气动特性的测量方法是否可靠，带来三个问题：

① 由于冲激波反射和支撑模型引起的尾流扭曲的影响。

② 表面摩擦和基础压力对雷诺数的影响。

③ 炮弹不旋带来的影响。

AVA 和 HAP 都在不同马赫数和不同偏航角的情况下对一系列不同形式的炮弹进行了法向力和阻力测试。事实上,对于相同形状的炮弹,AVA 和 HAP 的测试结果并未得到核实。AVA 的数据要低一些,似乎反映了①和②的影响。对于球状炮弹,这些影响较小,试验结果已经他们核实,也通过弹道靶测试得到验证。

为了对第③项影响进行测试,在风洞中让测试模型旋转。模型由一小电机驱动,转速 30,000rpm。结果表明偏航角较小时旋转对炮弹升力的影响为 0,偏航角较大时(10°),对炮弹升力的影响较小但可忽略。旋转对炮弹阻力的影响很小但确实存在,大约增加 3.5%,同时升力略微向炮弹底端移动。

大致可以认为,德国人的研究表明,对炮弹风洞测试的主要困难在于尾流扭曲的影响以及炮弹与模型之间雷诺数的差异。旋转对力的影响很小,但由于离心力较大,有可能使边界层的厚度大幅度提高[17~20]。

HAP 对具有安定翼稳定的无翼和有翼炮弹的控制和稳定问题进行了集中研究,所有的控制都施加在安定面上,翼面无副翼。有两个主要问题:对于给定的控制力矩,为了减小铰链力矩,必须使用小而轻的舵机;在整个飞行马赫数范围内,为了减小压心和质心之间距离的变化,对不同的攻角必须保证有较小的控制力矩。

曾试图通过气动平衡解决第一个问题,但发现在超音速下要获得所需的气动平衡,控制面离开平衡位置很小的角度就会失去平衡,然后又试验了复翼控制面,但这类控制面的阻力很大。进一步试验发现扰流器也不满足要求,因为在超音速下其效力与铰链舵面相比小得多。到目前为止最佳解决方案是采用串联舵面。如图 1-5-26 所示。在不失衡的情况下可在较宽马赫数范围内获得期望的铰链力矩特性。

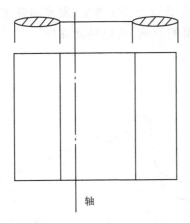

轴

图 1-5-26　所有马赫数下具有较小铰链力矩的控制面

第二个问题对于有翼导弹相对来说比较困难,曾对不同形状的翼面进行测试。最佳设计为图 1-5-27 所示的短斜削形状。该形状的翼面在马赫数从亚音速到超音速变化的过程中其压心移动量很小。

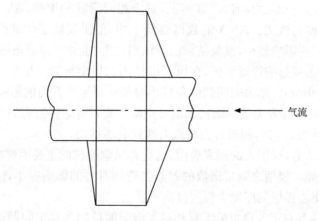

图 1-5-27　最优机翼设计

对导弹的气动特性尤其是阻尼特性研究采用的方法是：支撑点选在模型的质心位置，偏离该位置后将其释放，通过高速摄影记录随后的运动情况。

2. 火箭喷流对导弹气动特性的影响

HAP 对导弹尾部火箭喷流的影响进行了研究。在风洞测试中，用喷射热空气模拟火箭喷流。热空气从风洞外导入测试模型中，可以发现喷流对导弹阻力具有显著影响。由于喷流的负压效应，流经导弹尾部的气流被加速，该区域的压力降低，从而导致单体阻力增大。然而在高马赫数下，由于消除了导弹底部的低压尾流，阻力相应减小。对于 V-2 这一特定外形，发现超音速对底部阻力的影响大于气流对导弹其他部分压阻的影响，所以喷流降低了导弹总的阻力。如图 1-5-28 所示。

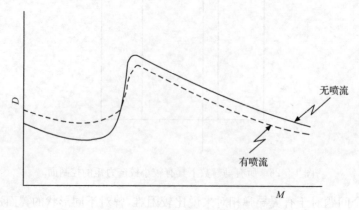

图 1-5-28　火箭喷流对导弹阻力的影响

火箭喷流也大大提高了导弹偏航振荡的阻尼。测试方法是让火箭静止但可以允许其振荡,对其运动进行测量,即可推导出其阻尼系数。阻尼增加的原因是由于弹体角动量的变化和燃料箱中推进剂的变化所引起的。由于燃料喷出,角动量变化中包含一项可解释为是由于喷流引起的阻尼力矩。

3. 理论研究

1)炮弹

超音速气流流过偏航角为 0 且旋转着的尖状物体可通过特征值法求解[21]。该解可以作为计算同一物体在较小攻角和轻微振荡条件下气流的基础解和零近似[22],这样即可较好求解炮弹和导弹超音速下的气流。

2)振动机翼

超音速流过二维振动机翼的气流其气动力线性化(小幅振动、较薄机翼)后可通过数值法完全求解,气流速度最高可达到 5 马赫。

3)边界层与激波的相互作用

激波分叉会使边界层分离,可对分叉激波进行计算并绘制成图表,与之相关的问题是形成的激波是否有可能远离连续的曲面。Tollmien 通过特征值法对一个特定的例子进行计算表明,即使在非黏滞流体中,也存在这种可能性。机翼表面压力分布是连续的,但激波附近有相当明显的升高,沿流线方向与激波相交处,压力当然是不连续的。该方面的研究可以辅助理解激波与边界层相互作用的问题。

4)二维气流的 Chaplygin 方法

Guderly 对流过匀速运动物体的气流运用超越函数的渐近形式实现了 Chaplygin 无限级数解的求和。

4. 超音速风洞设计

Busemann 认为矩形测试腔对避免激波的形成更具优势。另外,德国的风洞设计师们更喜欢两端封闭用于光学测量而另外两端开放的结构。这种设计据说可给模型支撑以更大的自由度且易于平衡,但是必须为压缩机花费更多,因为扩散道内恢复的压力较低。这些情况大致与最优设计相对应。如表 1-5-6 所示。这里亚音速扩散道半角=3°,测试段长度=1.5 倍测试段高度(H),超音速扩散道长度=1.87H,测试段宽度=H,p_a 为扩散道末端压力,p_0 为测试段喷口处压力。

表 1-5-6 德国设计的一种风洞的性能数据

测试段马赫数	入口高度	封闭段		开放段	
		扩散道入口高度,H	p_dp_0	扩散道入口高度,H	p_dp_0
1	1	1.020	0.86	1.100	0.78
1.4	0.900	0.950	0.77	1.074	0.70
1.8	0.713	0.845	0.65	1.022	0.53
2.2	0.5	0.772	0.54	0.971	0.36
2.6	0.343	0.738	0.43	0.894	0.25

七、边界层及边界层与激波在跨音速气流中的相互作用

直到最近,人们还认为马赫数和雷诺数的效应是可以分开的。也就是说,测试的雷诺数并不需要和原型一样大。这样可以节省降低风洞空气密度所需的能量。事实上这也是最近一些高速风洞设计所遵循的基本原理。1944 年年底至 1945 年年初,在美国对边界层和激波即雷诺数和马赫数相互作用的疑惑越来越大,Ackeret 在苏黎世的 ATH 进行的系列测试证明了该效应的存在。对该现象的研究很自然的分为两个方面,一是对边界层自身的研究,二是对二者相互作用的研究。下面给出的是试验结果的要点。

1. 可压缩边界层研究

位于 Kochel 的 Heeresantstalt Peenemünde(HAP)风洞小组试图用 Schlieren 方法测试边界层的厚度。但不久他们发现 Schlieren 照片上显示出的边界层厚度与感光版的宽度或者说与气流方向垂直的光路宽度有关,增加感光版的宽度,边界层的视在厚度亦增加。该现象可解释为在光路的法线方向存在较大密度梯度,密度梯度大使得光线弯曲偏离固体界面。感光版越宽或者光线在变化的密度层中的路径越长,这种效应也越强,视在边界层也就越厚。如图 1-5-29 所示。

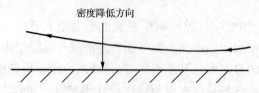

密度降低方向

图 1-5-29 光线穿越存在密度梯度的介质发生弯曲(流速与纸面垂直)

为避免该现象,HAP 的研究人员重新采用空速管直接机械测量方法,但该方法有些笨拙,试验也没很好地继续。

2. 边界层与激波相互作用

Ackeret 在苏黎世工业大学的超音速风洞中进行亚音速实验,这样做的好处是在高密度从而也就是高雷诺数的情况下驱动电机具有足够的驱动力。在这些测试中,测试部分的上下表面均为曲面,翼薄弦长。如图 1-5-30 所示。自然风洞壁附近的边界层是紊乱的,但开始时机翼上表面的边界层很薄。Ackeret 的系列实验中保持自由流体的马赫数不变,在风洞中增加空气密度逐步提高雷诺数,观测到如下一些有意义的现象。

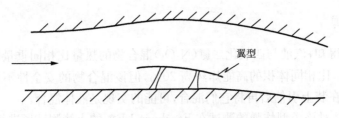

图 1-5-30　Ackeret 的实验结构

雷诺数较小时,流过机翼上表面的跨音速气流会产生所熟知的 λ-激波形态。如图 1-5-31 所示。在通过第一个斜激波时边界层加厚但没有分离,但经过第二个激波后,边界层严重分离;提高雷诺数,但保持自由流体的马赫数不变,斜激波的位置似乎固定不动但主激波却逐渐前移,边界层的分离也在某种程度上得到缓解;继续提高雷诺数,斜激波突然消失,只剩下单激波。如图 1-5-32 所示。由于不存在斜激波引起的边界层增厚效应,边界层分离大为减缓,这样马赫数相同时,机翼在高雷诺数下的阻力要比在低雷诺数下小很多。

Ackeret 进一步指出,斜激波是由于边界薄层的不稳定特性所引起的,若在机翼前缘前用小金属丝对边界层进行扰动,那么即使在低雷诺数下也不会出现 λ-激波形态。在上面的系列测试中,高雷诺数下斜激波消失,一定是因为在到达超音速气流区域之前,层流附面层到紊流边界层的正常过渡所致。这也清晰地展现了雷诺数与马赫数的相互作用。

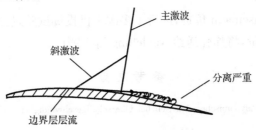

图 1-5-31　低雷诺数下的激波形态

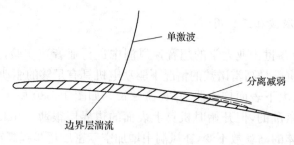

图 1-5-32　高雷诺数下的激波形态

八、液体炸弹

经计算得知,汽油与四氧化二氮(N_2O_4)混合物的热量比相同重量的常规高能炸药高 50%,比相同体积的高能炸药高 20%,但该混合物的安全性不易控制。所以实际上是在装上引信后再将它们混合,可能的实现是液体混合。

1942 年,对该类型炸弹的测试在 Fassburg LFA 的火箭测试场进行,但由于事故和人员流失,测试经常中断。同样的工作也在 Heeresantstalt Peenemünde 展开,只不过所用的混合液体不同。

炸弹的氧化组分 N_2O_4 常压下作为液态的温度范围较窄,压力增加,温度范围也相应加宽,加入少量第二种物质,整个温度范围会移至更低温度区间。炸弹的燃料为汽油,两种组分的混合比率为过混合,即与化学计量混合相比,燃料的含量更大。

两种液体分储于两个完全分开的隔舱内,这样降低了子弹同时击穿两个隔舱的可能性。炸弹从飞机上释放后,储气罐中的压缩空气挤压汽油通过一系列喷嘴喷向液态 N_2O_4,估计 10 秒内完全混合,然后炸弹在目标上空由常规引信引爆。

已经发现必须在 N_2O_4 中除去氮酸。若 N_2O_4 含有 HNO_3,与汽油混合后产生的热量,即使在没有引信的情况下,也会引燃炸弹。这一现象解释了测试中发生的一起事故。

该项工作由 Busemann 负责,进行了多次飞机投掷试验,后来为了对爆炸特性进行更为精确的测量,将炸弹送给 Madelung 博士测试。

参 考 文 献

[1] A. Busemann, "Aerodynamischer Auftrieb bei Uberschallgeschwindigkeiten," 5th Volta Congress in Rome(1935).

[2] A betz, German Patent.

[3] G. Koch, "DruckverteilungsmessungenanschiebendenTragflügel," Lilienthal-Geselschaft, Bericht Nr. 156 (1942).

[4] H. Ludwieg, "Pfeiflügel beo hohen Geschwindigkeiten," Lilienthal-Geselschaft, Bericht Nr. 127(1940).

[5] A. W. Quick, "Aerodynamischeund Flugmechanische Fragen der Luftschraubenentwicklung," Schriften der deutschen Akademia der Luftfg. Heft 1063/43g(1943).

[6] Brennecke, "Messungen an dem Modell einer Strahlantriebsgondel," Forschungsbericht Nr. 1723 (1943).

[7] Bäuerle, "Untersuchungen an dem Modell eines Strahltriebwerkes," 1 Teil Untersuchungen und Mitteitungen, UM, Nr. 3089(1944).

[8] Bäuerle, and Weber, "Der Anbau von TL-Triebwerken und den Tragflügel, " 1 Teil UM, Nr. 3147 (1944).

[9] Eggert, "Druckverteilungsmessungen an Heck einer Strahlgondel für Bestimmung des Langsmomentes," UM Nr. 3179(1944).

[10] Bauerle, and Conrad, "Der Anbau von TL-Triebwerken und den Tragflügel, " 3 Teil UM, Nr. 3158 (1944). "

[11] Buschner, "Der Anbau von TL-Triebwerken und den Tragflügel, " 4 Teil UM, Nr. 3176(1944).

[12] Falk, "Der Einfluss eiens Triebwerkstrahles auf einen in der Nähe befindlichen Flügel," UM Nr. 3200 (1944).

[13] Boenecke, "Prüfstandsmeissungen an einen Jumo-TL mit verschiedenen Einlaufhauben," UM Nr. 3154 (1944).

[14] Second Part, UM Nr. 3191(1944).

[15] Scherer, "Naseneinlauf-Untersuchungen an Pfeiflflügel, "UM Nr. 3188(1944).

[16] Küchemann, "Bericht über das Göttingen Versuchsprogramm zum Einbau Von TL-Triebwerken," UM Nr. 3125(1944).

[17] O. Walchner, "Systematische Geschossmessungen im Winkanan," Lilienthal-Geselschaft, Bericht Nr. 139 (Teil I), p 29.

[18] R. Lehnert, "Systematische Messungen an neun einfachen Geschossformen in Vergleich zu Messungen der AVA Göttingen," Lilienthal-Geselschaft, Bericht Nr. 139 (Teil II), p 31.

[19] R. Lehnert, "Dreikomponentenmessungen am Modell einer 28-cm Sprenggranate für das Ferngeschütz K5," Ibid.

[20] E. Hermann, "Dreikomponentenmessungen im Überschallwindkanal an zwei Flakgranaten und Vergleich mit den Schiessversuchen," Ibid. , p 39.

[21] W. Tollmeien, M. Schäfer, "Rotationssymmetrische Überschallstrmöungen," Ibid, p. 5.

[22] G. Guderly, "Erweiterungen der Characteristikenmethode," Ibid. , p. 15.

[23] Simons, "Untersuchungen an Diffusoren für Überschall-Windkanäle," Forschungsbericht Nr. 1738 and Nr. 1748/2.

第六节　高速空气动力学 *

一、空气动力学中气体的可压缩效应

当物体穿越大气时,其运动对周围空气的作用可以认为是由扰动所引起的。由于任何扰动都是以声速传播,其本身只是一系列微弱扰动,因此由物体运动所产生的扰动同样也是以声速来传播的。倘若物体移动较慢,那么在物体运动时间内,扰动的传播速度几乎无限大。换言之,扰动几乎瞬间传遍整个流场(相对于物体运动的时间)。这就意味着流动介质(空气)可以认为是不可压缩的,因此在传播时间内空气没有弹性。因此,对于低速运动,空气可认为是不可压缩的,此观点是所有经典空气动力学的基础。

随着物体运动速度的增加,不能再忽略扰动所必需的传播时间,即必须考虑气体的弹性或可压缩性。显而易见,可压缩性大小的量度为物体速度与声音在流动介质中的传播速度之比,即马赫数。换言之,倘若马赫数较小,空气可以认为是不可压缩的。但在高马赫数下,研究流动现象时必须考虑气体的可压缩性。

图 1-6-1 给出不同飞行速度下的马赫数曲线,为后文提供参考。由于声速随

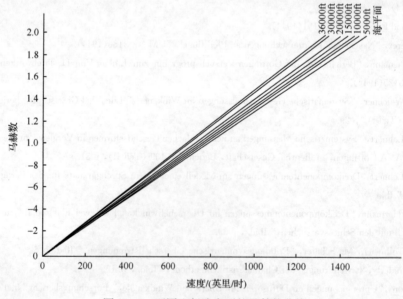

图 1-6-1　不同飞行速度下的马赫数曲线

---

* 本节是钱学森 1945 年《Toward New Horizons(迈向新高度)》第 4 卷《空气动力学和飞机设计》第 1 部分的内容,马东立,译。

大气温度改变,故一定速度值对应的马赫数是飞行高度的函数。假设高度条件为 NACA 标准大气,764 英里/时与海平面的马赫数对应。所以,以 764 英里/时的速度飞行即等于以声速飞行。当飞行速度小于 764 英里/时,称为亚声速飞行;高于 764 英里/时称之为超声速;飞行速度与声速接近时,称之为跨声速飞行。

倘若不可压缩气流静止,则所得到的压力增量 q 等于

$$q = \frac{1}{2}\rho v^2$$

式中,ρ 为流体密度;v 为气流速度;压力增量 q 被称之为动压。

因此空气动力由于动压而简化,并可以将其无量纲化。例如,若 L 和 D 为面积为 S 的机翼以速度 v 飞越密度为 ρ 的大气时的升力和阻力(图 1-6-2),则无量纲量升力系数 C_L 和阻力系数 C_D 由下式确定

$$C_L = \frac{L}{\frac{1}{2}\rho v^2 S}$$

$$C_D = \frac{D}{\frac{1}{2}\rho v^2 S}$$

方便起见,这种进行无量纲化的方法也被用于可压缩流或高速现象。此时 q 值不再精确等于动压增量,尽管其仍然具有压力的量纲。

按照前文的规定,气动力现象是马赫数 M 的函数。因此,对于固定迎角为 α 的确定机翼,其升力系数 C_L 和阻

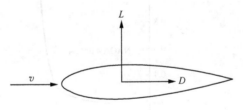

图 1-6-2 升力 L 和阻力 D

力系数 C_D 应当是 M 的函数。通过风洞试验和自由飞行测试均能得出以上结论。图 1-6-3 为一组针对直机翼忽略翼梢影响的典型计算结果(最大翼厚度是翼弦的 10%)。可以看出升力系数 C_L 以一定的速率随着马赫数增加,直到马赫数约为 0.7。马赫数大于 0.7 后,升力系数急剧减小。由于缺乏实验数据,升力系数 C_L 在临界马赫数时的变化规律尚不确定。超声速时,即马赫数远大于 1 时,升力系数随着马赫数的增加逐渐减小。阻力系数 C_D 在马赫数小于 0.7 时变化不大。当马赫数等于 0.7 时,阻力系数突增,一直增大到马赫数约为 1.2。当马赫数更大,进入超声速飞行时,阻力系数 C_D 又开始逐渐减小。一般而言,由于发生激波损失,超声速下的阻力系数比亚声速大得多。因此,当马赫数大于 1 时,机翼的效率或升阻比较小。例如低速时,升阻比 L/D 将远大于 30,而超声速时,升阻比很少大于 6。

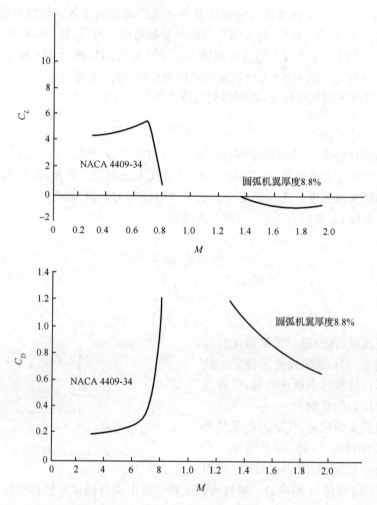

图 1-6-3　约 8%厚度直机翼的升力与阻力系数,随来流马赫数变化的曲线图

　　图 1-6-3 中,马赫数 0.8~1.3 的范围空缺,是由于临界声速下的风洞试验不可靠。导致风洞试验失败的原因在于射流边界和测试机身环流的强干涉效应。倘若穿越整个流场的气流为亚声速,测试截面的固体表面会使流经翼身的气流速度增大,并且测试开口断面的自由射流边界会降低流经翼身表面的气流速度。因此,这种情况下,通常需要对"有效"的自由气流速度做简单修正。然而,倘若流速部分处于亚声速,部分处于超声速,如马赫数范围在 0.8~1.3 之间的情况,表面效应并非如此简单,并且无法采用简单的自由气流修正系数,尤其是由于表面效应产生激波的情况。这种情况下,获得跨声速空气动力数据的唯一途径就是自由飞行。此

类方法之一是从高空投掷一定重量的模型,并测量其受力。NACA 的初步数据[1]成功表明此时临近声速的阻力系数比风洞试验要小的多。例如,马赫数为 1 时,6% 相对翼厚的阻力系数只有 0.03。如此低的阻力系数更加表明长期发展此类试验的重要性。

跨声速时,升力系数的减小和阻力系数的增大使飞机的空气动力学效率大为降低。现代喷气式战斗机如 P-80 的最大速度因此受限。然而,气体可压缩性的难点不仅限于升力系数的减小和阻力系数的增大。目前更大的难题是稳定性问题,这个问题源于当飞机机翼进入跨声速时,压心的突然后移。因此,飞机趋向于俯冲。这将使速度增大,并且难以恢复。对现代飞机,由俯冲状态恢复取决于置于机翼下表面前缘的襟翼。襟翼改变了较低表面的压力分布,以增大升力,并使压心位置复原。然而,襟翼的工作机理至今尚不明确,还有待于进一步研究。

临近声速时阻力的迅速增加以及超声速时的减小除了发生在机翼上之外,机身同样如此。图 1-6-4 为钝头体机身阻力系数 C_D 的变化曲线。此处阻力系数定义为

$$C_D = \frac{D}{\frac{1}{2}\rho v^2 A}$$

式中,D 为阻力;A 为机身的最大横截面积。

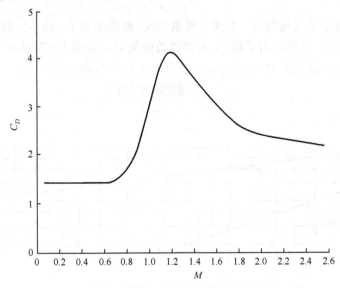

图 1-6-4 钝头体机身阻力系数变化曲线

① F. J. Bailey, Jr. , c. W. Mathews, J. R. Thompson, "Drag Measurements at Transonic Speeds on a Freely Falling Body," NACA, ACR No. L5E03 (1945).

　　因此,高速飞行空气动力学问题的关键在于降低临近声速时的阻力系数峰值,从而降低机身阻力,提高机翼的升阻比。

二、通过维持层流边界层减小阻力

　　在具体讨论减小声速附近阻力峰值问题之前,有必要考察运动物体的阻力来源。阻力主要来源于表面摩擦力和作用在物体表面的压力。在此首先考虑第一个来源。

　　表面摩擦力是由空气黏性引起的。由于黏性,空气分子会粘在物体表面,所以最靠近表面的流动速度是零。但流速在离开表面时迅速增加,在很小的距离内达到饱和。气流的这一层被称为边界层,在机翼表面的垂直方向其厚度大概为 1 英寸量级。单位面积的表面摩擦力 τ 定义为

$$\tau = \mu \frac{\partial u}{\partial y}$$

式中,μ 为黏性系数;u 为流速;y 为垂直于表面的距离。

　　边界层厚度是黏性的函数。流体黏性越高边界层越厚。然而,更精确的参数是所谓的雷诺数,它表示流体的惯性力与黏性力的比值。举例来说,如果 v 为飞行速度,c 为机翼弦长,ρ 为空气密度,那么机翼的雷诺数 R 为

$$R = \frac{\rho c v}{\mu}$$

　　这个参数也是无量纲的。如果雷诺数变大,摩擦阻力 D_S 减小。例如,对于平行于气流的平板,摩擦阻力系数 C_{D_s} 与雷诺数的关系。如图 1-6-5 所示。该系数仅对应平板表面一侧的阻力,雷诺数中的长度取平板在流动方向的长度。

$$C_{D_s} = \frac{\text{一侧摩擦阻力}}{\frac{1}{2}\rho v^2 S}$$

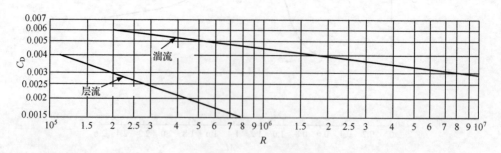

图 1-6-5　阻力系数与雷诺数的关系

　　图 1-6-5 中有两条曲线,一条为层流,另一条为湍流。它们对应两种不同类型的边界层流动。在层流边界层中,流线为光滑曲线,空气分子仅做不规则的运动。

然而,分子波动在宏观尺度上是不可见的。在湍流边界层中,宏观尺度的流体微团做不规则运动。因此,流体微团的混合激烈得多。由于激烈的混合和运动,层流边界层和湍流边界层的速度分布相当不同。如图 1-6-6 所示。湍流边界层的速度为时间平均速度。然而,即使对于湍流边界层也存在一个层流子层,其表面摩擦力可以由 $\mu \dfrac{\partial u}{\partial y}$ 来计算。可以看出,湍流边界层在表面处速度曲线 $\dfrac{\partial u}{\partial y}$ 的斜率要比层流边界层大很多。因此,湍流边界层的表面摩擦力也比层流边界层大很多。从图 1-6-5可以看出,对于给定的雷诺数,湍流层的表面摩擦力系数更高。

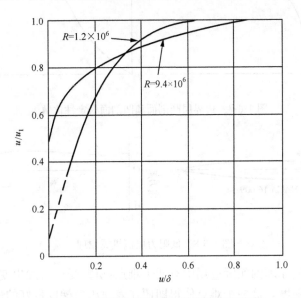

图 1-6-6　湍流和层流边界层中的速度分布

　　减小阻力的问题就是维持层流边界层的问题。然而,层流边界层具有固有的不稳定性,维持层流流动或者从层流到湍流流动的转换取决于:没有大气的微小扰动;边界层剖面形状;流动的雷诺数。对于第一点是无法控制的,但考虑转化的情况下,自由大气是非常平滑的。一旦飞机的参数选定,流动雷诺数由飞机尺寸和速度确定,不受设计师控制。

　　因此,唯一可以控制的是边界层剖面的形状。边界层剖面形状受以下因素影响:表面上沿流动方向的压力梯度;表面光滑度;通过吸气部分去除边界流动。研究表明,凸剖面在负压力梯度(沿流动方向压力减小)下比凹剖面在正压力梯度(沿流动方向压力增加)下更稳定。如图 1-6-7 所示。所以为维持层流边界层,使压力分布中吸力峰靠近机翼后缘是有利的。如图 1-6-8 所示。于是,沿表面的压力梯度将大部分是负的。这就是低阻力层流机翼的原理。绘制阻力系数随攻角的变化曲线时,在临界攻角处有一个突然的跳跃。通过翼型表面压力分布的变化很容易对此做出解释。随着攻角的增加,吸气压力峰值往往前移至机翼前缘。因此边界层流动必须克服越来越多不利的沿表面的逆压梯度。一旦边界层因为这个原因变成凹的,随后就会转化为湍流,阻力系数增大。二维流动的升力系数 C_L 和阻力系数 C_D(翼型阻力系数)的最大比值可以高到150。对于有限展长的实际机翼,由于附加的诱导阻力,升阻比将明显小于这个值。

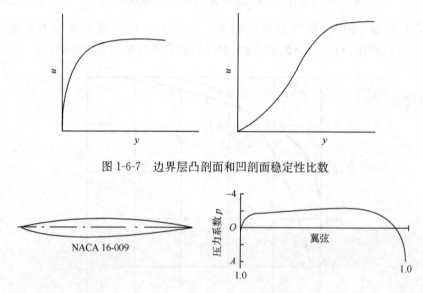

图 1-6-7　　边界层凸剖面和凹剖面稳定性比数

图 1-6-8　　低阻力层流机翼原理

　　然而,在层流原理的实际应用中有两个难点:机翼受载后发生变形导致表面产生波纹;表面粗糙度。这两个难点使得即便在表面压力梯度良好的情况下,几乎不可能实现良好的边界层剖面。这是目前实际应用层流机翼的一个障碍,是一个结构影响空气动力特性的例子。因此,要实现真正的层流机翼,有必要对结构和表面涂层加以研究,以获得刚性的光滑机翼表面。

　　维持层流边界层的最有效方法是通过在机翼表面开槽吸气去除局部气流。通过吸气可使表面的压力分布发生巨大变化,为层流流动产生好的压力梯度。如图 1-6-9 所示。当然,吸气需要能量。但通过精心设计进气和管道系统,阻力减小节省的能量完全可以弥补吸气需要的能量,可以获得净收益。关键点之一是通过使用紧靠吸气槽的扩散器使被吸入空气的动能得到恢复。苏黎世联邦理工学院的 Ackeret 通过该方法使二维升阻比在大雷诺数时达到非常高的260。此外,驱动边界层抽气机所需的能量已经作为阻力的一部分包含在上述计算中,此时假设压缩效率是100%。当然,考虑有限展长的诱导阻力时,升阻比要小很多。然而,随着翼型阻力系数的减小,有限展长机翼对应于最大升阻比的升力系数也随之减小。这将使飞机巡航状态达到最大升阻比,提高飞机的总体性能。

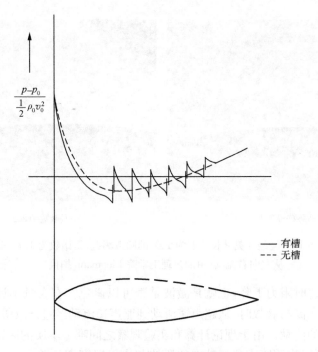

图 1-6-9　包含和不包含边界层控制的翼型压力分布

　　简言之,通过保持层流边界层减小阻力需要解决两个特定问题:刚性且表面光滑的结构;通过吸气去除边界层的应用,以及减少吸气所需能量的高效管道系统设计。

三、激波和激波与边界层的相互干扰

　　图 1-6-3 和图 1-6-4 表明,当接近声速时,平直机翼和旋成体的阻力系数均迅速增加。为理解这种重要现象,有必要进一步细致的观察流场。

　　图 1-6-10 给出了两张使用 Schlieren 方法拍摄的绕翼型的二维流动图。图中浅色部分是水平方向上密度减小的区域或者流动膨胀的区域。深色部分是水平方向上密度增加的区域或者流动压缩的区域。可以看出,在低马赫数时翼型绕流是平顺的,是连续膨胀或者压缩的。但是在高马赫数时,一道尖锐的深色线出现在流场中一个剧烈压缩发生的地方。这里被称为激波。在激波中,压缩过程不是等熵的,也就是说,这种压缩不如平滑压缩有效。原因是部分机械能通过转化成热能而损失掉了。如果等熵压缩能够实现,这种机械能损失和低效压缩,使得物体后半部分所受的压力比连续等熵压缩给物体后半部分带来的压力要小。因此,物体明显受到后向的吸力。这就是在高马赫数时阻力增加的原因。

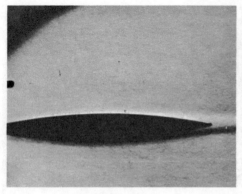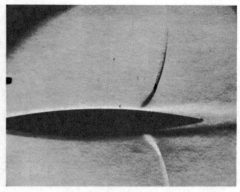

马赫数=0.792　　　　　　　　　　　　　　马赫数=0.862

图 1-6-10　流经 3 英寸长厚度为 12％的圆弧翼型,雷诺数为 $1.7×10^6$
从左向右流动(由加州理工学院 Liepmann 拍摄)

　　为了使高速时阻力下降,也就是激波是否可以避免? 有大量不计边界层的理论计算显示了在高马赫数时,从超声速流动到亚声速流动经过连续等熵转变,有可能存在无激波的流动。由于理论计算和实验观察之间唯一本质的区别是忽略边界层,很自然的可以推测跨声速流动中的激波与边界层密切相关。超声速时对锥体绕流的观察进一步证实了这种猜测。图 1-6-11 显示了理论和实际飞行中锥体壳闪光照片的对比。可以看到,尽管理论计算显示了从第一道激波后的超声速流到锥体表面附近的亚声速流的转变,闪光照片并没有显示这个转变区域中的任何不连续性。这就意味着平顺的压缩实现了。然而,这里发生的这种转变远离表面和

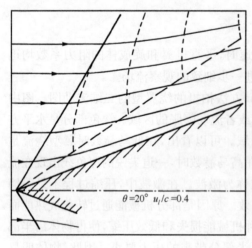

$\theta=20°\ u_l/c=0.4$

图 1-6-11　流经 20°的锥体

边界层,所以流动没有被黏性效应破坏。因此,锥体绕流可以用来作为跨声速流动中边界层具有不稳定性效应的证据。

　　由此可见,激波和由激波导致的飞行速度接近声速时阻力增加的现象与边界层的存在紧密相连。因为边界层是一个雷诺数现象,这个事实意味着雷诺数效应和马赫数效应之间存在紧密的联系。这种相互作用在一系列由 Ackeret 首创的实验中最清楚的显示了出来。在这一系列实验中,翼型绕流的研究在马赫数恒定,但密度可以在很宽范围内变动的条件下进行。因此,实验在马赫数恒定而雷诺数可变的情况下进行。实验结果如图 1-6-12 所示。在激波前流动的马赫数等于 1.3。这些图与逐渐增大的密度或雷诺数相对应。在小雷诺数时,激波系具有开始形成的特征。第一道斜激波加厚了边界层,但没有产生分离。但是在主激波之后,分离

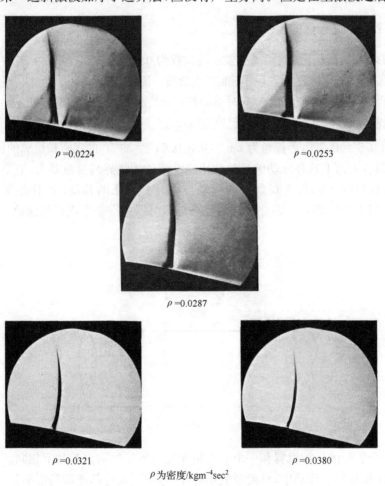

$\rho = 0.0224$　　　　　　　　　　　　　　　　　　　　　$\rho = 0.0253$

$\rho = 0.0287$

$\rho = 0.0321$　　　　　　　　　　　　　　　　　　　　　$\rho = 0.0380$

ρ 为密度/kgm^{-4}sec^2

图 1-6-12　密度(与雷诺数对应)增大时的激波变化

是很严重的。通过增加雷诺数,第一道激波最终消失而其后的分离相对平缓。可以发现由雷诺数的改变而引起激波形式的这种变化极大地影响了压力分布和翼型阻力,而且发现第一道斜激波与薄边界层的不稳定性有关。通过引入人工扰动使边界层流动变得紊乱,第一道斜激波可以被消除并且只有一道激波残留。这显然就在马赫数效应和雷诺数效应之间建立了相互关系,而且如果以一个过小的雷诺数在飞机模型上做实验,即使使用了正确的马赫数,也不能有望获得准确的结果。

高速流动问题更深层次的复杂性是薄边界层在激波形成时固有的不稳定性效应,和空气流中水蒸气的凝结效应。因此很显然,为了正确理解高速流动,必须解决以下问题:与激波形成有关的薄边界层的稳定性;与激波形成有关的紊流边界层的稳定性;水蒸气凝结效应。

四、临界飞行马赫数的控制

如果将一个无限长的机翼放置在马赫数为 0.6 的来流中,并使翼展方向与风向正交,那么来流马赫数足够小而不能产生激波。因此,机翼的阻力很小。现在让流动现象的观察者沿翼展方向以 0.5 马赫的相对速度移动。如图 1-6-13 所示。对这个移动的观察者而言(并不知道他自己在运动),这一流动与一个放置在来流马赫数为 $\sqrt{0.5^2+0.6^2}=0.780$,后掠角为 $\tan^{-1}(0.5/0.6)=39°50'$ 的无限长机翼的流动相同。

因此,表面上这种流动的马赫数比二维流动的临界马赫数要大,但是完全有效的马赫数只有 0.6,因为观察者的移动仅仅是参考系的移动,并不会改变物理现象。如图 1-6-13 所示。因此,通过后掠机翼,可以提高临界飞行马赫数。

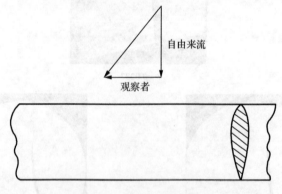

图 1-6-13　观察者与来流方向

一个实际的后掠机翼和一个平直机翼在边界层处的流动并不相同。然而众所周知,在所有低速流动中,只要激波不存在,边界层对外部流动的影响就是次要的。实验证实了后掠或前掠机翼的预期优势。由于有限展长的翼尖效应,通过上面的简单推理计算出的益处不能全部实现。然而,阻力系数发散马赫数一般可以提高

0.1。对一系列相对厚度 9% 的后掠机翼(图 1-6-14)进行的实验[1]表明:保持升力系数不变时,阻力系数随着机翼后掠而下降,尤其是在高马赫数(图 1-6-15)时。事实上,在马赫数为 0.8 时,45°后掠角时机翼的阻力系数仅为平直机翼阻力系数的

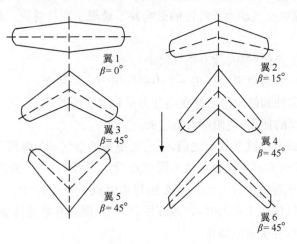

图 1-6-14　不同后掠角的各种翼型

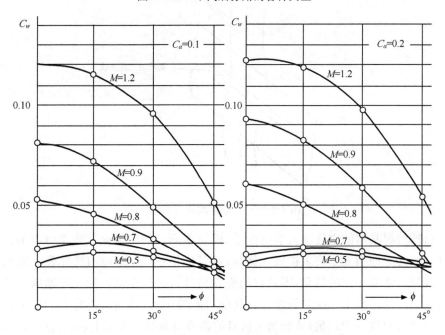

图 1-6-15　升力系数不变时阻力系数随后掠下降的情况

① H. Ludwieg. "Pfeilflugel bei hohen Geschwindigkeicen," Lilienthal-Gesellschafc, Berichc Nr. 156, (1942).

1/3。马赫数为 1.2、45°后掠角时的阻力系数与马赫数 0.8、无后掠时的阻力系数近似相等。这种在高速空气动力学特性上的显著改进确实极为重要。人们认为这一原理将成为未来所有高速飞机设计的基本原理。

后掠或前掠对空气动力学特性的影响并不局限于高马赫数。总的来说存在下列明显缺点：

① 由于过早失速，最大升力系数较小。

② 在最大升力迎角附近存在一个不利的压力中心转变。

③ 滚转稳定性和航向稳定性在高升力系数时有所减小。

④ 由于襟翼的使用，使俯仰力矩过大。

因此，消除或减小这些缺点之前，还需要更多的空气动力学研究。

后掠或前掠的有利影响也可从不同观点看出：物体表面的激波出现在高速流动区域。因此，在后掠机翼上的激波必然与来流成一个斜角（图 1-6-16）。众所周知，当地马赫数仅仅比 1 稍大时，正激波便会产生，而只有当地马赫数远大于 1 时，斜激波才会产生，并决定激波角。

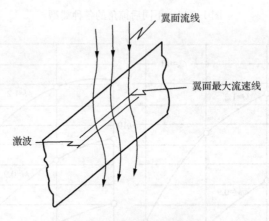

图 1-6-16　后掠翼激波与来流

后掠机翼基本的空气动力学特性是：机翼表面上的最大流速线是倾斜的。然而这一概念立即引发了许多扩展。例如，展弦比很小（比如 1）的机翼表面的最大流速线与来流成一定的斜角，因此它的临界马赫数必然很高。通过高速风洞试验人们证实了这一事实。这一概念有着其他可能的用途：使飞机机身上的最大流速线与流动方向成一定斜角，从而增大机身的临界马赫数。本质上，所有这些新方法的根本目的是为了将空气动力设计师从一个近似二维流动的概念中解放出来，去思考三维流动。这一增加的维数可以对临界马赫数进行控制。

后掠机翼的有效马赫数为 $M\cos\beta$，其中 M 是飞行马赫数，β 是后掠角。因此，对马赫数 M-3 的高速飞行而言,除非后掠角 β 足够大使 $M\cos\beta$ 远小于 1 马赫,否则将机翼后掠,机翼的阻力将增加而非减小,这是因为阻力最大点在声速附近(图 1-6-3)。因此,对超高速飞行,平直机翼可能重新成为最有效的机翼,因为可能做到的最大后掠角受结构因素的限制。当然,最终机翼平面形状的选择与飞行器的其他因素紧密相关,只有通过周密的风洞试验才能决定。

综上所述,采用本质上为三维流动的概念使在高速时减小阻力成为可能。然而,为完善掌握这一工具,还需要对这一新概念进行全面、详细的高速风洞试验。

五、推进装置射流对飞行器绕流的影响

普遍认为,所有飞行器的推进系统是基于射流原理。例如,螺旋桨滑流是射流。然而,最近一些先进推进装置的运用,例如涡轮喷气发动机、脉冲式喷气发动机、火箭发动机和冲压式喷气发动机,采用了下列新原理:

① 射流流速较传统推进系统大得多。

② 射流温度也更高。

新推进装置使急剧加速成为可能。在这一阶段,射流推力可以比阻力大许多倍,因此在机身绕流中占据主导地位。事实上,关于高温高速射流在高速流动中的混合、扩散和稳定性所知甚少。

这些因素以及飞行器的高速飞行使得推进射流和机体绕流之间的相互作用更加剧烈。对于热力喷气发动机而言,最佳的空气入口和发动机舱设计是个难题,这在后掠或前掠机翼上尤其突出。因为这两种机翼上的流动本质是三维特性,并且知道大型火箭喷气发动机(在机身尾部)对流动会产生较强的吸气效应。德国人对装有仿制火箭喷气发动机的 V-2 火箭推进式导弹模型进行了实验,结果表明在马赫数为 0.14 的低速时,阻力系数增加了 75%。阻力系数的增加值随着马赫数的提高而减小,在声速附近增加值为零。超声速时,射流填充了(飞行器)尾流,因此这种影响使阻力系数减小,并且减小量随马赫数增加而变大,在 $M=3$ 时变为 18%。如图 1-6-17 所示。对机身阻力影响巨大的射流无疑必须仔细考虑。

除了射流作用对阻力的影响问题,还存在由于射流作用引起尾翼颤振的问题。换言之,对于推力不大的低速飞行,将推进装置与飞行器分开考虑可以得到好的流动问题近似。至于高速飞行器,这种设计和研究上的便利就消失了。这时飞行器必须作为一个整体考虑。因此,许多高速飞行器的设计问题必须在高速风洞中解决,并考虑完整的动力系统安装和燃料燃烧。

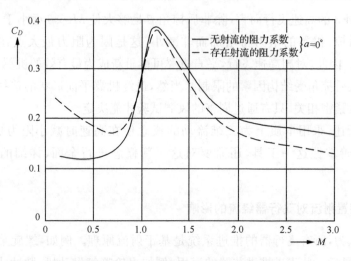

图 1-6-17　阻力系数与马赫数的关系

六、跨声速和超声速飞行器详细设计问题

如果不提及跨声速和超声速飞行器的详细设计问题,关于高速空气动力学的简单讨论将是不完整的。其中一个突出问题是控制面的设计。对低速飞行器来说,绕流片和铰接舵面都是用来改变控制面上的升力。然而,在跨声速和超声速时,这两种装置都失去效果。从目前得到的数据来看,在超高速时,铰接舵面似乎仍然比绕流片产生更多的期望控制力。另一方面,对传统设计而言铰链力矩太大了。这对制导导弹尤其不利,因为为了避免额外的重量,制导导弹伺服电动机的功率必须保持最小值。保持空气动力学平衡也很困难。如果翼面在超声速下是恰好平衡的,那在亚声速时便是空气动力不平衡。如果翼面在亚声速下恰好平衡,那在超声速时便不能够平衡。有人建议将所有可动翼面利用起来,然而跨声速时还是存在铰链力矩变化剧烈的难题。因此,在跨声速和超声速飞行状态下,现在还没有设计出真正让人满意的控制面,还需要进行许多研究。

机翼和机身在跨声速范围内压力中心的转变问题与控制面问题紧密相关。当然,通过合理的设计,能够解决这一难题,但同样需要全面的高速风洞实验。

第七节　航空技术的展望*

一、引言

虽然人们对航空的兴趣是很古老的,它在神话和传说中已经出现了,但是真正

* 本节原载 1956 年《科学通报》6 月号,5～19 页。

的航空时代还只有五十多年,比起许多其他工程技术部门,航空是很年轻的。然而航空技术的发展是非常迅速的,在短短的五十多年内,我们已经看到多大的变化:早年的木架蒙布结构的双翼式飞机很快地就被钢架包千层板的结构所代替,速度也从 60 公里/时加高到 250 公里/时。但在 1930 年后,全金属铝合金的单翼飞机出现了,航空技术又有了很大的进步,民用航空随着发展,航线上的速度达到 300 公里/时以上。军用飞机的速度是更快了,到第二次世界大战的前夜,歼击机的速度可以到 600 公里/时。同时由于空气动力学的进展,我们可以看到更高的速度是可能的,要超过音速也是可能的;问题是如何取得强大的动力而又不加重量,也就是轻质动力机械的问题。这个问题由于喷气推进机的创造而得到解决。现在的喷气推进机在高速飞行中,每一马力重 0.1 公斤,这差不多只是螺旋桨和活塞发动机的十分之一。因此,喷气飞机的速度有了很快的增加,到现在各先进国家的歼击机已能超过音速,而正在设计和试造中的歼击机的速度是两倍音速,轰炸机和民航机的速度也正在接近音速。

其实整个的航空技术进步还不止于此。由于在第二次世界大战中军事上的需要,火箭技术得到很大的进步,这配合了自动控制和无线电电子学在近十几年来的成就,就创造了飞弹,也就是不用人驾驶的,能自动运转的飞行器。这不但在军用航空中正在引起革命性的变化,也为人类整个的文化开辟着一个新时代。本节的目的是介绍一些由于上述的发展所产生的新航空技术问题,作为我国科学技术十二年规划的一点参考资料。

二、流体力学的问题

航空科学中的一个很重要的部门就是流体力学,和它的专门化到工程上去的空气动力学及气体动力学。在美国有许多从事航空研究的人,以为流体力学的目的是把所有设计飞机资料用理论上的计算来求出。这是不对的!所有的工程理论为了使数据的计算能够真正作出来,必然地把事实简单化。也就是说,没有一个工程理论能完全代表事实,一丝不差,一点不缺。一般来说,完善的工程理论也许能代表事实中的百分之八十,差一点的工程理论更不能完备地代表事实。因此就是推论是完全不错的,计算是完全不错的,最好的工程理论也不过能做到百分之八十对,要做到百分之百的理论和实验的数据符合,流体力学中是不能够的。这也就是说:飞机的设计归根结底还是要靠实验,这包括风洞实验,各式各样的模型实验,局部元件实验,以及飞机试飞。这一点是搞流体力学的人必须明白的,若不明白这一点,那必然容易盲目作些不必要的、没有价值的理论计算。

也许有人就要问,既然理论不能百分之百的准确,归根结底还是要靠实验,我们为什么要去搞理论呢?回答是:这是因为理论可以使我们更明确地掌握事实,使我们了解实验的结果,也就是说,有了理论我们就可以分析实验结果,因而发现问题的重点,知道了问题的重点,我们就可以集中力量,而快快地解决这个问题。为什么理论能使我们进一步地利用实验结果呢?这就是因为从理论我们可以寻找各式各样的相似律。这些相似律在空气动力学和气动力学中是非常重要的。最好用一个例子讲,大家都知道流体流过管子中的相似律,如果管子的直径是 D,流体的密度是 ρ,每秒的流容量是 G,每一管直径长的管子的压力下降 Δp,那么 Δp 被 $\rho G^2 / D^4$ 除,即

$$\Delta p D^4 / \rho G^2$$

是一个无量纲的数值。而这个数值是另一个无量纲数——雷诺数 $\rho G / (\mu D)$ 的函数。也就是

$$\Delta p D^4 / \rho G^2 = f(\rho G / (\mu D)) \tag{1}$$

此中 μ 为流体的黏性系数。我们注意到,这一个方程式,并不指明流体是哪一种流体,流体是水也好,流体是酒也好,都一样可用。这也就是说,一次用水在一根管子里作了一系列的实验,那么我们就能依照方程式(1)描出一条曲线。这条曲线就可以用到其他不同粗细的管子,用到其他的流体、油或酒,而精确地预计其在各样情况下的压力下降。这算是所谓举一反三,大大地进一步地利用了实验的结果。

在设计高速飞机过程中,我们必定要用到可压缩性流体的动力学,即气体动力学。在气体动力学中一个很重要的无量纲数是马赫数。在这里有一系列的相似律,它们是一种联结在不同马赫数之下的不同机体几何形状的相似律。例如图1所示,机身甲和机身乙几何形状很近似,只不过机身甲的机头角度是 τ_1,机身乙的机头角度是 τ_2,机身甲的翼面厚度和机身乙的翼面厚度也可以分别用 τ_1 和 τ_2 来度量;同样地机翼的纵横比和仰角也成同一样的比例。我们也可以说机身甲和机身乙的“厚度”是 τ_1 和 τ_2。假如机身甲和机身乙分别在马赫数 M_1 和 M_2 气流中的升力系数为 C_{L1} 和 C_{L2},那么在亚音速中依照布朗得定律(Prandtl rule)。

$$C_{L1} = C_{L2}$$

如果

$$\tau_1 / \tau_2 = \sqrt{1 - M_1^2} / \sqrt{1 - M_2^2} \tag{2}$$

如方程式(2)所示,假如我们在速度比较低的风洞中用比较“厚”的模型测定了升力系数与仰角的关系,我们依照这个公式来推算另一比较“薄”的机身在比较高的速度中的升力系数。也就是说,我们可以把低速度风洞的利用范围大大地扩大。

同一类的相似律在超音速气流中的是阿克来定律(Ackeret rule),在近音速气流中的是近音速相似律,在高超音速气流中的是高超音速相似律,在1954年斯布来特尔[1]把近音速相似律改进了一点,依照他的定律

$$C_{L1} \frac{[(k_1 + 1) M_1^2]^{1/3}}{\tau_1^{2/3}} = C_{L2} \frac{[(k_2 + 1) M_2^2]^{1/3}}{\tau_2^{2/3}}$$

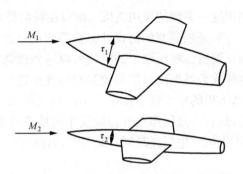

图 1　两个相似律中的机型(上面一个飞机模型比下面的飞机模型"肥",翼面的厚度、机身的直径与长度比、翼面和机身的仰角对于两个模型都成一定的比率,这个比率就是 τ_1/τ_2)

如果　　　　　　　$$\tau_1/\tau_2 = \left(\frac{M_1^2-1}{M_2^2-1}\right)^{3/2} \frac{(k_2+1)M_2^2}{(k_1+1)M_1^2} \tag{3}$$

在方程式(3)中 k_1 是流过机身甲气体的比热比率,k_2 是流过机身乙气体的比热比率。对照方程式(2)我们看出在那里没有比热比率出现,但是方程式(3)中就有它,这就是说在近音速气体中气体的物理性质对流形有更大的影响。

超音速相似律和高超音速相似律可以归纳为一个定律,这是 1951 年凡戴克[2]所发现的,依照他的定律,在一种气体中,

$$C_{L1}/\tau_1^2 = C_{L2}/\tau_2^2$$

如果　　　　　　　$$\tau_1 \sqrt{M_1^2-1} = \tau_2 \sqrt{M_2^2-1} \tag{4}$$

以上举出的各式各样相似律都是利用在一个马赫数下作的模型实验、来计算另一不同马赫数下的气动特性。这显然对模型实验有不少的帮助,大大地减少了实验工作,节省了财力,所以相似律的发现是理论流体力学对航空工程的一个非常重要的贡献。

前面也说过,流体力学的另一个贡献,是了解实验的结果。这一点也是十分重要的。因为没有对现象的了解,就不会知道改进的途径。也就是说,唯有了解了现象才能看到什么地方有缝子可钻,可以克服困难。举一个例来说:唯有了解了附面层在什么情况下发生了震荡,因而造成湍流,增加了阻力;然后才能设法稳定附面层,避免湍流,减少阻力。如果我们只是在试验上量了阻力的加大,而不知道是因为什么发生了湍流,那就不会发明减少阻力的方法。我们可以在这里附带说的就是:最有效的稳定附面层的方法是把变厚了的附面层由机身表面的孔隙吸入机身,然后经过压缩机再向机后排出。在亚音速飞行中,用这样的方法可以把飞行阻力减少到 1/4 以下,这是在民用航空经济上有很大的影响的。但是在资本主义国家中,因为它们的航空研究和发展是完全为了军用的高速(即超音速)飞行的,这个在亚音速飞行中是重要的问题。虽然完全的理论和实验已经有了十多年的历史,他

们还没有造出一架利用这一原则的民用飞机。所以在我们将来发展民用航空的规划中,必须注意到这一点,必须研究如何设计有孔隙的机身表面,如何把吸入的空气用适当的管路通到压缩机。被压缩了的空气可以通到燃烧室,再经涡轮喷射到机身后的尾流中。这样我们就把附面层的控制和喷气推进原理配合起来,如果这个理想能够实现,那么飞机的尾流就不存在了(图2);飞机飞过了的空气中就不会再有任何横向的气流,只有一点因产生升力所发生向地面的感生气流。这样我们就差不多做到"行动不生风",把损耗减到最低限度,因而可以说开辟一个民用航空的新时代[3]。

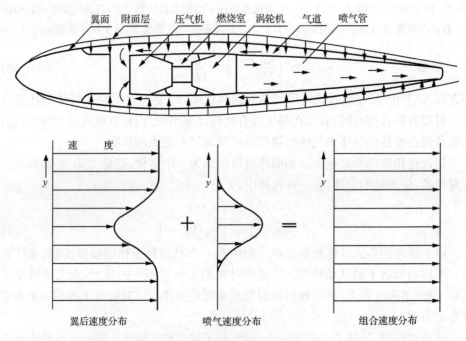

图 2　利用附面层控制的飞机的示意图(附面层由翼面吸入,空气经过推进机件,最后由尾管喷出。喷气的速度分布和尾流的速度分布相叠加就得出均匀的速度分布)

　　近年来航空事业进展得非常快,新的现象、新的问题天天都在出现,所以理论流体力学及实验流体力学工作者是非常忙碌的。我们在上一小节中已经提出附面层中的片流变湍流的问题。这一个问题在亚音速流中,现已基本上得到答案,可是在超音速流中和高超音速流中,因为有了在亚音速情况下所无的新现象,现在尚未能完全了解,特别是关于非平面的扰动及高频扰动。虽然在超音速飞行中附面层阻力是比造波阻力要小的多,所以从阻力的观点来看,这个问题是不很重要的。但是在高速飞行中,一个很难解决的问题就是机身表面发热的问题:当气流的高动能在附面层中变为热能,这热就要传到机身上去,如果附面层是片流,热传得还慢些,如果是湍流,热传得更快,冷却问题就更困难了。在高超音速飞行中,这片流或湍流的问题就成了一个关键问题。所以在超音速及高超音速中的附面层转变点是流体力学必须要研究的。此外高速飞行附面层现象中还有一个很重要的问题,那就是在机身及翼面等前缘激波和附面层相互影响的问题(图3)。这是因为在高超音速流中,激波倾斜得多,它离表面很近,因而限制了附面层的自然加厚,将附面层压薄。但同时附面层也把激波顶开,使激波的角度加大些,因而增加了激波后面的压力。这一个现象在瘦薄的机身和翼面尤为显著,结果是增加了全机的阻力。这个现象因为同时有黏性作用及可压缩性作用,所以非常复杂,理论上来计算是很困难的,而从实验上来解决又必须高超音速风洞,现在还没有完满的答案。

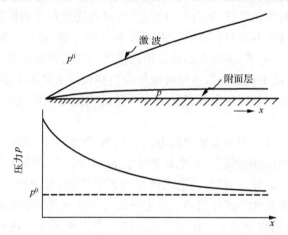

图 3 高超音速气流过平板的情况(原气流中的静压力是 p^0,一般静压力是 p。激波因为
有附面层的影响是弯曲的;因此平板表面的压力也不是均匀的,板的前部压力大,
然后逐渐减少,最后近于 p^0)

当飞行的高度因用火箭推进机而大大地增加,周围的空气变得非常稀薄,我们必须要注意到稀薄气流的问题,也就是说我们要顾虑到分子间的空隙。在 100 公里高的高空,空气分子的平均自由路程就有几厘米长;再高些,分子平均自由路程就会更长,到了 200 公里的高度,分子平均自由路程就会比机身还长些。当然、在这种情况下,流体也不成流体,而是一个个分子所成的分子群。所有流体力学的概念都不能用,我们必须要重新开始,由分子动力学的观点来另创一门分子流的新学问。这里需要指出,在分子流学中,分子和物体表面的作用是一个基本的环节,我们必须知道当一群分子以一定速度和一定角度冲击到表面上去后,这群分子是以什么方式再离开表面的,是以什么速度?什么角度?在速度及角度有什么样的分布?如果冲击的速度很大,动能近于分子的分解能,是不是分子会分裂,而因此反射出来的分子已经不是整个分子而是原子呢?也许冲击到表面的分子会和表面上的物质起化学作用;我们知道当陨石落到空气的上层时,必然有这种现象发生。从

这里,我们可以看到:稀薄气体的动力学自然而然把我们引到物理和化学的问题上面去,这一门学科现在正在生长,上面所说的分子和表面的作用还没有令人满意地解决。

当远射程弹道式火箭进入下层空间时,它的速度是很大的,马赫数可以达到10以上。在这种情况,附面层中的温度必然很高,分子因高温而分裂为原子,也会有一部分原子失去了一两个电子而成为带电的离子。那也就是说在流体现象中又有了化学变化的问题,我们不但要考虑到气体动力学中一些因素,又要注意到化学动力学和因化学变化而产生或吸收的能,又要考虑到因电子及离子而起的导电作用。所以要能分析这一个新现象,我们必须向物理学家和化学家学习,了解电子、离子、原子、分子的结合定律,结合及分裂速度,以及这些粒子的扩散等。自然这一个十分繁难的题目也不是只有负的一面而没有正的一面,正的一面是什么呢? 那就是:因为流体是导电了,所以我们可以用由机体内部特别发生的电场和磁场来控制附面层的流型,这个新添的因素很可能给我们在设计上带来了很大的帮助,要紧的是我们要学会如何利用这个新因素。这就是说我们必须研究一门新学问:电磁流体力学。

上面说了一些流体力学发展的新方向。自然,我们也不能说在流体力学比较旧的领域里,就没有新的问题。一个好例子就是涡轮机中的流体力学问题。这一个问题可以分为两部分,一部分是把流体作为无黏性的,即理想的流体;另一部分的研究是把流体的黏性考虑在内的。在第一部分中主要的问题是如何设计叶片和内外壳形状,以达到功率和压力比的要求。这一个问题现在只在亚音速的轴流机有了比较完美的解答,如果气流的速度增加到近音速或超音速,或者轴流改为混流或径流,或者不是轴流而又高速,那么我们现有的答案都是片断的,实验结果也不够。所以第一部分的理想流问题离完全解决还很远。至于第二部分黏性流的问题,因为必然产生很复杂的二次流(secondary flow),所以研究工作只作了一个开始,我们现有的知识是不足的。不用说,只有在解答了这一组问题之后,我们才能把涡轮机设计得又精小而又有高效率。只有做到如此,才能把喷气推进机设计得轻小,减少它的耗油率。显然,涡轮机里的流体力学问题是对航空事业有很大的重要性的。

三、材料和结构的问题

无论空气动力学的研究作得如何好,要把飞机的模型变成真能飞的飞机还是要靠良好的材料,还是要靠和良好材料配合起来的结构。所以我要讲的第二个问题就是材料和结构的问题。

因为飞机的飞行中必须用翼面生出与重量相等的升力,而发生了升力,就有阻力,就需要推动力,就需要燃料;而燃料又要加重量。所以如何减轻飞机的重量是一个很基本的问题。这也就是说,飞机的材料必须要轻而又坚强。强是为了能吃得住大的应力,坚是为了在同一应力下,变形小,可以减少许多关于空气弹性力学上的问题。但是成为良好的飞机材料,其条件还不只是这三个,还有其他性质要注意到。例如铝合金和镁合金来比较,在轻、强、坚三方面综合看来,自然是镁合金好,但是因为镁合金在一般实用大气环境里,很容易被腐蚀,因而大大地减小了它的强度。也可以说镁合金在实验室里的强度是不可靠的。所以镁合金一直就未能完全代替了铝合金,而只能用在二等的、次要的、不吃大力的结构上。

近来因为飞机的速度大大地加高,因而机身表面的温度也随着加高,例如在马赫数等于 2 的时候,机身表面的平衡温度就约为 300℃。在这种比较高的温度,铝合金的强度就大为减小,镁合金的强度也就更小了。所以我们必须来找新的材料。自然我们会想到合金钢,因为合金钢很坚强而熔点也高;镁的熔点是 651℃,铝的熔点是 569.7℃,而铁的熔点是 1,535℃。但是钢有一个缺点:就是钢太重!镁的比重是 1.74,铝的比重是 2.699,而铁的比重是 7.86。我们在元素的周期表中找,我们会找到钛(Ti)。钛的比重是 4.5,而熔点是 1,800℃。当然我们要问钛的强度有多大,钛的强度在加入少量适当的其他元素成为合金后,就可以接近于合金钢。它的杨氏模量和镁相近,比铁小一半。但它有很好的抗锈能力,一般是不用外加油漆的。所以钛合金是比较轻而又很强的金属材料,特别适用于高速飞行。但是事无十全十美,想用钛合金也有一个困难。钛虽然不是稀有金属,但想从氧化钛(TiO_2)提出金属钛不是一件容易的事,问题是提出来的金属钛必须很纯,不能含碳。含了碳就会使它变脆,失去延展性,不能用为金属材料。现在一般在用的方法是用纯化的液体氯化钛($TiCl_4$)滴入镁中,令它们起下列的化学变化:

$$TiCl_4 + 2Mg \longrightarrow 2MgCl_2 + Ti$$

当氯化镁用真空挥发出去后,留下的钛粉是很纯的。但是这时的钛还是成绵状的,必须加热压延后,才能成钛材来用。我们从上面所述的制造过程中看到,这样得来的钛成本是高的。它首先从钛矿中用氯气提出很纯的氯化钛,然后再把还原作用所生的氯化镁电解,回收镁。这是一个间接的方法。直接的方法是用钛的熔盐电解。可是世界各国现在还没有能完全解决钛的熔盐电解中的问题,所以廉价钛的生产,还是电冶金家所要继续努力的问题之一。

在更高的温度,即由 300℃、400℃升到 600℃、700℃,如在喷气推进机的涡轮叶片,钛和一般合金钢,也都不行了,我们必须用高合金钢。其实在这种材料中,铁的成分已不算重要,其主要成分是镍、铬、钴、钼、钨等金属,也就是所谓高温合金。它们都能在高温含氧气流中抗锈,也有很大的强度,只是它们的比重大些,而且在常温下不能切削,必须用精密铸造方法制叶片。对我国来说这些高温材料也带来一些问题,这就是因为据目前资料来看,我们缺少镍和铬的矿源。所以一旦需要大量生产喷气推进机,这些原料的来源就会成问题,因而如何把高温合金中的镍和铬用别种我国丰产的金属来代替,便成为冶金家所必须注意和努力的问题。

喷气推进机的效率,即用油量,可以用高温及高压来改进。但是用高温,燃烧室和涡轮的材料就必须更加要能耐火。到了900℃的高温,就是高温合金也不行了。当然,冶金用的耐火材料是可以抵抗这样的高温的,但是这种材料都是金属的氧化物,再加上玻璃体把一个个氧化物的晶体粘合起来。它们不但脆而没有延展性,而且更坏的是氧化物的导热系数都比较低,远小于金属:这种氧化物的耐火材料在骤然加热或冷却的时候,就很容易因产生大应力而破裂。也就是说,用了这种材料所作的涡轮叶片,很容易在开车或停车时损坏。要想解决这个问题,我们必须要高熔点化合物中有较大的导热能力的。这些化合物是金属元素的碳化物、氮化物或硼化物,如碳化钛(TiC)、氮化钛(TiN)、碳化硼(B_4C)。自然我们还同时要注意到抗氧化的能力和在高温中的强度。这一类材料的研究本来是为了金属切削工具的刀口,例如现用的碳化钨工具材料就是碳化钨和碳化钛的混合物加上钴粉压制和烧结而成的,所以这类材料又称硬质合金。硬质合金的制造要用粉末冶金方法;因此为了发展这种抗高温的硬质合金,我们除了研究粉末材料本身之外,还要大大展开粉末冶金的工艺研究。

最近硬质合金的高温材料研究又注意到另一种化合物,即金属元素间的化合物。例如镁的熔点是600℃,锑的熔点是630.5℃,这都是比较低的熔点。但是这两种金属元素间的化合物二锑化三镁(Mg_3Sb_2),是一种硬质合金,它的熔点远远高过金属镁和锑,是1,228℃。也就是说,我们从两种金属元素中得到比个别元素的熔点要高得多的化合物。自然,要制造它,我们不能只混合熔化了的镁和锑,因为化合作用产物的熔点,要比熔液的温度高得多;所以要制造这种硬质合金也必须用粉末冶金的方法。这种新的高温硬质合金是目前很有希望的一个研究对象。

在前面我们讨论了几个等级的高温材料,都能在它们个别温度领域内保有很大的强度和抗锈性质。但很显然地在这一方面的发展不是无止境的,我们现在知道的最高熔点是碳化铪(HfC)的熔点——3,887℃,再要高是难了。这也是说固体材料无论如何是难用在3,000℃以上的。但是在火箭推进机中如果用氢气和氟气作燃料,燃烧室的温度会到4,600℃。那么用什么材料来做燃烧室呢?解决这个问题自然是用冷却的办法,也就是使燃烧室壁的温度远小于火焰的温度。这样即使火焰的温度高,室壁的强度还可以保持。这个办法当然并不新奇,汽车发动机的汽缸早就用了这办法。但是火焰的温度如果很高,要保持表面一定的低温,那就引起很大的导热量,也就是说非要把大量的热从表面吸去,然后才能维持表面的低温,这给冷却系统的设计带来了困难。在这些情况下,一般冷却系统是不能胜任的。新的建议是把冷却剂(液体或气体)从壁面孔隙压入燃气中(图4),液体得到燃气的热就挥发,气体也加热,从高温燃气传来的热就这样地被吸收了;我们也可以说从燃气来的热被"推回"到燃烧室中去。这个冷却方法很像人在热天出汗的道理,因此这种冷却方法也可以名为发散冷却。我们要注意到,这发散冷却是无限制的,燃气温度再高,我们只要再多压入些冷却剂就可以了;如能把这个冷却办法研究好,不要说是几千度的温度,几百万度的温度也是可以不怕的! 所以发散冷却把我们从高温问题中完全解放出来!

有了良好的材料,下面的问题就是结构设计的问题。在这一方面,我们可以说是航空技术中比较落后的一面。在过去的十五年,空气动力学、推进机两方面都有了非常大的进展,唯独飞机结构仍然停留在十五年前的概念,我们还是用金属薄壳结构,只不过把表面壳的厚度加了些,把圆头铆钉改为齐面铆钉。在设计上是作得更仔细了,把壳的厚度也作成因负载不同而渐渐改变的,不是同一厚的板了,有些地方也不用铆上去的肋杆了,而整个肋杆和壳板一齐用重型油压机从铝锭压挤出来。但这都是些小改进,而不是原则上的改进,不是像从钢架蒙布的机构改到金属薄壳的结构那样具有质的改变。我们不能否认:结构工程师落后于空气动力工程师和推进机工程师。

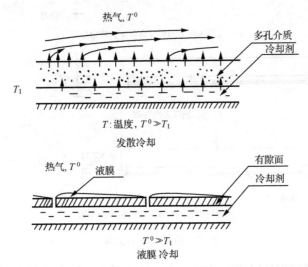

图 4　两种高效能的冷却方法(温度是 T。T^0 是热气温度,T_1 是表面温度。发散
冷却的冷却剂可以是液体也可以是气体。液膜冷却自然只能用液体)

但也有两种新的结构设计现在正在研究中,它们有可能发展成航空机构。一种结构是从预应力混凝土发展出来的,另一种是从塑胶结构发展出来的。我们都知道混凝土的特性:它在压力下的强度是很大的,但是它在张力下的强度很小。要补救这些缺点,我们在受张力的部分中加入钢筋,使钢筋承受张力,混凝土本身只受压力,这就是钢筋混凝土的原理。更进一步,我们可以在空的模子中,先把钢筋拉紧,使钢筋中有很大的张力,然后拌入混凝土。那么如果当混凝土凝结后,我们把钢筋放松,钢筋必然回缩,因而把那有钢筋部分的混凝土加上压力,也就是预加

上了压应力。这样即使结构在承受负载时在那一部分有发生张应力的倾向,也不过把预加的压应力减小些,可以不出现张应力,这样我们调和了混凝土受压强度与受张强度的差别,使它的性能接近于金属材料。这就是预应力混凝土(图 5)。从这里我们得到一个启发:如果我们把任何脆性的材料加上适当的预应力,我们就可以把它"金属性化",免去因脆而带来的结构上的缺点,这也就是说我们能因此把可用材料的范围大大地扩大。譬如一般烧结材料,像瓷,是很脆的,它本身不能用为结构材料。但是如果我们在瓷结构中加入钢丝,再把钢丝适当地拉紧,那么瓷体中就有了预应力,把它金属性化,也可以用来作飞体的翼了。当然,上面所说的瓷,也许太重,不宜用于飞机。可是有许多瓷性材料是很轻的,如碳化硼(B_4C)这一个材料,它的密度只有 2.50,这一类材料是可以考虑来用在航空结构中的。

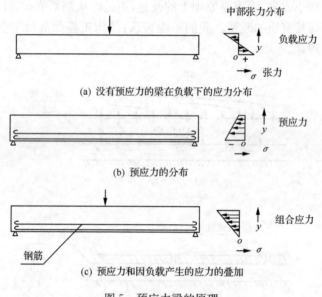

图 5　预应力梁的原理

　　第二种新型结构是用塑胶来制成的。但是塑胶的强度不很大,在航空结构上纯用它是不够的,我们必须要加入更坚强的材料,作为抵抗张力的物质。现在在试用的是玻璃丝,因为玻璃拉成细丝以后,它的强度更大,而且很柔软,我们把玻璃丝先放入模型中,然后浇入塑胶液。当塑胶凝聚后,玻璃丝就镶入了塑胶体中,大大地增加了它的强度和坚度。又因为塑胶和玻璃都是比较轻的物质,最后的结构也很轻。现在有些汽车的车身就是这样制造的。这一个材料很适合于大批制造,成本也比较低,所以像飞弹(或导弹)这一类要有大量生产的东西,利用这种玻璃丝塑胶材料来做它们的机身和机翼面是要研究的一个重要问题。

　　说到飞弹,我们自然要想到:这一个结构只运用一次,而在这一次总运用的时间也是很短的。防空飞弹的飞行时间不过几分钟,就是远距离弹道式飞弹也在一小时以内。这就是说,飞弹结构的运用寿命是很短促的,不像一般结构寿命要长到几年或几十年。我们很可以利用这一个特点,来改进飞弹机构的设计,减轻它的重量。举个例:金属在高温下受了负载就会渐渐变形,即所谓蠕变;也就是说在一定时间后,它有相应的变形。我们也知道为了结构能完成它的任务,变形是要受一定限度的,而蠕变的速度是因应力大而增加的,所以要寿命长,那么蠕变速度必须低,应力也必须设计得小些。反过来说,如果寿命很短,应力就可以大大加强,结构减轻,在运用时间内也不会有限度以外的变形。这就说明了,如飞弹这种寿命短小的结构,我们在设计还有许多可以取巧的地方。最有名的例子就是德国在第二次世界大战中的 V-2 飞弹,这飞弹尾端有装置在火焰中的四片木质叶片,是为了起飞时控制火箭的,木叶片自然会在火箭的火焰中燃烧起来,但是因为使用它的时间只在起飞时的一分钟,燃烧及消耗是不成问题的。其实这个短寿命结构概念的应用也不限于飞弹,就是一般飞机,我们也可以把一次飞行作为一个段落,把有些零件的寿命作为一次飞行的时间(即几小时),这些零件就可以在一次飞行降落后拆下作废,另换新的。由上面的讨论看来,显然地,短寿命结构这一概念,是可以在一定情况下,解决设计上的困难,使结构减轻,并可能采用劣等材料,因而大大地降低成本。

四、推进机的问题

我们在前面已经讲过转动机械中的流体力学问题。我们在那里指出:我们在这方面的知识还是不够的;我们还没有能够把今后改进转动机械效率的方向肯定下来,我们还在探索。但是有一点我们必须在这里讲:现在因为有了十几年在压气机方面的研究工作,轴流式的压气机的效率已经相当的高,已经接近了 90%。相比之下,高负载的喷气推动机内的涡轮机的效率是低的,它只有 70%~80%。自然这是因为我们提高了每级涡轮的负载,以减少轮数和减轻重量。如果能不顾重量,把轮数增如,因而减轻每一涡轮的负载,效率是可以像陆用固定燃气涡轮机那样高的。可是航空用的机器必须轻,高负载是不能免的,因而如何提高涡轮机的效率就是目前一个重要的研究问题。

自然我们也不要忘了另一个改进热效率的办法是提高涡轮的工作温度,并相应地提高压缩比。要提高工作温度,从现在的 850℃ 到 1,100℃,我们必须研究新的耐高温材料。要把温度再提高,我们必须用冷却叶片的办法。这两个问题我们在前面也已经讲过了。现在摆在我们目前的一个重要问题是:如何利用现在已经研究出来的材料和冷却方法来设计高温涡轮及叶片。冷却设计的问题是尽可能得到均匀的温度,不使任何一点超过材料的高温限度。各国现在正在这方面努力,谁也没有能完满地解决这问题。

　　现在我们来讲一讲一种新型的动力机械:气波机。

　　我们都知道燃气轮机比活塞机轻,举个例子来讲,飞机的活塞推进机带螺旋桨在内,每一马力的机重量是约1公斤。而现在的喷气式涡轮推进机每一马力的机重量只有0.1公斤,因此在现代的飞机中我们已完全看不到活塞发动机了。燃气涡轮机为什么这样轻而活塞机为什么这样重? 这原因有好几个,但其中主要的是燃气涡轮的转速比活塞机要大得多,它也没有往复运动,因而免去了一切惯性力。没有惯性力可以减轻机重,转速高可以多出功能。所以同一重量的燃气涡轮要比活塞机的功率大得多;也就是说同一功率的燃气涡轮要比活塞机轻得多。但是燃气涡轮也有它的缺点:它的最高工作温度现在只有800℃,而活塞机的燃气温度在高达1,600℃。高温可以提高热工效率,但是要提高燃气涡轮的工作温度不是容易的,前面也已经说过了。我们能不能创造出一个新方法呢? 解答这个问题的关键在于明了为什么活塞机的燃气温度可以高,燃气涡轮不能高;而实际上燃气涡轮用的材料要比活塞机的耐高温。这里的道理是活塞机的汽缸并不只与高温燃气相接触,高温燃气在汽缸中是要膨胀的,而膨胀了的气体温度会下降的。所以汽缸壁的温度绝不是燃气的最高温度,它在大部分时间是与较冷的气体相接触的。这个原因再加上汽缸形状简单,容易用水来冷却,使活塞机能够用高温燃气而不需要特殊材料。我们能不能够一面保持这个活塞机的优点,一面免除活塞机的惯性力,因而增加它的转速呢? 我们必须知道惯性力的来源是在往复运动的活塞,要解决这问题,我们要创造出没有活塞的活塞发动机! 这是可能的,我们可以用气柱本身作为活塞,这样金属的活塞就不需要了。这就是气波机。气柱作为活塞就是利用气波传播的一定速度,约800米/秒,这比一般活塞的平均往复速度就大60倍。因此如果我们能在气波机中也产生像活塞机汽缸中的高温高压,我们就可以把气波机的功率提高到同重量的活塞机功率的几十倍。所以气波机的研究可以产生一种和燃气轮机一样轻,但有更高热工效率的动力机械。这也是我们又回到往复式原理的动力机械。当然这是一个很重要的研究题目。

　　现在我们要谈一谈推进机与飞机配合的问题。

　　差不多一直到现在,飞机的设计和推进机的设计是分开两起作的。设计推进机的人估计航空方面的今后需要,作出新型推进机的技术条件,像若干公斤的拉力,每公斤每小时燃料的消耗量等。工程师就在这个技术条件下设计新机器。新机器的设计、试造、改进、直到成批生产,大概要有三、四年。新型推进机在试造时期,工程师就可以作出它的最后定型后的性能的估计。这个性能的估计就是飞机设计师的原始资料之一,他用这个资料进行飞机的设计。当然,在推进机逐步改进的时候,原有估计必有更改,飞机设计也必须随着有些更改。但在基本上的情况仍然是推进机先设计,飞机后设计;设计推进机的时候并没有一定的新型飞机作为目标,它可以是歼击机,它也可以是民用飞机。

　　可是现在推进机的动力加大了很多,燃料的消耗量很大,推进机对飞机性能起了决定性的作用。推进机不是单作为飞机的一部分,而必作为一个主要部分。也因为喷气推进机的每秒空气流量是很大的,远远超过了活塞机的流量,因而进气口、排气口的装置和安排对飞机的空气动力性能也有了重大的影响。也就是说,推进系统的设计是与飞机的总体设计分不开的。此外,现代的推进系统的组成部分多:有进气扩散器、有空气压缩机、有燃烧室、有涡轮、有尾管燃烧、有喷气管口。每一部分的设计原则又可以有很多的选择。譬如空气压缩机可以是轴流式,也可以是径流式,也可以是混流式;可以是亚音速的,也可以是近音速的,也可以是超音速的;可以是一个转子的,也可以是两个转子的;可以是单流的,也可以是分流的。而每一种配合有它的独特的性能:要最大的推力呢,还是要最大的经济性;要只作高速飞行呢,还是要作短时间的高速飞行并较长时间的低速飞行。换句话说就是:推进系统的设计绝不能局限于几个现有的,已定型了的推进机,而必须要依照一定新型飞机的技术条件、技术任务,考虑了全体的成百的组合可能性,然后选出最好的设计。这最好的设计可能是很特殊的、"四不像"的动力系统,它可以是冲压式和涡轮式的联合系统;它也可以是冲压式喷气机和火箭的联合系统。总而言之,飞机和推进机分头两起设计的时代已经过去了,现在的要求是:飞机设计师和动力设计师必须密切的合作,一个新飞机要有为它单独设计的推进系统。飞机工程师必须懂得动力的问题,而推进系统的工程师也必须懂得飞机设计的问题。在一个新型设计开始时,两方面的工程师要一起工作,共同拟出一个最好的方案。

五、新型的飞行器

　　最后我们要讲一讲飞行的整体问题。

　　飞机的升力是由在空气中运动得来的,所以飞机必须在得到一定速度后方才能起飞,也必须以一定速度降落地面。因为要求飞机最高速度的增加,在飞机的几十年历史中都是在不断地想办法减小阻力,也随着减少了翼面。因此,飞机的起飞速度就从早年的每小时五、六十公里到了现代的每小时近二百公里。这样飞行场的跑道就越来越长,更要做得坚固,能负降落时的冲击力。如此,飞行场就无法建筑在城市里,必须要在城郊。但是这不但不方便,也不经济,因为从市里到城郊要花相当时间,部分地抵消了因飞行而省下来的时间。更重要的是大飞行场是战时敌人的好目标,容易被轰炸,轰炸了跑道就不好用。因此在国防飞行和民用飞行上,我们要求能不用跑道,至少也必须把跑道缩短。自然在这一点上,我们会想到直升机,用螺旋翼的直升机。但是现在的直升机传动机件复杂,机身重量大,而且也不能在平飞时达到高速,所以螺旋翼式的直升机现在只能作为短程飞行工具和特殊军用飞行工具,还不能满足我们在上面所提出的要求。我们也不能说直升机在将来可以改进到令我们完全满意;它有它的基本的限制。

　　在喷气推进机没有创造出来的时候,这个飞机的主要矛盾,看来是没有方法来解决的。但是现在不同了,喷气涡轮推进机已经做到能发出 4 倍于它机重的静止拉力,而这个拉力即在相当飞行速度下也不减少。那么我们可以把喷气管的方向转到向地面,取得升力;如果全机重量不大于 4 倍喷气机的重量,我们就可以令飞机垂直起飞,平地临空,完全不需要跑道。升到相当高度,我们可以再把喷气管的方向改向后方,飞机就可以照常飞行了。要降落的时候,可以把喷气管再转向下,飞机就能慢慢地着陆,就如人坐下来一样。如果因为喷气管的方向不容易转变,我们也可以固定了喷气管,可是在起飞的时候,把飞机机身立起来,使喷气管向下。升起后再慢慢运用空气动力把机身转入平向,向前飞行。这样我们就有可能创造出不用跑道的超音速飞机。

　　这个基本概念在实现的时候,还可以加以种种的改良。譬如为民用载客,我们就不一定需要达到超音速,那么我们就可以用螺旋桨和燃气涡轮来代替喷气机,这样同重量的动力机械就可以发出更高的拉力,因而即使全飞机的重量大于动力机重量的 4 倍,也可以直升。我们也可以把螺旋桨包在一个环形翼中,成为一架分流喷气推进机,在起飞的时候和超音速飞行的时候可以利用尾管燃烧来加大拉力。这就是蔡伯罗斯基(H. Zborowski)所谓的桶形机了(图 6)。桶形机没有广的阔翼幅,在这一点上它像三角翼的飞机,但它能垂直起飞、垂直降落,不要跑道,它也能达到超音速。

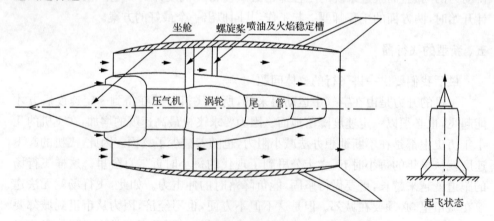

图 6　桶型机的示意图(这机型是可以达到超音速的。进气分为两部分,一部分经过
涡轮喷气机,一部分经过螺旋桨略受压缩后,直接喷出,或与油燃烧后再喷出)

　　这里必须说明的是:上面所说的一些新的飞行器,因为用了革命性的运转方法,带来了一系列飞行稳定和平衡的问题;特别是在从直升飞行转到平向飞行的时候,或相反地从平向飞行转到垂直下降的时候。这些稳定问题是不容易解决的,但是因为在过去十几年自动控制和调节的理论与技术有了飞跃的发展,使我们有把

握能解决这个困难的稳定问题。我们可以说:没有任何机械系统不能用自动控制方法来人工稳定,所以一定能用自动控制和调节的办法,来把这些新飞行器的操纵性能做到尽善尽美。

自然依照上面所说的方法来垂直起飞和降落是需要相当大的动力的。这在有些飞机,像旅客机是要有困难的。我们还是要找一找别样的办法。一个可能的办法就是所谓"喷气衬翼"。这是把喷气推进机的喷管改装,让喷气从翼面后缘的缝出来,如果喷气的方向是向下的,那么我们可以体会到因反作用而产生的升力。假如 m 是每秒喷出的质量,v 是喷气的速度,θ 是喷气方向与飞行方向所成的角度,那么因喷气而得到的升力应是

$$mv\sin\theta \tag{5}$$

如果喷气直接向下。θ 是 90°,升力也最大,是 mv。但是实验结果告诉我们:升力因喷气而增加的部分、远远超过 mv,即使 θ 不是 90°,也是如此;增加的升力是 mv 的 3 倍以上。这里的缘故是翼面压力的分布受喷气影响,有了更变,使翼面产生了更大的升力。因此,我们也可以把喷气衬翼看做是喷气升力的扩大器,把升力扩大到 3 倍以上。这自然对飞机设计上有很大的帮助[4](图 7)。

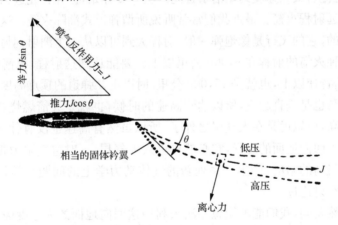

图 7　喷气衬翼的作用(喷气角是 θ,气由翼的后缘射出,速度是 v,
质流量是 m,喷气反作用力就是 $J=mv$)

我们也可以从另一方面来看这个现象:我们知道一般翼面的最大升力系数 C_L 是 1.5 左右。原因是在高仰角下,附面层会从翼面分离,造成涡流,反而失去升力。但是如果在翼面的后缘有了喷气,喷气对它两旁的气流有牵引作用,使分离了的附面层重新回到翼面上来,因而能使升力加大。据实验结果,升力系数在喷气情况下可以达到 13。这就是说用了喷气衬翼的办法,我们可以把最大升力系数提高 9 倍。这就是说起飞速度或降落速度,可以减小到一般的 1/3。如果一般飞机的起飞速度是 200 公里/时,那么用了喷气衬翼,起飞速度就可以降落到 70 公里/时。

据估计:即使高速达到 800 公里/时的旅客机,也可以在短短的 500 公尺的跑道上飞起来,也能越过一般高度的建筑物。500 公尺大小的广场在城市中心也能开辟出来,所以用了喷气袼翼的原理,民用机场就可以从城郊搬到城市中心来。这真是很理想的了。在国防航空上,这种喷气袼翼的飞机也是它的好处:它的飞行场小,也因为起飞速度低,不用坚固的水泥跑道,可以在草场上起飞。所以无论从哪一方面来看,喷气袼翼这个原理是值得我们研究的。喷气袼翼是把飞机和推进系统密切结合起来,所以也是前面说过的综合设计原则的一个实例。

要讲新型的飞行器,我们就必须说一说火箭。当然我们知道火箭是中国人创造的。远在七百年前的宋代,火箭的原理就发现了。但是一直到第二次世界大战的前夕,这一个原理没有什么发展。在第二次世界大战中,火箭大为各国所重视,苏联首先造出威力大的火箭炮。短射程火箭的优点也很快地被德、英、美等国所发现,在作战上被大量采用。然而使我们最感兴趣的是远射程火箭,即出名的德国 V-2 火箭。它是用液体推进剂的:燃料是 1/4 水和 3/4 酒精的混合物,氧化剂是液化氧。它的起飞重量有 13 公吨,但其中 68% 是推进剂。它也是垂直起飞。它的射程有 300 公里,最大速度约 4 倍于音速。从 V-2 开始,世界各先进国家都一直在研究和发展远射程火箭。最近我们常常听说所谓弹道式洲际火箭。这就是说火箭是没有翼面的,它的飞行是像炮弹一般,射程大到可以从一个洲射到另一个洲。这也就是说这种火箭的射程在 6,000 公里以上。要能达到这射程,火箭的最高速度必须是 15 倍音速以上,也就是 15,000 公里/时以上。弹道的顶点高度有 1,000 公里。这种火箭也是垂直起飞,所以达到高速的时候,也就是火箭燃烧终止的时候,火箭已经很高,可以说是在大气层之外了,所以虽然有高速也没有什么空气阻力。但是当火箭再回向地面的时候,它必然再进入大气层,这时空气阻力很大,火箭表面可以达到很高的温度,产生一系列新的气体动力学上的问题和结构上的问题。这在前面已经讨论过了。

我们自然要问,我们能不能想办法来利用这回向地面的大速度呢? 答复是肯定的,只要我们把火箭装上翼面;翼面所产生的升力就使火箭能滑翔(图 8)。这样火箭的速度就可以慢慢地减小,慢慢地落到地面。根据计算,如此就能把火箭的飞行距离增加二倍,可以达到 18,000 公里。其实因为地球的半径是 6,500 公里,地球表面上最远的距离也只不过 20,000 公里,这种有翼的远程火箭差不多能“一口气”从地面上一点飞到任何另一点。问题是这样的火箭上能不能坐人,作为旅客机。要回答这个问题,我们必须知道这种火箭起飞的时候是很重的,但重量的绝大部分,约 85% 是推进剂,那么当燃烧停止后,推进剂用完,火箭体是很轻的,它并不较一般飞机重。因此,它的降落速度也不会比飞机大。所以有翼的远程火箭是可以载人的。这样我们就可以创造出一种超高速的运输工具。它从北京到莫斯科只用半小时。由于飞弹的发展，我们相信在十年内，完全有条件实现这种革命性的运输工具。

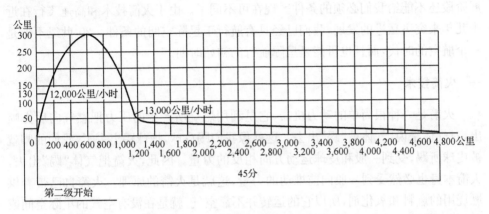

图 8　这是一个有翼的远程火箭的"弹"道

横坐标是沿着地面的距离，纵坐标是高度。这个火箭被另一个无翼的更大的火箭从地面推到 25 公里的高度，在那里火箭的速度是 4,800 公里/时。所以这个火箭组有两部分。一个起飞火箭、也叫第一级，一个远程火箭、也叫第二级。第一级在 25 公里高度终止作用，两个火箭也就分离开；第二级继续前进。第二级上升到 130 公里高度，速度 1,200 公里/时，然后燃烧停止，火箭以后完全靠惯性飞行。全射程是 4,800 公里。这是一个设计计算的结果。

因为远程火箭有一部分飞行是在空气层以外的，所以这种飞行器已经不完全是"航空（气）"的飞机，而是局部的"航空"（间）的飞机。也就是说我们已经是处在真正航空、航空间时代的前夜。明天是人类文化的另一时代，是人造卫星、星际飞行的时代。这才是我们航空技术的真实远景。

参 考 文 献

[1] J. R. Spreiter, J. Aeronautical Sciences，21 卷，70 页。

[2] M. D. Van Dyke, J. Aeronautical Sciences，18 卷，499 页。

[3] 原则见 G. V. Lachmann (J. Roy. Aeronautical Society, 1955, 3 月号)。

[4] 详见 I. M. Davidson (J. Roy. Aeronautical Society, 1956, 1 月号)。

第八节　星际航行的现实性[*]

当人们认识了天上的星是大宇宙空间的物体，是和太阳、是和地球一样的，谁

＊　本节原载 1956 年 11 月 19 日《光明日报》第 3 版。

不会发生到这些天体上去旅行的愿望？谁不想去看看这些"另外的世界"？但是一直到最近，一切星际航行的计划都还是不能实现的，都是幻想，因为科学技术的发展阶段还不能给我们必须的条件。现在可不同了。由于火箭技术和高速飞行在近十几年来突飞猛进的发展，我们已经具有航行于星际空间的条件。20世纪不但是一个航空的时代，而且也可能是星际航行的初始时期。

一、火箭技术

火箭是一种很简单的动力机器，它是利用燃烧所产生的压力把燃气向后方喷出，对气体来说，气体被"踢"出去。这就像我们踢皮球，把球踢出去了，我们的脚就被皮球所踢，受到一股和皮球运动方向相反的力量。因此，火箭把气体"踢"出去，火箭本身也必然受到一股向前推动的力量，这就是火箭的原理。火箭自己带着供燃烧用的燃料和氧化剂，所以它的运转并不靠空气，就是在没有空气的星际空间或空气稀薄的高空，火箭也一样能起作用。

也许有人要说：火箭是中国人远在700多年前的南宋时代就发明了的，为什么说它在最近才成为星际航行的实用动力机械呢？要知道，小火箭是不能做星际航行的，必须用几百吨或千吨重的大火箭才行。这样大的火箭就不能用旧式火箭所用的固体燃料（炸药），必须用更安全、更有力、更容易使用的液体燃料。液体燃料的大型火箭是第二次世界大战中才开始发展起来的，现在更因为世界各国对导弹的研究而得到更进一步的发展，所以用作星际航行的火箭技术是一门新的科学技术。

火箭的推动力既然是靠燃气向后喷出而来的，那么喷气的速度越快，推动的力量也就越大。所以火箭工程师都讲究喷气速度，越是好的火箭燃料，喷气速度就越大。下面的表是各种燃料的喷气速度。

液体燃料	喷气速度（公尺/秒）
液氧和75%酒精、25%水	2,340
液氧和汽油	2,370
发烟硝酸和苯胺	2,160
液氧和液氢	3,290

（这都是用最好的氧化剂和燃料的比例，在20大气压喷出到1个大气压的空气中的情况来计算的，如果喷到真空里，喷出速度还可以加15%。）

我们可以看出最好的火箭燃料是液体氧和液体氢，但是液体氢的温度太低，在使用上也有其他不方便的地方，所以从实用上来讲，还是其他燃料好些。因此，今天的技术告诉我们，火箭的喷气速度大约可以达到每秒2,400公尺，下面的讨论就用这个数字作为依据。

二、人造卫星

地球的引力是约束我们自由行动的,它总是把物体吸引回到地面上来。但是我们也知道当我们向上抛东西的时候,如果抛得越用力,使物体的初始速度大,那么物体就越能够抛得高些。对星际航行家来说,这里的关键问题在于能不能有一个速度使物体一去不复返呢? 如果能一去不复返,那就是脱离地球引力的约束了。根据力学家们的计算,这个"解放速度"是每秒钟 11,140 公尺,也就是每秒钟 11.14 公里,或每小时 40,100 公里。这大约等于我们现在民航机速度的 100 倍。这个解放速度是我们作星际航行的本钱,要到月球上去,不需要什么就行了,要到星球上去,就还得再加一把劲,这在后面再谈。

用火箭能不能达到这个解放速度呢? 如果火箭的喷气速度是前面所说的每秒钟 2,400 公尺,那么就可以计算出来至少要用多少吨燃料才能把一吨东西推到解放速度。计算的结果是,要用 104 吨燃料才能把一吨东西推到每秒 11.14 公里的速度。也就是说,当这个大火箭起飞的时候,总重量的 99.05% 是燃料,只有 0.95% 是机器、结构和人员等的重量。而这也还是最低限度的要求,实际上燃料重量的比例还得大一些。只要把第二次世界大战中的 V-2 火箭来比一比,就知道其中的困难。V-2 火箭起飞总重量是 1.28 万公斤,也就是 12.8 吨,V-2 火箭的机器、结构等的重量是 4,000 公斤,也就是 4 吨,所以机器、结构等的重量占总重量的 31.2%,燃料占 68.8%,这比星际火箭的要求有多大的区别! 即使我们能精简,把结构设计得更好,能把机器、结构等等的重量减少一半,这是设计上很大的成就了。即使我们能做到这一地步,而机器、结构等等的重量仍占总重量的 18.5%,燃料占总重量的 81.5%。可是和星际火箭的要求还相去很远! 所以要想一口气就制造出星际火箭是不可能的。

有人要问:我们的出发点是用化学燃料的火箭,因此喷气速度只有每秒 2,400 公尺,为什么不用原子能呢? 的确,如果利用原子反应堆作热能的来源,根据现有切实可行的设计,喷气速度可以提高到每秒 7,600 公尺,这比化学燃料的火箭就高出 2.17 倍。这样要达到解放速度的燃料比重就可以大大降低,计算出来是 77% 燃料,23% 机器和结构等的重量。看起来,这好像是同前面所说的 V-2 火箭的重量分配相去不远,星际火箭可以做出来了。其实问题还是没有解决,因为我们没有考虑到原子反应堆的重量,尤其是反应堆所必需的隔离中子流和其他放射线的厚墙。没有这厚墙就不能隔离这些有害人体的东西,这样的火箭上就不能有人。要坐人,反应堆的重量就大了,还是不能满足上面所说的重量要求,所以一口气的星际火箭还是做不出来。

既然这样,是不是星际航行就成了空想呢? 不是空想,我们有另外的办法,主要关键在于放弃一口气的做法,分段来达到目的。第一步是建立人造卫星,一个围绕地球转的,在空气层外的星际航行码头。因为这个站在空气层以外,所以没有空气阻力,它的速度就是不用动力来推进也能保持不变,不会跌下来。这就有好处:我们可以逐渐建立这个站,一次一次用火箭从地面把建筑材料和其他物质运到这个人造卫星上去,慢慢地把星际航行的船在人造卫星上组合起来。其实星际航行的船所经过的空间是没有空气的,因而它的外形设计同要经过空气的火箭有些差别,不必用尖头,圆头也可以。所以我们可以专业化:有从地面运东西到星际航行码头的运输火箭,也有星际船的火箭。在工程技术上专业化就一定能增加效率,是有好处的。

现在让我们来算一算:从地面到一个同地面有半个地球半径距离的人造卫星,要什么样的运输火箭。这个人造卫星的高度是 3,000 多公里,自然在空气层以外了。计算的结果是:要从地面平稳地达到人造卫星上面,运输火箭需有每秒钟 9.1公里的速度。再算一下,这样地运一吨东西到人造卫星去,需要多少吨化学燃料?计算的结果是 43.3 吨。这也就是说,燃料要占总重量的 97.75%,而机器和结构等只占重量的 2.25%。这又是做不到的。不过还有另一个办法,就是用多级火箭:把一个小火箭放在一个大火箭上面,大火箭先放,等大火箭燃料烧完了以后,再放小火箭。在放小火箭的时候,大火箭就脱落了不再前进。而小火箭一开始已经有了速度,所以能达到更高的速度。再来算一下这样两级火箭的重量分配:设想要达到人造卫星的每秒 9.1 公里速度分两段来做,大火箭只达到一半,每秒 4.55 公里,小火箭再从每秒 4.55 公里加速到每秒 9.1 公里。这样,小火箭的燃料就只占总重量的 85%,而机器、结构、人员等占总重量的 15%。这是可能做到的。底下的大火箭呢? 大火箭自身的机器、结构,再加上小火箭的总重量是占两级火箭总重量的 15%。因此,如果小火箭的机器、结构、人员等有一吨重,小火箭的总重量就是 6.66 吨。如果大火箭的本身机器和结构也有 7 吨重,那么在大火箭放完的时候,两级火箭的重量是 13.66 吨。因此两级火箭的总重量是 91.1 吨。

由上面所说的看来,用一个总重 100 吨的两级火箭,我们就有可能把几百公斤重的东西从地面上运到我们的星际航行码头上去。运输火箭,不论第一级的大火箭或是第二级的小火箭,只要加上翅膀都能滑翔,都能飞回地面。所以用运输火箭来回运上几百次,就可以建立起具有 100 吨物质的小型星际航行站。这个站是3,000多公里高,它以每秒 6.43 公里的速度围绕着地球转。而在这个高度要脱离地球的引力,只要每秒 9.1 公里的速度就够了。因此在这个人造卫星站上,一只星际船可以比较容易地起飞,只要加上每秒 2.67 公里的速度就可以脱离地球引力的约束。

三、到月球和行星去

上面已经讲过,由人造卫星的星际航行码头,只要加上每秒 2.67 公里的速度就能脱离地球的引力范围。如果我们的目标是月球的话,这速度是完全足够的,当到月球去的星际船接近月球的时候,月球就会吸引它,使它落到月球表面上。这里的问题是如何控制星际船不使它撞到月球上去,只绕月球飞行一周,看一看月球的未知的那一面,再回到地球上来。或者到月球去的是一只无人驾驶的自动控制的星际船,可能让它碰到月球表面上去。但不管怎样,这只最起码的星际船从我们的星际航行港到月球要走 30 小时,也就是要用 1 天多的时间。当然,如果我们性急的话,可以把星际船的速度加大。这样就可以缩短航行时间。例如,假设从星际航行码头,不仅加上每秒 2.67 公里的速度,而是加上 7.50 公里的速度,那么 8.6 小时就可以到达月球,这就和苏联的 Ту-104 喷气客机从北京到莫斯科的时间差不多了。

也许我们不满足于只绕月球一周,还要降落到月球表面上去,然后再从月球表面上起飞,回到地球上来。这就需要更大的动力,首先到了月球我们必须把星际船的速度减到零,但是月球上没有空气,要减速就得把火箭倒过来,使推力方向和运动方向相反,逐渐减小速度。这样所消耗的动力就等于把速度增加每秒 3.03 公里。自然,要能飞起来,又得把速度找回来,这又是一个每秒 3.03 公里。我们为安全起见,还得考虑一些富余动力,用来校正航行上的误差。所以这样一个月球旅行计划,总的速度要求要比上一节说的大得多,像下表所列的,一共要有能加速到每秒 10.60 公里的动力能力。

从星际航行港起飞	2.67 公里/秒
在月球附近减速降下	3.03 公里/秒
可能在驾驶中误差的校正	0.87 公里/秒
从月球站起飞回到地球	3.03 公里/秒
其他误差	1.00 公里/秒
共计	10.60 公里/秒

看来要一只星际船做这些事是困难的,我们还得用多级火箭的原理:用好几只星际船组成一个船队到月球上去,船队中有一部分主要是运燃料到月球上去,到达月球以后取出燃料,这些船就留在月球上不再回来。取出来的燃料是用来帮助其余星际船回来的。这真是浩浩荡荡的一支月球远征舰队。

当我们掌握了航行到月球的技术,也就可以计划航行到其他的行星上去。行星旅行和月球旅行不同。第一点是距离远,需要的时间长,航行不是一天而是一年或几年。第二点是不但要从地球引力解放出去,而且要对太阳的引力场作些调整工作,因为即使我们脱离了地球的引力范围,我们还没有失去地球围绕太阳运行的速度。因此,如果我们要想到一个离太阳比地球近的行星上去,我们还要减速,使星际船跌入太阳的引力场,被太阳吸引。如果我们要想到一个离太阳比地球远的行星上去,我们就得加速,使星际船能脱离太阳的引力,向外走。但是不论减速或

加速,都需要动力,都需要燃料。我们可以把这个燃料的要求换作速度的要求,这也就是最起码的行星旅行船的要求,看下表:

目的地	"加"的速度,公里/秒	从星际港的加的速度,公里/秒	到达日数
水星	5.96	8.63	115
金星	2.58	5.25	145
火星	2.25	4.92	237
木星	8.69	11.36	937
土星	10.13	12.80	2,043
天王星	11.25	13.92	5,466
海王星	12.06	14.73	10,972
冥王星	12.06	14.73	10,972

从这个表可以看出来,要把邻近的几个行星作为我们旅行的目标,特别像火星,我们不会有什么大的困难,因为在今天的科学技术成就上是可以做得到的。有人计算过到火星去旅行一回所需的人力物力,包括:在火星附近建立一个人造卫星,再从这个人造卫星出发,利用火星上比较稀薄的空气,比较容易地降落在火星表面,再从火星回到火星的人造卫星,回到地球的人造卫星,约需要有70个人参加这个远征,其中50人到火星表面上去,20人留在火星的人造卫星上工作。需要的时间是:从地球到火星的旅程是260天,回来的旅程也是260天,另外,在火星的人造卫星上停留449天,其中约400天是为下火星表面作勘察用的。所以旅行日期是总共两年加239天。这支远征舰队共有10只星际船,每只星际船从地球的人造卫星起飞的重量是3,720吨,其中有3只是到火星表面上去的,而这3只中只有一只回到火星的人造卫星上来。为了作旅行的准备,要用46个运输火箭,用8个月的时间飞950次把物质运到地球的人造卫星上去。这个运输工作要用去532万吨的火箭燃料,这比我们第一个五年计划中的原油年产量还多一倍半!这些运输火箭也是大型的三级火箭,从地面起飞的重量是6,400吨。这真是一个非常庞大的计划。但是必须说明,从科学技术的角度来看,这种计划是完全可以实现的,其中没有原则性的困难,只要我们决定作,我们就可以按部就班地把它实现。

四、能到另一个恒星去么?

上面说明到月球或太阳系的其他行星上去都可以做到。这是不是说大宇宙里任何地方都能去呢?回答是:现在的科学技术只能使我们在太阳系里旅行,出了太阳系,距离就更大了,旅行的时间也就长得不可想象。出了太阳系,我们自然是找其他像太阳的恒星,但是恒星的距离是用光年来量的,一光年就是光在一年里所走的距离。光的速度是每秒30万公里,所以一光年就是94,600亿公里。而最近的一颗恒星"半人马座比邻星"离我们就有 4.2 光年,或者 40 万亿公里。如果我们用每秒 20 公里的速度来航行,也得走 2 万亿秒,或 6.34 万年。而这颗星是肉眼所看不见的小星。至于肉眼能看见的星,最近的是天狼星,可是它更远,离我们有 9 光年,用每秒 20 公里速度来航行,到天狼星得用 13.6 万年。

因此可以说:我们绝不能用现在火箭所能达到的速度来到达另外一颗恒星去。要作恒星的旅行,要发现另外一个"太阳系",就得用接近光的速度来航行。如果我们能以 0.9 倍光速来航行,那么到达那离我们最近的恒星只要 4.67 年。但这是我们在地球上的人的时间,在以 0.9 倍光速运动的星际船上的人们,他们的时间必须照相对论的定理来修正。可以算出,他们的时间,他们生活的时间要短得多,只有 2.08 年,也就是他们只觉得老了两年多,而对在地球上的人看来,已经过了 4.67 年了。这大有我们幻想神仙小说里的"山中才一日,世上已千年"的味儿,是对星际旅行家的耐心有很大帮助的。

由此看来问题的关键在于怎样达到 0.9 倍光速的航行速度,可是这问题现在还无法解决,因为要达到这样的高速,就是用几级的火箭也得把喷气速度提高到半倍光速左右。化学燃料不必说是不能达到这样喷气速度的,就是现在我们知道的原子燃料也不行,裂变燃料(铀 235、铀 231、钚 239)既不行,聚变燃料(重氢)也不行。因为这些原料燃烧的时候,只有不到 1‰ 的质量变成能量,而要达到半倍光速的喷气速度就得有约 14% 的质量变成能量,这是很大的差别,事实上我们现在还完全不知道有这样的可用燃料。也许有人要说,所谓离子火箭不是能达到这样的喷气速度么? 但是这里的问题是能源的问题,离子要用加速器来加速,加速器又需要电能,电能从什么地方来呢? 用蓄电池么? 那太重了。所以离子火箭是不能解决问题的。只有等核子物理学家们找出超强度的原子燃料以后,再利用这种燃料得到接近光速喷气的火箭,恒星旅行才能实现。所以当我们讨论星际航行的时候,必须把航行于太阳系和航行于恒星空间的问题分开,航行于太阳系是今天科学技术所能达到的,航行于恒星空间是更高一级的星际航行,由于科学技术条件还不完备,现在还无法实现。

第九节　远程星际航行[*]

有了火箭技术在近十几年来的发展,人们现在已经认为完全有可能到太阳系的行星或卫星上去旅行。但是要到另外一个太阳系,要到另外一个恒星上去,那是另外一回事,那是科学技术的更高的一个阶段。这里的问题是恒星间的距离太大:就是到离我们最近的星、半人马座比邻星也要 4.2 光年,或约 40 万亿公里;到肉眼

　＊　本节原载 1957 年《力学学报》,第 1 卷第 4 期,351~360 页。

能看到的最近的星、天狼星就更远,要 8.6 光年,或约 82 万亿公里。所以即使我们用 20 公里/秒的速度来航行,这差不多是现在火箭技术可能达到的最高速度了,然而到半人马座比邻星还需要 6 万多年,到天狼星就要约 12 万年。这些航行时间比起人的寿命来是太长久了,所以到恒星去旅行还不是现有的科学技术所能做到的。但这并不阻碍我们研究到恒星上的条件,也就是研究在一定条件下远程星际船可能有的性能。这也就是本节的目的。

一、推进剂问题

其实这个远程星际航行必须要以接近光波的速度航行才够快;但是要达到接近于光的速度,非把火箭的喷气速度也加到接近于光速不可,这就需要超强度的核子推进剂。如果 w 是喷气速度,c 是光速,ε 是推进剂在"燃烧"过程中质量转化为动能的部分。假如我们不计质量转化为热能的部分,那么 $(1-\varepsilon)$ 是推进剂质量留在喷气中的部分,利用相对论里的能量定律就得到

$$\varepsilon c^2 = \left[\frac{1-\varepsilon}{\left(1-\dfrac{w^2}{c^2}\right)^{\frac{1}{2}}} - (1-\varepsilon) \right] c^2 \tag{1}$$

因此,

$$\varepsilon = 1 - \left(1-\frac{w^2}{c^2}\right)^{\frac{1}{2}} \tag{2}$$

所以当喷气速度 w 很小的时候,正如我们所想见,$\varepsilon \cong \frac{1}{2}\frac{w^2}{c^2}$;而当喷气速度是等于光速的时候,$\varepsilon=1$,也就是全部质量转化为动能,这就是光子火箭了,在其他情况下,ε 和 w/c 的关系见图 1。当 $w/c=1/2$,也就是当喷气速度是光速的一半的时候,ε 就差不多是 14%,也就是推进剂质量的 14% 必须转化为动能,这要求远远超过现有的核子燃料所能做到的程度。所以要实现恒星旅行或远程星际航行,我们还有待于超强度的核子燃料。

可是如果能够得到接近光速的喷气速度,因而可以达到接近光速的航行速度,那么就有重要的相对论上的效果。例如,如果 V 是星际船的航行速度,T^0 是一个固定于地球的坐标系统里的时间,T 是一个固定于星际船的坐标系统里的时间。换言之,T^0 是地球上的时间,而 T 是星际船里的时间。那么依照相对论定理,$T \leqslant T^0$,而其关系是

$$T = T^0 \left(1-\frac{V^2}{c^2}\right)^{\frac{1}{2}} \tag{3}$$

因此,如果 $V=0.9c$,那么 T 只有 T^0 的 43.5%。其他的情况在图 1 中表示出来,当 V 越接近于 c,在星际船里的生活时间就越显得短。

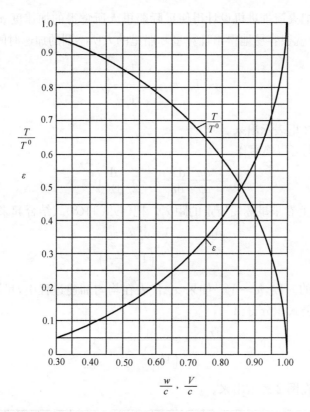

图 1　推进剂质量转化为能部分 ε 与喷气速度 w 的关系；两个时间的比率 T/T^0 与
航行速度 V 的关系，c 是光速

二、匀加速度运动

如果我们用 $(\ )^0$ 来代表固定于地球的坐标系统里的各个量，用 $(\ )$ 来代表固定于星际船的坐标系统里的各个量；例如 u^0 是星际船对地球来说的速度，u 是星际船对星际船来说的速度，所以 $u=0$。a^0 是星际船对地球来的加速度，a 就是星际船里面的人所感到的加速度，那么

$$a^0 = \left(1 - \frac{u^{0^2}}{c^2}\right)^{\frac{3}{2}} a \tag{4}$$

令 t^0 代表地球上的时间，t 就是星际船里的时间，那么

$$a^0 = \frac{\mathrm{d}u^0}{\mathrm{d}t^0} = \frac{\mathrm{d}u^0}{\mathrm{d}t}\frac{\mathrm{d}t}{\mathrm{d}t^0} = \frac{\mathrm{d}u^0}{\mathrm{d}t}\left(1 - \frac{u^{0^2}}{c^2}\right)^{\frac{1}{2}} \tag{5}$$

所以从（4）和（5）公式得出

$$\mathrm{d}t = \frac{1}{a}\frac{\mathrm{d}u^0}{1 - \dfrac{u^{0^2}}{c^2}} \tag{6}$$

　　如果我们把火箭推进机设计得使星际船里人所觉得的加速度 a 是不变的,那么把(6)式积分就很容易地得出计算星际船里的人所感到的加速时间 T_a

$$\frac{a}{c}T_a = \frac{1}{2}\ln\frac{1+\dfrac{V}{c}}{1-\dfrac{V}{c}} \tag{7}$$

这个关系在图 2 里表示出来。

　　(5) 公式也可以换写作

$$a^0 = \frac{\mathrm{d}u^0}{\mathrm{d}x^0}\frac{\mathrm{d}x^0}{\mathrm{d}t^0} = \frac{c^2}{2}\frac{\mathrm{d}}{\mathrm{d}x^0}\left(\frac{u^{0^2}}{c^2}\right) \tag{8}$$

x^0 就是从地球上看来星际船所走的距离。把(4)式和(8)式结合起来就得到

$$\frac{a\mathrm{d}x^0}{c^2} = \frac{1}{2}\frac{\mathrm{d}(u^{0^2}/c^2)}{\left(1-\dfrac{u^{0^2}}{c^2}\right)^{\frac{3}{2}}} \tag{9}$$

当加速段终了的时候,$u^0 = V$。如果 x_a^0 代表在均匀加速过程中,星际船所走的距离,那么由(9)公式积分得出

$$\frac{ax_a^0}{c^2} = \frac{1}{\left(1-\dfrac{V^2}{c^2}\right)^{\frac{1}{2}}} - 1 \tag{10}$$

这个关系也能在图 2 表示出来。

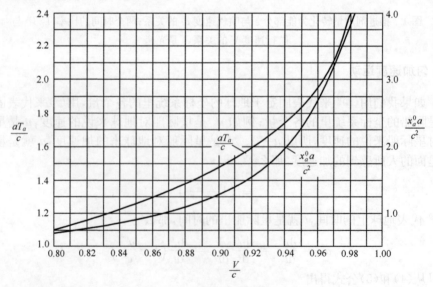

图 2　匀加速度运动,a 是加速度,c 是光速,T_a 是星际船里的加速时间,x_a^0 是加速过程中所走的距离,V 是终了速度(最大速度)

三、推进剂的重量比

推进剂在星际船总重量中所占的比率是 J·阿克莱（文献 1）早就算出来了。如果 M^0 是星际船在速度等于 u^0 时候的静质量，M_1^0 是星际船起飞时候（$u^0=0$）的静质量，那么阿克莱给出

$$\frac{M^0(u^0)}{M_1^0} = \left(\frac{1-\dfrac{u^0}{c}}{1+\dfrac{u^0}{c}} \right)^{\frac{c}{2w}} \tag{11}$$

当火箭作用停止的时候，M^0 也就是终了静质量 M_2^0，u^0 是星际船的速度 $u^0=V$，因此就由(11)得出静质量比 v 为

$$\frac{1}{v} = \frac{M_2^0}{M_1^0} = \left(\frac{1-\dfrac{V}{c}}{1+\dfrac{V}{c}} \right)^{\frac{c}{2w}} \tag{12}$$

自然，$(M_1^0-M_2^0)$ 是在起飞时候星际船里所藏的推进剂质量，所以如果 μ 是推进剂重量在起飞总重量所占的比率，那么依照(12)公式

$$\mu = (M_1^0 - M_2^0)/M_1^0 = 1 - \frac{1}{v} \tag{13}$$

图 3 把 μ 和 V/c 以及 w/c 的关系表示出来。因为即使引用多级火箭的原理，推进剂总重量在起飞时候也不宜占全重的 98% 以上，由图 3 就立刻可以看出来要接近光速非把喷气速度也提到半倍光速以上不可。

四、变加速度运动

现在让我们来算一算火箭推进剂消耗率和加速度的关系。我们可以先把(11)公式对数微分而得到

$$-\frac{\mathrm{d}M^0}{M^0} = \frac{\mathrm{d}u^0}{w\left(1-\dfrac{u^{0^2}}{c^2}\right)} \tag{14}$$

但是 $\mathrm{d}M^0$ 的质量是静质量，在星际船里的人看来就要大些，是 $\mathrm{d}M^0 \Big/ \left(1-\dfrac{u^{0^2}}{c^2}\right)^{\frac{1}{2}}$。因此星际船里的工程师看来，推进剂的消耗率是 $\dot{m}$，也就是

$$\dot{m} = -\frac{\mathrm{d}M^0}{\mathrm{d}t}\frac{1}{\left(1-\dfrac{u^{0^2}}{c^2}\right)^{\frac{1}{2}}} = -\frac{\mathrm{d}M^0}{\mathrm{d}t^0}\frac{1}{\left(1-\dfrac{u^{0^2}}{c^2}\right)} \tag{15}$$

把这个公式和(14)公式结合起来，我们就得到

$$a^0 = \frac{w\dot{m}}{M^0}\left(1-\frac{u^{0^2}}{c^2}\right)^2 \tag{16}$$

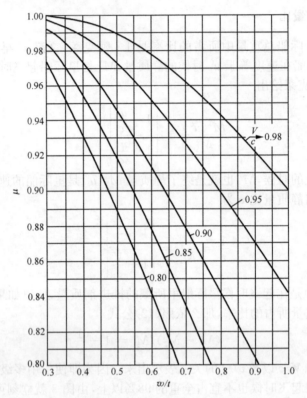

图 3　推进剂重量比 μ 与终了速度 V 及喷气速度的关系

再引用(4)公式,我们就得出星际船里所感到的加速度 a 和推进剂消耗率 $\dot{m}$ 间的关系:

$$a = \frac{u\dot{m}}{M^0}\left(1-\frac{u^{0^2}}{c^2}\right)^{\frac{1}{2}} \tag{17}$$

可以想象,为了使一定的机器正常地运转,推进剂的消耗率必须保持不变,那么由(17)公式我们可以看出来加速度 a 的变化。要 $\dot{m}$ 不变,a 就得变,运动也就成为变加速度的。如果 a_1 表示起飞时候的加速度,a_2 是终了时候在星际船里的人所感到的加速度,那么依照(17)公式和(12)公式,

$$a_1/a_2 = (M_2^0/M_1^0)\left(1-\frac{V^2}{c^2}\right)^{-\frac{1}{2}} = \left(\frac{1-\frac{V}{c}}{1+\frac{V}{c}}\right)^{\frac{c}{2w}}\left(1-\frac{V^2}{c^2}\right)^{-\frac{1}{2}} \tag{18}$$

这个关系我们用图 4 表示出来。我们可以看到:由于起飞时候的质量大,初始加速度要比终了加速度小得多,而尤其是当 v 很大的时候。所以如果我们因为限于人的生理条件,不能把最大的加速度 a_2 用得太大,那么 a_1 就会太小,因而大大地延

长了加速度时间。不过在这种情况下,由于结构设计上的限制,我们必须用多级火箭的原理,这也使得我们能适当地改变每级火箭的推进剂消耗率,使得每级火箭的加速度变化不大。自然,当级数多的时候,这样做就使得运动接近于匀加速度运动。

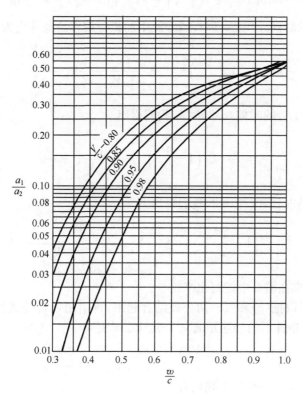

图 4　在一定推进剂消耗率条件下的初始加速度 a_1 和终了加速度 a_2 的比率

(V 是终了速度,w 是喷气速度,c 是光速)

由(16)公式我们知道

$$a^0 = \frac{\mathrm{d}u^0}{\mathrm{d}t^0} = \frac{\mathrm{d}u^0}{\mathrm{d}t}\left(1 - \frac{u^{0^2}}{c^2}\right)^{\frac{1}{2}} = \frac{w\dot{m}}{M^0}\left(1 - \frac{u^{0^2}}{c^2}\right)^2 \tag{19}$$

利用(11)公式,就可以得到

$$\mathrm{d}t = \frac{M^0}{w\dot{m}}\left(1 - \frac{u^{0^2}}{c^2}\right)^{-\frac{3}{2}}\mathrm{d}u^0 = \frac{M_1^0}{w\dot{m}}\left(\frac{1 - \frac{u^0}{c}}{1 + \frac{u^0}{c}}\right)^{\frac{c}{2w}}\left(1 - \frac{u^{0^2}}{c^2}\right)^{-\frac{3}{2}}\mathrm{d}u^0 \tag{20}$$

如果像前面所说的一样,$\dot{m}$ 保持不变,那么在星际船里的加速时间 T_a 是可以由(20)积分得到的,

$$\frac{wmT_a}{M_1^0 c} = \int_0^{\frac{v}{c}} (1-\xi)^{\frac{c}{2w}-\frac{3}{2}} (1+\xi)^{-\left(\frac{c}{2w}+\frac{3}{2}\right)} \mathrm{d}\xi \tag{21}$$

我们也可以用(17)公式来把这个方程写作一个更有用的形式,那就是

$$\frac{a_2 T_a}{c} = v\left(1-\frac{V^2}{c^2}\right)^{\frac{1}{2}} \int_0^{\frac{v}{c}} (1-\xi)^{\frac{c}{2w}-\frac{3}{2}} (1+\xi)^{-\left(\frac{c}{2w}+\frac{3}{2}\right)} \mathrm{d}\xi \tag{22}$$

当 $w/c=1$ 的时候,$c/2w=1/2$,(22)式中的积分很容易地算出为

$$\frac{a_2 T_a}{c} = \frac{v}{2}\left(1-\frac{V^2}{c^2}\right)^{\frac{1}{2}} \left[1 - \frac{1}{1+\frac{V}{c}} + \frac{1}{2}\ln\frac{1+\frac{V}{c}}{1-\frac{V}{c}} \right] \tag{23}$$

同样的,当 $w/c=1/2$ 的时候,$c/2w=1$,我们得出

$$\frac{a_2 T_a}{c} = \frac{v}{3}\left\{ 2\left[\left(1-\frac{V^2}{c^2}\right)^{\frac{1}{2}} - \frac{1}{1+\frac{V}{c}} \right] + \frac{V}{c} \right\} \tag{24}$$

再当 $w/c=1/4$ 的时候,$c/2w=2$,我们得出

$$\frac{a_2 T_a}{c} = \frac{v}{5}\left[\frac{4}{3}\left(1-\frac{V^2}{c^2}\right)^{\frac{1}{2}} + \frac{2}{3}\frac{1}{1+\frac{V}{c}} - 2\frac{1-\frac{V}{c}}{\left(1+\frac{V}{c}\right)^2} - \frac{1}{3}\frac{V}{c} \right] \tag{25}$$

这些公式的结果都在图 5 中描写出来。

最后,我们可以把(8)和(19)两公式结合起来,再引用(11)公式就能计算星际船在 $\dot{m}$ 保持不变条件下的加速距离 x_a^0。这个公式是

$$\frac{a_2 x_a^0}{c^2} = v\left(1-\frac{V^2}{c^2}\right)^{\frac{1}{2}} \int_0^{\frac{v}{c}} \left(\frac{1-\xi}{1+\xi}\right)^{\frac{c}{2w}} \frac{\xi \mathrm{d}\xi}{(1-\xi^2)^2} \tag{26}$$

当 $w/c=1$ 的时候,$c/2w=1/2$,我们有

$$\frac{a_2 x_a^0}{c^2} = \frac{1}{3}\left[\left[\frac{1+\frac{V}{c}}{1-\frac{V}{c}}\right]^{\frac{1}{2}} \frac{V}{c} - \left(1+\frac{V}{c}\right) + \frac{1}{\left(1-\frac{V^2}{c^2}\right)^{\frac{1}{2}}} \right] \tag{27}$$

当 $w/c=1/2$,$c/2w=1$ 的时候,相应地

$$\frac{a_2 x_a^0}{c^2} = \frac{1}{4}\left(1-\frac{V^2}{c^2}\right)^{\frac{1}{2}} \left[\frac{1}{1-\frac{V}{c}}\left[\frac{1}{1+\frac{V}{c}} - 1\right] + \frac{1}{2}\left[\frac{1+\frac{V}{c}}{1-\frac{V}{c}}\right]\ln\left[\frac{1+\frac{V}{c}}{1-\frac{V}{c}}\right] \right] \tag{28}$$

而当 $w/c=1/4$ 的时候,$c/2w=2$,我们得出

$$\frac{a_2 x_a^0}{c^2} = \left(1-\frac{V^2}{c^2}\right)^{\frac{1}{2}} \left[\frac{1+\frac{V}{c}}{1-\frac{V}{c}}\right]^2 \left[\frac{1}{6} - \frac{1}{2}\frac{1}{\left(1+\frac{V}{c}\right)^2} + \frac{1}{3}\frac{1}{\left(1+\frac{V}{c}\right)^3} \right] \tag{29}$$

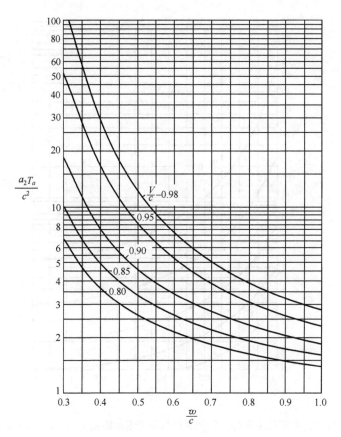

图 5 在一定推进剂消耗率条件下的加速时间 T_a（在星际船里的），a_2 是终了（最大）加速度，V 是终了速度，w 是喷气速度，c 是光速

这些公式的结果在图 6 中划出来。

五、实例

有了上面的这些计算，我们就能很容易地计算出远程星际船的性能。现在让我们举两个实例：第一个是到半人马比邻星的星际船。这星距地球有 4.2 光年，我们设想星际船的最高速度是 0.80 倍光速，$V/c=0.8$，而 $w/c=0.6$。我们从图 3 得出 $\mu=0.8396$，也就是要达到这最高速度需要的推进剂重量占起飞重量的 83.96%，机器、结构、人员等占 16.04%。这是有可能做到的。不过到达比邻星的时候，星际船的速度还要减为零才行。所以我们的星际船其实是一个两级火箭，当减速开始的时候我们把第一级火箭的壳抛去，只有第二级火箭到比邻星上去。从图 4 我们得出初始加速度和终了加速度的比 a_1/a_2 为 0.267；从图 6 我们得出 $a_2 x_2^0/c^2$ 的值为 0.96，因此，如果我们设想最大加速度是 $a_2=2,000$ 厘米/秒²（差

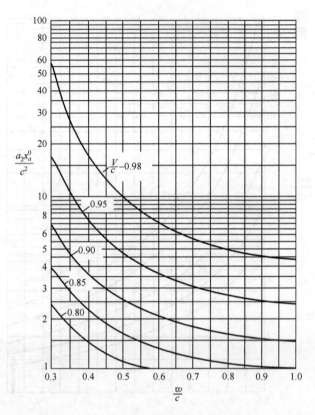

图 6　在一定推进剂消耗率条件下的加速过程中所走的距离 x_a^0（a_2 是终了（最大）加速度，
V 是终了速度，w 是喷气速度，c 是光速）

不多是地面加速度的两倍），那么

$$\frac{x_a^0}{c} = \frac{0.96 \times 3 \times 10^{10}}{2000} \text{秒} = 0.456 \text{ 年} \tag{30}$$

这也就是说在加速度过程中，星际船已经走了 0.456 光年。如果减速过程完全同
加速过程相似，那么减速中也走 0.456 光年，而一共走 0.912 光年。因此，用最高
速度走的一段是 4.2－0.912＝3.3 光年，而所用的时间就是 T^0＝3.3/0.8 年。但
是依照图 1，T/T^0＝0.6，所以在星际船上的时间是 T＝0.6×3.3/0.8＝2.47 年。
依照图 5，$a_2 T_a/c$＝2.11，因此在星际船上所感到的加速时间 T_a 是由下式来算，

$$T_a = \frac{2.11 \times 3 \times 10^{10}}{2,000} \text{秒} = 1.004 \text{ 年} \tag{31}$$

减速过程也要用同一样的时间，所以一共是 2 年。这再加上等速航行的一段时间，
全航程时间是 4.5 年，也就是在星际船上的人感到要等待 4.5 年才能到达半人马
座比邻星。

第二个例子是到天狼星去的星际船。地球离天狼星有 8.6 光年,我们设想 $w/c=0.6$,但最高速度加到 $V/c=0.94$,这样就不可用两级火箭而必须用很多级的火箭,所以我们可以近似地认它为匀加速的火箭。从图 2 中,我们得出 $ax_a^0/c^2=1.94$,所以如果我们仍然用 $a=2,000$ 厘米/秒²,那么

$$\frac{x_a^0}{c}=\frac{1.94\times 3\times 10^{10}}{2,000}\text{ 秒}=0.923\text{ 年} \tag{32}$$

也就是加速过程中星际船走了 0.923 光年。减速过程也是如此,所以一共走 1.846 光年。剩下来的距离是 $8.6-1.846=6.755$ 光年。用 0.94 倍光速来走这段距离要用 6.755/0.94 年,但是在星际船上的时间要短许多,照图 1,$T=0.341\times 6.755/0.94=2.450$ 年。用图 2 知道 $aT_a/c=1.732$,所以

$$T_a=\frac{1.732\times 3\times 10^{10}}{2,000}\text{ 秒}=0.823\text{ 年} \tag{33}$$

但是减速也要用 0.823 年,所以航行总时间在星际旅行者们看来是 4.1 年。

参 考 文 献

[1] J. Ackeret: Helvetica Physica Acta, 19 卷 103 页(1946)。

附　　录

有人是反对质量转化为能量这种提法的。他们的理由是:质量如果转化为能量,那么是不是就等于说、质量消灭了而能量又凭空生出来了呢? 如果是的话,那么是不是物质消灭了呢? 物质消灭了的说法是唯心主义的,所以这种质量转化为能量的提法也是唯心主义的,是不正确的。他们认为正确的提法是:在燃烧的过程中有动能产生,而这动能所联系的质量是推进剂质量的 ε 部分。他们认为没有什么质量变能量的事;在变化前的总质量和变化后的总质量没有什么两样,在变化前的总能量和变化后的总能量也没有什么两样;质量是守恒的,能量也是守恒的。而爱因斯坦的著名公式是质量和能量的联系公式。

我不同意这种看法。我认为爱因斯坦的公式不但指出质量和能量是联系着的,而且它指出质量和能量是不可分割的,是一体,不是两件东西,是一件东西,是一个“质能量”。天下根本不存在没有能量的质量,也不存在没有质量的能量。但是质能量有它的两面:有质的一面,也有能的一面。这就像一个杯子有向阳的一面,也有向阴的一面,阴阳两面其实都是杯子,是分不开的。当我们说质量转化为能量的时候,我们的意思是,质能量的质的一面转化为质能量的能的一面。就好像把杯子转个向,使向阳的变成向阴的一样。这里完全没有什么消灭了,什么生出了的意思;既然是一个东西,怎么能分辨消灭和生出呢?

当然,我们也应该说明:质量和能量分别守恒的看法是有缺点的,缺点是这个提法过分强调了"不变",说质量并没有变成能量,能量也不会变成质量。但是实际上,是不是什么都没有"变"呢?自然不是的,事实是有着活生生的变化的,所以过分强调不变也就脱离了事实。其实这里的困难是不肯引入"质能量"这一个新概念的缘故,想一面保留古老的质量和能量互不相干的看法,而一面又要照顾爱因斯坦公式,结果就有点弄到牵强生硬,有点机械。

第十节　大发现大创造的时代*

离开地球飞入宇宙空间,这是人类多少年来一直渴望着的理想。这一天终于到来了。

实现宇宙航行,这在科学史上是一个最重大的事件。在此以前,人类都是在地球上观察和研究自然的。随着现代科学技术的发展,虽然已经大大扩大了人类的眼界,但是由于人类终究还不能离开地球,因此在观测和研究上,仍然受着大气层等的许多限制。现在开始成功地实现着人的宇宙飞行,从而今后就可以在一个新的立足点上来研究自然和宇宙,这是人类更进一步深入认识自然的一个新的开始,这样必然会出现一个科学技术上大发现、大创造的时期。由于前几年人造地球卫星和宇宙火箭的发射,人才知道在地球附近的空间有两个高强度的电离带,并推测其他行星上也可能有类似的电离带,从而大大丰富了我们的知识。这就是新时代科学技术大飞跃的征兆。

在宇宙飞行科学本身,我们对这一新时代也寄托着一个希望。希望科学技术的新飞跃会使我们有可能创造一种人飞入大宇宙,突破太阳系的真正宇宙飞船。现在我们掌握的科学技术,包括高能燃料、原子火箭以及氢聚变也只能解决人在太阳系的行星间作旅行,也就是行星间的飞行,或称(行)星际飞行,还不能说是真的(大)宇宙飞行。原因很简单:要到其他恒星附近去,必须以接近光速飞行才行,不然以每秒几十公里的速度,就是想到最近的恒星附近去也得上万年的时间。另一方面,我们知道:就是用裂变能或聚变能也不可能使火箭接近光速,能量太小了。要作恒星间的飞行,也就是真的(大)宇宙飞行,我们需要新的科学技术飞跃给我们一个新的超高速火箭或光速火箭的设计原理。

人在地球表面时代的科学研究创造了离开地球表面作(行)星际飞行的可能,而人在(行)星际间的科学研究会不会给我们创造作(大)宇宙飞行的可能?应该说有这个可能!而且有一点是非常肯定的:为突破太阳系,进入大宇宙创造条件的,

---

*　本节原载 1961 年《科学通报》4 月号,第 1 页。这一期设了专栏"人类渴望的宇宙航行的时代真正开始了",本节是此专栏的第一篇。

将是在马克思列宁主义指导下的科学技术工作者,腐败的资本主义制度今天既然没有领着人类进入(行)星际飞行的时代,将来更不会对(大)宇宙飞行作出什么巨大的贡献。

第十一节 国防战略[*]

——有限战略核力量和开发航天技术

尽管美苏都不敢贸然打核战争,但谁都没有放弃核战争的准备,也不想减少核武器,即使以后通过谈判达成相互减少核武器的协议,也只不过改变一下"饱和"状态罢了,核武器仍然是美苏两国军事实力的基础。因此,我们也不能没有战略核力量。没有这个东西,超级大国就要欺负你,威胁你。为了遏制超级大国的核威胁,为了保持我国的大国地位,我们要有一定数量的,或叫最低限度的核反击力量。当然,这个战略核武器是不能让敌人消灭掉的,生存能力要高,反应要快,突防能力要强。假设里根的战略防御计划搞成了,我们的核弹头也要能打出去。像法国、英国这样的中等核国家,他们奉行的是有限核威慑战略,以打击城市为主要目标的大规模报复战略。为了使核力量在对方有了可靠的防御系统后仍有效,法国前三军参谋长拉卡兹(J. Lacaze)认为:"我们必须寻求新的道路,必须继续使我们的战略核力量实现多样化,优先考虑运载工具的机动化,确保核武器对无论什么防御体系都有很高的突防能力。""从现在起到 2010~2020 年,法国可能通过不断改善其进攻能力和摧毁对方防御系统的能力,改善各种武器系统生存能力,保护各种导弹,以增加各种导弹的突防能力,来继续威慑对手。"

需要多少核武器才能达到遏制目的,这是可以研究,可以进行作战模拟的。美国前国防部长麦克纳马拉在 1967 年提出"确保摧毁"战略时曾作过具体描述。他认为,即使在遭遇到对方第一次突然袭击后,美国只要能摧毁苏联的五分之一到四分之一的人口和二分之一到三分之二的工业能力,就可达到有效的威慑。若拥有二百到三百个等效百万吨当量的核力量,即可实现上述损伤目标。据计算,当报复力量超过某一限度,大约为四百个等效百万吨当量时,摧毁人口与工业能力的增长率显著地下降。等效百万吨当量数由四百增至八百个时,杀伤人口数量只增加百分之九,摧毁工业能力只增加百分之一。法国一防务专家曾根据法国 1980 年的战略核力量作过一次定量分析。当时法国拥有八十四个等效百万吨当量的战略核力量,用这些力量可摧毁苏联十四个城市,一千六百五十万人口和百分之四十的工业

* 本节是 1986 年 9 月 9 日钱学森在全军首届战役理论学术讨论会上的报告的部分内容,原载解放军出版社 1987 年出版的《通向胜利的探索——全军首届战役理论学术讨论会优秀论文汇集》(上),74~76 页。

潜力。如一部分战略核力量先被摧毁,其第二次核打击能力至少可摧毁苏联五个城市,四百万人口和百分之四的工业潜力。目前法国拥有一百三十个等效百万吨当量的战略核力量,这样规模的核武库当然不能与美苏的同日而语,但在美苏对峙格局不变的情况下,只要有百把发就不得了了,加到这一边,那一边就受不了了。这就是"半两拨千斤"的道理。

中国社会科学院美国研究所和国务院国际问题研究中心的张静怡同志认为,"'用兵'之道尽管千变万化,但就解决国与国之间冲突而言,'兵'的基本职能仍然是两个,其一是实战,其二是威吓,说白了,一是为'战',二是为'看'(即通过恰当地利用'天时、地利、人和'诸般条件,巧妙地显示军事实力,使对方产生一种疑虑重重,对我怯战的'观感'和心理,从而达到'不战而屈'、'不战而止'或以小战而取大胜的自的)。今后的趋势是,为'看'的作用日益上升"(见国务院国际问题研究中心《研究报告》特刊,1986年第1期第9页)。这是当今世界格局的一种实际现象;在前一节中我强调了有限战略核力量的重要性,也是这个意思。

宦乡同志(引文同第19页)也同意为'看'的观点,他和张静怡同志(见《研究报告》特刊1986年第2期,第14页)都非常强调海军的作用,建议在今后的岁月里,我国海军不但不能缩减而且要扩编。这是一种可能的做法,是历史上通用的办法。近两个世纪以来,哪个帝国主义国家不是用远洋海军作为显示国力的?但我想今天的世界毕竟同过去二百年的世界不同了,远洋海军可能并不是我国最好的投资:我们要考虑到第三世界各国人民的反应,这是重要的政治因素;也要考虑到建立和维持一支足够强大的现代化海军所需要的大量费用(如美国建造一艘核动力航空母舰连同飞机等装备,大约要一百亿美元),这是重要的经济因素。所以我认为,我们应该考虑另一种做法,比起传统炮舰主义更现代化的,可以说是二十一世纪为"看"的力量——航天力量,即用开发航天技术来显示国力军力。

人类征服世界是从陆地到海洋,从海洋到空中,再从空中到天上的。陆地的局限性很大,航海、航空和航天则能使人们到达地球上任何一点。而三者比较起来,又以航天飞行器(包括人造卫星、航天飞机和空间站等)巡航速度最快,能不到两小时绕地球一周。所以为了在全世界显示实力,航天技术有极大的优越性。这也是为什么美国人在十年前就宣传他们所谓"高边疆"计划的道理。

在我国开发航天技术的条件已经具备,技术、生产、发射服务和地面测量通信网已大体成套。现在即将开展为国外发射卫星的业务。人造卫星除了具有重要的军事侦察和通信等功能外,还有许许多多民用功能。仅只通信和广播方面的作用,在我们这样的广阔国土上就是无可代替的。现在不是说农民都认识到教育的重要性而在修造小学校舍吗?校舍好修,但合格的教师难觅呵。通过卫星广播的电化教育不就是从千里之外请来了高水平、高素养的教师吗?此外还有气象卫星、资源卫星、测地卫星等,它们在社会主义建设中的作用就不必在此多说了。

　　当然,要在二十一世纪显示我国的力量,只发射各种人造卫星是不够的,还要进一步,登上航天技术的第二个台阶,即空间站。它可以带人,在天上长期工作,人员还可以往返于地面和空间站。这就要求:第一要把重量较大的空间站送入轨道;第二要把有人员及物资给养从地面送到太空的运输工具。初期可以用一次使用的运载火箭,这我们已基本掌握;但为了提高效益,降低费用,还要可以多次使用的航天飞机。看来到二十一世纪,美国"挑战者"号那样的航天飞机是要被淘汰的,代之而起的是水平起飞,水平降落,喷气发动机和火箭发动机并用的"空天飞机"(transatmospheric vehicle)。我建议我们跳过目前航天飞机,直接研制空天飞机,中国的科研人员是有这个志气和能力的。

　　这就是我建议的国防战略的一个方面——开发航天技术,它是一种亦军亦民,以民用为主,而又带有军事遏制作用的技术。当然,作为交通运输工具,航海和航空技术我们也一定要大力发展。

第二章　火箭和导弹

第一节　火　箭 *

　　记得两个多月前,在《东南日报》上看到一段引人注意的新闻。大意是说:近来欧洲无线电台,接到一种不知何方发来的奇异无线电信号,其电波波长非常大,当非现在地球上的人类所能拍发,所以必定是从地球以外拍来的,因此有人疑心是从火星来的。现在欧洲的科学家正在通力合作,研究这种无线电信号的真正来源,并且说:据最近的研究,火星上有生物,是可以确定的了。而且这种生物,其智慧必远高于地球上的人类;必会以无线电信号向地球拍来。最近还发现火星上面,突然有一个大十字形,横于一圆形的黑色背景之上,这个大概是火星上的生物,故意做成来引起地球上人类的注意的。但我们人类的能力比较起来,实在可怜得很,我们只有装傻,我们现在是无法和火星通信的。

　　我们会能有那么一天,和火星通信吗?

　　我们在最近二世纪来,科学方面的成就,的确不少了。我们在动力方面,控制了几十万匹马力的大发动机;在建筑方面,造成了两千多呎的摩天大楼;在农艺方面,我们把一亩田上的产量增加了十几倍;把热带温带的植物,移植到了差不多大半年有冰雪的亚寒带去。最足以自豪的是我们在交通器具上的发展:我们由一天走不到六七十里路的牛车,到一小时飞奔二三百里的流线型火车。我们由橹摇的渡船,到七万多吨,每小时走一百里的法国邮船瑙曼地号(Normandie)。现在又是天空的时代了,中国航空公司的杜格拉斯(Douglas)飞机可以在一小时中飞六百里。所以人们喊出:"我们征服太空了"!

　　但是,朋友,飞机是靠着空气才能飞的。我们的空气层有多厚呢? 大概不出六百里! 火星和地球的距离呢? 最少三千五百万哩,多则六千五百万哩! 太阳和地球的距离呢? 九千二百九十万哩! 换句话说,我们现在认为超级的交通工具,充其量也只能走到火星的旅程中之六万分之一,到太阳的旅程中之十五万分之一。呵! 这使你,在一个清朗的夏夜,望着繁密的,闪闪的群星感到一种"可望而不可接"的失望吧!

　　我们真是如此可怜吗? 不,决不,我们必须征服宇宙!

---

　　* 本节原载 1935 年《浙江青年》第 1 卷第 9 期,140～151 页。

我们有办法吗？

有的，火箭！

火箭？火箭不是我们在新年玩的一种焰火吗？不是一个苇杆头上有一像火炮样的东西？当你把药线点着的时候，就是一道火花向下喷出，同时火箭也就上升，直升到火药烧完，没有火花喷出了，才慢慢地落下来。但是，这个小玩意就是征服空间，征服宇宙的开端呢！

一、火箭怎么会上升

火箭怎么会上升呢？这道理说起来，实在十分简单，是我们每天，每刻碰得到的。先说踢球吧，当你把球从脚面抛出去的时候，你必觉得脚面上有点痛，——虽然这是畅快的痛。这痛觉从何而来？当他人打你一下的时候，你会觉得痛。所以当你踢球的时候，球也在踢你，它在打你的脚面，所以你会觉得痛。好，再举个例：当我们身体歪了的时候，我们为防止跌下去，我们会自然而然的，把手向墙，或桌子推一下，这就可以使你恢复直立。这又是什么缘故？当你在推墙，或桌子的时候，你是把墙或桌子顺着你倒去的方向推的，但同时墙或桌子也在推你，它向着反面推你，不让你倒下去，它把你扶正了。再举个走路的例。这真是再普通不过了，你总得会走路吧！当你迈步的时候，你用力的方向实在是向后的，你向后蹬得越用力，你就越走得快。原来推动你前进的，并不是你自己的足力，而是因你的足力而生的地面反应力。你登地向后，地面也推你向前。这些道理，在物理学中，就结成一条非常重要的法则——牛顿第三定律：

一个物体加力于另一物体，另一物体也加力于第一物体；两个力是相等的，但其方向则相反。

我们把它应用到火箭上去：当我们把药线点着的时候，不久也把火药引着了。火药烧起来，发生很多的气体。这些气体决非那小小的厚纸筒所能容纳，就向筒下方的小孔喷出来，也就是我们所看到的一道火花。这就是说火箭把这些气体推出去，向下面推出去。但我们应用上面的定律，知道同时这些气体也在推火箭，把火箭推上去——力的方向相反。所以你一放手，火箭就会升上去了。等到火药烧完，再没有气体发生了，火花再不见了，火箭也没有气体可排出去了，自然再没有气体来推火箭，火箭也就渐渐升不上去，落下来。

二、用什么火药

我们玩的火箭不是只能飞到二三十尺高吗？这不是比飞机还差得远，怎么能说它是征服星球的工具呢？不错，但我们用来飞到星球的火箭，决不能和我们玩的火箭一样，它必须是能飞越数千万里空间的怪物；但它在原理上却和我们玩的火箭一般无二。就如现在杭州闸口发电厂中一万匹马力的蒸汽涡轮，是由跳跃着的开水壶盖子似的,我们可以从非常渺小的事物,研究改进到伟大的成就!

我们已经说过,火箭是靠着气体的推力上升的,我们要火箭跑得远,自然要想办法加大这个推进力不可。现在姑且把这个伟大的问题放一放,再来说一件极平常的事。譬如这里有两块石头,一块大些、重些,另一块小些、轻些,现在只要你把其中任何一块抛六尺远,那么谁都知道:为省力起见,以取小些、轻些为妙;为练习气力起见,才可取大些、重些的。所以可见用力大小,和重量成正比例。但我们根据反应力的定律,知道你推东西的力量越大,东西推你的力量也越大。应用到火箭上去,要推火箭的力量大,必须排出的气体重,那么当排出这种气体的时候,要用较大的力量,所以反应力也加大了。但加大火箭的推进力,还要排出气体的速度也大才可以。你知道快快地抛出去,是比慢慢地抛出去费力的。所以火箭气体流出的速度越大,推进力也就越大。总起来说:推进力和气体的重量,及流出速度成正比例的。因此,如果你还没有把复比例定律忘记的话,你会说:推进力是和气体重量乘流出速度之积成正比例的。这一个乘积,物理学家叫它做"冲动量"——你现在可以知道物理学家是如何喜欢拿高深的名词来吓人的。

第一表列出的是各种爆裂药品在点着后,自火箭冲出的速度(这是理论上计算来的,实际上因为有孔口的摩擦等损失,只有表列数目之百分之八十四。),和每一公斤药品所能发生的冲动量。我们由这一个表,可以看到,最不济事的是黑色火药,其实黑色火药比烟火中的火药已经改进不少了。最好的自然是原子氢,这东西当结合成分子氢的时候,能发生每秒二万一千公尺的速度,和每公斤二千一百四十公斤秒的冲动量。但原子氢我们现在是没有办法大量生产。目前讲起来,最有希

第一表

爆炸物混合	理论上的排出速度每秒公尺数	理论上的冲动量 每公斤混合物所能发生的公斤秒数
氢原子的结合($H+H=H_2$)	21,000	3140
硝酸甘油	3,880	396
硝酸棉	3,660	373
黑色火药	2,420	247
氢和氧($1kgH_2+8kgO_2=9kgH_2O$)	5,170	527
沼气和氧($1kgCH_4+4kgO_2=5kgCO_2$ 及 H_2O)	4,490	458
汽油和氧	4,450	453
石油和氧	4,410	449
苯和氧($1kgC_6H_6+3.4kgO_2=4.4kgCO_2$ 及 H_2O)	4,270	435
碳和氧($1kgC+2.67kgO_2=3.67kgCO_2$)	4,320	440
火酒和氧($1kgC_2H_6O+2.08kgO_2=3.08kgCO_2$ 及 H_2O)	4,180	427

续表

爆炸物混合	理论上的排出速度每秒公尺数	理论上的冲动量　每公斤混合物所能发生的公斤秒数
氢和臭氧（$1kgH_2+8kgO_3=9kgHO_2$）	5,670	578
沼气和臭氧（$1kgCH_4+4kgO_3=5kgCO_2$ 及 H_2O）	5,000	510
汽油和臭氧	4,960	506
石油和臭氧	4,900	500
苯和臭氧（$1kgC_6H_6+3.4kgO_3=4.4kgCO_2$ 及 H_2O）	4,800	490
碳和臭氧（$1kgC+2.67kgO_3=3.67kgCO_2$）	4,800	490
火酒和臭氧（$1kgC_2H_6O+2.08kgO_3=3.08kgCO_2$ 及 H_2O）	4,630	473

望的火药是液体臭氧和液体氢、液体臭氧和汽油、液体氧和液体氢、液体氧和汽油等四种东西。在其中液体臭氧的混合物冲动量大些，而且液体臭氧的沸点高一点（摄氏零下一一二度，液体氧之沸点为摄氏零下一八三度），密度也大一点，所以比较容易保存。但是臭氧本身非常容易分解而起爆炸，所以为安全起见，不能用于作为宇宙交通工具的大火箭上。所以剩下可用的两种火药为液体氧和液体氢的混合物，及液体氧和汽油的混合物。可是因为：

（一）汽油的性质我们是非常熟习的，汽车、飞机等都用它，我们可以保证绝无危险。液体氢就不然了，它的性质，我们知道的太少，而且一点经验也没有，所以要用它，就不免有点冒险。

（二）如果用液体氧和液体氢的混合物，则虽其所含的能量（就是推进力）相等，其储存箱的体积要比用液体氧和汽油混合物时大四倍多；这是因为液体氢比重小的缘故。因储存箱的体积大，同时箱子的重量也大了，火箭也必加大，所以飞行时的抵抗也大了。

（三）不但储存箱大了、重了，而且因为液体氢的沸点非常低（摄氏零下二五三度），我们必须用特别的构造，像热水瓶样的罐子，方能防止其汽化。这种存瓶，必定很重，而且容易弄坏。如果用汽油呢？油箱可以用轻金属，如铝或镁做成，重量很小，容易做，不会常常弄坏。

（四）因为液体氢的沸点太低了，所以无论如何小心，总不免有一部分汽化逃去，这部分损失也不可小算。

（五）也因为液体氢的沸点太低了，储存它的器具也必须在非常低的温度下。在这种温度之下，铝和镁都变成脆得像玻璃样的东西。所以为免除危险起见，我们必须用铜或甚至用铅这种柔软的金属来做储存器具。但铜或铅都是很重的东西，所以材料的选择十分困难。

（六）液体氢的温度为摄氏零下二五三度而氢氧混合物点着了，火焰的温度约在摄氏三千度。从零下二五○度到三千度,温度的差别,如此之大,制造方面实在太难了。

(七)液体氢的价钱比汽油要高,经济上也不上算。

(八)世界上汽油的仓库很多,如果用了液体氢,非另建仓库不可,这也需花一笔大钱。

而且说起来,用液体氢比用汽油冲动量也大不了多少,既然有如此多的困难,我们自然应该选用汽油。所以将来交通工具的大火箭必是用液体氧和汽油来推动的。

三、到星球去!

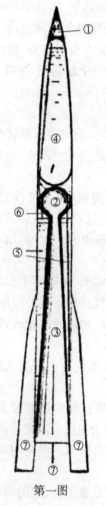

第一图

说了半天,我们还没有谈到火箭本身的构造。我们的大火箭——到星球去的船,究竟成什么样子呢! 好,我们看一看第一图,图中的①是驾驶室和旅客室,必须安置在最前端,以便瞭望。②是液体氧和汽油混合的地方,也就在这个地方点着,此地的温度大约在摄氏三千度左右,所以要做得十分坚固,四周都得用很厚的最耐火的材料做成。③是一个很长的膨胀管,汽油和氧气烧着了之后,变成二氧化碳和水蒸气,同时发生非常高的热度和压力,我们必得设法使这个热度和压力变成速度。因为我们在前面说过,只有速度——向下冲出的速度,才是我们所需要的。膨胀管的效用就在此,它使气体的温度和压力降下而速度增加。理想上,在管口时,气体的温度和压力应该同外面的温度和压力一样,而速度达到每秒四千四百五十公尺。在燃烧室②的两旁有两根管子,一根通液体氧的储存室④;一根通汽油储存室⑤。液体氧略得温度自己就会挥发冲入燃烧室②;但汽油则非借压力不能打入燃烧室②。这必需的压力就由一根联通管⑥而来,汽油借着氧气的压力压入燃烧室②,和氧气混合而发生燃烧。现在我们把推进机关讲完了。但是只会一直向前,不能控制改变方向的火箭是很危险的。你想由地球上望去,一粒星是那么小,假如出发的时候方向弄错了一点点,你若无力改正,你也许会没有希望达到你的目的,你将永远作一个宇宙的旅行者吧! ⑦就是四个控制器,就像鱼的尾和鳍,这控制器可以在驾驶室中自由操纵。

你看了这一个断面图,也许要问,怎么驾驶室和旅客室会那么小呢？那只是火箭尖端的一点点地方啊！那么大的火箭只能载那么少的一点东西？对了，这就是整个困难之所在。因为火箭这样东西，其燃料的消费量是很大的！你如果要产生十五吨的推进力，就是说要发射一个十五吨重的大火箭，每秒就用去七十七公斤的燃料。每秒就七十七公斤！但还有讨厌的，地球引力，它总是拖住火箭不让它离开地球的。据物理学计算，我们必须把火箭的速度加到每秒 6.664 哩才能飞出地球的势力范围。每秒 6.664 哩的速度！从杭州到上海只要二十秒钟！朋友，把火箭加到这种速度，要用多少燃料，真是"天晓得！"

可是科学家是最经济不过的，他不能忍耐如此的浪费，他想出一个"脱壳的火箭"。怎么叫"脱壳"的火箭呢？就是在第一最小的火箭中，燃料以外还载有各种操纵仪器和旅客。在这个火箭外面，再套上第二个火箭，这个火箭比第一个大，只带燃料。在这个火箭外面，再套上第三个火箭。这个比第二个又大些，也是只带燃料。放射的时候，先点第三个最大的火箭，这三个东西就一齐升起，等到第三个火箭的燃料用完，驾驶员就把这个火箭和第二个火箭的联结放开，舍弃这个空火箭；同时把第二个火箭点着，继续前进。等到第二个火箭的燃料又用完了，又把它舍弃；同时将第一个火箭点着继续前进。如此就可以免去空火箭的赘累，节省不少燃料。这三个套成的火箭已够跑出地球引力范围之外了；但如果到月球旅行，还得加上一个，以备从月球回到地球用。因为月球的引力比地球小得多，所以加上一

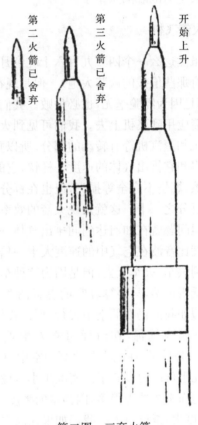

第二图　三套火箭

个就够了。如果到火星去呢，须加上两个；到水星去呢，须加上三个才行（第二图）。

现在我们假设到星球去的有四个人，这四个人的重量和他们必带的食物、氧气、仪器等一共算它十吨重。载这十吨重的火箭本身空重也算他十吨，再带上六十吨燃料，一共是八十吨。这是第一个火箭，套在外面的第二个火箭呢？它必须能载这个八十吨重的东西，所以本身也有八十吨重，外加燃料四百八十吨，一共六百四十吨。我们用同样的算法，这一套的三个火箭共重五千一百二十吨（算法见第二表）。

第二表

	燃料(吨)	搭载量(吨)	本身空重(吨)	共计(吨)
第一火箭	60	10	10	80
第二火箭	480	80	80	640
第三火箭	3,840	640	640	5,120

如果再加入第四套火箭,则总重量竟达四万零九百六十吨了。朋友,这简直是一只大主力战舰的重量了。

四、火箭飞机

虽然这么一个四万九百六十吨到月球去的大火箭,也许比主力战舰便宜些(因为没有那些值钱的武装大炮)。但是现在我们就去做如此大规模试验未免太性急了;而且因为经验毫无,也必失败。我们必须从小的地方慢慢做起来。我们可以先把火箭应用到飞机上去。我们可见到火箭比其他任何动力机关都要简单,它不像汽油机和蒸汽机等有转动的部分,所以重量轻,制造容易。理论上讲起来,只要火箭飞得和它排出气体的速度一样快,它的效率就有百分之一百。虽然实际上,因为有摩擦,燃烧不完全等损失,但也在百分之七十左右,而今日飞机上的汽油机至多不过百分之二十。这就是说火箭的效率比汽油机大三倍至四倍。

但问题就在如何达到同排出气体一样大的速度——每秒三千七百四十公尺,这速度比音波在空气中的速度大十一倍!在从前有些热心于火箭的人,想把火箭应用到汽车、火车上去,但是因为这种车子根本不会快的,火箭在这种低速度下,其效率低得可怕,只要算算它的燃料消费量,就可知绝不能成功了。用到飞机上去呢?假如我们仍在低空中飞行,那么我们也毫无解决的办法。但是我们知道空气的密度越高越稀,在海面每立方米重 1.293 公斤,在二十公里的高空中只有0.0885 公斤了,在四十公里高的空中只有 0.00403 公斤了;在六十公里高的空中,小得几乎可以说没有了。密度越小,自然飞起来抵抗也越小,譬如我们在水中走路比在地面走要费力得多,因为水的密度比空气大的缘故。但抵抗大小又依速度而定,速度大,抵抗也大。我们如果在高空中飞行,那么我们省下的气力,就可以用于增加速度。计算起来在地面附近每小时飞二百公里的飞机,和在五十公里高空中每小时五千二百八十公里的飞机的抵抗相等。但普通飞机是飞不到这样高的,因为普通汽油发动机不到这样高已经因为空气稀薄而不能活动了。火箭的运用偏能不靠外界的空气,所以在高空中作高速飞行正是火箭飞机之所长。

据航空工程家研究的结果,这种高速度的飞机,它的外形必与今日的飞机不同(第三图),机身像一颗大炮弹,两翼的断面也不是普通飞机那样(第四图 A),而变成第四图 B 那种刀锋式,这都无非想减少抵抗而已。计算起来,以现在我们已有

第三图　火箭飞机

的工程技术,可以造一只一气飞五千公里的火箭飞机。其平均速度为每秒一千公尺,一小时二十三分钟就可以飞完全程。朋友,这样大的速度会把我们的世界变成什么样子呢?我们的地图会缩得多小呢?麦哲伦用了几个可怕的岁月才渡过了太平洋,现在美国船只要两礼拜,快了。今年秋天,讯美航空公司的东方号来了,四天就够了。但是火箭飞机啊,一点半钟!这才是真正的,现实的缩地法,这不是做梦,不是神话!

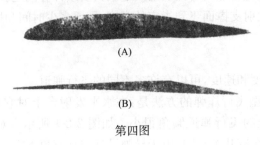

(A)

(B)

第四图

五、研究者的工作

把理论上的东西实现出来是要一步一步的,在未造出到月球上去的火箭之前,我们必要先试验火箭飞机;在未造出火箭飞机之前,我们还要试验火箭的特性、操纵方法。现在工程家和科学家做的就是最后的一种。他们把火箭固定在一个坚固的架子上,测验用何种的燃烧室、何种的膨胀管才能得到最大的速度。他们制造小的火箭来试放,看液体氧气和汽油的储存方法,何种最安全,看看理论上的计算实际上能否实现。报纸上常常见到的火箭消息,就是在报告他们的努力。他们的火箭有时半途就坏了、炸了,但一次失败是一次经验,他们不会气馁的。

其中最拼命的自然又是德国人,他们有火箭研究会的组织,会员有一千多人,有定期刊物《新交通器》(*Das Neue Fahrzeug*)出版。美国也有火箭社研究刊物为《星球航行学》(*Astronautics*),会员也有三百多人。英国也有类似的组织,其会员有一百人左右,有英国《星际会刊》(*Journal of British InterPlanetary Society*)出版。法国、苏联自然也不甘落后,国家奖励研究。日本也鼓吹宣传。朋友们,全世界都热心于火箭了,工程家和科学家都动员了,他们努力地、忍耐地、一步一步地走向征服宇宙的路,他们每一步都是坚实的!

第二节　超音速飞行有翼导弹的发射*

一、问题陈述

美国陆军航空兵总部科学咨询团最近研究表明,如果喷气推进超音速有翼导弹的升阻比大于3,则它的射程可以达到1千~2千英里。根据目前掌握的超音速气流流经壳体和机翼的可用数据,估计飞行马赫数为1.5~2.0时,可以达到这样的升阻比。进一步分析知道,热喷气推进的导弹进入高空后,使用大气中的空气就没有什么好处。

由于这种有翼导弹的性能是直接基于水平飞行进行研究的,没有考虑飞行达到的高度和速度,因此自然要研究发射问题及其后续计算问题。换句话说,问题就是:为了从地面或发射支撑面飞到指定的高度,需要多少时间和燃料?

二、解决方法

要达到指定高度和速度,可以有许多不同的飞行弹道。

当前发射 V-1 型飞行炸弹的方法是:在水平发射台上对它加速,使导弹离台和进一步加速,实施的飞行弹道倾角很小。如图 2-2-1 所示。对超音速有翼导弹也用这种发射方法会有几个缺陷:由于导弹设计成马赫数 1.5~2.0 范围内高效工作,因此翼面积很小,翼载荷很大,在 1 磅/平方英尺左右。由于任何机翼的升力系数最多接近于 1,翼载荷大就会要求起飞速度很高。因此,如果像发射飞行炸弹 V-1那样发射导弹,发射架的长度就要非常长。例如,要求起飞速度为 700 英尺/秒,发射时间为 1 秒,则发射架长度应为 350 英尺。如果同样的起飞速度,而发射时间增加到 2 秒,则发射架长度应为 700 英尺。第一种情况的加速度是 22g,第二种情况是 11g。因此,即使假定这样长的发射架可以做出来,极大的加速度也会带来结构上的困难。在导弹脱离发射架后,还必须跨过音速区,达到超音速飞行。众所周知,跨音速时变化激烈,有翼体的气动特性非常复杂。因此,跨音速区控制和稳定导弹虽然不是不可能,但非常困难。

V-2 导弹以后提出了一种替代的发射方法,就是导弹垂直竖立,发射初始段为垂直飞行段。如图 2-2-2 所示。开始时加速度保持在 1g 左右,然后逐渐增加,在

---

*　本节是钱学森 1945 年《Toward New Horizons(迈向新高度)》第 8 卷《导弹和无人机》第 3 部分的内容,凌福根,译。限于篇幅略去了附录。

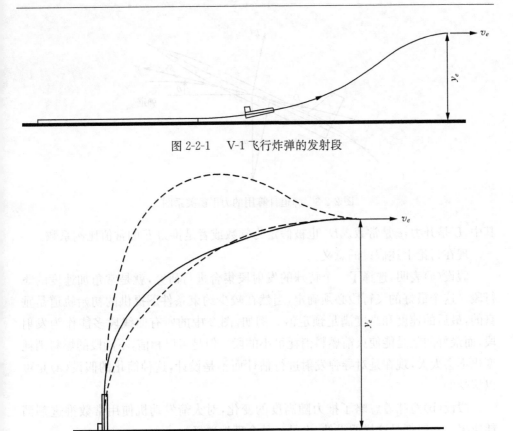

图 2-2-1　　V-1 飞行炸弹的发射段

图 2-2-2　　对超音速导弹发射段的建议弹道

发射段结束时为 2g 左右。这样，就避免了高加速度造成的结构上的困难。进一步说，由于发射架不需要了，安装可以高度机动。几乎在垂直段就很快通过音速区，稳定和控制方面的难度也就降到最小。事实上，火箭导弹的成功，表明这种发射方法是完全可用的。

　　现在要在这种发射方法的假设下作计算。为了简化数字运算，还有几个附加的假设（图 2-2-3）：

　　(a) 导弹用改变倾角 θ 来控制，θ 与时间 t 的关系为

$$\theta = \frac{\pi}{2} - \omega t^2 \tag{1}$$

其中，ω 是常数。于是，导弹具有均匀的角加速度。

　　(b) 推力 F 是由火箭发动机或发动机组得到的，它的值是常数。

　　(c) 阻力 D 假定由两部分复合组成，即

$$D = D_0 + eL \tag{2}$$

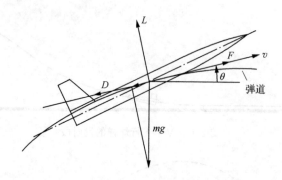

图 2-2-3　弹道计算用的力平衡关系图

其中,L 是升力,e 是常数。D_0 也被假定为常数或者是推力 F 的常值比例系数。

现在讨论上述假设的意义。

假设(a)表明,选择了一个特殊的发射段集合进行研究,就是常角加速度的飞行段。这个最好的飞行段必须确定,当然在较少约束条件下提供的初始轨道是垂直的,最后的速度和高度满足预定值。例如,图 2 中的所有曲线段多能作为发射段,而最好的就是能使火箭燃料消耗最小的段。但是可以相信,不同段的燃料消耗变化不会太大,现在是对导弹发射进行估计而不是设计,这种简化的假设(a)是可以接受的。

假设(b)意味着忽略了推力随高度的变化,对火箭发动机使用常数推进剂消耗速率。一般都是这样假设的,也是一种合理地选择。

假设(c)是几方面考虑的结果。实际上,由升力形成的阻力不是常数,而是飞行马赫数和升力系数两者的函数。假设为常数,表示取了整个飞行段的平均值。因此这是近似的,但是在当前缺少跨音速气动力数据的情况下,这样的平均值不会引起方法精度超差,对当前使用来说应是足够的。导弹阻力 D_0 也被取为常数,也是一个平均的意思。虽然导弹速度随高度增加很快,但空气密度是随高度减小的,阻力是随速度和空气密度变化而增加,但不是像开始想象的那样快。另外,由于假设了 D_0/F 是常数比值,阻力系数随推力的增加而增加。由于推力增加意味着加速度提高,于是在低高度上(在那里空气密度大)可以达到高速,高阻力就是在这种假设下要考虑的。

三、计算结果

在上述假设下本问题的详细数学分析解说见附录。这里只讨论一下结果。作为一个概念性例子,设火箭有效排气速度为 6,400 英尺/秒,这用目前的火箭推进剂很容易实现。D_0/F 是 0.1,即火箭推力的 10% 损失于阻力系数,这个阻力是由

于升力取为 $2/\pi$ 倍升力而产生的。这个值相当保守。计算结果见图 2-2-4。飞行
发射段的最后假定为水平的，与平飞段平滑连接。图 2-2-4 画出了发射段终点的
高度速度关系。参数 t 是发射段总时间，ζ 是火箭推进剂重量与火箭初始总重（包
括火箭发动机）的比值。对应于火箭使用效率最高的某个特定时间的飞行高度，ζ
的曲线有一个峰值出现。

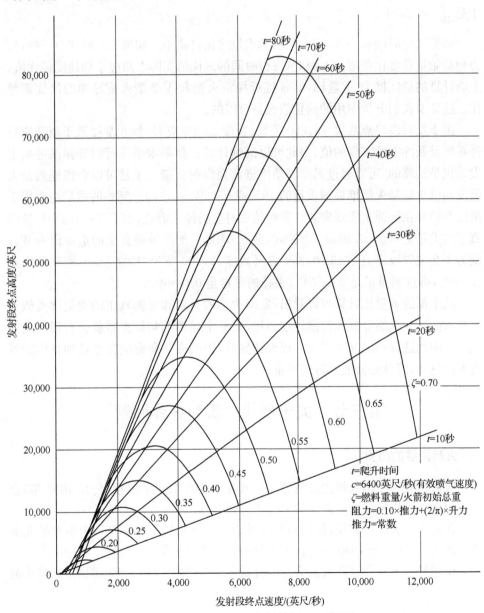

图 2-2-4　发射段终点的高度速度关系图

为了说明此图的使用,取 $\zeta=0.3$,于是速度为 2,200 英尺/秒时所达高度的最大值为 10,800 英尺。于是,飞行时间大约为 27 秒,导弹初始总重量为 W_0,推进剂重量为 $0.3W_0$。推进剂消耗速率为 $0.3W_0/27$。于是火箭推力为

$$F = \frac{0.3W_0}{27} \cdot \frac{6400}{32.2} \tag{3}$$

于是 $\dfrac{F}{W_0} = 2.21$

如果飞行时间长一些,推力与初始重量之比将减小。如果飞行时间短一些,推力与初始重量之比将增加。因此,飞行时间的最优值实际上对应于加速度最优值。上面计算的最优推力-重量比,非常接近探空火箭和 V-2 型火箭导弹的最优重量比。这证明我们分析中用的简化假设是可以的。

由于发射段终点高度 10,800 英尺、速度 2,200 英尺/秒非常接近于超音速导弹在所设条件下所需要的值,因此可以继续计算。如果水平飞行时导弹推进剂主发动机是涡喷的,可以通过涡喷驱动推进剂泵发射火箭。于是可以合理地假设火箭发动机重量是火箭推进剂重量的 10% 或 $0.03W_0$。这部分额外的重量主要用于推进剂箱和在导弹上实现安装。发射结束时会扔掉。因此,水平飞行开始时,导弹真正的重量是 $W_0-0.30\omega c-0.03\omega c$,或 $0.67W_0$。如果导弹真正的重量记为 W_1,则为了在发射段终点达到 10,800 英尺高度、2,200 英尺/秒速度,初始重量应是 $1.49W_1$,推进剂重量是 $0.457W_1$,丢掉的重量是 $0.046W_1$。

从上面的重量比计算可以看出,发射火箭的系统和导弹真正的重量就类似于多级火箭。如果能降低火箭推进剂消耗,则整个导弹的初始重量就会有很可观的减少。因此这种情况又类似于远程火箭导弹,强调火箭研究应注重增加具体的推进剂冲量,以降低必要的推进剂重量。

第三节　关于现代火箭和导弹问题*

一、火箭发展的历史

火箭是我们中国人最先发明的。大概在宋朝真宗咸平三年(公元 1000 年)已有了用火箭燃烧推进的火箭。后来逐渐传到西方。

在近代的火箭研究里,俄国的著明科学家齐奥尔科夫斯基是一个重要的先驱者。他从 1896 年到 1930 年进行了大量的火箭研究工作。

德国科学家欧薄斯在火箭研究中有很多贡献,他在 1923 年出版的"利用火箭

---

* 本节是钱学森 1956 年作火箭导弹专题报告的讲稿。

到星际空间中去"的著作中提出了很多杰出的意见。1927 年在德国首先成立了星际航行协会，从此火箭的研究便在更广泛的基础上进行了。

我在这里打算只讲一些我所知道的美国的火箭研究的发展情况。苏联在火箭的研究上是非常先进的，我们在报上知道：苏联武装部队现在已经拥有远距离火箭。可是因为我对这方面的情况不清楚，不能在这里讲。

美国的火箭研究比较有组织地进行是在 1932 年，那时成立了美国火箭协会，推动火箭研究工作。在美国西部的加利福尼亚理工学院中在 1936 年成立了一个火箭研究小组，这是研究火箭的一个开始点。这个学校在美国的火箭研究中一直到现在都占有很重要的位置。

在加利福尼亚理工学院的火箭研究小组刚成立时，小组成员都是一些年轻人。那时候这些人对于火箭的看法都是很理想的。想到现在航空已经走了一个阶段了，第二阶段就应考虑到我们人类怎样飞出大气层。那时候这几个年轻人对火箭的兴趣完全没想到军事运用，只是想到这是有兴趣的问题。这个小组的领导人名叫马里那（这个人现在我特别提起他的名字来，是想说明美国科学家的命运。他这个人因为很有理想，当然不仅是对火箭问题有兴趣，关于人类的问题也想一想。那个时候美国闹经济恐慌，他想这个经济恐慌到底是怎样来的，由于这个缘故，当然对共产主义思想很有兴趣，他也参加共产主义的讨论，后来参加了美国共产党。正因为这个原因，这个人就不能在美国立足，现在他在法国流浪，也不能做科学家，也不能继续进行他的火箭试验，在法国画画过日子）。马里那这个人是有组织领导天才的，在小组里由他作领导。那个时候我们根本没有实验经费。在资本主义国家里只有靠自己，主要是很多友人凑点钱拿出来作小规模的试验。这个时候是 1936 年。过几年以后，欧洲战争就开始了。到了 1938 年的时候，美国军队开始对这个问题发生了相当兴趣，就跟这个小组人讨论了，说是在美国空军里有一个问题就是关于飞机起飞的时候，有时载重很大，本身发动机动力不够。还有一小问题是飞机发动机坏了，只好降到陆地或水面上来进行修理，有时修理好后动力损失了一部分，这样要起飞是办不到了，所以在这种救急情况下和载重负荷过大的时候，要起飞的时候都需要另外加上足够的推动力，那时就认为火箭是有这个可能性的。因为火箭可以在短时间内产生很大推动力，短时间就可以满足这个条件，因为起飞时间是不长的，有 30 秒或 20 秒钟甚至最短 15 秒钟加一股劲它就可以飞起来。所以当时就让这个小组扩大火箭研究，进行作为飞机辅助推动力的空军使用火箭的研究。这一研究工作由马里那领导。因为火箭不便在学校实验，就到学院临近比较空旷的地方山边上，开始把这一研究机构扩大。据后来我所知道，这个机构扩大后，改变了用燃料的办法。我们开始实验的时候也是用汽油与四氧化二氮液体作为燃料，当实验不久即发现这个燃料有些麻烦，点火时很难点着。要是不能点着，燃料箱里头已经把燃料喷嘴打开，它已经逐渐注射许多燃料，你没有把它点着，它就聚结起来,一旦点着了,里头燃料太多就容易爆炸,所以这个问题觉得相当困难。在一次偶然的机会里,马里那听到一位化学工程师说:浓发烟硝酸与苯胺在一起自然就点火,这个就是现代火箭用这个燃料的开始。后来有关火箭研究就注重在找什么样两个东西配合起来可以自己点火。关于固体火箭的研究也同时进行,在这个小组研究机构里他们就用沥青加上过氯酸钾的混合物,过氯酸钾供给氧气,沥青是碳氢化合物就是燃料。这两方面同时进行研究,差不多到1943年这些问题都完全解决了,可以到工厂去制造。也就是说从没有到摸索一直到工厂制造差不多是五年工夫。那个时候美国空军海军就运用了这些东西。同时在加利福尼亚理工学院还另外成立了一个由物理系来领导的火箭研究小组,他们研究炮兵所用的火箭。关于这个研究没有什么特别,就是用无烟火药作火箭固体燃料,主要研究如何把无烟火药作成火箭药力,如何把它点着。关于这类问题,由于那种火箭燃烧时间是很短的,大约在五分之一秒,所以在这样短时间一切问题都很小。比如燃烧箱和喷嘴用不着顾虑冷却问题,因此发展是比较快的,大概有一年的研究就把火箭制造出来了。这个火箭是炮兵用的。据我后来知道与苏联发展的喀秋莎差不多一样。就在那时,英美军队情报听说德国有长距离火箭,当时不敢相信这个事情有没有,一直到当德国火箭实验所放一个大火箭因控制系统没搞好走歪了,走到瑞典去了。那时瑞典是所谓中立国家,就让英国把炸坏的火箭看了一遍,从这个零碎破片上也可以看出这个火箭大概有多大,这使得英美很吃惊。认为这个火箭的确是很大,而且是从德国跑出来也可知道射程有多大,一查大概是300公里,这就使得他们很着急。当时美国炮兵司令就请加利福尼亚理工学院航空系研究长距离火箭。那个时候我也参加这个研究了。因为当时关于空军火箭应用里头需要理论成分不多,而在长距离火箭中,关于空气动力学问题却很多,火箭道程的计算也需要理论分析,那时开始作了些理论上的研究。据理论上研究火箭可以跑多远,从当时已经知道的火箭资料就可以设计制造出一个大火箭来,它的射程大概在50公里,有了这个结果,就可知道再改进是可以达到300公里或者更远距离。根据理论,原则上长距离火箭是可能的,有这个可能性就继续研究发展。首要解决的问题就是火箭要作得更轻,火箭的燃烧系统、供给燃料系统要作得轻,同时要注意到如何设计推力很大的火箭。空军用辅助动力的火箭,推力大概在1,000公斤到2,000公斤。而要是300公里射程火箭,重量就要很大,差不多到15吨的样子,15吨火箭的推力普通算法大约是重量的二倍,就是大概要用30吨推力。但是那个时候我们知道的火箭只有2,000公斤推力,30吨推力的火箭那当然是大得多,关于怎样作大火箭是一个很严重的问题。这些问题都在进行,还未得到大的进展,而伦敦已经开始受到德国长距离火箭(就是V-2火箭)的攻击。因此那个时候就得到很多资料,显然德国火箭那时比英国美国火箭的发展跑在前面多得多,因为他们长距离火箭已大批生产而且军事上运用。一直到第二次世界大战终了,那时候英国美国火箭和德国比起来那是差得很远。在德国从法西斯政府成立起就注意火箭问题,1935 年就开始研究长距离火箭问题,后来在潘乃孟德成立了火箭实验所,这里包括火箭专家、技术工程师、空气动力学专家,他们有自己的风洞,还有自动控制、电工学、电子学、无线电学等方面的工程师。后来 V-2 火箭就在那里研究的。V-2 本身设计是在1940 年开始,因为他们从 1935 年一直到 1940 有五年实验的结果,所以进行就很快。在 1942 年就放了头一个 V-2 的火箭。大概据统计在第二次世界大战终了以前有3,000个这种火箭制造出来。他们这一方面之所以跑得很快,是因为他们有以前多年的实验,有这些资料可以利用。现在我把 V-2 火箭的性能说一下:

V-2 的有用负载(就是炸药)差不多不到一吨,火箭外壳重量 1,750 公斤,泵重(即燃料泵和转动泵的透平重量)450 公斤,燃烧箱和喷嘴室是 550 公斤,操纵系统300 公斤,燃料 8,750 公斤,透平燃料是 200 公斤,总共重量(就是开始起飞的重量)是 12,900 公斤,差不多 13 吨。推力差不多是重量的两倍即 27.2 吨重。所用燃料是酒精和液体氧气,酒精不是纯的酒精,里面有 25% 水分。二次世界大战以后,美国人就把许多抢得来的 V-2 式火箭,抢到美国做实验,不但如此,而且把潘乃孟德大部分人抢到美国去,给他们做这个实验。美国关于长距离火箭的研究,真正开始可以说还是在二次世界大战以后。以后的发展还是以德国 V-2 火箭作出发点,设计方面许多工作是在加省理工学院附设的喷射火箭推进研究所里面进行的。这个喷射推进研究所,后来用 V-2 的资料和美国所得资料合并,制作一个大火箭的设计,叫做"下士"。为什么要起这个名字,也有个道理,"下士"在美国军队来说是很低的衔级,意思是说将来还可制作更大的。这个火箭已开始设计了,它的性能大概炸药负荷约四分之三吨的样子,射程 300 公里。下士比 V-2 火箭好的地方是自动控制系统改进的很多。关于这一点我要说明一下,V-2 火箭本身工程还不错,就是自动控制差得很远,德国用 V-2 打伦敦的时候很不准,真正打到城里的很少,打到市郊的很多,可以说德国人解决了推进和弹道的问题,但没有解决自动控制的问题。所以如把普通炸药一吨用在 V-2 上很不合算,因为这个火箭相当的复杂,很贵,放了后又没有准确性,一吨炸药也不知道打到哪个地方去了,实际作用等于刨土坑子,没有打到要害,不能发挥多大的威力。另一面,德国人在二次世界大战末期,因为国内被炸得很厉害,急得不得了,当时想办法抵制英美的轰炸机,采取两个办法,一个是代替高射炮的火箭,就是所谓飞弹。一个是用喷气推进的驱逐战斗机。喷气推进战斗机出现迟了一点。喷气战斗机可以把轰炸机扫下来,可是因为数量太少,没有发挥到原计划的可能性。德国在二次世界大战时,军队上是长远计划,他以为准备非常之好,打仗一定可以赢,而且是短时间可以赢,所以他们军事工程准备很远,并不准备在第二次世界大战时要用。航空研究的目标都是摆的很远的,很大力量摆在发展超音速飞机和超音速飞行的问题上。在大战后期发现关于研究飞弹任务非常紧迫,研究飞弹正好利用超音速飞行空气动力学中已经得到的很多资料,空气动力学和飞弹问题他仍是完全可以解决,就是不能解决自动控制问题,急得那个时候什么都想,可是没有一个系统可以做出来。二次大战后,美国人把这些材料完全接过来,德国工程师也找去,要研究的问题就是自动控制的问题。他们估计再花三年也就可以解决,可是估计太低了,虽然美国是一个工业条件很好的国家,关于自动控制的电话系统电信系统也发展很多,可是运用到对长距离火箭和飞弹的控制要麻烦得多,困难很多。这些问题前两年才解决,一共用了九年时间。美国关于长距离火箭和飞弹的工厂制造还是在去年才开始,长距离火箭问题到现在还未完全解决,现在的主要问题是在洲际轰炸,火箭射程希望能到5,000～6,000公里,这样长射程的火箭中,关于自动控制的问题没有能够解决,这一点以后再讲。

二、关于喷射推进机的原理和性能

现在来讲喷射推进的原理、喷射推进机的几种类型以及它们性能的比较。实际上,喷射推进原理我们日常生活中是常常遇到的。举一个例子:小孩玩的气球,假如我们把它吹起来,可是不把吹口封起来,只要一松手,气球就会跑得很快。这里面的原理是,要把气球吹大而又把吹口放开,因为表面张力的缘故有一个倾向把气球压小,那么气球里面的空气就要从吹口压出来,而且它朝一定的方向走,气球就向相反方向走:气朝下出来球就朝上跑。这个就是喷射推进的原理。气走的方向和推进的方向是正相反的。我们再举例,也很简单:假若说有一个小车,很光滑的车轮在钢轨上走着,车上站个人,人从小车上拿一块砖往外扔。他要是朝后扔,小车就朝前走。扔得越快推进力越大,小车朝前跑的也就越快。同时他若有力量拿一块更大的石头去朝后扔,推进力也就更大些。这里面是有一个牛顿的动量定律帮助我们计算的。假若朝后扔的速度是V,每秒钟朝后扔的质量是M(我们要注意的是质量,不是重量),朝前推的力量是F,那么,F等于每秒质量M乘上朝后扔的速度,$F=M\times V$。这个就是推进的原理公式。照这公式看,跟刚才说的一样,朝后扔的速度越大,推进力量就越大。另一方面,假如说速度不变,我们扔的不是小石子,而是大石子,M就更大,推进的力量也就更大。我们也可以把这原理应用在飞机螺旋桨的作用上。飞机螺旋桨的作用是把空气朝后推,它推的速度比火箭往后喷的速度小得多了,所以V在螺旋推进机是比较小的。可是M就是每秒经过螺旋桨的空气质量,通常这个数量不小,所以它得出的力量也相当大。在火箭情形就恰好相反:速度V是很大的,可是朝后每秒钟的质量是小的,也可以得出很大的推力来。上面说的是一般的原则,运用起来还有一点变化。假设人站在车子上不是扔出去而是接,假若扔一个球让他接,这个球的速度是V,当他接着这个球也受到球的冲击,这个冲击就给他一个朝后推的力量。假若一直继续扔球给他,每秒接到手里的质量是M。朝后推的力量F也是$M\times V$。这也就是同样原则另外一种用法。人将石子或球扔出去,得到的力量方向和扔去速度方向相反。反过来若不是扔出去,而是接到球,他得到的力量是和进来的速度是同样的方向。在许多喷射推进机里,这两个情况都有。

现在我画这个图(图一)中间像筒子式的就算它是推进机,每秒钟从前面吸进去的空气质量是 m、吸进的空气经过推进机,里面加进些燃料,燃烧过后,出来的和进去的每秒钟并不完全一样,假设出来的每秒钟质量是 M,出来的速度是 V。进去的速度是很容易得到的:假设推进机在空气里朝前飞行,朝前推进的速度是 U,空气进来相对速度也就是 U,不过是朝后的。在这种情况下,方才说的两个原则都运用了。一面朝后扔出去,扔出去每秒钟质量是 M,速度是 V,得到向前推进的力量就是 $M \times V$。同时在推进机的前面是接受,每秒钟接受 m,同时空气进来的速度是 U,从这一点看出有一个力量是和进来的速度平行的,所以进来是从前朝后,力量也是从前朝后。假若算推进的力量是朝前的力量,那么朝后的力量就是负的,第二项是负的 $m \times U$。一面吸收空气加以燃烧,另一面从尾部又放出去,推进力量算起来是 $M \times V - m \times U$。一般计算可简单一些。因为出去的气体里由于燃烧燃料而引起的质量增加并不是很大的。比如我们用汽油,汽油跟空气在燃烧中质量的比是 1 : 15,就是说 15 份空气燃烧 1 份汽油(这是大约的数目)。15 斤的空气加上一斤燃料 16 斤,所以这个说放出的 M 是多一点,但多的很少,所以说 M 跟 m 差不多一样相等,所以我们可以把 M 提出来。推进的力量就等于 $M \times (V - U)$。这是个简单计算的办法,有了这个公式可以运用到各式各样不同的推进机上面去。

喷射推进机中最简单的当然是火箭推进机,火箭不吸收空气,它自己燃烧所需要的氧气就完全由自己带在里面,并不用外界的空气。所以在火箭情况我们没有第二项,只有头一项。每秒钟用去多少质量乘上火箭朝后排出去经过火嘴的速度,这就等于推进的力量。

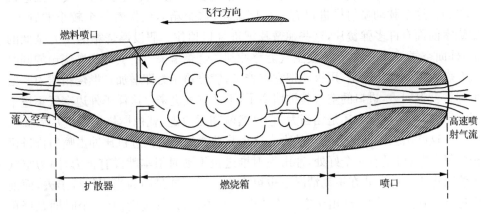

图一　冲击式喷射推进机

　　第二种推进机就是冲击喷射推进机（图一）。这个冲击喷射推进机很简单，可以说就是一个空的管子，这个空管子前面也开口，当管子或冲击喷射推进机朝前走得很快的时候，它迎着空气，空气进去有很大的速度。空气气流在管子里，减低了速度同时增加了它的压力。这道理可以用一个比喻说明，假若一只船在水上走，我们看船头，船头的水一定比一般水面要高。道理是这样的：假若以船头人作标准看起来，船头是没有速度的，远的地方水是朝后走，它是有速度的，那么水到船头由于碰上船头就要把速度减到零，而加大它的压力。水的压力一高，由于没有地方走它都要朝上升。所以船在走的时候，船头水总是要升起来，比远处水面要高。这说明任何气流或水流，如果有相当的速度，要是把速度减少，压力就必然增加。在冲击喷气推进机里，空气进来的速度很大，要是经过进口把它的速度减小后，当然它的压力就增加了。冲击喷射推进机的就利用这些压力。这个压力在小的飞行速度情况下是很小的。但如果飞行的很快，假设飞行的速度是音速（就是声音传达的速度，普通情况下约等于 330 公尺每秒），从这样速度要减到零，就可以得到两倍的压力。在压力大的时候，把燃料喷进去点着了加热，加热之后这个压力还是差不多（有点损失）。最后气体经过后面的喷嘴喷出来，喷出的速度比进来的速度要大，就是说空管子中间加上燃烧室，它就能够让喷出去的速度比吸进来的速度要大。按照前面的公式计算，推进力＝出去的速度减去进来的速度乘上每秒抛出的质量。出去的要比进来的速度大，结果是一个正的数。这个正数乘上每秒钟经过管子的质量就给出推进力。这种由简单的一个空管子构成的一种喷射推进机，利用的是空气冲击的力量，所以叫冲击喷射推进机。要注意这种推进机在高的速度才能发挥它的作用，要是低速就根本没有什么压力增加，如果压力增加小，虽然点着燃料，最后喷出的速度比进来的速度大不了多少，这样推进力较小燃料就白费了。所以冲击喷射推进机要在高的速度才能运用。

　　还有一种跟冲击式喷射推进机相近的推进机，可以叫它是脉动式喷射推进机（图二）。这个脉动喷射推进机有一个燃烧箱，这个箱后面接着一个较小的管子。燃烧室前面有许多弹簧片，这些弹簧片把进气口顶住。假设燃烧箱的压力是低的话，外面空气就冲击弹簧片，使空气能够冲到燃烧箱里去。空气冲到燃烧箱的同时就有燃料喷到燃烧箱里，用火花把它点着了，燃烧箱压力即增加。燃烧箱压力一增加弹簧就退回去，进口的空气就被堵塞了，不让空气进来。这样子外边空气不进来了，可是燃烧箱里压力还是相当大，它自然就朝后边走，就把燃烧箱废气从后面吹出去。这吹出去的速度就相当的大。这个脉动式的喷射推进机比冲击喷射推进机稍为复杂些，可是有一个好处，冲击喷射推进机不动时根本就没有推力，因为空气无法吸进去。脉动式在不动情况下也可产生推力。这是因为当废气排出去，而前面进气口还关着的时候，由于空气流的惰性的关系，排气过度，有一个时期燃烧箱本身里的压力在大气压之下，那么弹簧就吹开了，就可以进气。这样有时开有时关,即使不动也可以得到力量。这种发动机是德国人在二次世界大战末了时候发明的,V-1那种小飞机就用这种推进机。

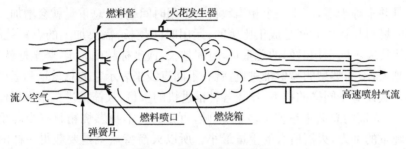

图二　脉动式喷射推进机

以上是比较简单的喷射推进机,还有各式各样更复杂的,再复杂一些的就是现在飞机所用喷射推进机,这里头包含东西要多一些。空气进去以后,头一步,要经过空气压缩机。经过空气压缩机,把空气压力增加了。再经过燃烧箱,再经过涡轮机,最后再从喷嘴喷出去。这里面多了压缩机和涡轮机,而压缩机转动是由涡轮机带动的,涡轮机所产生的动力完全是被压缩机所吸收的。和以前一样,我们所得的推进力还是由牛顿动量原则来得到的。这种涡轮式的推进机即使在飞机不动的时候,也可以得到推力。

我们知道燃气涡轮机本身也是飞行动力的重大来源。这时,燃气涡轮机所发出的动力并不是直接的推力,得出来是一个转动的力量。这个转动力量转动螺旋桨,而由螺旋桨产生推力。另外用汽油的内燃机作动力则更古老些,内燃机转动螺旋桨,得到推动力。因此加上这三种,就是现在飞机用的涡轮喷射推进机,燃气涡轮转动螺旋桨的推进机,还有最古老的内燃机转动螺旋桨推进机,一共有六种方法在空气中推进。到底用哪种好? 这里有一个选择问题。我们得看有没有如此生产的设备,要设立多少厂来制造,拿使用的燃料来说,在涡轮式推进机、燃气涡轮推进机,普通的内燃机情况,都是燃烧石油里炼出来的东西。火箭推进机就不同了,也许可用汽油,不过至少要加一个另外氧化剂。这氧化剂也许是液体氧气,或者是发烟硝酸或者是过氧化氢,也许可以用过氧化二氮,那么就得考虑有没有能力制造这些东西。但是另外还要有一般性的原则性的考虑。

在工程设计方面,最着重的问题是重量问题。这个重量不只是空的机件本身重量,还包括里面须携带的燃料的重量。可是这两个重量性质基本上有点不同,机件本身重量是固定的,不因为使用时间长短而变。而所需燃料的重量就要看使用的时间而定,像短距离的火箭只用一分钟或甚至五分之一秒,而飞机要用上几个钟头。使用时间不同,所需要的燃料也就不同,时间越长需要的燃料就越多,这是成正比例的。所以我们在考虑机件本身重量加上燃料重量,同时要考虑用多少时间。最容易用一个图来表示这种关系(图三)。这个图的竖轴是总重量,就是机件本身重量再加上所需要燃料的重量。横坐标轴代表运用的时间。竖轴原来就有一个重量，就是说即使没有运用时间，不用它，就不需要燃料，但还是有机件本身的重量，所以重量并不等于零，等于一个相当数目。运用时间越长，总重量就会增加。因为所需要的燃料与运用时间是成正比例的，运用时间越长，需要加上的燃料就越多。每一根线代表不同运用时间的总重量，时间越长，横坐标越朝右走，竖坐标就越大，重量就越大，不同类型的喷射推进机，就有不同直线来表示它的总重量和运用时间的关系。假设对于同样的推力，比较各种推进机的重量，火箭推进机本身机件最轻（例如 V-2 火箭的总共重量差不多是 27 吨，可是火箭本身燃烧箱只有半吨重），要获得一吨重的推力，火箭所有的重量最小。所以火箭特点就是要获得一样的推力要算它的机件最轻。比它再重一点的是冲击式的喷射推进机，再重的就是涡轮式喷射推进机（就是现在喷气飞机用的），更重的就是燃气涡轮式加螺旋桨的这种推进机，这个与涡轮式喷射推进机的分别就是它要加上一个螺旋桨和一个齿轮，而齿轮和螺旋桨是比较重的。最重的就是内燃机加螺旋桨这种推进机。所以以机件本身来说，最轻的是火箭，最重的是内燃机加螺旋桨。可是要以用燃料的经济来说，情形就不一样。以普通办法来说，要有一公斤推力用一点钟，需要多少公斤的燃料这是一个因素。我大致举一数字：火箭推进机数字是 18，就是说假设需要 1 公斤的推力，每点钟要用去 18 公斤的燃料。对于冲击式喷射推进机，这数字要小得多，在超音速情况下，这个数字大概是 2.5～3，就是说要产生 1 公斤推力，每小时要用 2.5～3 公斤的燃料。现在普通用在喷气飞机上的涡轮喷射推进机数目比这个数目还要少，在涡轮式的喷射推进机发展的早年差不多是 1 稍微多一点，就是要发生 1 公斤的推力，每小时需用差不多 1 公斤的油，现在这些都可以改进。美国现在用的推进机这个数的大概是 0.7，就是 1 公斤的推力，每小时需要 0.7 公斤的油。至于内燃机，就看各种速度而不同，不过在低速时候，内燃机所需要的汽油就更少。图三中第一条直线，提高最显著的是火箭推进机，为什么呢？因火箭所需燃料最多，所以有一定量的推力，它虽然本身重量是很小；可是它需要的燃料很大，在图上代表它的直线跑上去最快；第二条的直线是代表冲击式喷射推进机。这个它本身重量大一点，比火箭要高，可是这条直线的倾斜度就小一点，当时间增加时因它所需燃料比火箭要小，所以增加的速度要慢；第三条直线是代表涡轮喷射推进机，它本身重量更重了（里面包含空气压缩机、涡轮机在里面，重量更大）可是它用的燃料是比较少的。这三种东西在一般的刚才所说速度下，火箭用燃料是 18，冲击式是 3，涡轮式不到 1。这样可以看出，若目的是为了得到最轻的总的重量，在运用时间较短的情况，火箭推进机是最轻，运用时间较长了些时，冲击喷射推进机最轻；若运用时间更长些涡轮式喷射推进机就是最轻，选择哪种喷射推进机即用这个法子来解决。但是还要加一附带条件，我们计算直线时定要选择一定高度和一定速度。火箭推进机速度没有关系，本来自己可以来燃烧，可是冲击喷射推进机与速度很有关系,涡轮式也与速度没有关系。高度对于火箭推进机是没有影响的,可是对冲击式的和涡轮式的都有影响。这影响在于,高度增加空气密度就减小,同样的机器就不能产生同一样的推力。跑的越高空气压力越低,空气压力越小推进力越小。这样,同一机体重量是不能改了,可是推力减小了,每1公斤的推力就需要更重的机件。所以画这个图的时候,应注意选择哪一个速度和哪一个高度。在速度,高度固定了以后,就能画出一张图(图三),其目的是决定分界运用时间(就是直线的一些交叉点所代表的时间)。我仍可以对同样高度但不同的速度画出许多张这种图。我们可以挑选出分界时间,然后把这些结果标示在一张图(图四)上,这张图横坐标是运用的时间,竖坐标图就是飞行的速度,固定一高度(这个高度是挑选的高度,比如说是海面)这张图代表什么? 画几条线在上面,把运用的领域划分一下,在左边领域Ⅰ是火箭推进机的领域,因为用火箭的重量(本身重量加上燃料重量)最轻,在运用时间与速度的这个领域里最好运用火箭推进机。如果速度比较低,运用时间比较长即领域Ⅱ里面就运用内燃机。如果速度比较高(就是现在喷气飞机所用的)就是涡轮喷射推进机的领域Ⅲ。当速度超过了音速,而运用时间又比较短的时候,那时冲击式喷射推进机(领域Ⅳ)就是最好。这样就解决问题了:要是有一定的高度飞行,就可以根据运用时间和速度照图上点,如果落到内燃机领域上,那内燃机最轻,如果落到火箭推进机领域上,火箭推进机最轻。但是我们这张图还是固定在一定的高度,我们还要考虑到在不同的高度怎样。我们的作法是:在每一高度都画这样一张图,把这些图叠起来,把海平面这张图叠在最底下,上面再叠上一张图,比如说是五千公尺,再叠上一张是一万公尺,就成了一种立体的图。这就是一种选择

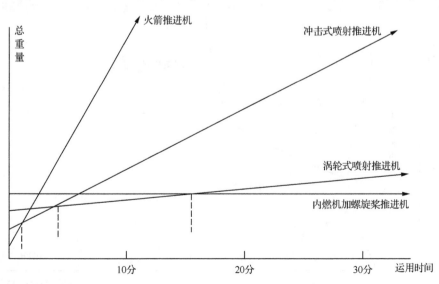

图三　各种推进机总重量和运用时间关系

各式各样不同形式的喷射推进机的办法。我们可以决定在某种情况下应该用哪种形状哪种喷射推进机最合适。不成疑问,火箭推进机与冲击式的喷射推进机都是要在运用时间很短,才是最好最轻的推进的机件。可以自然想到,当高度要是很大的时候,火箭推进机就称王独霸了。因为别的机件都要用空气,而在高的地方根本就没有什么空气。在稍低一些有稀薄的空气的高空里,因为空气稀薄,质量就小,也就是说得到的推力就很小。得出来推力很小而机件重量又不能改变,那样在高空之下,所有用空气喷射推进机的重量就过大,而火箭推进机最轻。在增加高度情况下,在平面图上看出来的这一系统的曲线,都要朝右移,就是说朝运用时间提长的方向移,所以火箭运用的领域就越来越扩大。如果空气很稀薄根本没有什么东西在里头,在那时只有火箭可以产生推力,别的都不行。从刚才的观点看出来,可得到结论:如果需要很短期间的推力(像防空飞弹我们需要的推力只是一分钟左右,要是长距离的火箭,需要的运用时间也是一分钟到两分钟),所要考虑的只有两种推进机,也许可以考虑用冲击式喷射推进机,也许用火箭最好,别的式样喷射推进机用不着考虑。这是因为运用时间很短速度很大的缘故。那么,当我们考虑火箭问题、防空飞弹问题时,只考虑这两种喷射推进机。至于长距离火箭,因为它要飞到没有空气的高空去,所以完全要用火箭推进机,根本考虑不到冲击式喷射推进机。而在防空飞弹可以用冲击喷射推进机,因为防空飞弹多半飞行的高度还是在空气里面,所以可以考虑用冲击式喷射推进机作原动力。以后考虑的问题若是长距离轰炸与防御敌人飞机,那么只要考虑两种喷射推进机,就是火箭推进机与冲击式喷射推进机。

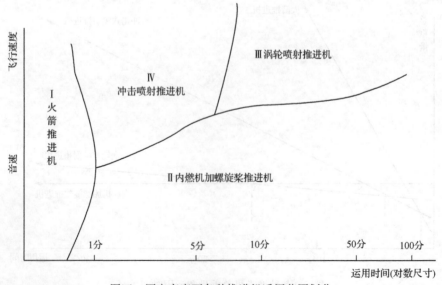

图四　固定高度下各种推进机适用范围划分

三、火箭的构造和分类

关于火箭的构造、火箭发动机本身燃烧燃料的问题。我们想谈一下，现在发展到什么水平？将来可以有什么进展？最后再讲冲击喷射推进机的一些构造，以及设计方面有什么问题。

现在讲德国 V-2 火箭一般构造（图五）：V-2 火箭长 14 公尺，直径 1.65 公尺，最前的尖端部分是炸药。第二部分是自动控制仪表，下面两部分是燃料储藏箱，现在画的直线是代表燃料，斜线是代表氧化剂。在 V-2 火箭里头燃料是酒精和水的混合物，75% 的酒精，25% 的水。氧化剂是液体氧气；酒精从储藏箱出来，到燃料泵，氧化剂从储藏器出来到另外一个泵，这两个泵用中间的涡轮机来转动。涡轮机是用蒸汽来转动的。这个蒸汽是从分解过氧化氢得来的。办法是把过氧化氢用高压压到分散管中，分散管中注射了过锰酸钾，过锰酸钾和过氧化氢一碰到就分解成水蒸气和氧气，分解的热就自然而然的把分解出来的蒸汽和氧气加热到 400℃，这样的热蒸汽就用来转动涡轮机。酒精从泵出来后并不直接到燃烧箱，而是先到燃烧箱的夹层，从夹层流过去可以把燃烧箱冷却下来，经过夹层流过去流到头上，然后再喷到燃烧箱里，因为有泵所以压力是高的，大概有 15 个大气压。液体氧气不能用它来作冷却剂，因为液体氧气碰到热很容易就蒸发，容易把孔道堵起来，所以不能用他来作冷却剂。液体氧气从泵出来就直接到喷嘴上。

控制系统是控制下面几部分，控制火箭运动有两个系统，一个是空气动力学系统，一个是与飞机上舵差不多的平衡器（有上下和左右共四面），一部分可以活动的就是舵。

V-2 火箭是直着放的。在竖起来之后，底下有个下空，火箭喷嘴直冲着地，就在地面埋一个火把，同时逐渐开动涡轮机。液体氧气酒精就是没有东西压它也就直流下到燃烧箱，火把一点着就把阀门开开，里面即燃烧起来，当燃烧开始再把涡轮机转动，转动以后就把压力加大了，火箭就发出他本来设计的推力。这个推力是 27 吨，火箭本身重量差不多有它一半，13 吨的样子，所以推力要比它的重量大，就朝上加速度。当火箭升起来的时候是没有初速度的，要升起来后加速度。你看起来很慢，慢慢地升起来，当起初的十秒钟左右的时候，速度是很低的，这时空气动力学的力量（风吹在尾部的力量）很小，转动四个稳定器是没有用处的，得不到多大力量。要解决这个问题，另外又加了四个可以转动的叶片，这个叶片是石墨（就是碳压出来的）做的。火箭燃烧的时候，火苗完全冲击在叶片上，火苗冲来的速度是很大的，大概是 2,500 公尺/每秒，很大的速度冲在碳的叶片上，当然可以起很大的力量，所以当我们转动这个叶片的时候，就可以产生转动火箭的力量。叶片是碳做的，出来的火苗就会把碳的叶片烧起来，这没有关系，因为要叶片的时间很短，只有起初十秒钟，这十秒钟也烧不了多少，所以可以用碳，用不着高温金属。而且 V-2

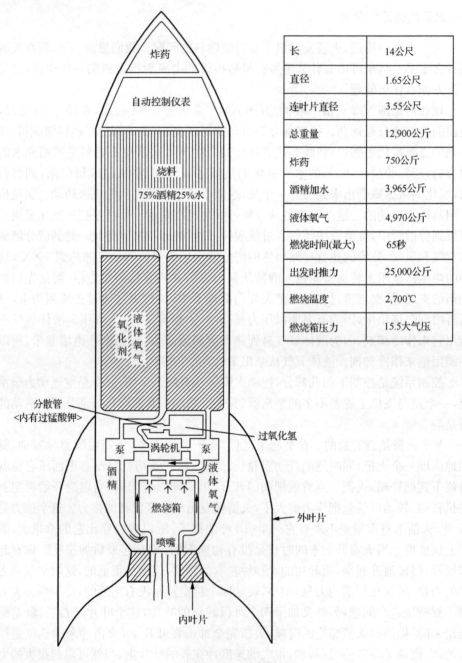

长	14公尺
直径	1.65公尺
连叶片直径	3.55公尺
总重量	12,900公斤
炸药	750公斤
酒精加水	3,965公斤
液体氧气	4,970公斤
燃烧时间(最大)	65秒
出发时推力	25,000公斤
燃烧温度	2,700℃
燃烧箱压力	15.5大气压

图五　V-2 示意图

火箭只用一次,根本不用第二次,所以不用顾虑高温的问题。后来他们发觉找不着碳的叶片,就是木头也可以用,把木头削平装上去,它至少烧十秒钟,只要坚硬点的木头完全可以拿来用。这就是 V-2 火箭一般的构造。方才说他们竖着放的，放起来一直是朝着垂直方向走，若走到相当高度的时候，自动控制系统就转动外面空气动力学的叶片，空气动力压在这个机体的四周操纵器上，这就把火箭方向逐渐改变了，朝目的地转动。

现在大致把控制系统讲讲，主要的控制系统是一个测火箭每时的速度、位置的仪器，把速度位置测来与预定的数字比较，当比较到一定的地步，就是当知道火箭在什么地位、离出发点有多远，同时知道它的速度和速度的方向，这两个数量到了一定数字的话，控制系统就自动把涡轮机关起来，火箭推进就不用了，那时火箭的燃料也差不多用完了。这时火箭有一定的速度和方向，它就完全可用它的惯性飞过上空，然后再降下来，降下来后正好达到预计的目的。

还有一个问题，就是喷嘴的构造，在 V-2 火箭是相当的复杂，它不是直接喷到燃烧箱里去，而是经过中间一个步骤。V-2 火箭因为要冷却喷嘴，喷嘴直径最小，这样热经过喷嘴直径最小的地方，传导出来是最多。所以光是用夹层来冷却它又相当困难。德国人在研究时，同时在夹层里面开几个很小很小的洞，酒精在夹层里面流压力相当高，有一点小洞就从里头渗出来，渗出来的酒精挥发了就正好冷却外面喷嘴的热度。燃料的喷口装在燃烧室的一个凹进去的地方，中间按着一个液体氧气的喷嘴，旁边是酒精的喷嘴，所以一部分燃烧已经从喷头开始，然后从局部燃烧再到燃烧室里面去。整个 V-2 火箭燃烧室里面大概有十几个这样的喷头。这里必须说明，各式各样不同的燃料所需要的喷嘴并不是一样的，比如说换另外一种燃料，如发烟硝酸与苯胺这样的燃料系统就不能用这样的喷嘴，因为苯胺和发烟硝酸燃烧非常的快，你要是这样喷，燃烧就在这儿开始就把喷头烧坏了，因为温度非常之高。酒精与液体氧气燃烧稍为慢一些，他必须从喷头先开始，然后再喷到燃烧箱里，他的燃烧才能完成。可是发烟硝酸跟苯胺化合非常的快，这样喷，就把喷嘴烧坏了，所以在用发烟硝酸和苯胺的火箭的喷嘴就不是这样设计的，而是直接喷到燃烧室里去。

关于怎样把燃料从燃料储藏箱压到燃烧箱去，这里头有各种各样不同的方法。方才说的 V-2 这种系统，就是用过氧化氢分解以及得到蒸汽，蒸汽再转动涡轮机，由涡轮机再转动两面燃料泵，这个系统是比较复杂的，只能说在很大的火箭，才能用这样的系统。比较简单的是用气体直接压到燃料箱里面去，如用高压的氮气。这个系统比较简单。与 V-2 比较有好处有坏处，好处是简单，没有那些机件，没有涡轮机也没有泵，坏处是燃料箱本身要受到高压，假设是在 V-2 里面差不多就要 20 大气压，高压的氮气往往压力还要高，中间经过一个减压的阀门，因为如果我们把储藏的氮气也加大气压的话，当燃料快用完的时候，这燃料箱气体的体积就逐渐增大，就是整个氮气体积增大了，压力就不能维持 20 大气压了，所以像氮气箱的压力要高到 100～150 大气压才行。这样高的压力氮气箱本身也要做得很精实，很坚固,所以就重了。如此省了涡轮机和两个燃料泵的重量,可是却费在燃料箱的重量上去了。所以一般的计算在大型的火箭用 V-2 火箭系统比较合适,因为它重量可以减轻,也是在大型火箭重量特别要紧,重了就根本达不到那样射程,所以大型火箭机件结构重量必须要做得越轻越好。但是 V-2 火箭结构设计并不是很好的,还可以减轻,照现在最好的飞机机体设计与制造方法,可以把 V-2 火箭的结构减轻相当的多。同时也要注意燃烧箱整个燃料供给系统的重量,我们注意这个,就不能用现在这简单的压力系统,因为它比较重,这个简单压力系统,用在比较小的火箭像防空的飞弹那是比较合适,因为整个系统简单,飞弹整个射程并不是很大,所以重量稍大也无关系。还有一种系统是介乎高压系统,和 V-2 燃料泵系统中间的,就是用一种火药,火药点着它的燃烧率相当慢,逐渐的发生气体,这个气体就加压在燃料箱上边,这样即把高压氮气罐重量省略很多。因为我们用固体火药逐渐燃烧的话,它的容积用不着大。这可说是第三个系统,这三个系统最复杂的是 V-2 系统,较复杂的是用火药燃烧加压的,简单的系统是高压的氮气箱。这三种的重量来说,V-2 用泵的系统最轻,高压氮气箱最重。

现在顺便提一下比较简单得多的火箭,这种火箭就是用固体燃料的火箭,大概可分作两类,一种燃烧时比较长,如美国军队用作飞机起飞辅助动力的火箭,是属于头一类(图六)。火箭完全装满了火药,燃烧时用火花点着,逐渐就把火药吃掉了,火药完全变为气体,就从喷嘴出去,这样即慢慢从一端燃烧进去,燃烧速度大概每秒钟 1~2 公分,如火箭燃烧 30 秒钟的话(就像飞机起飞作为辅助动力的大概是 20~30 秒钟)整个火药长度就需要够烧 20~30 秒钟。假说每秒钟烧 2 公分,20 秒钟就 40 公分长,这是最简单的固体燃料火箭。不过许多用来代替炮弹用的火箭就不同一点,因为它所需要燃烧时间很短,大概是五分之一秒的样子,就是说在这一时间内把整个火药烧完了,也就是燃烧面要很大。燃烧面大了,每秒钟要燃烧火药是每秒燃烧速度×燃烧面积。现在要燃烧的快就要把燃烧面积增加,增加燃烧面积办法有好几种,一种是圆筒形的火药(图七),这种圆筒形的也需要保持燃烧的条件,这条件即是每秒钟燃烧的火药差不多一样,两个圆筒形差不多能保持这个样子,外面火药朝里燃烧,直径就减小了,也就是燃烧面积减少了,同时里面火药朝外面烧,直径就加大了,燃烧面积就加大了,总的燃烧面积差不多保持一定的,这是一个燃烧的条件。但固体火箭中间也有些问题,就是如何使火药颗粒、火药的形状,能保持在燃烧箱不动,在火箭里面前面压力较后面压力大,火药就要跑出去了,所以要想办法固定它。设计固体火箭最主要问题,希望火药在燃烧过程中不要炸,怎样不炸? 就是不要它有裂缝,一有裂缝就突然增加了燃烧面积,增加了以后,许多气体产生,喷嘴就喷不出去,就要出毛病,这差不多是最头痛的一个问题。像这一种火箭需要很早时间就把它储藏起来,火药放在火箭里面,中间又要经过相当长的时间,经厂里出来到用的地方要运输,经过许多震动,除此还有天气变化的影响,也许运到很热的地方去,也许要运到很冷的地方,或许运到热的地方去没用又运到冷的地方去,这里就使火药颗粒起相当变化,热了软化了走了样,冷了就要发脆产生裂缝,这是在设计研究固体燃料火箭的几个困难问题,差不多没有一定的一般的理论法子来解决这个问题,完全用实验法子。所以一种新的燃料,即使在热工能方面觉得很好,可是实际能否用,还要经过长久的各式各样的实验,在温室和冷窖里头放一下,直接找出来这个火药是否能用。

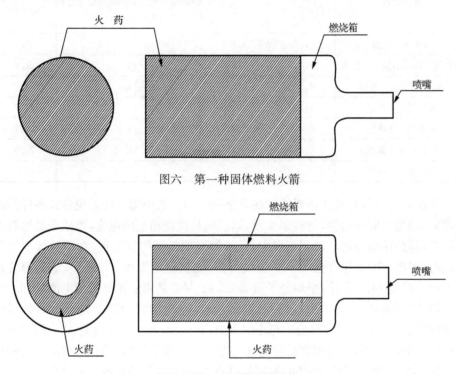

图六　第一种固体燃料火箭

图七　第二种固体燃料火箭

此外,在别的情况之下还有很怪的火箭,即是一半是固体一半是液体燃料,不过这个不用去讨论它,因为现在还未实际上运用。

四、火箭的燃料

火箭的燃料改进可能性,和燃料的一般性质:

像火箭这样一个喷射推进机,它的动力我们用这样一个公式来计算:推力=$M×V$,这个 M 就是每秒流出质量,V 就是喷射的速度,以每秒多少公尺来计算。因为 M 是质量,常常习惯用的不是质量而是重量,这重量我们以 W 来代表,M 和 W 的关系就是$M=W/G$,G 是地球的引力常数,在我们这里差不多等于 10 公尺每秒。我们来计算一下每小时每公斤推力要用多少燃料,从这个公式两头 $F=W×$

V/G,我们换算一下就是 $W/F=G/V$,这样换算出来是什么？ 这个 W 本来是每秒喷出多少重量,每小时有 3,600 秒,要算每小时燃料消耗量要乘常数 3,600。因此得到 $W/F=36,000/V$,这就是计算每公斤推力每小时所消耗的燃料的公式。

表一　各种燃料性能表

各种燃料	喷射速度 V（公尺/秒）	燃烧箱温度 ℃	燃料的消耗量（每公斤推力每小时用公斤数）$W/F=36000/V$	平均分子量
液体氧＋汽油	2,370	3,200	14.9	22.7
液体氧＋75％酒精＋25％水	2,340	2,810	15.0	22.0
液体氧＋100％酒精	2,380	2,900	14.8	22.9
液体氧＋液体氢	3,290	3,000	11.5	11.7
液体氧＋液体氨	2,510	2,740	14.0	19.7
发烟硝酸＋苯胺	2,160	2,771	16.35	25.0
液体氟＋液体氢				

现在来看看各种液体燃料的一些数字(表一)。表中第一项是说各式各样的燃料,第二项是喷射的速度,每秒多少尺,第三项是燃烧箱里的温度,第四项是燃料的消耗量,每公斤推力每小时要用多少公斤,第五项是平均分子量,在用液体氧气与汽油时,得出的喷射速度是 2,370 公尺每秒,燃烧箱的温度 3,200℃,最高每公斤推力每小时要 14.9 公斤,平均分子量是 22.7。V-2 是用液体氧气加上酒精和水的混合物,75％酒精,25％的水,这种燃料的配合,得出的喷射速度是 2,340 公尺每秒,燃烧的温度 2,810℃,每公斤每小时需要 15 公斤,平均分子量是 22。假设不用酒精和水的混合物,纯粹用酒精看起什么变化。液体氧气加上酒精,得出来的喷射速度是 2,380,差的很小,燃烧的温度到高点 2,900℃,每公斤推力每小时 14.8,平均分子量是 22.9;这说明酒精加水和纯粹酒精差别并不很大,而且实际上有好处。因为主要每公斤推力每小时需要多少燃料,这里 V-2 稍微需要多一些,它是 15,纯酒精是 14.8,差的很小,可是主要的燃烧箱温度低下来差不多一百度,与设计上很有帮助。不用说纯酒精比酒精加水要费事的多,所以用纯酒精并没有什么好处,还有许多麻烦,V-2 用的就不是纯酒精,而是酒精和水的混合物。主要点是从这里看出来的,温度是增加了,可以想到,燃烧的温度越高,加进去"能"最多;就是燃烧气体里面的"能"多,它喷射速度就容易高。可是同样另外有一个效果,喷射速度与平均分子量有关系,分子量要高了与喷射速度没有好影响,分子量小有好处,这很容易解释,分子量就是每一分子的重量,温度就是推动它的力量,要是分子轻,同样的温度,它容易推动。所以它喷射速度就比较高些。要分子量很重,不容易推动它,所以在同样的温度它喷射速度就低。从这两点就看出温度高是有帮助的。纯粹酒

精的温度高些,可是同时也相当的吃了点亏,因为它的平均分子量大。为什么?因为酒精是碳氢化合物,要是燃烧了以后它出水,同时还出二氧化碳,二氧化碳是比较重的,因为二氧化碳分子量是 44,水的分子量是 18,水分多倒有好处,对平均分子量可以减低。在 V-2 里头有 25% 的水,分子量反而少一点,分子量少了分子就比较轻,以后就容易推动它,它出去的速度就大,虽然温度低了些,出来的速度相差的却很小。如果能够增加温度又减少分子量,最好用液体氧气和液体氢气混合物来燃烧。这时出来的温度是摄氏 3,000°差不多和汽油一样,要比汽油好得多。为什么?它比汽油喷射的速度要大得多,原因就在它的分子量小得多。汽油燃烧的时候它有二氧化碳在里面,有二氧化碳平均分子量就高,是 22.7。在液体氢气燃烧里面没有产生二氧化碳,出来就是水,水的分子量要比二氧化碳低得多。一个是 44,一个是 18,而现在液体氧加液体氢的平均分子量是 11.7,比水的分子量 18 还要小。这是因为这个用的混合物含氢气较多,氧气与氢气的比是 5.5,所以说比较起来氢气是多的,出来的废气里面不完全是蒸汽,是氢气和蒸汽的混合物。氢气的分子量是很小的是 2,所以出来平均分子量是 11.7。因为平均分子量很小,所以温度虽然和第一项是一样的,可是它喷射速度就大得多了。速度大燃料消耗量却与喷射速度成反比例。喷射速度越高,消耗料越小,所以得出每公斤推力每小时用燃料是 11.5 公斤。这个表说明几件事情,温度高是有好处的,可是温度高同时分子量要小。再一点说明 V-2 情况,跟用纯酒精分别很少,用纯酒精没有好处。最后再加两项,第五项是液体氧气和氨气也可以燃烧,这个燃烧喷射的速度是 2,510 公尺每秒,温度是 2,740,每公斤推力每小时需要 14 公斤燃料,平均分子量 19.7,也可以看出每公斤推力每小时用的燃料并不太多,温度也是比较低,好处完全是在分子量比较小。同时可以说明,用发烟硝酸和苯胺,它来的分子量就比较大,因为苯胺里面碳是比较多的,燃烧出来是二氧化碳多,所以它分子量就增加了,分子量增加使许多地方不大好,燃烧温度虽然差不多和液体氨一样高,可是出来的速度比较低,只有 2,160 每公斤推力每小时需要的燃料比较大是 16.35。可是用发烟硝酸和苯胺有一个好处,就是用不着点火。上面这些比较都说明了,上面说的几个原则,温度高是有好处的,同时要使分子量尽量的小,越小越好,所有这些计算都是燃烧箱里面压力是 20 大气压。还有一点要说明,这些数字是完全可以计算出来的,不用实验,计算出来的数字跟实验结果很接近,差不多就是这样的数字。这里就说明这样一个问题,所有火箭的效能,燃烧的温度,每公斤要耗多少燃料,出来喷射速度是多少,这些东西都是可以直接用现在的物理化学原理计算出来的。早一点的书计算完全是不对的,因为没有考虑到化学平衡的问题,这些计算完全将化学平衡问题考虑进去了,计算出来的数字就非常的可靠,所以这一问题是完全可以用理论法则来解决的,并不需要实验。关于燃料本身,假设你能够把它燃烧了,燃烧的够快,能够得到化学平衡,那么一切用燃料的火箭性能是完全可以计算的,不用做实验。那么第一步要是研究各式各样的燃料的话,完全可以用理论法则来解决,第二步假若这种燃料很好,得出性能是很好的,那么我们就要去实验它能否在燃烧箱容量里头给它燃烧干净,这个问题不能用理论法则来解决,必须要做实验。假设用发烟硝酸和苯胺的话,喷嘴的设计就不能跟用酒精和液体氧气一样,这里头只能得到一个大致的解释和大致的设计方向。我们知道在液体氧气和酒精里燃烧是比较慢的,需要用 V-2 式的喷嘴,可是发烟硝酸和苯胺它燃烧是非常快的,我们不能用那样的喷嘴,要直接喷到燃烧箱里去,这些只能在原则上有个了解,数字上还要靠实验来解决这个问题。另一项,那就是液体氧气跟液体氢气这个混合物,因为要得到小的平均分子量要多加氢气,结果我们在这混合物里头比较起来装氧气箱子小,氢气箱大,这个氢气箱就带了很大容积去,这关于火箭设计有很多不好处,容积大结构就得大,这是不利之处。由这个考虑又可以想出另外一种混合物,这种混合物是液体的氢气,可是氧化剂不是液体氧气,而是氟气。它需要的氢气比氧气需要的氢气要少,这样虽然容积大一点还可以将就。但是也有问题,液体氟气是什么东西都吃,碰着布就着火,所有碳氢化合物一碰就着,纤维素也是碰着即着,腐蚀性问题就很大,而且在地面上要用这个东西,它喷出来即是氟氢酸,那也是很厉害的,碰见什么都腐蚀。好处就是比液体氢气和氧气需要的氢气容积比较小,同一样火箭,用液体氟气比用液体氧气要小得多,这样是有利的,因为结构小了空气阻力也就小了。大家可能想既有好几种不同的配合物那么化学药品是无穷无尽的,不知道有几百万几千万化学药品,能否在未考虑到的化合物中找到具有比这个大好几倍的喷射速度呢?喷射速度大了那么每公斤推力每小时所需要的燃料量就大大减少,这不是与我们火箭的设计有大大的好处?可是这点在原则性上答案是不可能的。为什么?因为分子有个毛病,它要太热了以后,自己就分解,它就不是分子,而变成原子。比如水是两个氢气的原子与一个氧气原子结合一起,这是普通温度之下,或者比较高的温度。普通温度是水,高过 100℃ 即变成蒸气,再高即变成过热蒸气。如温度 1,000 度有一部分分子就要分裂,分裂就不成两个氢气和一个氧气结合,而是分出来一个氢离子,还有一个氧气和一个氢气结合的离子,在这种情况下再加热能进去,它就分解的厉害,每一分解都吸收一部分热,而且吸收的热能很多,所以以后"能"加的越多,温度倒是升的很慢。要是研究各式各样的化合物,当它起了化学作用,的确可增加产生很多的"能",那些"能"可能比现在所说的"能"要多,可是"能"产生的多并不用来增加温度,而是用来把分子分裂。因为这些,我们一般来研究这个问题,就根本得不到燃烧温度比表上大上几倍,同时也不能将喷射速度大上五、六倍,这根本是不可能的。在化学变化里头,有一个绝对的限制,我们想尽了方法,也许比上面这些数字可以改进一点,改进 10% 或 15% 的样子,你要改进几倍那是办不到的。所有化合物你把它一热到很高温度,它的吸收能力非常之大,因为它变成了离子,变成零零碎碎的分子,就要吸收非常大的"能",所以这个温度差不多是无法来增加的,把所有化学字典都找出来,也找不到那种化合物,能够比表上高上二、三倍的温度。刚才已讲过,长距离火箭减轻重量是非常要紧的问题,如像V-2火箭飞起来时有 13 吨重量,有用负荷(即炸药)还不到一吨,这样可想其中有用重量还不到 1/10。假设用比较好的燃料,能减少这个燃料重量的 1/10,比如它本身燃料的重量一共有差不多十吨,你减去 1/10 就是一吨,这一吨就可以用在炸药方面,这样本来一吨炸药现在即两吨,燃料方面省 1/10,有用负荷就增加一倍。所以燃料减少是一个重要的问题,我们要有很大的改进是不可能,可是小的改进也是值得考虑,而且也不可忽略。我们想一下,上面这些燃料中有个特点,燃料中并不包含金属,燃烧完了出来完全是气。要是我们在燃料里面加上金属(金属的粉也可以),燃烧起来发生很大的"能"。而且这些金属粉有一个好处,燃烧起来变成个氧化物,这个氧化物不容易分解,比较稳定,不像刚才所说二氧化碳这些东西容易分解。加进金属粉是有好处的,不过这个粉加在液体燃料里要沉下来,所以不能得到很稳定的液体。需要用别的方法。也有一个方向可以走的是加金属和氢气化合物,燃烧起来氧气变成水蒸气,金属也与氧燃烧起来变成金属的氧化物。金属氧化物是固体,喷射出来的气体里头有烟,可是有烟在火箭是没有问题,因为它喷出后是喷在大气里去了,或喷在真空里面。这个固体在飞机推进机不能用,因为它喷出来烟是有固体微粒在里头,固体微粒假设碰到涡轮机的叶片,那就把叶片弄坏了。在火箭里有这个便宜,什么燃料都可以用。这种所用燃料,我可以给大家举几个。现在觉得可能的是两大类,一类是矽和氢的化合物,第二类是硼和氢的化合物。硼和矽我们都是很多的,所以燃料来源是无问题。矽里头有四氢化矽,或者六氢化二矽,或者八氢化三矽,或者十氢化四矽。硼里头有六氢化二硼,十氢化四硼,九氢化五硼,各式各样的可能性。这些化合物当燃烧的时候,氢一部分化成水,氢和硼一部分则变成氧化物,出来就是氧化矽和氧化硼。氧化矽即是砂子,氧化硼即是硼酸,出来后都是固体,喷出来有白烟,因为它是火箭所以白烟出来没有什么问题。现在我所知道美国人正研究这些化合物来做火箭的燃料,他们认为这是很秘密,其实这有什么秘密,打开化学书一看都在里面,用化学平衡办法,都可以算一算,算出来的数字什么都可以知道。

有些人想,如果我们再没办法把这性能增加,那么在化学上不行,能不能用原子能呢? 原子能的确可以把这个改进得很多,但我们不能用原子弹的办法一炸,那是不行的。我们要能逐渐地把原子能取出去,这就需用原子反应堆。要用原子反应堆,关键问题即是原子反应堆不能随便大小,要有一定的临界尺寸,可能是很大的。假设很大,你就不能做小火箭,一做即得做大火箭,大的不得了。据初步估计计算是这样,这个原子反应堆里,要做就要做一百吨那么大,小了没办法作。当然这个数字估计还未说到现在许多新的方面发展,还是用原子反应堆里慢中子的速度来计算的。要是能用高的中子速度,就可减少减速剂的大小。那么,整个原子反应堆的临界大小可以减小,假设这个问题已经解决了,能够制造一个比较大小合适的反应堆,那么怎样来利用这个能性? 这个原子反应堆有一个特点,就是一旦到临界大小尺寸,它能产生的"能"是无穷无尽,就看你如何来利用它。在我们来看如何把原子反应堆的"能"吸收出来,抽出来又要怎样来利用它。一个可能的解决办法,就是把这个反应堆作成一组的管子,我们把管子作成锥形的管子,就是一头小一头大,同时把管子作成海绵状的,就是里面有许多空隙,气体可以经过它的,这样一根一根很多锥形的管子,我们把它排列起来,组成了一个整个的反应堆。像这样的反应堆,能够使得它抽出多少能力来,这里有一个最高的极限,就是这些固体材料能够经受高温的程度。温度太高了,固体不是溶解就是要蒸发,或老挥发,所以最高的温度还是有一定的限度,假设限度是 3,500 摄氏度,这也相当高了。有了温度的限度,我们尽量想能够减低分子量,分子量越小越好,所以主要是减低分子量,最小的分子量没有比氢气再小的了,那最好就是用氢气。所以,这个设计就是用氢气,氢气从反应堆一面吹进去(压进去),压进去之后,氢气就经过海绵状有空隙的锥体管子,它就把热提出去,提出去热到了管子里面,它已经变成很热很热的氢气,一部分氢气已经分解,变成一部分氢的原子,氢的原子就离开反应堆,就到喷嘴里面去,喷嘴照普通火箭的压力比方在 20 个大气压,在 3,500 度时候,可以计算喷出来有多大的速度,大致是 8,000 公尺每秒,比方才所说的速度两千到三千公尺每秒大了两倍多到三倍,也就是说每公斤推力每小时所需要的氢气,只有 1/2 或 1/3,这是一个很大的改进,这个改进完全要依靠原子反应堆。主要的问题我们还是要研究怎样设计这个原子反应堆,使它的临界尺寸不是太大,太大了可以说不能作适合大小的火箭,假设能达到这一步,的确可以改进把这个喷射速度增加三倍,可以把燃料消耗量减少 1/3。不过这个问题还不是像我所说的那么简单,里头有一个问题我们要考虑到,就是这一块原子反应堆有相当重量的。假使说火箭是用的很短期间只有十秒钟,那么用原子反应堆就浪费了。因为只有十秒,而它所包含的"能"是无穷无尽,而现在用十秒即扔了。这里问题是长距离火箭,才可以考虑到用原子反应堆来推动,假设考虑出来是合算,虽然原子反应堆很大,可是因为它节省燃料很多,整个重量算起来还是轻的话,那么,的确原子能可以用到火箭上去,用的方法大概也就是这一条路。

五、冲击喷射推进机的构造

最后提一下关于冲击喷射推进机大概里面结构是怎么样(图八)。冲击喷射推进机是利用空气从前面流进来,经过压缩,再经过燃烧,然后从最后喷出去。现在有两个主要问题,使燃烧如何稳定。据现在研究结果,认为最好最可靠的燃烧室,还是用一个锥形的管子,大的这头是开的,锥形薄片制造出来锥形,旁边有许多空隙。这空隙是为空气从外面走进来的,锥形管子尖端是把燃料喷进去,产生固定火苗。这火苗还有些没有燃烧气体,就跟外面进去的空气相混合,继续燃烧混合增加空气的温度,最后喷到燃烧部分去。用现在这样造出来的燃烧箱,就可以解决冲击喷射推进机的燃烧问题。这种冲击喷射推进机,大致分作三种:第一种飞行速度是次音速的(图一),构造大概是这样:进口很简单,就是一个开口,空气进去之后,开口就逐渐增大,所以前面这部分就等于空气扩散器,在扩散器里就把空气进来压力增大了。增加了压力的空气经过燃烧室,因有燃烧锥体满布于燃烧断面上,这个空气一大部分只有从空隙里钻去,钻进去和燃烧火苗混合起来,就照着燃烧,当然开始燃烧的时候还要火花,但是火花装置只要在一个或者两三个燃烧室里就行了,因为着了以后可以传播到各个锥体上。燃烧之后就直接是一个敞口,直接把气体喷出去了。那么,怎样把燃料压到燃烧室里去,这有一种很简单的方法,像液体燃料是储藏在前面头上夹壁里面,那就可以用管子通到外面,完全迎着风,迎着风的管子就可以完全得到全部冲击压力,全部冲击压力是要比燃烧里的压力要高的,我们就可以用全部冲击压力加在液体燃料上面,就把液体燃料压到燃烧室里面去,这是一个办法。这是次于音速冲击喷射推进机,这是最简单,可是我们用它大概比较少,因为它能够发出的推力是比较少的。第二种是超音速的喷射推进机。超音速喷射推进机中的结构方面就不大同,在开口中间本身就有一个锥体,这个锥体里面是空的,可以储藏相当多的燃料,还有许多控制的机件。为什么要有锥体? 因为锥体要迎着超音速的气流,它产生一个斜的冲击波,这个冲击波本身就是一个很好的、很有效的压缩办法。比如说,设计上从冲击波尖到两面,气流经过冲击波被压缩,被转变方向,从后面过去,过去后有许多更多的地方,使得它再过来冲击波,经过几个冲击波之后,就使它变成低于音速的气流。低音速气流这面又有一个扩散器,大部分压力经过冲击波已经增加,经过扩散器压力再增高一些,最后经过一个燃烧的系统,经过燃烧后因为它是超音速的,它的压力是相当高的,所以不能够用完全一个直的喷嘴,还要首先是收缩然后再开大了喷嘴,这样出来的气流,也是超音速的气流,就是说喷射出来的速度是相当大的,产生推力也是很大的。这里也有一些问题,如关于空气动力学的设计是比较困难的。因为我们并不是只在一种速度下用这冲击喷射推进机。比如在飞弹用它的时候,我们是在各种不同的速度下用它的。因此在设计的时候,必须注意在不同速度之下,如何能够把冲击波稳定下来,不能使它跳动。要是跳动的话,整个燃烧就是不能很好,而且容易爆炸。有些空气动力学家就想办法,在前面开几个洞,有点透气的可能性,不过这是空气动力学仔细的设计,我就不多说了。第三种设计是冲击喷射推进机,不能从不动的状态到动的状态,因为它不动的状态根本就没有推力,所以,要用冲击式喷射推进机与火箭推进机联合起来,这有一个好处,就是低层空气比如在两万公尺高度下,是可以用这冲击式的喷射推进机,因为还有空气,可是困难是必须先要推一下,你不推它就不动,你越推的厉害它越跑的厉害。如何推动它呢? 头一步还是要用火箭推进机,所以冲击式喷射推进机,用在飞弹上面还是离不了火箭,往往是要用一个固体燃料的火箭,即比较简单的火箭。先把火箭点着把它推快了,它自己就可以跑了。冲击喷射推进机,燃料消耗比火箭要低,所以许多地方要用它。比如防空飞弹方面希望能用它,可是有个毛病,即是不能自动,需要用火箭推它一下。据我所知道,美国现用防空的飞弹系统,就是这样:开始是用火箭,然后是用冲击式喷射推进机来推进。

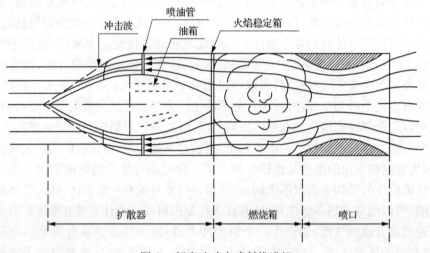

图八　超音速冲击喷射推进机

六、导弹的分类和性能

下面我们来讲讲飞弹。我想最好把飞弹的名词叫导弹。所有的弹(不管是炮弹、枪弹)都是飞的,我们所讲飞弹与炮弹不同,就是在它飞行过程中是有控制的,或者是有制导的,让它去什么方向都在控制下,叫导弹就比较合适一点。我们要分飞弹或导弹种类,可以有两种看法,一种看法是看它的起点(放射点)与它的终点。

(1)如果它的出发点是地面,或者海面,终点是空中,这种就是由陆地到空中的"地空弹"。这种是防空用的,特别注意地面放射点是固定的。这种地空弹特点即是空中目标活动速度很大,所以它的方向和速度都随时可以改变。这种地空弹是防空用的,所以它的射程并不是很大,只不过是 20 公里的平面射程,因为射程不是很大,所以起飞重量并不是很大,比炮弹大几倍,不会大过几十倍。

(2)比地空弹小的是"空空弹",就是从飞机上发出去打飞机的,这种就更小了,因为要带在飞机上不能够太大,射程比地空弹还要小,就是与现在强击机和歼击机所带的火箭加上控制的系统。所以就大小而论,空空弹是最小的,地空弹较空空弹稍为大一些,不过还是在小的范围内。这两种因射程比较小,而且要考虑目标行动很快,所以在这两种控制系统里面,就必须除了控制导弹本身之外,还要有一个一直连续测量目标位置与速度的设备。这里的控制问题，一面说来比较简单，因为距离短，但另一面说来又比较复杂，因为要顾到导弹本身控制，同时还要顾到一直测量目标行动性质。现在世界许多国家都在努力发展这两种导弹，据我所知美国现在对这两方面都已经开厂制造。

（3）第三种是从空间打到陆地上的"空地弹"由飞机发放攻击地面或海面目标，这种是历史上最早的一种导弹，在第二次世界大战时美国空军因为要炸德国的桥梁，阻止德军行动，就用过这一种。用飞机炸桥梁，桥是很细的东西，并不容易炸。所以要至少有一种能控制炸在桥梁上的设备。如果沿着桥梁不大很准倒没什么关系，不管炸哪里都可炸断，可是桥梁的横方向要很准确。那时想出一种很简单的能控制的炸弹，那个炸弹尾部有一能活动的舵，舵可受无线电信号来朝右面或左面转。飞机把炸弹放了后，炸弹上有个发烟信号，所以炸弹下去后，弹道可以从飞机看得很清楚。在飞机上控制的人只看弹道下去准不准，是否落在桥梁上？如太偏右了就用无线电信号，把炸弹舵方向向左移，如太朝左即朝右移。这样一个炸弹下去后，左右方向是可以控制的，前后不能控制。因桥是长的，左右控制即可达到目的，那么有这样一个炸弹炸桥梁就比较准得多。这种是空地弹中最老的一种，当然这是很简单的控制，因为炸弹下去飞行速度不一定太大，所以控制系统完全可以靠人眼睛来看，是朝左了还是朝右了，这是最简单最原始的空地导弹。现在在这方面发展是为攻击军舰潜艇的最多。

（4）第四种是从地面（或海面）到地面（或海面）目标，想用在很长的距离，德国V-2火箭即属此类。已知道 V-2 最远射程是 300 多公里，所以谈到从地面到地面这个导弹，大概一般讲都是比较长的射程，现在像美国"下士"火箭弹有比较长的射程。最近美国正在研究很长距离的导弹，有 6,000 公里射程，或是比 6,000 公里更长的射程，都是用在从地面到地面，从海面到海面目标的。

这四种导弹，照现在发展情形，控制系统最复杂的是地空弹和空空弹，因为这两种同时还要测量目标运行的速度，在空地弹与地地弹的目标速度是很慢或是不动的，在测量目标问题上是比较简单一点，所有控制就是控制导弹本身。

此外，还可以用导弹的弹道飞行的道程是一种什么形式来分，这种分法也可以分四类。

（1）一种是"弹道导弹"，它的飞行性质与炮弹一样，炮弹与飞机的分别就在炮弹没有受升力，只受一个阻力。就是说炮弹飞行的时候，没有朝上得出一个空气动力，要得朝上的空气动力，那就需要有翼面。没有升力就与炮弹差不多，这种就叫做弹道导弹，是没有翅膀的炮弹（图九甲）。它的弹道飞行线，假使说没有空气阻力的话，在平地面是一个抛物线，在地球上是一个椭圆线，所以它上去非常的高。它一般是用火箭推进，起升的速度像 V-2 式的速度，并不很大，以后速度慢慢增加。

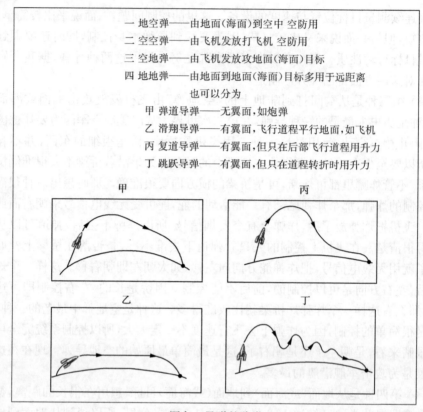

一　地空弹——由地面(海面)到空中 空防用
二　空空弹——由飞机发放打飞机 空防用
三　空地弹——由飞机发放攻地面(海面)目标
四　地地弹——由地面到地面(海面)目标多用于远距离
　　　　　　也可以分为
甲　弹道导弹——无翼面,如炮弹
乙　滑翔导弹——有翼面,飞行道程平行地面,如飞机
丙　复道导弹——有翼面,但只在后部飞行道程用升力
丁　跳跃导弹——有翼面,但只在道程转折时用升力

图九　导弹的分类

到了上空,导弹的方向慢慢拐过来时,就是火箭推进停止作用的时候,它的水平速度是很大的,可是还有一部分垂直速度,到最高点时速度最低,然后因为有地心的吸力,速度又逐渐增加,到了空气层之后速度非常之大,速度大小和开始的时候差不多。这种弹道导弹,由于它没有升力,对于同样开始速度,能够得到的射程,比较有翅膀的要小,可是在军事上用它有很大的好处。因为没有法子阻止它,防御非常困难。它速度非常之大,到了射程在 5,000 公里的时候,它的速度近乎七倍到八倍声速。这样大的速度,等到发现它的时候,就根本没有时间来提防它。所以这种导弹在军事上有这样一个利益,攻击别人的时候是很难以防御的。比如 V-2 在攻击伦敦的时候,那就完全靠 V-2 的不准算是对它的防御,要是准了的话那就根本没法防御。另外,V-1 是个小飞机,在第二次世界大战时,德国人用了很多,发生效力很小,因为 V-1 小飞机,速度小,可以打下来,能够让它攻到伦敦附近的数目很小。V-2 就不能防御,因为太快了。弹道导弹既然速度很大,那么要能够得到那样大的速度,就需要很大的火箭推进。这可以说是不利的一点。

　　(2) 第二种是有翅膀的,它是一种滑翔的导弹,它飞行的道程差不多是平行于地面,与飞机很相近,它升起来后,用推动力增加它的速度,增加速度之后,马上就转到平的方向,利用它的运动惯性,慢慢把它朝地面滑翔。这种速度比较低,控制系统比较容易设计。像德国的 V-1 就是这一类型的。这种跟甲类的弹道导弹正相反,它完全是用飞机飞行的方式,得到的速度比较小,所以防御上很容易。还有一种也是这一类型的导弹,美国从前也试过一下,但效力很低。他们把一种旧的、要扔掉的飞机,里头不用人来驾驶,把大量炸药装在飞机里头,然后用另外一个与它有相当远的距离的飞机,用无线电来控制这满载炸药的旧飞机,这种飞机也可以说是一种导弹。

(3) 第三种是复道导弹,就是两种道程都有,最初飞上去时它和弹道导弹一样的,由于上面的空气很稀薄,即是有了翅膀能够得到升力很小,它的道程和甲类弹道导弹是一样的。可是当它下来再进入空气层时空气就比较浓厚,翼面就可得到很大的升力。这样一子它又成了小飞机,所以起先是一个椭圆线的道程,进入空气层以后它就转过来平行于地面。像这样导弹和弹道导弹比起来,它有一个好处,它利用一部分滑翔,射程可以增加。可是它又犯了这个毛病,当它到滑翔的终点,速度可能比较低,所以对方能够防御它。

(4) 最后还有一种就是相当轻的跳跃式的导弹。这可用个比喻来说:小孩朝水面上跃石头片,石头片一着水可以跳起来,如果扔的技术好可以一连串跳十几次。跳跃导弹就是这个样子。如果把这个导弹用火箭推进放出来,放的很高,这个时期内这种导弹和弹道导弹是一样的。当它进入空气层时,因它本来就有翅膀,翼面得到很大的升力,把它的方向改变,使它又朝上去。这和石头片碰上水一样,由于水比空气密度要高得多,就把石片顶起来。导弹被顶起来再高上去,空气又稀薄了,它的道程又成了一个椭圆道程,再进来又跳起来,最后越跳越慢(当然,跳一次就耗费它一次动量)越跳越低,最后滑翔到地面。

一般分起来我们把导弹从道程可分作四类,从目标与出发点也可分作四类。我们主要想到的是远距离射程的导弹;如果是短距离,根本没有这样复杂的导弹,差不多都成直线飞行,没有翅膀是不行的。所以在空防用的导弹,都是有翅膀的。

现在有时说火箭,有时说飞弹、导弹,其实无论哪一种导弹,它的推进系统不是完全要用火箭,也可以用冲击式喷射推进机,但现在一般设计方面,为求简单,一般都只用火箭推进,只有空防导弹才用冲击式喷射推进机。冲击式喷射推进机当不运动的时候没有推力,当用的时候先要用火箭推它才行。可是冲击式喷射推进机有这个好处,耗费燃料量比较少,带的燃料也可少,有用负载就可以大。其实每个系统可以又有火箭又有冲击,或者喷射推进机。例如,拿远距离的导弹来说,像现在 V-2 式的远距离导弹完全是用火箭推进,其实也可以用火箭推动以后,继续利用冲击喷射推进机把它加速度。当到高层的空气里头,空气稀薄了,它不能得到很大推力,我们把冲击推进机换回来再用火箭。这就是说,先火箭推进,中间是冲击推进机,最后又是火箭推进。这样设计是比较复杂,可是有个好处,就是起飞的重量和消耗燃料重量可大大减低,这也可能是一个发展的方向。从理论上计算来看,这种推进机有很大的好处,但设计上比较复杂。要看设计的情况才能决定是否要用这个比较复杂的推进系统。

　　现在说了这几种,举例看看:在第二次世界大战期间德国有这样一个设计(表二),设计是 A9 加上 A10 两级的火箭,表上这些数字都是计算结果。这种火箭并未得到实现。这个火箭是两级,一个小的火箭底下加上一个大的火箭,小的叫 A9;大的叫 A10。小的火箭和 V-2 一样,不过加了个翅膀,它飞行的道程是属于丙类或丁类的(大体设计是丁类的),先有一个弹道式的道程,然后再接着是滑翔。另外我们可看一般的数字,这个 A9 全长 14.2 公尺,和 V-2 差不多一样,直径是 1.65公尺,重量约 16 吨,空重量(就是没有燃料在里面)是 3 吨,加上燃料共 16,260 公斤,燃料是 11,910 公斤。另外有过氧化氢加上过锰酸钾一共是 350 公斤,是用来转动涡轮机的。有用负荷是 1,000 公斤,燃料流量 125 公斤每秒,燃烧时间 95 秒,推力(海面)25,400 公斤。我们再看底下大的火箭,它的全长是 20 公尺,直径是4.15 公尺,包含尾舵在内的直径是 9 公尺。它起飞重量是 69,000 公斤(不包括小的),总空重量是 17,000 公斤,带着燃料 50,560 公斤,所用转动涡轮机的燃料是1,500 公斤。它的有用负载是 28 吨,燃料流量每秒差不多一吨,燃烧的时间是 50秒,推力在海面是 20 万公斤,即 200 吨的样子。头一级先烧,燃烧终速度是 1,200公尺每秒,燃烧完了后这两个火箭即脱离,上面 A9 火箭即开始燃烧。第二级再燃烧 95 秒。当这级开始时已经有 1,200 公尺每秒速度再加速度(当小的火箭加速度时大的火箭即掉了下来)。小的最后加到 2,800 公尺每秒。第一级燃烧终点高度是 24,000 公尺;第二级燃烧终高度是 160,000 公尺。A9 的总射程是 5,000 公里。这些数字只是计算出来的,但这种火箭从来就没有制造过,作过一两次实验的都未成功,这是因为安上翅膀以后控制上的问题未完全解决。

表二　德国 A-9＋A-10 两级火箭设计(未实现)

	A-9	A-10
长(每级)	14.2公尺	20 公尺
直径	1.65公尺	4.15公尺
包括尾舵的直径	未定	9 公尺
起飞重量(每级)	16,260 公斤	69,060 公斤
空重量	3,000 公斤	17,000 公斤
燃料	11,910 公斤	50,560 公斤
H_2O_2＋ 过锰酸钾	350 公斤	1,500 公斤
有用负载	1,000 公斤	A-9
燃料流量	125 公斤/秒	1,012 公斤/秒
燃烧时间	95 秒	50 秒

续表

	A-9	A-10
推力(海面)	25,400 公斤	200,000 公斤
燃烧终速度	2,800 公尺/秒	1,200 公尺/秒
燃烧终高度	160,000 公尺	24,000 公尺
射程	5,000 公里	

　　我们再举德国防空飞弹为例。它也只作过初步实验还未实际运用,这个导弹叫"瀑布"(见表三)。(因德国在第二次世界大战,设计实验很多个导弹,为了不致把这个设计泄露出去,都有一个特别名字,这个叫"瀑布",还有很多名字,如叫"莱茵河女儿"。)"瀑布"全长是 7.8 公尺比较小,直径还不到 1 公尺。要是包括翼面(它是有翼面的,四个翅膀带四个尾巴)直径就是 2.5 公尺。它的起飞重量差不多4 吨,空重是 1,756 公斤。燃料是用发烟硝酸和苯胺 1,850 公斤,炸药重量是 150公斤,燃烧流量 31.6 公斤每秒。表三上有一个计算推力和一个实测推力。实际测出来的比计算出来的小一点是 7,780 公斤。燃烧时间设计是 45 秒,实际测出来是40～42 秒。最大的速度是 760 公尺每秒(我们知道音速是 336 公尺每秒,最大速度是差不多两倍多音速),最高射程(朝上打飞机)是 18,000 公尺左右,最大的平面有效射程是 26 公里左右。瀑布导弹的有效范围是横的方向走得远,直的方向就走的小。

表三　德国防空导弹"瀑布"(初步试验,未实际运用)

全长	7.80 公尺
直径	0.885 公尺
包括翼面之直径	2.50 公尺
起飞重量	3,810 公斤
空重	1,756 公斤
燃料(用发烟硝酸)	1,850 公斤
炸药重量	150 公斤
燃料流量	31.6 公斤/秒

推力设计	7,950公斤
推力实测	7,780公斤
燃料时间。设计	45秒
燃料时间实测	40~42秒
最大速度	760公尺/秒
最大高度	18.3公里
最大水平射距	26.4公里

这里我想把火箭与导弹名词的区分说一说,这个不但我们有混淆,在外国文字里也有混淆。火箭这名词有两种用法,一种用法是指火箭推进机,就是用燃料打到燃烧箱里头,由喷嘴喷出来,与别的推进机不同,它的燃料氧化剂完全带在本身的,不像别的推进机光带燃料,氧化剂是以空气来做氧化剂。因此我们应该把它叫火箭推进机。另一方面,用火箭推进机的导弹,也有人称之为火箭。往往说话省字,把火箭推进机也叫做火箭,这样就常常把火箭和导弹混淆。其实火箭推进机是推进机本身,这个推进机不一定用在导弹上边。所以我们用下面的区别方法:如果导弹的推进机本身是火箭,我们就叫它火箭,以别于一般的导弹。用火箭推进机的不一定是导弹,所有导弹又都不见得是火箭推进的,也可以用冲击式喷射推进机。

七、导弹的控制系统

现在来谈导弹的控制系统。这里头比较复杂的是空防导弹用的系统。空防导弹用的系统有很多种,我现在举比较简单而且也是现在实际用的为例,即驾射线式导弹(图十)。有个公开例子,有一个瑞士厂曾制造这一种防空导弹。比方说有一个飞机来了,要把它打下来,第一步要测定飞机目标,在什么时候走到空间的什么地方。测这个要用雷达站来测飞机,测定了飞机在一定时候的空间位置,这种情报就由雷达传到射线站。射线站只有一个目的,就是制造一条射线,比如说探照灯光线,把飞机罩住并跟着飞机走。怎么转动射线站方向,这由传导线从雷达站过来的情报来控制。这射线目的是把火箭导弹进入到射线里去,而一进入射线,火箭本身就有个自动系统,保持在射线里面。若能做到这样这就没有问题了,因为雷达站把飞机方向指定了,这个射线一定照到飞机上去,而导弹一定在射线上面,最后一定非碰到飞机不行。所以,头一步问题,怎么能放出导弹使它到射线里去。为了这个目的,就设了一个初制导站。导弹一进入射线初制导站工作就完了,导弹本身就能架在射线上,雷达站情报就让射线一直跟着飞机走,最后就碰到飞机上了。

有许多办法来使导弹最后能找到目标(终制导),我现在随便列四个办法:自带雷达、超音、觅音源、觅热源。可以看得到用得最多的是导弹本身自带着雷达来找

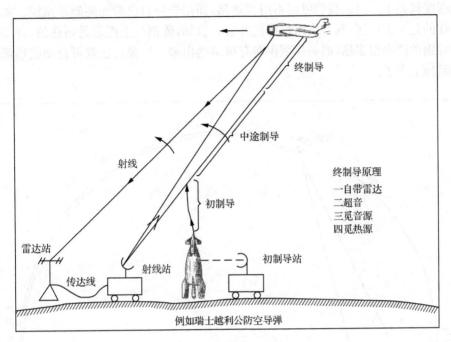

图十 驾射线式导弹

着目标这种办法。其余几种,在二次世界大战德国人都试过,有的还可以,有的不大行,那时发展程度很低,现在设计还可以考虑。在具有终制导的导弹中,导弹可分三部分来控制:第一部分就是让它进入射线里面,进到射线里面去之后,它自己就跟着这个射线走,射线移动是以雷达站来测量飞机空间的地位,测量好了这个射线即跟着这个飞机走,然后这个导弹又跟着射线走,所以一定要把它带到飞机附近;带到飞机附近以后,它的终制导系统即开始起作用,就自己找这个目标,譬如说可用它自带的雷达系统。再看比较长的射程如 V-2 式射程可用什么办法来组织,这就很容易,因为心里有底目标在哪里,假设我们作比较长的射程,就必须要时时刻刻知道导弹本身是在空间的那一点,并知道它的速度。有了这种情报以后,把这种资料送到输信号的站上去,这个站它有自动计算的系统。自动计算系统是这样的,我们假设是目标不移动的,所以我们预先知道,假设要打到这个目标应该走的道程是什么道程。现在实际走的道程是用雷达站来测定它的,在输信号站里的计算机就拿这两种资料来比较,一比较就可以知道导弹的偏差,而且计算机还可以计算出要改正偏差,应该用什么信号,就把这个信号从传导站传到导弹上面去,这样就使得导弹本身自动地采取措施来改正偏差(图十一)。假设距离不是太远的话,我们一大部分道程都是可以用这一个站来控制它。但只用这个站作终控制,就会有相当的困难,因为雷达射线若是能够达到很远的地方,它的射线就很低很低,准确程度就差了。但是我们可以不用雷达站,而用导弹自己带的终制导系统。如果要炸的是个工厂区,就可以用热源的办法。譬如,炼钢厂上面总是很热的,许多高炉炼钢炉产生很多热,那一片面积即有很多热出来。导弹自己就可自动找热源飞到目标上去了。

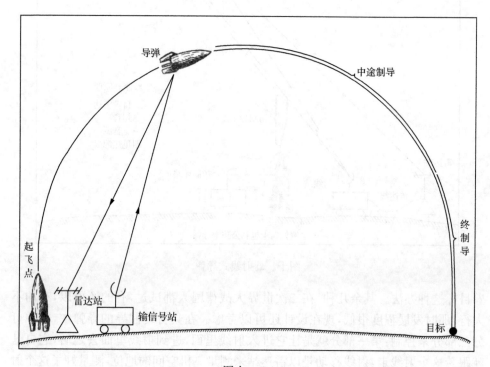

图十一

现在再讲一个长远距离的控制系统(图十二),比方射程是 6,000 公里。这样它的起止点,一段可以如图上画出这样的控制系统,包括一个雷达站,找出导弹在这一道程有什么偏差,自动的校正它。到了很远的地方,导弹滑翔下来离地球面近了,这第一个制导站效力就不能发挥了,因它的射线太低了,这样就需要到海面上布置一个中途制导站,设在船上,甚至于设置第三个制导站。如果离目标很近不能够用船可用潜水艇。沿途预先布置了制导站,这个导弹飞起来,沿途就有照顾改变它飞行的偏差,最后可以用它自己终制导系统寻找目标。至于寻找目标的系统,我看见过一种用地图的办法。这样导弹前面有一个无线电传真,它看了目标可以跟带在本身的地图比较。用电光系统照在一个仪器上,最后找着地图,地图会告诉你目标在哪里。如无线电传真看到的地图和本来的地图不一样,导弹可以自动校正方向,来使看的这个地图,与原来预计的完全一样。当然你是要一直对着地图,是可以达到目的的。假若没有在中途设立许多制导站的可能性,也可以有办法,那就是天文测量。在大的导弹就可以利用测量星位的办法,譬如太阳的位置,月亮的位置等。这里头包含的仪器是很稳定的一个系统,使得天文测量是定型的。有这样一个很稳定的系统以后,以它作出发点上面搁置一个经纬测量仪,来测量星的位置,测量好了以后,这种情报就放在计算机里面。计算机当然包括中间制导时间是多少。同时,按照放在计算机里的资料,太阳月亮在一定的时间它应该在哪儿,将这个和测出来的地位比较以后,导弹可以知道自己地位在哪儿。知道地位之后,就知道相对于一定位置有多少偏差,计算机就计算出来,应该如何校正。所以假设中间完全没有制导站的话,可以用天文测量系统。对于雷达系统来说,目标离雷达远了计算误差就大,因为信号回来误差可能很大,所以远距离要是完全用这种仪器的话,错差逐渐增加很大。可是天文测量系统,一直在导弹本身里面,因此它和导弹本身没有什么分别。完全靠设计自动天文测量,计算设计也可能有一定的误差,但这误差在任何道程都是一样。所以天文测量的系统有这一个好处。当然我们可以想象得到,这样的一个导弹天文测量系统是比较复杂的。

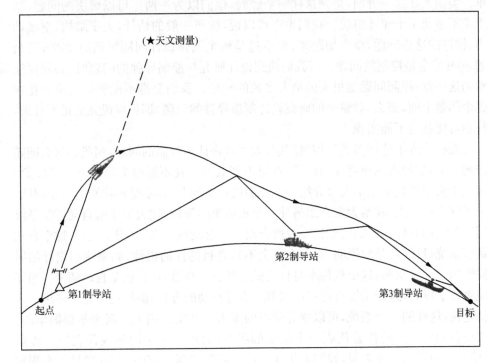

图十二

应该指出,自动控制系统问题比较推进的问题要复杂得多,可以说世界上任何国家,在以前研究设计飞弹、导弹方面对于自动控制问题的困难估计的过低。在二次世界大战后期,德国人很想能够用飞弹来抵抗英、美的空军,可是始终没有实现。

如果我们翻翻他们关于研究文献就可以看出,他们的设计机构在设计推进系统方面,都能很快地解决问题,可是关于自动控制,都是不能得到很好的结果,各种设计的实验中出了很多的事故,都是因为控制系统没有能够设计好。在美国也是这样的,他们完全把德国人设计资料找来,甚至把德国许多工程师也请到美国去工作。因为他们认为美国电讯工业的发展很高,因此觉得几年工夫就可以解决这个问题。但当实际工作开始了以后,就发现这个问题绝对不是那么简单,因为从前所设计的控制系统,用在工业上或者自动电话上,比起导弹中的控制系统要简单很多,而现在所需要的是复杂得多了。为什么?因为问题本身需要很大的精确度,因为一个飞弹、导弹并不是一个很便宜的东西,你要用它就要与别的一系列东西的价值来比较。如果一个很贵的导弹,放出以后没有达到目标,这是浪费得很厉害。任何富的国家,也受不起这样的浪费。而且如果这样不准,武器的威力也就不大。所以要达到目的,能够打得着目标,是一个最重要的问题,而要能够做到这一点,控制系统就是要有很高的要求。这样一来要把从前关于自动控制的这些概念加以很大的改革。美国人在这一方面,得到这样一个经验,他们以为一两年可以解决的问题,结果差不多花了十年才解决。我们也许可以说,按照一般的估计,关于结构、空气动力、推进的这些问题,整个加起来,也不过是整个飞弹设计问题里面的 20%;其余的 80% 完全是控制的问题。当我们谈到设计研究与控制导弹的问题时,必须要注意到这一点:控制问题是里头的绝大多数的问题。我们要是不能够解决重力花在哪个问题上面,那么,对整个的研究设计制造导弹的问题,那可以说完全是不对头,计划可能就是不能实现。

现在我讲了这许多关于控制问题,大家也许认为控制的问题,照我们这么随随便便一讲,好像讲的很奇怪,有一种意想不到效力。我不愿给大家留下这样印象。我至少很想尽我所能给大家介绍一下控制这一个问题,并不是很特别的一个问题。为了解释这一点,我给大家介绍另外一个很简单的问题,使大家了解自动控制系统理论的应用有什么样的可能性。我就介绍一个自动调节系统(图十三)。这个自动调节系统,目的就是要说明:有一个完全不是有目的性的机件,如果我们设计的时候给加了一件东西,这个机件本身行动就好像有了智慧,这样就是自动调节。当环境更改了以后,这个系统自己可以调节它本身行动的方针,能够适应这个环境。也就是说,这样的一个系统,可以说有学习的能力。其实原则上讲起来是很简单的:假设我们用一点的位置代表一个系统的状态,而用一个包围的线代表一个界限(墙):作为控制系统来说,我们希望这一点能最后达到一定的状态(这是一个预定的状态)。为此目的我们可以在系统中加进两个主要的机件,一个机件可以使系统的性质变动,这种变动完全是随机的,没有一定的规格,另外由图上那一点的位置代表的机件跑到墙上一碰系统性质就开始变化,这个变化是随机的。这两个点的跑动和碰撞之后的改变在本身说来,都是没有一定目的性,但是加起来以后就可以有目的性。这怎么说？我们来看第一个图系统本来性质由很多虚线代表这些蓝点可能跑的途径，实线代表正在跑的路径。可是当点一碰到墙(用甲点代表)，系统性质就变化了。按照第(2)图在甲点外的一点有朝回跑的可能性(用实线代表)，可是这次变化没有达到目的又碰到墙(在乙点)结果系统的性质又变化，但可能这次性质(在第(3)图用虚线代表)它的倾向还是企图朝墙跑，但这是不行的，于是系统又经受一次变化。这次点又沿着线跑到两线和墙碰了一下(第(4)图)，这次一碰又使系统的性质改变。这样碰来碰去，由于改变是随机的，结果也许就产生了第(5)图的情况，所有的点都集中在一点，那点是最后的稳定位置，系统的性质也就不改变了，因为不再有碰撞的机会。这样就解决问题了。我们可以说刚才这个系统有两个主要的因素在里面，一个因素是它能够随机应变；第二个因素是每次碰到墙以后，它就开始变化。本来当它跑动的时候，系统本身是没有智慧的，我们因为加了一个墙，同时加上碰墙就要改变这一因素，那么它就自己会找到稳定的位置。像这样的系统，它本来是没有智慧的，可是如果把它安排好了，就可以产生出智慧来。像这样的系统它自己就有寻找稳定点的性质：要是随便把它扰动一下(就是说环境变了)，那么它也就可以自己经过一系列的改变，找到了它稳定的终点站。也就是说，这个机件本身是完全没有智慧，可是你把它安排好了，它就产生一种智慧，它也能够学习。这例子说明，如果我们要把问题分析过以后，要一个自动控制系统有什么性质，那就可以人为地把机件安排好使它自己好像有这个智慧，这就是自动控制。我们要是明白这一点就可以看出来，自动控制系统的应用可能性是很大的。

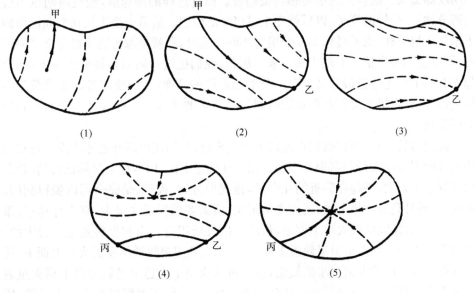

图十三

当然,在美国有的人说自动控制可以和人的脑筋相比那些怪论。我们知道,那是不能比的,人的脑筋那是比任何自动控制系统要复杂得多,自动控制系统当然不能和人的脑筋相比,有根本性质的不同。美国人宣传这些,他们有他们的目的。

八、火箭的和平利用问题

我说了这些关于自动控制系统的话,给大家介绍了一些导弹、飞弹的类型,一般控制的办法——这些都是关于军事上的利用。但是我们不能够说火箭推进机或火箭加上冲击喷射推进机,只能在军事上有用。像 6,000 公里射程的一个导弹,在起飞时候,这个导弹是很重的(因为有许多的燃料),但是当总重量的 80% 以上的燃料用完了以后,这个导弹就很轻。它的平均密度就跟飞机差不多。我们计算出来可以得到这样一个结果,就是说当导弹完全滑翔到一个终点,降下来的速度与飞机一样,并不很大。像这样一种导弹如果把它里面作的大一些,里面坐上人,那么这样就是一个火箭飞机。这样一个火箭的飞机,我们就可以在一个钟头内从北京飞到莫斯科。那么问题是:坐在里面是否会很不舒服? 也不见得。因为人对速度本身是没有反应的,人所反应的是加速度。像这样火箭飞机,它起飞的时候,它可以直着起飞,但人还是安安稳稳地坐在那儿。主要就要考虑到飞机起飞的时候加速度有多少。这个加速度并不大,因为要顾虑到结构的重量。火箭的推动力越大,当然结构要越结实,越结实结构就要重。所以如果要考虑到结构不是太重,自然而然要加速度不能太高。根据计算,可以减低到跟一个特别性急的司机开的汽车的加速度那么大。这样人就不会感到很痛苦。而且这样的加速度,经过时间也不过是两分钟、三分钟的样子,以后就完全可以舒舒服服。最后火箭飞机在空间慢慢飘下来与飞机一样,也不过像 200 公里每小时的速度,那就是像普通飞机降下来的速度,所以也不必害怕一个跟头栽下来。那么,我们把这一问题稍微分析一下,一个起先有一个弹道道程最后又加上一个滑翔道程的导弹,换一换即可以变成载旅客的飞机,这种飞机就能够在很短的时间达到很远的距离。所以这是一个和平利用的可能性。

再说得远一点,不但我们在地球表面上旅行,我们还可离开地球表面。现在有些人对所谓星际旅行问题很有兴趣。据现在理论上的计算,这个星际旅行的问题,只要野心不太大,兴趣在临近的几个星,像我们月球、火星,是完全可以做得到的。问题是,到月亮或火星上去,所需要的组织,所需要燃料很大很大,有人计算过,派一个 20 人的探险队到火星上面去,从地球出发所用的人力和燃料是很大很大的。因为头一步要先到人造卫星轨道上面去,再从人造卫星轨道出发到火星上面去,还要制造火星上面的人造卫星的轨道,然后再从火星上人造卫星轨道降下到火星表面上面去,然后还要回来。这位计算者也指出,这个所需要燃料并不是不可能,所需要燃料大概跟第二次世界大战所有作战国家所用的航空燃料的总和相差不多。

那么所以说，人类将来空间活动方面，要把眼光放大了，可能做得到的事情是很多很多的。就是关于现在导弹的研究，也就是给将来这些活动作一个基础，作一个出发点。

九、关于火箭的研究、设计、制造及运用问题

话又说回来，作出发点如何作法呢？当然包含关于这里的科学研究、设计、制造与运用问题。我现在想用最后一个图（图十四）对大家讲讲，大概这一系统是怎么一回事。我们需要有对燃料的研究，关于火箭推进机本身的研究，空气动力学的研究，冲击喷射推进机的研究，结构的研究，控制系统的研究，控制元件的研究，运用学的研究。这里面所需要的设备我也随便说一下：燃料研究当然需要燃料实验室、同时要发现那种燃料合用的话，还须设法制造它，所以还要有中间工厂，来配合解决燃料制造问题。火箭推动机的研究当然要有实验台，但所需要的火箭推进机的推力是很大的，像 V-2 这种火箭它的推力差不多是三吨，那绝对不能在城市附近来试验（谁要是听过 V-2 火箭飞起来那就知道这是什么缘故。因为那声音响的不光是使人难受，而响的使人耳痛，像这样大声音绝对不能在城市附近做实验）。比如从前德国的火箭实验，现在美国的火箭实验，实验台完全在城市外，盖在一个山岩的附近。因为这个台是从峭壁伸出去，使火箭的火苗朝下走，火苗很长，大概就有 20 公尺长。底下如果是石头，就把石头冲化了，所以底下要有很空的地方。关于空气动力的研究，当然需要风洞，这个风洞不是飞机所需要的一般的实验用的

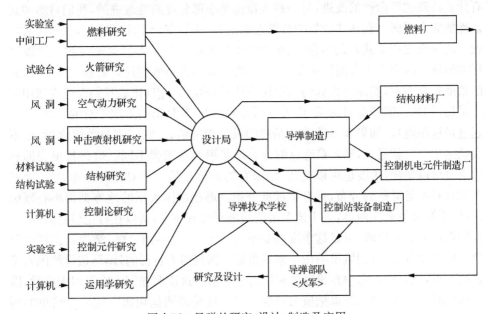

图十四　导弹的研究，设计，制造及应用

风洞。因为我们是要研究长距离火箭或导弹,我们需要的风洞中速度,绝对不止是二倍于声速,或者三倍于声速,而是要到六倍与七倍,甚至于到十倍声速。我们所要研究的空气动力学,不只是超音速的空气动力学,而是现在高超音速的空气动力学(就是说速度是声速十倍的样子)。要是作冲击喷射推进机的研究,也是要有风洞。可是这种风洞与空气动力学所研究和所需要的风洞不大一样。缘故是我们用冲击喷射推进机的速度并不是很大,我们用它的范围大概是二倍三倍,或者最多到四倍音速。所以照速度来讲,它是比空气动力学所需要的风洞是小。可是另一方面它又复杂了。因为你要研究它的时候必须要点上火用燃料来燃烧,这个风洞绝不能够是一个循环式的(循环式的风洞中空气能在内循环)。因为空气用过了不能第二次再用了,所以这样的风洞一定是开口的风洞。这个开口的风洞,所需要的动力就比循环式的要大。我们在一般实验的时候,可用小的模型,但是实验冲击喷射推进机,就没法用太小的模型,因为要燃烧系统在里面。所以在这方面所需要的风洞,一定要比研究空气动力学问题的风洞要大。就是说,比较起来,空气动力学所需要的风洞是小一点,不过速度要很高,而研究冲击喷射推进机的风洞,它就可以速度低一点,可是要大而且要开口,而且要能够换气。那么结构实验呢? 当然需要材料实验室,结构设备实验室。控制系统的研究一定要包括高速电子计算机,因为我们在控制问题里面,要用许多高速电子计算机。所以研究的时候,当然关于电子计算机也要研究,并且还要运用。控制元件也要有它自己的实验室。我们现在还加了一个运用学的研究,也是很要紧的。因为以前的一些武器,差不多多少年来没有什么特殊的革命性的改进,每一种武器都是小部分逐渐地改进的,我们对那种武器性能完全了解。而新式武器的性能差别很大,你如完全不注意这点,在运用时候就不能完全发挥新武器的效能。例如德国人在发展 V-2 大型火箭时候就出现这样的问题。因为这个火箭性质是这样的,它在放出去是放到最远射程。所以说,放的角度要是不对,实际上得到的总是比预计射程要小一点(比如我们人扔皮球用尽力量扔,你如扔的角度对的括,你可扔到远的地方,若是扔的角度不对的话,绝不会超过最远距离)。如果 V-2 瞄准总是瞄的最远距离的话,它一定是落得太近,而不会朝远走。这就是说,V-2 着地点的分布形状跟普通炮弹不同。炮弹打出去的速度本身可以变化,角度也可以变化,结果它的着地点是一个对称的分布,V-2 火箭着地点并不是对称的分布,只有朝近点分布。那些德国人别的地方都很小心顾虑到,但不知道怎么一回事,关于这个运用问题却没有注意,所以在打伦敦时很吃亏。他们把目标瞄在伦敦,可是这角度要是不对一点,就打不到伦敦,结果真正打到伦敦城里密度就小,打到城里的命中率就很低。据英国人自己的计算,假设德国人了解这一点,他可以把命中在伦敦的密度再增一倍。这说明德国人吃了很大的亏,因为运用时没有运用好,结果把威力减少一半。这是说明运用研究的一个简单的例子。一种新武器的运用是很重要的,我们要注意武器本身各种性能,仔细考虑应该如何运用,所以要有这个运用问题的研究。

下面来看研究的结果怎样和设计制造联系起来。问题研究的结果都送到设计局,设计局研究结果拿来设计导弹。设计好了把图纸和制造的工艺过程完全交给导弹制造厂里去。可是还要有许多辅助工厂,第一结构材料需要有,因为也需要特殊材料。还有控制的元件制造厂。再有,燃料厂用燃料研究结果,准备制造燃料。控制元件制造厂的产品一部分送到控制站装备制造厂;需要装配雷达站、信号站、控制站。同时设计局当然也需要考虑到控制元件制造和控制站制造的设计。我们还要导弹技术学校,要教人怎样来运用导弹。当然运用研究和这方面也有关系,从设计局得到导弹本身性能,运用研究出来如何运用。有了燃料厂生产出用的燃料,有了导弹控制站,有了如何用它的人,有了如何运用的知识,然后归结到导弹部队去。当然最后还要把运用的经验与结果情报送到研究和设计方面,再来进行研究。上面画的是一个整个系统。当然各部门所发生的问题每时都要送到研究机构去来解决。现在最要紧的研究部门是控制系统的研究。前面已说过控制系统差不多需要整个研究设计的所有的力量 80%。

像这样一个整个组织,这样一种特殊的部队,有它特殊的性质。运用这个导弹,比较说来所需要的技术知识很高。我们现在已经有了陆军、海军、空军。这种导弹部队也许给它起另外一个名字,因为它是用火力的,所以叫火军。(古代希腊人说:世界万物由地、水、风、火四种元素组成,我们这里所说的陆军、海军、空军、火军正是一种对应的关系。)

这里有一点我想应该指出来,就是在这些关于导弹的研究设计的组织表里已经可以看出来,我们所需要做的科学与技术的研究是很多的,需要解决的问题比任何可以想得到的任何武器所需要的更多些。这里面所需要的科学的科门是很广泛的。现在问题是我们怎样运用我们现有的科学人才,把力量放在这方面进行研究。而且尤其要注意到,我们需要一种科学家,他也不是纯粹的工程师,也不是纯粹的基本科学家,是介乎这两者之间的,就是能够运用基本科学家的原理,像工程师一样的解决实际的问题。这样的科学家,需要一方面有基本科学家的训练,同时又了解实际运用上工程技术上的问题。当然我们需要普通的工程师这是不成问题的。但除了工程师之外,我们还需要一些科学家,他能够发现新的方向,能够运用基本科学知识来找出解决这些问题,这些问题是在任何工程里面不大会有的。如控制系统需要的条件很高,要是用一般的电工学的方法来慢慢的处理这个问题,那就使解决的时间很长。我们必须从原理方面出发,很快抓住实际的困难症结所在,能够用更好的技术,更有力量的科学原则,来很快的解决这些问题。在别国也发现了这些困难。比如在美国的研究里面,就发现不能够用很多电工学工程师解决这些问题,他需要吸收许多能够了解理论科学和技术的人,来帮助他们一同工作。换句话说,这里所需要的人不光是工程师,工程师之外还需要很多作研究的人,作研究人里面而且还要许多人能够运用基本科学的原理，也了解工程技术上的困难。这样才能够推动整个导弹的研究、设计与制造、运用。因此，我们要注意到怎么样来利用现在已经有的科学技术人员，必须要做到这一步，才能够保证我们这个任务可以在比较短的时间里面完成。

第四节　《制导——导弹设计原理之一》序[*]

导弹是一类新型的武器，自从它于第二次世界大战的末年诞生到现在，才不过十多年的历史。但是它的发展是非常迅速的；各工业先进的国家都投入了很大的人力和物力来研究导弹。看来，防空导弹已经在大量制造，陆对陆的中射程导弹也已制成，而所谓"洲际武器"的远射程导弹不久也就可试放了。所有这一切说明了一点：导弹已经是一类重要的武器，它正在改变着整个军事技术。

也正因为导弹是一类新武器，关于导弹的资料就不容易得到；即便有一些，也都是散见于各种期刊，很少见到一部比较完整的书。这本由美国海军研究实验所阿瑟·斯·洛克等人所编写的《制导》，把有关导弹制导系统的设计原理搜集在一起，是难能可贵的。因此把它译成中文供有关方面工作的同志们作参考是有益的。自然，这是美国出版的书，所以有些观点和说法是不正确的，相信读者自己会分清是非。

有不少位科学工作者参加了这本书的翻译校对工作，我们不能把他们的名字一一举出来，读者们一定会感谢他们的辛勤劳动的。

钱学森

一九五七年五月六日

第五节　宇　宙　火　箭^{**}

苏联在一九五九年一月二日莫斯科时间大约晚八点的时候，发射了一支宇宙火箭。火箭是多级的。没有燃料的最后一级加上测量仪器、无线电发报机、电源等共重一千四百七十二公斤。它达到了超过第二宇宙速度的速度，只用了三十四小时，就飞越了三十七万公里的距离，到了离月球表面七千五百公里的地方，然后又继续前进，完全脱离了地球和月球的引力约束，成为太阳系的第一个人造行星。这

----

* 《制导——导弹设计原理之一》一书由国防部航空工业委员会科学技术资料编译室翻译，1957年5月内部出版。1959年4月改由国防工业出版社公开出版发行，但公开出版的版本没有刊出钱学森序。

** 本节原载1959年《红旗》第2期，26～29页。

是人类征服宇宙空间的一个伟大胜利,是参加制造和发射宇宙火箭的苏联科学家、工程师以及全体工作人员在苏联共产党领导下取得的一个伟大胜利。

从科学技术的观点来看,苏联成功地发射了宇宙火箭是一项惊人的成就。如果说星际航行有三个关口,即第一宇宙速度、第二宇宙速度和第三宇宙速度,那么,苏联已经过了两个关口,只剩下第三宇宙速度这最后一个关口了。从过第一关到过第二关,只用了一年多的时间;我们可以预计到,完全解决星际航行的问题不会太久了。

为什么说三个宇宙速度是三个关口呢? 人要走出地球的小天地,到大宇宙的大天地去,首先要克服地球引力场的限制。这需要分两步来做。第一步是要腾空而起,能与引力场相抗衡,也就是要达到第一宇宙速度,进入离地球比较近的卫星轨道。这个最起码的速度是每秒七点九一一公里。如果火箭的力量更大一些,作用时间更长一些,卫星的轨道就能更高一些。但是要达到较高的轨道,就得抵抗地球引力往上爬,因而就会使火箭速度降低一些,所以进入较高的轨道上的卫星绕地球的速度,反而会比较低轨道上的卫星速度小些。例如,在六千三百七十公里高的卫星,它的速度只有每秒五点五九公里。但这是爬到那么高之后的速度。它开始爬的速度,也就是火箭熄火时的最大速度要比这大,大约每秒九公里。所以火箭熄火时速度越大,卫星的轨道也就越高。如果达到每秒十一点二公里,也就是达到第二宇宙速度,那就可以爬得很高很高,离地球很远很远,于是就完全脱离了地球引力场的限制,算是走出了地球的大门。

走出了地球的大门,第一个可以遇到的是月球。月球的质量比地球小得多,只有地球质量的百分之一点二三。只要宇宙火箭速度略大于第二宇宙速度,就很容易从月球旁边擦过去,虽在飞行方向上有些小变更,但还是能再向前飞,走出地球和月球的区域。一走出地球和月球的区域天地就开朗多了。地球到月球平均只有三十八万四千公里,而地球到太阳的平均距离就约有一亿五千万公里,也就是地球到月球距离的四百倍。但是这时宇宙火箭还是具有地球和月球系统围绕太阳走的速度,即平均每秒二十九点八公里,这个速度是地球和月球系统一切东西都具有的。比如,一本杂志,一张纸也有这么一个速度,只不过原先我们在地球的家里,看不出这个速度,现在出了家门,才知道原来我们有这么一个绕太阳走的速度。如果宇宙火箭要到火星附近去,该怎么办? 火星在太阳系的位置比地球靠外,它离太阳比地球离太阳大约还远百分之五十二。我们可以把行星与太阳的关系看做是人造地球卫星与地球之间的关系;所以火星是一个比地球更“高”的太阳卫星。要到火星附近去,就得在地球系统固有速度每秒二十九点八公里之上再加一股劲。其实要加的速度不多,每秒加二点三公里就行了。我们可以在宇宙火箭走出了地球和月球的家门再开动火箭,加上每秒二点三公里。火箭要加的总的速度是第二宇宙速度加每秒二点三公里,也就是每秒十三点五公里;但是还有一个更省力的办法,那就是在地球附近一开始就加足了劲,使得火箭熄火之后有足够的速度,不但能克服地球引力场,而且在爬出地球引力场之后还有沿地球轨道方向的每秒二点三公里的速度。这样一来,出了地球家门的,相对于太阳的速度就足够使宇宙火箭走到火星轨道上去了。这样的办法,火箭所必须加的速度不是每秒十三点五公里,而是每秒十一点四公里,它只比第二宇宙速度多每秒二百公尺。这不是魔术,是真的科学。差别在于第一种办法是把一部分火箭燃料带到地球引力场之外去用,因而要火箭燃料也克服地球引力场,而第二种更好的办法是把火箭燃料先都在地球附近用了,不必把它带到地球引力场以外去,所以省力。

如果到离太阳比地球更近的行星,也就是比地球更"低"的太阳卫星上去,那么就得让宇宙火箭掉到离太阳更近的轨道上去,这要求把本来围绕太阳转的速度从每秒二十九点八公里减下来。怎么减呢?最好的办法是让宇宙火箭在出了地球家门的时候,具有一个不太大的速度,但和地球绕太阳运动方向相反。也就是说,火箭熄火时候的速度仍然比第二宇宙速度大,只不过火箭发射的方向与到火星去的火箭不同,而是沿着地球轨道相反的方向发射。这样,宇宙火箭相对于太阳的速度,是地球绕太阳速度减去宇宙火箭在克服地球引力场之后的速度,宇宙火箭就能进入到太阳系里面去了。据计算,到金星所需要的速度是每秒十一点五公里;到水星所需要的速度是每秒十二点七公里。

到距太阳更远的行星附近去,也可以用同样的办法。到木星要每秒十四点三公里的速度,到土星要每秒十五点一公里,到天王星要每秒十五点九公里,到海王星要每秒十六点五公里。因为冥王星的轨道有一部分和海王星很近,所以如果我们利用好机会,到冥王星去也只要每秒十六点五公里的速度。冥王星离太阳的平均距离已经是地球离太阳的四十倍,已经快要出太阳系了。如果再加每秒二百公尺的速度,即达到每秒十六点七公里的速度,就能走出太阳系,也就达到了完全脱离太阳系引力场的第三宇宙速度。

苏联在一月二日发射的宇宙火箭,因为它最后在太阳系里的轨道还在地球轨道和火星轨道之间,没有达到火星速度,最后一级火箭熄火时候的速度应在每秒十一点二公里和每秒十一点四公里之间,离到达火星或金星轨道所需的速度相差很少。这就是说,苏联的火箭技术完全有可能在今天把重达几百公斤的科学仪器、无线电发报机及其电源设备等送到火星或金星附近去探测。如果把这几百公斤重的设备,换上一个同等重量的小火箭,那就有可能把几十公斤重的探测设备推到第三宇宙速度,突破太阳系,进入大宇宙。

光是说第一宇宙速度、第二宇宙速度、第三宇宙速度,也许还不太能体现达到这些速度对动力机械的要求。我们应当说明速度所需要的能量是以它的动能来代表的,而动能是和速度的平方成正比例。所以第一宇宙速度、第二宇宙速度、第三宇宙速度所需能量的比是 1：2：4.46,也就是说,达到第二宇宙速度要比达到第一宇宙速度所需要的能量大一倍,而达到第三宇宙速度比达到第二宇宙速度又大一点二三倍。所以从一个宇宙速度到另一个宇宙速度的确是一关,是火箭技术又大大地前进了一步。既然能量是和速度的平方成正比例,我们可以把第一宇宙速度和我们日常所悉知的火车速度所需要的能量比一比。火车时速七十公里,第一宇宙速度是火车速度的四百零七倍,所以第一宇宙速度所代表的能量是火车最高速度的十六万六千倍,而第二宇宙速度所代表的能量是火车最高速度的三十三万倍,第三宇宙速度所代表的能量是火车最高速度的七十四万倍!

　　从这么一个比例,我们也就容易体会到为什么发射人造卫星或人造太阳行星的火箭是一个庞然大物。说得更具体些,根据工程技术资料,如果火箭燃料能达到每秒三公里的喷气速度,那么要达到第一宇宙速度大概需要三级火箭,要达到第二宇宙速度大概需要四级火箭,要达到第三宇宙速度大概需要六级火箭。而每级火箭与下一级火箭在满载时的重量的比率大约是十比一,所以最后被推送的有效重量(包括探测仪器、设备等)与全火箭起飞重量之比,对三级火箭来说是 1：1111,对四级火箭来说是 1：11111,对六级火箭来说是 1：1111111。因此,像苏联在一月二日所发射的宇宙火箭及其仪器、无线电发报机、电源等共重三百六十一点三公斤,那么四级火箭的总重,也就是在起飞时候的重量,可能重到四千吨。如果使用高能燃料,也许能达到每秒四公里的喷气速度,那就有可能用三级火箭,但那还是需要总重为四百吨的大火箭。不光是火箭要大,可能要高能燃料,而且在发射过程中,一切要有精确地控制,点火、熄火都得完全按照预先精密计算好了的程序进行。在长达几千公里的发射轨道上,也得通过精密的自动控制系统,使宇宙火箭能瞄准方向。所以发射宇宙火箭,的确是现代尖端技术的集中表现。

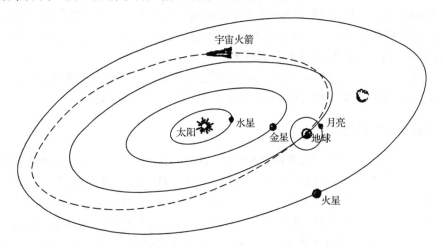

我们只要想一想,在一九四四年左右,希特勒军队所使用的 V-2 火箭,其质量

不过十二吨,射程不到三百公里,而落弹点的平均误差倒有四公里。现在苏联的科学技术人员在不到十五年的时间里,把火箭技术提高到宇宙火箭的水平,重量达到几千吨,射程进入了太阳系,这是怎样的一项光辉成就!这里面包括了多少卓越的科学家、工程师和技术工人的辛勤劳动!苏联人民在苏联共产党的领导下,在马克思列宁主义思想的指导下,为了实现人们长远以来的崇高理想,为了开辟全人类的新时代,付出了巨大的劳动、极有效地组织了这项工作,从而在星际航行的伟大事业中立下了丰功伟绩,这是我们所要欢欣庆贺的。他们是我们学习的榜样。

第六节　划时代的火箭试验*

1960 年的到来,开始了新的六十年代,我们全国人民,在党的领导下,满怀信心地迎接这一个肯定对我们将是光辉伟大的时代,在我们祖国的每一个地区、每一个角落,都是一片跃进的气象,都出现了开门红,而我们社会主义阵营的老大哥——苏联,他们的科学家、设计师和劳动人民,更以一件辉煌的成就,向太平洋中部区域成功地发射了巨型弹道火箭,鼓舞了我们全体人民和全世界爱好和平人民的心。

一、划时代的试验

在 1960 年 1 月 20 日莫斯科时间下午 7 点半左右,在辽阔的苏联国土上,升起了一颗全世界从来没有过的巨大的火箭。这火箭是多级的,它装有测量系统和设备,在控制系统的作用下,准确地遵循着预定的轨道飞行,并且在飞行的整个阶段中,向地面上的观测站和观测船发送了必要的资料,当火箭飞行了 12,500 公里以后,火箭的最后一级的模型,安全地穿过了稠密的大气层,就好像迎接初升的红日一样,来到了太平洋中部地区的降落点,在 1 月 20 日当地清晨 6 点 5 分的时候,降落到水面。这是一项科学技术上的伟大成就。

在十天以后,1 月 31 日,苏联又成功地发射了第二个巨型的多级弹道火箭。

这两次试验是完全成功的,它也就结束了这一个划时代的试验。

二、火箭技术的跃进

现在,让我们回顾一下,苏联在宇宙航行这一个伟大事业中的一系列的成就。

这一时代的开始,可以说是在 1957 年 10 月 4 日。就在那一天,苏联发射了人类历史上第一颗人造地球卫星。这一颗人造地球卫星本身的重量是 53.6 公斤。

在 1957 年 11 月 3 日,也就是一个月以后,苏联又发射第二颗人造地球卫星。这一颗人造地球卫星的重量,远远超过第一颗人造地球卫星,是 503.3 公斤。

---

* 本节原载 1960 年《科学大众》3 月号,89~94 页。

再过了几个月,在 1958 年 5 月 15 日,苏联又发射了第三颗人造地球卫星。这一颗人造地球卫星的重量,又超过了第二颗人造地球卫星,是 1,327 公斤。直到现在,它还在地球的上空运行,已经围绕着地球转了将近 9,000 圈了。

我们从这几颗人造地球卫星重量的迅速增加,就可以知道,发射这些人造地球卫星的火箭,它们推力也有很快的增长,在七个月的时间里增长了近 24 倍。可见苏联火箭技术的进步非常迅速。

在 1959 年 1 月 2 日的时候,苏联的星际航行技术又进入了一个新的阶段,火箭推力是更大大地增加了,发射了第一个宇宙火箭。这一个宇宙火箭,它所要达到的速度,比人造地球卫星要大。人造地球卫星所要达到的速度是第一宇宙速度,每秒钟 8 公里。要成为宇宙火箭,那就要达到第二宇宙速度,每秒钟 11.4 公里。

这第一个宇宙火箭,它的不带燃料的(也就是燃料烧完了以后的)最后一级的重量是 1,427 公斤,里面所装载的仪器的重量是 316.3 公斤。

接着,在 1959 年 9 月 12 日,又发射了第二个宇宙火箭;在 1959 年 10 月 4 日,又发射了第三个宇宙火箭。这两个宇宙火箭,又表示了苏联火箭技术进入了一个新阶段。这两个宇宙火箭的最后一级,都是可以控制的,因此,它所达到的精确度,就超过了以前所发射的火箭。第二个宇宙火箭不带燃料的最后一级的重量是 1,511公斤,已经比第一个宇宙火箭最后一级的重量有所增加;它所装载的仪器的重量是 392 公斤。第三个宇宙火箭,恰恰是在发射第一颗人造地球卫星的两周年的时候发射的。它的不带燃料的最后一级的重量是 1,553 公斤。这最后一级,带有自动行星际站,在火箭进入轨道之后,就自动脱离了,自动行星际站的重量是 278.5 公斤,此外,最后一级还带有能源设备和测量仪器,重 165 公斤;这些加起来,总的有效负载就有 443.5 公斤。

从这一系列的成就来看,在两年多的时间,苏联的火箭技术已经过了好几个阶段。我们可以这样说:在发射人造地球卫星的时候,是一个阶段,在发射第一个宇宙火箭的时候,在火箭的推力方面就进入了一个新阶段,达到更高的速度,能够承载更重的重量,而在发射第二个、第三个宇宙火箭的时候,又表示了在火箭控制方面达到了更高的精确度。

三、进入了更新的阶段

最近,苏联发射巨型的多级弹道火箭到太平洋中部地区,可以说是又进入了一个更新的阶段。

这巨型的多级弹道火箭,它的倒数第二级上,装有不带燃料的、没有动力的最后一级的模型,这火箭的倒数第二级,也就是具有动力的最后一级,在又进入大气层的时候,由于温度的增加而烧毁了。而具有同等速度的最后一级的模型,则因为本身有特殊的结构,所以能够安全地穿过大气层,落到水中。这个事实的本身,就是火箭技术的一大成就。因为,我们知道,这种射程很远的弹道火箭,当它的最后一级或弹头再进入大气层的时候,速度非常大,在它附近的空气因为受到骤然的压缩和摩擦产生的温度有 10,000 度以上,要在 10,000 度的温度下,保护火箭最后一级的模型,不至于被烧毁,而安全地穿过大气层,这是一件非常不容易的事情,而苏联在这方面是完全成功了,这是一件了不起的事情。

我们再看一下,这巨型的多级弹道火箭的轨道的参数,从公报上可以知道,当火箭的起飞段终了时,也就是当火箭的发动机工作终了时,所达到的速度是每小时 26,000 公里,也就是每秒钟 7.2 公里,火箭飞行的距离,从地表面上来量,是 12,500 公里,而在飞行轨道上的飞行距离,则要比这个距离长一些,是 14,290 公里。总的飞行时间,推算出是 36 分 5 秒。我们根据这些数据可以算出这火箭起飞的时间,是 1 月 20 日莫斯科时期 19 点 29 分;而降落的时间,是 1 月 20 日莫斯科时间 20 点 5 分,换算做降落点的当地的时间,那就是当地 1 月 20 日清晨 6 点 5 分。

这火箭的轨道离地面的最高点,差不多在航程中部,火箭落地的速度,也就是最后一级的模型进入稠密的大气层的时候,那速度要比起飞段终了时的速度大一些,是每小时 27,100 公里,也就是每秒钟 7.54 公里。这是因为火箭当起飞段终了时达到每秒钟 7.2 公里的速度时候,高度是比较大的,因此,当它掉下来,再进入大气层时,除了本身原有的速度以外,还要加上受地心引力作用的加速度,所以更快了。

我们可以算出来,像这样的轨道,当火箭的起飞段终了时,它的速度的方向,跟水平面所成的角度大概是 17 度,这角度比我们通常熟悉的 45 度的角度要小了。为什么是 17 度,而不是 45 度呢? 这是因为:在射程这么大的时候,火箭所走的是一个椭圆形的轨道,而不是抛物线的轨道。这火箭的射程有 12,500 公里,走的是椭圆轨道,所以它的角度 17 度,远远小于 45 度。

从这些数据,我们也可以看出来,这火箭的最高"离地点",甚至超过了第三颗人造地球卫星的轨道的高度。

特别值得注意的是:在公报中,也给出了火箭落到目标区的误差。公报说,在 12,500 公里的射程里,它的落到目标区的误差小于两公里。从这么一个数据,我们可以计算出来,假设火箭起飞段终了时,完全是由于速度的误差而引起射程方面的偏差,那么这速度的误差应该是不超过十万分之三,也就是在每秒 7.2 公里这样的速度里,它的速度的误差还不到每秒 0.22 米。这一精确度是非常惊人的。

同时,公报上讲,这次发射这样的巨型的多级弹道火箭,是在以前发射人造地球卫星、宇宙火箭的基础上,为了发射得距离更远、负载得重量更大而进行试验的,所以,可以肯定这次火箭发射的推力比以前更大。

由以上这几点看来,我们只能这样讲:苏联向太平洋中部发射巨型弹道火箭成功,标志了苏联在火箭技术上又一次达到一个新阶段,比之于去年发射的那第二个、第三个宇宙火箭,又进了一步。

四、高度准确性的意义

现在，我们再来看一下，到底这些高度的准确性，在宇宙航行中，它的意义是怎样的？

我们先来谈一下，我们用计算可以得出来的一些简单轨道，以及这一些简单轨道所要求的准确度。

简单轨道，就是说，它是平面轨道而不是立体轨道。我们都知道，苏联第二个、第三个宇宙火箭是立体轨道，不在一个平面里，那轨道就复杂了，现在先来谈谈平面轨道。所谓平面轨道，就是说火箭起飞段终了后，它走向月球或走向其他宇宙空间时，基本上走的是一个椭圆的轨道。我们来看看这平面轨道的特征。

第一，发射一个人造地球卫星，要把它发射成功，所要达到的速度是每秒钟 8 公里的样子。现在看起来，并不需要很高的准确度，可以允许它每秒钟速度的误差到 300 米，也就是百分之几；或者不是速度的误差，而是在起飞段终了时运动有些方向的偏差，可以允许的方向偏差是 4 度。这要求是不算太高的。

再进一步，假设要求打中月球，那么就需要达到第二宇宙速度，也就是每秒钟 11.4 公里的速度。如果完全是速度的偏差，可以允许每秒钟差 25 米；如果不是速度的偏差而是方向的偏差，可以允许差 0.5 度。这要求就比发射人造地球卫星要高一些。因为速度增加了，而所允许的速度的偏差反而降低，由每秒 300 米降低到 25 米，所允许的方向的偏差，也由 4 度降低到半度。这是一个很大的区别。

可是，再进一步，假设要求不只是打中月球，而且要打得相当准，打上去离目标区不差 160 公里，这要求就更高了：所允许的速度的误差，必须在每秒钟 1.2 米以下；如果不是速度的误差，而是方向的误差，也只允许差百分之一度。从这里，我们也可以体会到苏联发射的第二个宇宙火箭所达到的准确度。因为它不只是打中月球，而且离月球面中心只差 800 公里。

下面，我再讲讲，还有其他一些可能的轨道和这些轨道所要求的精确度。

譬如说，要向月球发射一个宇宙火箭，只是要求它绕过月球再回到地球附近来，而不是一下子跑远了。那么，这要看这个宇宙火箭绕过月球的时候距离月球表面有多远？假设允许离月球表面远一些，例如离月球表面 13,000 公里。这样，所要求的准确度就不太高，如果只是速度的偏差，可允许每秒钟到 45 米，如果只是方向的偏差，可允许到 10 度。

如果像苏联发射的第三个宇宙火箭那样（苏联第三个宇宙火箭的轨道，当然不是平面轨道，而是立体轨道，这里是说，如果它的发射情况不一样，可以采取平面轨道的话），要求它不但能够绕过月球，回到地球附近，而且在回到地球附近时离指定的地区不超过 1,600 公里，能够准确地回到北半球附近。这样，所要求的准确度就非常高了！如果是速度的偏差，只允许每秒钟 0.076 米，如果是方向的偏差，只允许百分之三度。

从这些要求看来,我们可以体会到,苏联由人造地球卫星到宇宙火箭这一系列的发射,在火箭控制的精确度上,确是有惊人的进步。

也有一些平面轨道,在理论上或纯粹不考虑偏差的基础上,是可以存在的;而实际上不可能做得那么准,也就是实际很难做到。譬如说,发射一个宇宙火箭,让它继续不断地一直围绕着月球和地球转的这样一个周期性的轨道运行,在理论计算上是存在的,而实际上则是非常难的事情。因为再进一步计算就可以知道,只要速度的误差每秒钟有千分之一米,也就是 1 毫米,那么在这一点点速度误差的影响下,宇宙火箭就会逐渐偏离原来的轨道,当转到第四圈时,就一下子跑到无穷远,再也回不来了。

总括上面所介绍的情况,我们可以大概这样讲:

要放一个人造地球卫星,对于准确度的要求并不太高,可以允许有百分之几的速度误差。

进一步,如果只允许有千分之几的速度误差,那么,就可以做到发射一个宇宙火箭让它打中月球。

再进一步,如果速度误差不超过万分之一,那么,就可以做到这样两件事:一是可以不但打中月球,而且打得相当准,距离目标区不超过 160 公里;二是可以发射一个宇宙火箭让它到月球附近,在预定的时间内,开动刹车机构,使速度慢下来,逐渐进入月球附近的轨道,成为围绕着月球转的卫星。当然,轨道离月球表面太近了还不行,容易出毛病,可以在离月球表面 1,500 公里的高度运行。

我们方才推算过,苏联这次发射的巨型的多级弹道火箭,它的速度的误差只是十万分之三。有了这样的精确度,那就可以做到:放一个自动行星际站,让它绕过月球再回到地球附近,而且恰恰和地球的大气层平滑着进来,这时,弹出两个翅膀,就可利用地球的大气层进行滑翔,慢慢地安全地降落到地面上。

再有更高的精确度,譬如说速度的误差只是十万分之一,那就不但可以让它照上面的样子滑翔到地面上来,而且可以让它在进入地球的大气层时,方向和位置更精确,距离指定的那一点不超过 1,600 公里。

从这些问题,我们可以看到:在星际航行的发展的道路上,每一个阶段所要求的速度和精确度是不同的。而苏联的发射三颗人造地球卫星、三个宇宙火箭,每一个阶段,在速度和精确度上都不断地提高,最近的试射巨型的多级弹道火箭,又进一步有所提高。

五、高纬度地区的发射问题

当然,以上所讲的这些轨道的问题,还只是简单的平面轨道。我们都知道,苏联第二个、第三个宇宙火箭所走的轨道,不是平面轨道,不在月球围绕着地球转的这一个轨道的平面上,为什么是这样呢? 这需要考虑到苏联国土在地球上所占的位置。

　　首先,这一点要注意。就是发射大型火箭的时候,只能竖着冲天放,不能斜着放。当然,并不是绝对不能斜着放,而是因为大型火箭要求能够多装燃料,而本身的结构则非常轻,因此,也可以形象地说:火箭皮肉很嫩。如果斜着放,必须放在发射的轨道上,就得做得更结实一些,本身结构重了,有效负载就小了。所以,不采取斜着放,而是竖着放,火箭做得只要刚刚能站起来就行,起飞时,直着朝上,然后逐渐转弯。

　　但是,放出去以后,却又要让它尽可能相当快地转过弯来,进入与地球表面平行的轨道。因为,地心吸力是永远存在的,不能免去,如果放出去总是垂直于地面,和地心吸力恰恰相反,那么,火箭朝上走,地心吸力往下拉、火箭的速度就必然减少。如果使火箭的轨道很快地平行于地表面,它横着走,地心吸力竖着拉,那么,就只是影响它的方向,而不至于影响它的速度。因此,要求放出去之后,轨道越弯越好,最好弯到平行于地表面。

　　但从这里,我们也可以理解,为什么美国在 1958 年 10 月 11 日发射的月球火箭没有成功。那时候,他是打肿了脸充胖子,妄想和苏联较量较量,要抢先发射月球火箭。他们用"雷神"中程导弹作为第一级,也就是底下最大的一级,放一个只能说是乒乓球的玩意先到月球上去,可是就连这个也没成功,半路上又掉下来了。现在看起来,和方才所讲的那些道理有关系。因为他那控制系统的陀螺有毛病,漂移过大,结果使火箭的轨道朝上仰了一些。仰的角度并不大,只是差了三度半。可是,就是差了这三度半,关系就大了。就使火箭在起飞段终了的时候,轨道朝上仰了三度半。他本来也想使轨道尽快地平行于地面的,这一仰就不行了,轨道高了,受地心引力的作用就大的,而速度也就比原来想到达到的速度大大地降低了,所以,走了 127,500 公里又掉回来了,没有成功。而没有成功的理由呢? 看来不在于火箭,而是控制系统不好。

　　这也说明了轨道的选择和控制的精确度,对发射宇宙火箭的重要性。

　　另外,还有一点,在发射宇宙火箭时也要考虑的,就是假设能够在赤道附近发射,那么就可以充分地利用地球自转的速度。地球自转的速度是由西向东每秒钟大约有半公里,这每秒钟半公里的速度,如果利用得好,对发射宇宙火箭也还是有帮助的,当然,在赤道附近发射还有一个好处,就是可以发射到月亮绕地球转的平面或是地球绕太阳转的平面、或者基本上是其他行星绕太阳转的平面上去。只有在赤道附近,也就是在北回归线和南回归线两者之间的地区,才能做到这一点。北回归线到南回归线,按照地球的纬度来说,是北纬 23 度半到南纬 23 度半这样一个区域。这在我们国家倒是有这个优越条件,像部分的云南、广西、广东和台湾都在北回归线以南,在我们国家可以一开始就利用这个条件发射到平面轨道上去。

可是,苏联的国土都在北回归线以北,不能这样办,也就是在发射宇宙火箭上多一层困难,必须采取立体轨道,所要的能量就大一些。所以,苏联的科学家们就在这方面研究,怎样选择一个最弯的立体轨道,使它受地心引力的作用尽量地减低,从这里,我们可以理解到:为什么苏联在发射第二个、第三个宇宙火箭时采取那么一个独特的轨道。

我们知道,地球的自转轴是斜的,不是垂直于地球围绕着太阳转的平面,而是斜了23度半。同时,月球围绕着地球转的轨道,也不在地球围绕着太阳转的平面上,这两个轨道的平面,相差好几度,因此,地球的赤道平面跟月球围绕着地球转的平面,这中间的角度是18度。

苏联发射第二个、第三个宇宙火箭时,有这样一个主导思想,就是要使轨道最弯。怎样最弯呢? 不是在月当头的时候,直对着月亮放出去,而是选择苏联国土正好在地球自转轴上向外倾斜的这一面,月亮在隔着地球的那一面,也就是发射场正好背着月亮,天文上叫做“下中天”的时候,先向背着月亮的方向放去,然后使轨道很快地弯过来,尽可能平行于地表面,由地球上面绕过去,再奔向月球(图1)。打个比方,就好像一个人向右偏着头,把右手的一件东西扔出去,让它绕过头顶,打到向左边伸出去的左脚上似的(这比方当然不怎么恰当,只不过使大家了解一个大概的意思)。为什么要采取这样的轨道呢? 因为这是在苏联国土上发射时最好的轨道,这样可以避免在地心引力的作用下速度受到损失,这一点是很重要的。假如不采取这样恰当的时间和地球的位置,稍微差一些还不要紧,差得太多就会大大影响负载的重量。

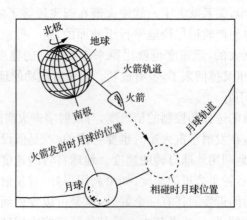

图 1　苏联第二个宇宙火箭的轨道

这是苏联在发射第二个、第三个宇宙火箭时所必须考虑到的问题,对发射的速度,苏联选择了一个由地球到月球将是一天半的速度。因为发射的时候虽然背着放,可是要看看打中没打中,一定要等月球转过来。当然半天也能转过来,一天半、两天半、三天半也能转过来。不过,半天的话,所需要的能量较大,对有效的载重不利;一天半、两天半、三天的差别不太大,还是选择快一点的吧,所以就选择这样一个速度。

六、对进一步研究宇宙空间的意义

现在,再继续讲一下,苏联发射巨型的多级弹道火箭对进一步研究宇宙空间的意义。

也许有的同志这样想:人造地球卫星也放了;第一个宇宙火箭也一直跑到地球跟火星之间的轨道上去了;而且假设计算一下,到火星附近、金星附近,甚至到更远的行星如木星附近、土星附近,它所需要的速度也并不比现在所达到的速度大多少;例如,到金星附近去所需要的速度是每秒钟 11.6 公里,到水星附近去所需要的速度是每秒钟 12.7 公里,到木星附近去所需要的速度是每秒钟 14.3 公里,到土星附近去所需要的速度是每秒钟 15.1 公里,好像到其他行星附近去的这一些问题都解决了,也许不需要更大的火箭了。实际不是这样的。

因为,第一应当认识到,要进一步对宇宙空间进行科学研究的话,就需要发射更大的人造地球卫星或是人造地球卫星式的科学研究站。为什么要更大? 研究些什么呢?

我们知道,地球的大气,一方面对生物有很大的好处,能够让地球上的温度变化不太大,又使我们呼吸到氧气,而且保护我们不受过强的紫外线的照射,不受流星的撞击,假设没有大气的话,那我们的生活就不好办了,说不定走到什么地方,流星就会落到你上头,而且也无法生活,因为紫外线的照射很强,可是,对于科学研究来说,这大气则成了一层帐幕,使天文观测受到限制,做一个很大的望远镜可以办得到,而从望远镜里观测时,由于大气是流动的、不均匀的,就使得许多星星的形象看不清楚。同时,正因为大气保护人,减去了紫外线的短波,这也就使我们看不到许多星星在紫外段的光线,对那些星星无法进行光谱分析。要免去这一层障碍,只有设法在大气层之外建立宇宙空间的天文观测站。这种天文观察站至少要有定向机构、光谱分析机构、照相的机构、传真的机构等,那就不会是几百公斤重,而是几吨重、十几吨重了。要放射这样的更大的人造地球卫星,就需要火箭有更大的推力。

再说,人造地球卫星还有其他的用处,例如有人建议用人造地球卫星作为超短波无线电的中继站,或电视广播的转播站。我们知道,人造地球卫星离地球的高度越高,围绕着地球转的周期就越长,假设发射一个人造地球卫星,使它围绕着地球转的周期正好是 24 小时,和地球的转速一样,这在地球上的人们看来,它就是悬在空中不动的了。这样,我们可以把电视节目放上去,再让它广播下来,因为它高高在上,全国有这样一个电视转播站就行了,如果有三个这样的站,把位置安排好,就可以解决全球的超短波无线电的通信问题。也有人建议,现在观测地球的气象很麻烦,假设用人造地球卫星作为气象观测站,让它从高处观测,能够对全球的气象情况一目了然,并且把观测的结果传送到地球上来,那么,气象预报就可以做得更好。

这说明了人造地球卫星是可以大加发展的,可以让它虽然是在上边,却真正能够为地球上的人们服务。

另外,我们还要到月球上或其他行星上去进行观测,真正要进行观察,那就不仅是像第二个宇宙火箭那样,因为那只是打中月球,还不能在上面进行观测,也不仅是像第三个宇宙火箭所放的自动行星际站那样,因为那只是给月球照了一下像,还不是太多的观测。要进行更多的观测,就需要让这样的观测站能够成为月球的卫星或是安全地降落在月球表面上。

如果观测火星的话,不能说只是从火星旁边过去就完了,总希望让这样的观测站,即使不降落在火星表面上,也要变成火星的卫星,围绕火星多转一转,进行更多的观测。

这样的工作,就不等于放一个火箭打中月球或是放一个火箭到火星附近,不是那么简单了! 必须当火箭接近月球或火星时,能够用另外一个火箭来刹车,把速度降低才行,这样的观测站,就比第三个宇宙火箭所放的自动行星际站,要复杂得多了。复杂也就是要增加重量,增加重量就必须使发射机构的威力更强大。

所有这一系列的工作,不论是利用人造地球卫星进行科学研究,或利用自动行星际站进一步探测宇宙空间,都需要有更强大的火箭作为发射的工具。我们说苏联这次试验的巨型的多级弹道火箭威力是更强大了,从这个角度可以理解到它的重要性。

七、人几时能到其他星球上去

也许有人着急了,说:"人怎么样啊? 如果有了威力更强大的火箭,是不是人就可以上了!"

不过,根据苏联科学家 Г. В. 彼得罗维奇不久以前在苏联科学院通报上发表的一篇文章(译文见我国科学出版社的"科学通报"1960 年第 2 期)来看,他的意见是:我们还不要过早地希望人到其他星球上去,因为在未去以前,还有许多的工作要做。譬如说到月球上去,要在月球上降落,这控制问题就是很复杂的。他举了个例,无线电信号由地球走到月球要 2.6 秒钟,如果我们在地球上对火箭的飞行情况进行计算,认为是时候了,该刹车了,赶紧发一个信号到那边去,这时间就来不及了,因为,那控制要求做得非常准,在时间上是按百分之几秒来算的。这也就是说,在家里你控制不了它,必须在火箭上"当地执行",控制设备都要在火箭上面,而且要求这样的精确度,要在百分之几秒的时间内"当机立断"。在这种情况下,人的脑筋就来不及了，一定要自动控制。

考虑到这个问题，就可以体会到：首先要发展自动控制系统。这自动控制系统要能够自动地测量轨道、距离以及在适当的时候进行刹车。

所以，彼得罗维奇说：我们首先应该发展没有人的而能进行精密控制的火箭体系，让自动行星际站能够在月球表面上自动降落，而且降落以后还能在月球表面上自动进行观测。只有在这个基础上，才能考虑把人送上去。

到月球去旅行，这里面有许多问题，全要靠这无人的自动行星际站进行一系列的研究，才能为我们铺平道路。有什么问题呢？

第一，关于月球表面的具体环境，我们现在还不太了解，人去以前，要先把这具体环境弄清楚。例如，在月球表面上，我们知道是基本上没有空气的，可是也不是完全没有，因为第二个宇宙火箭就曾经在月球表面附近发现有带电粒子的聚集层，有一点像地球表面附近的带电粒子的聚集层，假如月球完全没有空气，就不会有这样的现象。当然这空气不能和地球表面上的空气相比，是很稀薄的。有的是什么样的空气呢？不会是氧气、氮气，因为月球的吸力比地球小得多，吸不住这些气体的分子。可是，月球上的空气尽管稀薄而却存在，那气体就一定很怪了，将是很重的气体，就像惰性气体——氙和氪似的，因为分子量大，能够停留在较小的引力场之气体是怎样来的？现在也有不同的说法，有人说这是因为月球表面还不断地放出这种气体，可能是由于原子的分裂发射作用产生的。是否这样，我们不太清楚。

同时，我们还要考虑到：假如自动行星际站上去了，它本身一定会带有地球上的气体，这气体就会混入月球上的气体，使月球上的气体和原来不一样了。本来，想放个自动行星际站到月球上去进行观测的，可是这样一来，所测量的就包含着本身的气体，而不是月球上原来的气体。这问题必须要解决，要不然，你辛辛苦苦还是白费劲了。

再有，你这自动行星际站在月球上降落的时候，因为月球上的空气非常稀薄，所以只能利用火箭发出与运动方向相反的推力来刹车，要尾巴朝下，坐下去。这样，就把降落的地点用火烧了一下，等坐下来，再让自动行星际站去测量它附近的月球表面的情况，那又不对了，因为这时候你测量的是烧过的一块。必须让它再走出去十几米、上百米，然后进行观测才行。

还有，我们知道，月球表面是坑坑洼洼的，那就要在设计这自动行星际站的时候，不能是一个跟斗摔进去就爬不起来了，还要让它能够爬起来。

在对月球具体环境进行研究中，一定会发展起来一些新的学问，就如同我们研究地球有地理学、地质学、地球物理学、地球化学似的，也要有月球地理学、月球地质学(这不大通了，或是应该叫做月理学、月质学)、月球物理、月球化学。要发展这一些新的学问，充分地了解月球表面的情况，只有在这个基础上，才能把人送到月球上去。

可是,要把人送上去,还有一系列的问题。因为把人送上去,不能考虑他不回来,自动行星际站可以扔在那里,人总是要回来的,而要在月球上再一次起飞回到地球上来,就又得用一次火箭,既用火箭就得有火箭的燃料。就是说要把燃料在月球上存放一个时期。要存放,问题就产生了,因为,月球表面的大气压力很低,阳光的辐射很强,温度的变化很大,白天热到摄氏 132 度,夜间则非常冷,到零下 160 度。在这种情况下,如果燃料放的不是地方,一烤,再加上压力很低,它就都跑了,怎么办? 再说,人也受不了。这许多问题,我们都要研究。恐怕,将来最好是降落在月球两极的地方才比较合适。也就是大概在月球纬度 70 度的区域。这区域,估计它表面的温度不会超过摄氏 50 度。要利用这较低的温度,还要用埋藏的办法把燃料保存下来,使它一时不至于跑掉,才能够到时候再装在火箭里,让人回到地球来。

再有,要穿过宇宙空间到月球上去,在旅途中,人也不会太安宁,因为,还必须注意微流星的撞击。这宇宙空间的尘埃大块的虽然不多,小块的却不少。不要以为它小,就不怕它,因为宇宙火箭向前飞,它迎着面来,相对的速度很大,撞击到宇宙火箭的表面上,还是有很大破坏作用的。根据苏联发射宇宙火箭所了解的情况来看,宇宙空间的微流星的分布,并不是很均匀的,而是随时间有变化的,它跟苏联第三个人造卫星的撞击有一个记录。它的质量大约是八十亿分之一克到两亿分之一克;在几个小时内,质量大约为十亿分之一克的这些小粒子,就可以跟火箭的表面撞击一次。不过,根据第三个人造卫星的记录,在 1958 年 5 月 15 日,撞击的次数忽然增加了,每平方米每秒钟就有 4~11 次,而到了 5 月 16 日~17 日,冲击的次数又减少了许多。这说明它是随时有变化的。如果我们到月球上去,那就要挑一个时间,正好微流星的密度较小,才可以更安全地通过这个区域。

所有这些问题,我们都还不是知道得很清楚。因此,现在就考虑把人送上去,似乎是太早了,还必须做很多的研究工作,特别是要用自动行星际站来进行探测,直到把这些情况都搞清楚了,然后再来放有人的人造地球卫星和有人的到月球上去的火箭。

这是说到月球上去,假设到其他行星上去,譬如到火星上去,就更增加了一层复杂性。因为,要在月球上降落,无非是要设法降低速度,所需要去的速度是每秒 3.3 公里。可是,要到火星去,降低成为火星的卫星,那就必须有更复杂、更精确地控制,才能完成任务。因为,一般讲起来,要到火星去,并不是就对准了火星来放火箭,那需要很大的能量。我们知道,火星轨道在地球轨道的外边,因此,就要使火箭在离地球引力场的作用时,还有一个多余的速度,跑到地球在轨道上前进的前面去,也就是要大于地球围绕太阳转的速度。地球围绕太阳转的速度是每秒 29.8 公里,要再大一个 3.03 公里,这时候,在宇宙空间看来,它的速度是每秒钟 32.83 公里,有了这样的速度,就可以使火箭甩到地球轨道之外去,进行一个椭圆形轨道的运行。这椭圆轨道基本上以太阳为焦点,它的近日点为地球到太阳的轨道,远日点在火星绕太阳的轨道上。因为它要甩出去,用整整半个椭圆的轨道,轨道长度比地球在半年里走的路程还要长,要 260 天才能达到火星。到了那边,它的速度就降低了,成为每秒钟 21.55 公里,而这时火星在轨道上前进的速度是 24.10 公里,也就是火箭的速度要比火星低,还得赶上去,这就要再一次应用火箭的推力来增加速度,才能够进入火星的轨道。

这一些比较复杂的轨道的运行,就需要更大的火箭的推力。

八、纸老虎现形了

苏联这次试验的巨型多级弹道火箭,就是为这进一步探测宇宙空间创造了条件,正因为是这样,可以说,当巨型多级弹道火箭准确地落在太平洋中部预定区域的时候,全世界都知道苏联已进入了征服宇宙的新阶段。

这也震惊了美国的统治者们,他们在那里叫唤,说:"不得了,美国已经成为二等国了!"又如:他们自己的政论家李普曼写了一篇文章说:最不得了的,不是美国落后于苏联,而使他难过的是他看出美国向前发展的速度也落后于苏联。本来就落后,发展速度再低,那就更没有希望赶上去了。所以,他肯定美国已经成为二等国家。

当然,我们知道,美国的统治者们是不甘心这样的。所以,一方面,由艾森豪威尔出面,在那儿假装和平,放和平烟幕;而实际上,另一方面还在妄想利用这个时间,拼命地加强导弹、火箭武器的发展。利用这一财政年度增加拨款,他们搞空间研究的所谓"土星"发展计划,在本财政年度就增加到五亿五千三百万美元,而下一财政年度还要增加到九亿一千五百万美元。这是他要妄想赶上苏联。可是,我们知道,这完全是空想,因为美国现有的最大的火箭发动机才有 70 多吨推力,是以液氧为氧化剂、煤油为燃料的发动机。他所谓最大的火箭"阿特拉斯"洲际火箭,是用两台这样的发动机,再加上一个小发动机,拼起来的,一共也不过有 170 吨的推力。可是,我们知道,苏联在一两年前发射第一、二、三个宇宙火箭,它所需要的推力就一定远远超过了 170 吨的推力,现在发射的巨型多级弹道火箭,就更远远超过这个数字。

美国这一套搞假和平、秘密备战、和日本勾结搞美日安全条约的阴谋,在苏联火箭技术飞跃发展之下,完全是不可得逞的。

作为中国的科学技术工作者,我们今天聚集在一起,一方面是庆祝苏联最近发射巨型多级弹道火箭的成功,我们为苏联同行们这一光辉成就而欢呼,向他们祝贺;他们的劳动是为了和平的,全世界爱好和平的人民也一定要为了他们的丰功伟绩而向他们致敬。另一方面,我们聚集在这里,也是庆祝中苏友好同盟互助条约签订十周年。我们知道,这是中苏两国的繁荣、全世界的和平、人类进步的最好保证。

让我们高呼中苏两国人民牢不可破的同盟万岁！让我们高呼以苏联为首的社会主义阵营的伟大团结万岁！

第七节　火箭技术概论教学大纲*

本课程共计 45 学时，讲 12～13 次，每次 3 学时，一学期讲完。

课程内容的安排，拟从星际航行的角度来介绍火箭技术，尤其着重讲与近代力学系的一、二、三专业有关的部分；目的是为这三个专业的学生在进入专业课学习时，对火箭技术有一个较全面的理解，能知道自己专业在整个事业中的位置。

第一讲星际航行与宇宙航行：太阳系及太阳系内飞行的速度要求；齐奥尔科夫斯基公式。恒星系及恒星间飞行的速度要求；相对论力学；阿克莱公式。

第二讲火箭发动机原理：流体力学的动量定理；推力公式；一维气体流动；比冲；比冲计算程序。火箭发动机的试车。

第三讲火箭发动机的类型及其发展现况：双基药的固体发动机。液氧酒精(V-2)发动机；液氧煤油发动机；液氧液氢发动机。固体发动机的现代化。高能燃料问题。固液型发动机。

第四讲多级火箭的设计问题：火箭的结构及其部件；火箭设计的分工；火箭的结构比；发射场。

第五讲星际航行的起飞问题：从地面起飞；运载火箭所需动力的估计；从卫星轨道起飞。

第六讲原子火箭及电火箭发动机：原子火箭发动机原理；电火箭发动机原理；"最优比冲"。原子火箭发动机与电火箭发动机的比较；氢火箭发动机。

第七讲星际航道问题：中心场中的质点运动。两个行星间的航道；航道的分解；航行时间及火箭动力关系。

第八讲控制问题：进入卫星轨道的制导；从卫星上起飞的控制问题；远程控制。

第九讲再入问题：再入空气层的航道分析；气动力加热；防热设计、烧蚀及发汗冷却。星际航行的气动力问题及强度问题。

第十讲太空环境及其对人的影响：超重及失重。辐射作用；宇宙线；宇宙线的强度变化；空气的高强度辐射区。

第十一讲星际飞船的设计问题：人对环境的要求；密闭舱。生活资料的生产。

第十二讲星际飞船的能源：星际飞船对能源的要求；一次能源；能的各种转变系统。

（第十三讲运载火箭的回收：降落伞回收；有翼式回收；飞机和火箭的联合发射

---

* 本节原载 2008 年《钱学森"火箭技术概论"手稿及讲义》，98 页。

系统。）

第八节　毛泽东谈反导问题的回忆[*]

主席:我们搞原子弹也有成绩呀!

钱:我有所闻。

主席:怕是不止有所闻吧。

钱:对原子弹确实只是有所闻,我是搞运载工具的。

主席:是的。你们搞了个一千公里的,将来再搞个两千公里的,也就差不多了。

钱:美帝在东南亚新月形包围圈上的有些基地有两千八百公里的距离。

主席:可以打到夏威夷?

钱:夏威夷更远了,不只四千公里。

主席:总要搞防御。搞山洞,钻进地下去就不怕它了。

钱:我们正在遵照主席的指示,先组织一个小型的科学技术人员小组,准备研究一下防弹道式导弹的方法、技术途径。看来第三个五年中由于技术条件不够,还不能开展设计工作。

主席:有矛必有盾。搞少数人,专门研究这个问题。五年不行,十年;十年不行,十五年。总要搞出来。

第九节　尖端的尖端[**]

对于现在的洲际导弹,有没有防御它的技术? 也就是说,有没有把敌人打来的洲际导弹打掉的技术? 美帝、苏修在这方面已经搞了二十年,但是,搞到现在也还没有一个成熟的东西。苏修在莫斯科附近布置了一套反导弹系统,美国人管它叫"橡皮套鞋",这是一个代号。美国人在他的中、西部也曾经布置了一个反导弹防区。不管是苏修的"橡皮套鞋"也好,还是美帝布置的防区,都是用导弹去打敌人的弹道式导弹,称为反弹道式导弹的导弹。他们这两个防区,苏修的还保留着,美帝的防区刚布置,就宣布撤销了。为什么呢? 因为美国人知道这样的技术并不成熟,苏修真正要使用导弹核武器的话,他这个反导弹防区并不能够起到作用。虽然反导弹技术尚不成熟,但是,两霸都在拼命的研究新的方法。前面讲到的光炮就是一

---

　　* 本节原载 2010 年《军事历史》第 2 期,1~2 页。1964 年 2 月 6 日下午 1 点至 3 点,毛泽东主席约见李四光、竺可桢、钱学森 3 位科学家广泛地谈论科技问题。其中与钱学森谈的主要是防御和反导问题。当时没有现场记录,是钱学森事后回忆整理,于 2 月 29 日追记成稿的。

　　** 本节摘自 1977 年 11 月在中共中央党校讲《现代科学技术》的讲稿,见 1982 年中共中央党校哲学教研室编印的《现代科学技术(第一辑)》,40~41 页。标题为编者所加。

种方法。最近,同志们在报纸上、资料上可能看到消息,美国人说苏修还在搞什么粒子束武器。但这些都还在探索阶段。将来,反弹道式导弹的武器系统到底是一个什么东西,现在并不清楚。但是,现在不去积极地搞,将来就拿不到这门技术,就吃亏。

我们搞原子弹、氢弹、中子弹、核反应堆、核电站;我们搞大型计算机,一千万次的,一亿次的,一百亿次的,一万亿次的;我们放卫星,放通信卫星,放三万六千公里高的同步卫星。所有这些,我们叫尖端技术,这是毛主席亲自用过的一个词。尖端技术对我们的国民经济、国防建设将会起很大的影响。它又是科学技术的新的发展。我们搞高能加速器、搞反导弹技术,比起上述这些尖端技术来,显得还不成熟,但是又非搞不行,那么,我们是不是可以叫它做尖端技术的尖端呢?就是确实很重要,又很难。党的领导、总体设计部、机关工作,这是我们搞尖端技术的经验。那么,怎么搞尖端技术的尖端呢?恐怕方法还会有所不同。我们应有一个虚心学习的、不断总结经验的态度来对待这个问题。对我们来说,对我们国家来说,对世界来说,这类的工作也是现代科学技术里面的一个新发展。这么大规模的探索工作,要投进相当的人力物力去搞。现在确实还不大清楚将来会出什么样结果,但又不能等我们看清楚了再搞。因为它不定什么时候出一个突破,那时候你要再赶的话就太晚了。

要搞好大规模探索工作,科技人员的政治思想工作十分重要。他长期在那里做探索性的工作,他就考虑,我那个同学,我认识的那个老熟人,他干的那一行多好呀,过两年就出东西,登报、领导机关发贺电,而我干的这个老出不了成果。政治思想工作不做好,他就不安心。所以领导这种尖端的尖端工作,使参加工作的全体同志永远保持旺盛而热烈的情绪,使研究工作有计划地前进而又机动灵活,能够适应随时可能出现的转折,是一项艰巨的任务。可以说科学技术发展到今天的七十年代似乎又有了不同于五十年代的新的内容,就是出现了这么一个大规模的探索性的工作,尖端的尖端工作,等待着我们去学习,去掌握。

第三章　动力和推进

第一节　航空用蒸汽发动机[*]

一、导言

差不多在蒸汽发动机发明初年,即有人想用它到航空上去。大概在一百年前,有一位英国人 Henson 曾计划一只大飞机,其中动力的来源就是蒸汽发动机。但因为他所估计的马力远小于实际所需要的,所以这计划终于不能实现。不过他有一位共同研究者 Stringfellow 继续工作,并制出一架用蒸汽力的模型飞机,试验飞行。在 1852 年,Giffard 造了一架用蒸汽力推动的飞船,并得到相当的成就。以后这方面的研究者,有 Maxim 及 Langloy。Langloy 曾在 1896 年,造了一架蒸汽推动的飞机,实际飞行,这都是读过航空史的人所熟知的。但后来内燃机发明了,而1903 年,航空大发明家 Wright 兄弟引用之而成功,于是世人心力,都集中到汽油内燃机上。蒸汽机遂不复再有人研究。只在汽车(Automobile)事业的初年,曾有用蒸汽的汽车出现,虽表明了蒸汽机的特点,但也现出不少的缺点。约在 1915 年Abner Doble 研究蒸汽汽车略有成就,也引起他人的注意,并且他也曾宣布他将继续研究,把蒸汽机用到航空上去。但不幸这不过一句空话,后来他并没有向这方面发展。

二、蒸汽机的特点

这些我们只能认为蒸汽机的不幸,因为它自有其胜于汽油机的地方。第一蒸汽汽轮机(Steam Turbine)及有活塞的往复运动,所以机身的震动必定可以大为减少。而且汽轮机十分耐用,只要有清洁的锅炉水,及时的燃料油可用,它可以长时不需修理,机中除承轴外,只有轮叶比较容易损坏。并且汽轮机用不着如汽油机中的发火栓,所以无线电的收发方面,决不致有被扰乱的可能。同时因为没有发火栓,损坏的可能减少,所以汽轮机比汽油机更为可靠。此外汽轮机,所占地位甚小,所以空气的抵抗力也因此减小,并且因为一个汽轮机所发的马力可以远过今日汽油机,所以在大飞机中,发动机的数目可以大为减少,因此许多为联结控制的繁难,

---

* 本节原载 1933 年 7 月 2 日《空军》周刊第 34 期,16～19 页。

也就可以免去。用了蒸汽机因为有热的蒸汽可用，机舱中的温度，也比较易于保持。然蒸汽机的最大特点，在其蒸汽自锅炉出发，自汽轮而入凝结器，又自凝结器返于锅炉，循环不绝。而且自成系统，不受外界影响。所以即飞机升至数万尺的高空中，也不会因空气压力的降低而减小其马力。此外发动的问题也可免去，因为锅炉中有蒸汽发生，汽轮即可转动。还有一个长处，即空气的寒暖对汽轮机的运用不生影响，而汽油机则不然。

对蒸汽机的拥护者，固然指出上面所说的种种优点，但是反对者，却也有各种理由：

（1）蒸汽机的热效率（Thermal Efficiency）比汽油机低，所以多费燃料。

（2）同马力的蒸汽机比汽油机为重。

（3）锅炉的热效率总在 80% 左右，不能超出 85%。

（4）因为有大部的热能，须从凝结器排出，所以凝水器的体积必较水冷汽油机的散热器（Radiator）为大，所以空气抵抗力大。

（5）汽轮必须以高速度转动，方能得到高效率，所以在汽轮及推进桨之间，必加用齿轮，以减低速度。

但是这些都不过以十几年前的眼光来观察的结果。就以第一项的热效率而说，我们如用二百磅的蒸汽，则其热效率不过 20%，这和汽油机理论上的 38% 相比，自然不如。但因为今日制钢技术的改进，耐得起高热，高压的材料已经发明，所以锅炉的压力和温度大可加高，如用一千磅，华氏九百五十度的蒸汽，则理论上的热效率可以达到 40%，即令实际不免因种种不能计算的损失而降低到 30%，这也比今日汽油机要高得多了。

同时锅炉的效率也增加了不少，近代锅炉都使出炉的热气再经过一个空气预热器以热入炉的空气，所以不但热力损失减少，而且因入炉空气温度增加，燃烧更易完全，效率又可增加。并且又使水和热气的流动速度加至极度，所以热力的传导度大，锅炉的体积可以十分减小，重量也自然因此减轻。例如最近 Brown Boveri 公司所发明的 Velox 蒸汽发生器，比普通锅炉轻六七倍，而其体积也小十余倍（第一表）同时据该公司试验，这种锅炉的效率，可以高到 90%，所以改良锅炉是很可以办得到的事。

第一表　普通锅炉及 Velox 式锅炉之比较　　蒸汽压力 430～570 磅/方吋

	普通锅炉	Velox 式锅炉
每一方呎蒸发面积每小时发汽量	8～10 磅 u	105 磅 u
每一方呎传热面积每小时发汽量	2～3 磅	21 磅
每一立方呎燃烧室体积,每小时发热量	2,300～13,600 磅	85,000 磅
每秒热气所流之呎数	16～50 呎	660 呎
每小时发一磅蒸汽所需之重量(连附件在内)	13～22 磅	3.3～5.5 磅
每一方呎传热面积每小时传热量	9～12,000BTU	92～110,000BTU

至于凝水器的问题，因为全机热效率提高，所以自凝水器所排出的热量也就减少。实际设计上，这一项困难很容易解决，汽轮发动机及凝水器的空气抵抗可以小于空气冷却的汽油机。齿轮的问题，也因今日炼钢技术的改进和制造的精巧，其重量及效率方面已可十分满意，而且现在的高速汽油也已引用。所以这一问题，可谓完全解决。

三、航空用蒸汽发动机现状

因为蒸汽机有这许多优点，从而前所不能解决的问题，又为今日进步的技术所克服，自然其研究也就开始了。我们先说由美国 G. E. 及 Great Lakes Aircraft 两公司合力设计的蒸汽汽轮机。

这一部机器的主要部分是：

一座 2,300 匹马力的蒸汽发生器，保持锅炉水位的蓄水桶，一个自动压力式的燃料节制器，一个自动锅炉进水节制器，一个鼓风机用的汽轮机，一个打水用的汽轮机，两个主汽轮机，附有双齿轮减速装置两个推进桨，两个空气冷却的凝水器，及其他附件。

全机各部全重的估计（第二表）。如连推进桨计算在内，则每马力约重 2.93磅，这比今日通用的汽油机相去不远，且马力更大的汽轮机，其重量必可再减少。

第二表

各部重量	一组重量(磅)	全部重量(磅)	每马力重量(磅)
蒸汽发生器	2,360	2,360	1.027
副件	852	853	0.351
管子和接头	114.8	114.8	0.0485
附件	200.8	200.8	0.086
水	351	351	0.1323
汽轮及减速器	800	1,600	0.697
金属推进桨	273.5	547	0.238
凝水器	606	1,212	0.529
开车装置	136.9	136.9	0.0595
合计		7,375	3.17

第一图是蒸汽发生器。其中主要部分是鼓风机，空气预热管，及流通热水，蒸汽及过热蒸汽用的管子。这些水管和汽管以横的方向排在炉壁上，成圆桶状。油管及低压水管用轻金属制成，但高压蒸汽管是用合金钢做的。如蒸汽发生器中加水 351 磅，每小时能发蒸汽 20,482 磅，压力为 70 气压，温度为华氏 1,000.4 度。燃料用柴油，每磅热量为 19,500BTU。两个主汽轮，各有 1,150 匹马力，每分钟转数为两万次，所以用双齿轮以减低推进器的速度。每一个汽轮连减速齿轮在内，只

重八百磅。

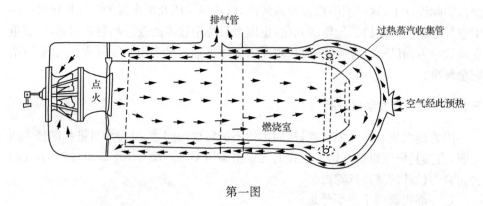

第一图

　　蒸汽发生器装在机舱前部,但汽轮装在主翼的前端,汽轮后面即装凝水器。凝水器是用管子做成,用空气冷却。全机的热效率在巡航时为 21.8%,在最大马力时为 10.5%。这和汽油机相比,也相去不远了。

四、成功的实验者

　　除了上述的设计,现在已经实验成功的,是美国 Besler 兄弟(William Besler 及 George Besler)。他们的蒸汽机不是汽轮机而是双气缸,二涨式的往复蒸汽机。两个气缸互成九十度角。有一百五十匹马力。每分钟转 1,625 次,只蒸汽机重 180 磅,但因其中有不少的部分是用锈铁制成,所以太重,如用轻金属,重量再可减少。机中有倒车装置,所以可以在任何时把转动方向改变。蒸汽发生器只有一根不断的管子,水管和过热管(Superheater)相连。故风机在开车时用电机转动,以后即有皮带取动力于发动机的机轴。发生器的温度用自动节制器保持在华氏七百五十度,压力约在每方吋 1,800 磅左右,进水也预先热过。凝水器并非专为此后设计的,而是利用汽油机上的散热器改造,所以不十分合用。共有两个,但其凝水能力仍不强。在巡航时,只能凝废气之百分之九十,其余不得不放入空中。

　　这架发动机中,置有不少部分是从 Doble 的蒸汽汽车上取下来的,所以可以说十分简陋。但是试验的结果却很好。此机曾装在一架双翼飞机上,作圆满的飞行表演。其能力不但和汽油机一样,并且在上升力,及起飞能力上,胜过汽油机。又因转动方向可以变更,所以降落时,着地后,即可把推进桨反向转动,便生向后的推力,以减短滑走的距离。

五、余论

　　蒸汽发动机既然不但在理论上有胜于汽油机处,并且实验的结果又证实了它的特长,所以在不远的将来,我们将见到今日独霸航空界的汽油发动机为蒸汽发动机所代替。同时我们也须注意到蒸汽机应用到军用飞机上的结果。第一因不用汽油机,今日汽油机的噪音,也必随之消灭,所以空防方面,必起很大的变化。第二因引用蒸汽机,飞机的飞行高度,可以差不多无限的增加,所以爆击机的威力必然增大。第三因大马力的蒸汽机制作方面毫无困难,而且效率方面反可有改进,不如汽油机之只限于一千匹马力左右。所以大型飞机制造上的难关,一大部分可以打破,结果必有空前的大军用机出现。

还有一点,我们必须知道的,就是蒸汽机不用汽油,其他燃料如煤,炭等等无不可用。因此对于不产汽油的国家如我国,尤有莫大的价值。这也是今日我国高唱航空救国时,所应注意的。

第二节　脉动式喷气发动机的实验与理论性能*

一、脉动式喷气发动机现状

德国和美国仿制的用于推动飞弹的脉动式喷气发动机,是首批此类动力装置的成功产品。该产品常规尺寸如图 3-2-1 所示。前期循环产生的空气通过真空被吸入燃烧室,这些空气经过文氏管,管内不断注入汽油,空气燃料混合物的爆炸引起燃烧室内部压力上升至一个高值后,再关闭进入空气的弹簧阀。因此,这些气体就不得不通过排气管继续扩散,并高速排出,这就是推进脉冲。待气体排尽后,气体惯量使燃烧室变为真空,发动机将再准备新一周期的循环。燃烧室的压力受燃料注入速率影响,同样,也影响气体的排出速率,这样就生成了推进推力。要启动发动机,需仔细调整喷入冷态燃烧室的燃料量,以便在火花塞附近生成比例正确的混合物。火花塞点燃这些混合物,导致强烈爆炸,启动发动机的第一个循环。从而导致燃烧室与排气管的气流具有较大振幅的脉动如图 3-2-2 和图 3-2-3 所示。

1. 燃料消耗率

德国脉动式喷气发动机试验结果如图 3-2-4 所示。该图画出了总推力的燃料消耗率(磅/小时/磅)与由该动力装置推进的飞行器飞行马赫数之间的关系。总推力即是含管道阻力的全部推力。每个马赫数对应有许多点,每个点都代表不同的燃料注入压或者燃料流动速率。当燃料速率提升时,燃烧室的压力就会升高,这会提高热能向动能转换的效率。因此,增大燃料速率可望降低单位消耗率。也就是说,动力设备推力输出的增加速度快于燃料流动速度的增加。经实验证明,

* 本节是钱学森 1945 年《Toward New Horizons(迈向新高度)》第 6 卷《飞机发动机》第 2 部分的内容,邓永军、王辉、张辛,译;刘玉文,校审。限于篇幅,略去了 3 个附录。

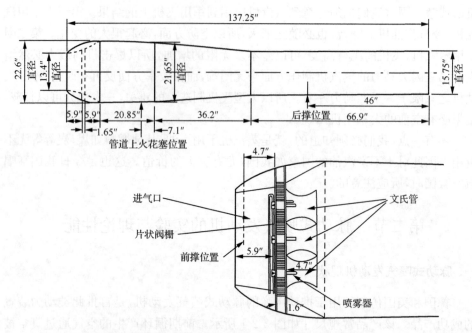

图 3-2-1　德国脉动式发动机常规产品尺寸

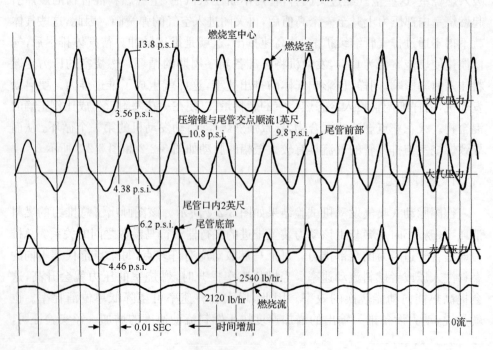

图 3-2-2　10 英寸 H_2O 冲压管与 23 磅/平方英寸喷嘴的管壁静压变化曲线

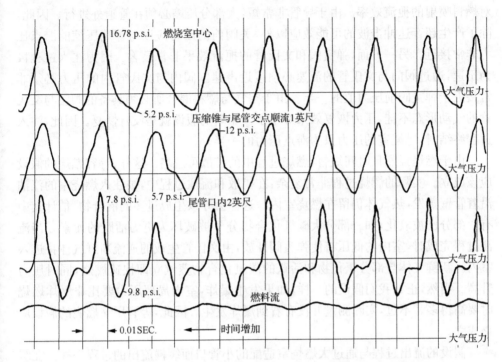

图 3-2-3　31 英寸 H_2O 冲压管与 37 磅/平方英寸喷嘴的管壁静压变化曲线

图 3-2-4 中马赫数上的较低点与较高燃料速率是相对应的。可以看出飞行马赫数或飞行速度提升时,单位消耗率渐渐减少。图中的粗曲线表明了这种趋势。在稳态条件下,燃料消耗率是 5 磅/每小时/磅推力。飞行马赫数为 0.6 或 450 哩/小时的速度时,减至 3.7 磅/每小时/磅推力。

对较高的飞行马赫数,可以外推单位燃料消耗率曲线,这是非常必要的理论计算指导。既然流量并不稳定,全面分析就应该包括惯量影响,计算也将非常复杂。为了简化计算,可做出如下假设:

①注入过程终结时或在燃烧开始时,燃烧室的压力为气流滞点压力的一半,假设为等熵压缩。

②燃烧以等容燃烧方式进行,燃烧效率为 95%。

③流出过程基本稳定。也就是说,每个瞬时的流量与通过拉瓦尔喷管的稳定流出量相同,此时燃烧室压力占主导地位。

④空气与燃料的单位热值恒定,但值不同。

⑤相对于空气的大流量,燃料流量可忽略不计。

现在将讨论这些假设的基本原理。

注入过程终结时燃烧室的室压取决于两个因子:输送导管的扩散率和文氏管

对燃料喷射的扼流效率。由于导管非常短,大部分压缩必须在管道外进行。因此,除了产生超音速冲击波的可能效应以外,关阀前的压力应该与等熵压缩的滞点压力非常接近。另一方面,弹簧阀和文氏管的扼流效果非常显著。因为注入过程极为迅速,通过阀门与文氏管的流速必须接近声速。阀内与文氏管内的压力必须非常接近于弹簧阀前压力值的一半。由于空气与燃料混合所必须具备的阀门与文氏管的气动形态不佳,压力恢复效果好不了。粗略的假设就是没有恢复。因此,注入过程终结时,燃烧室的压力只为滞点压力的一半。

由于燃烧猛烈且时间短暂,燃烧过程中的扩散可忽略。这样,等容燃烧的假设应该成立。实际的燃烧过程非常复杂:在扩散和流注过程中,被注入燃烧室的汽油沿着管壁蒸发,热气体仍留在燃烧室内。这样会导致生成过多的混合物,估计其中有一部分已被氧化,如一部分大碳氢化合物分子被破坏为更为活跃的元素。当流注过程完成时,室内的低压将使弹簧阀开放,由文氏管生成的逆流新鲜气体将进入室内。新鲜气体与部分氧化物和活跃的碳氢化合物蒸汽立即快速燃烧,同时压力升高。当然,正如我们假设的一样,如果发生爆炸,室内局部压力要比非爆炸燃烧时要高得多。不过,实际测量并没有看到爆炸发生。因此,等容压缩燃烧的假设应该成立。

假设的流出过程与通过大燃烧室适配的小管口而缓慢流出的过程一样。在缓慢流出过程中,惯量效应小且可忽略不计,这种准平稳过程可精确表示该物理现象。因此,我们假定,这种由缓慢流出过程产生的脉动与快速流出过程的脉动相似。这种近似性应该是成立的,因为喷气推力装置的脉动通常很少受流出速率影响。

最后的两个关于恒定单位热值与恒定流量的假设是常用的,并被认为对结果的影响甚小。

结果如图 3-2-4 所示。这些曲线与燃烧前后不同的压力值相对应。对一个给定的压力比来说,消耗率首先随着飞行速度的提高而增加,但当达到一个最大值后,再随着飞行速度的提高而降低。较大的压力比所消耗的燃料要比预计的少。然而,为解释试验数据,即德国脉动喷气发动机实际得到的最大压力比似乎为前进速度的函数,低速飞行时,这个比值小于 4,这与图 3-2-2 和图 3-2-3 所示的压力记录值是吻合的;但当速度提升时,燃烧达到极限,压力比增长,实际燃料消耗降低。另一方面,由于将汽油当做燃料,最大燃烧温度约为 5,000 华氏度。也就是说,压力比值不能无限制增长,一定低于 9。所以,与压力比值为 9 相当的理论消耗率要比德国脉动式喷气发动机消耗率低。这就是图 3-2-4 中粗曲线的基础,这条曲线表明了速度增长时可能的消耗趋势。在超音速下,德国脉动式喷气发动机的燃料消耗率可能大于 3 磅/每小时/磅推力。

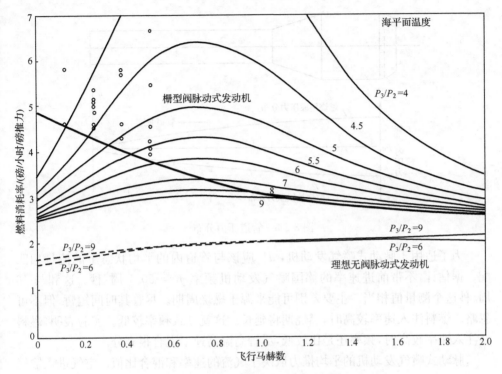

图 3-2-4 德国脉动式发动机的试验结果

2. 脉动频率与推力

在前面章节概述的脉动式喷气发动机的简单理论是建立在平稳的流出过程基础之上的,这种理论根本不能得出非稳定律动状态下的脉动频率。为了估计频率,采用另外一种简单的操作方法。假设其有极小的压力比,即极小的压力变化幅度。这样,就可通过小压力变化幅度(如管中的声振动)初步计算得出频率值。由于实验(指本文开始时引用的德国实验)表明了脉动式喷气发动机的频率并没有随着燃料或压力比的变化而有太多的改变;计算得来的极小压力变化幅度频率就应该代表了大压力变化幅度的频率。

如果将脉动式喷气发动机作为一个气流管道,在弹簧阀的一端闭合,在另一端开放。那么,管内的脉动可以看做是一个四分之一波长的振荡,最大压力幅度在闭端,最大速度时的振幅即 0 振幅在开端。如图 3-2-5 所示。如果 a^* 是声音传输速度,L 是管道长度,频率 f 为

$$f = \frac{a^*}{4L} cps \qquad (3.2.1)$$

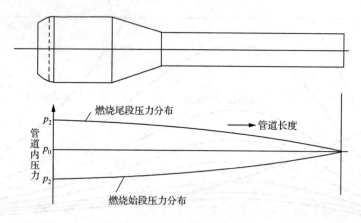

图 3-2-5　管道压力分布

为了适用于脉动式喷气发动机，a^* 应该与管道内的平均状态下的流量相匹配。据估计，不带前进速率的德国喷气发动机频率 $f = 50.1$ 周/秒。这和与 46 周/秒这个测量值相当。主要差别可能来源于燃烧周期。尽管其时间短暂，但不可忽略。燃料注入速率较高时，燃烧期将延长。这就导致频率较低。实验表明，燃料在注入速率较高时，频率还是比较低，尽管高温高速下混合很充分。

脉动式喷气发动机的平均推力取决于气流的速率和混合比值。空气进入输气管的每秒速率取决于每周期注入量和每秒循环周期数。然而，这三个因素都相互关联。例如，如果每秒循环周期数非常大，由于必要的快速加速以将空气推入室内，燃烧室的注入压力将会变低。也就是说，因为频率增加，每周期的注入量会减少。而且，如果频率随着燃烧时间的缩短而升高，燃烧过程也会将混合物比限定到较低值。这样，脉动式喷气发动机的平均推力就达到燃料注入速度和频率相关的最大值，这个值取决于尾管的长度。脉动式喷气发动机的推力因此较为复杂。这种情况与往复式汽油发动机的原理相似。由于容积效率或肺活量及燃烧条件的影响非常难以计算，所以往复式汽油发动机输出功率的计算通常建立在经验数据的基础上。

目前适用于德国脉动式喷气发动机推力输出的实验数据如图 3-2-6 所示。总推力可用下面 C_F 和 K_F 两个公式表示。C_F 是最大总推力与动压和燃烧室截面积或前端面积乘积的比；K_F 是最大总推力与大气压和燃烧室截面积乘积之比。

$$C_F = \frac{总推力}{\frac{1}{2}\,气体密度 \times (速度)^2 \times 燃烧室截面积} \tag{3.2.2}$$

$$K_F = \frac{总推力}{大气压 \times 燃烧室截面积} \tag{3.2.3}$$

图上画出了这两个值与马赫数的关系，可用下式表示

$$C_F = K_F \frac{2}{\delta \cdot M_0^2} \tag{3.2.4}$$

其中,δ 是空气热比;M_0 是马赫数。

由于脉动式喷气发动机有一个静推力,K_F 值在零速度时并不是零。因此,当 $M_0 = 0$ 时,C_F 是无限的。

如前所述,脉动式喷气发动机推力的预测是非常困难。因此,为了评估高速飞行时的推力系数,必须作如下两个假设:

① 装置的频率与低速时持平。

② 最大推力工作条件见图 3-2-4 的粗线。

第一个假设与可用观察数据一致,并可得出结论,即通过脉动式喷气发动机的空气流量与流出过程终结时燃烧室的空气密度成正比。第二个假设似乎可用前面的试验数据进行合理解释。

带着这些假设,推力系数曲线可绘成图 3-2-6。我们可以得出,德国脉动式喷气发动机在以超音速飞行时,推力系数 C_F 几乎恒定不变,几乎始终保持在 0.70 左右。

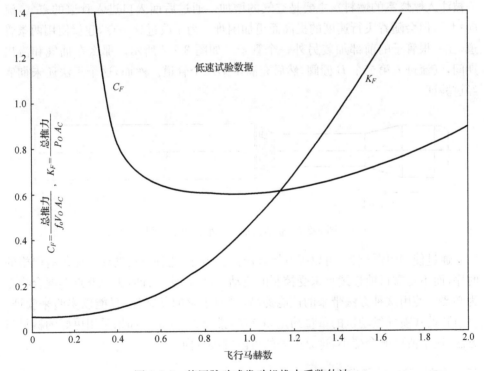

图 3-2-6 德国脉动式发动机推力系数估计

二、脉动式喷气发动机现有形式的可能改进

为了提高前所述脉动式喷气发动机的推力,减少燃料消耗,应增加气流或燃烧

压力,并减小管子的外部阻力。为了增加气流,必须扩大注入燃烧室的有效流动区域。同时,在流出过程终结时,起到扼流作用的栅型阀复位,这将提升燃烧室内部压力,从而得到更高的燃烧压值,并更节省燃料。例如,通过移动阀门网栅中的部分阀肋,静推力可从 660 磅提高至 880 磅。燃料消耗率同样从总推力 3 磅/每小时/磅推力减为 2.8 磅/每小时/磅推力。将发动机装入机身内部,可减小外部阻力,但是以目前的材料尚不能实现,这是因为不能对气流进行冷却从而导致发动机过热。

如果在空气与燃料混合爆炸后,只有空气进入管道,那么当混合物燃烧时,混合物相当于一个活塞,喷出气柱。这样,每个循环周期的流量增加,导致更大的冲力并提高了效率。空气与燃料混合物必须要分离的两个原因是:

① 混合比例不当燃烧不充分。

② 即使混合物完全燃烧,爆炸压力对能量利用有效率来说也过低。

实际上,某种程度来说,空气的添加在目前脉动式喷气发动机中已经出现了,因为在流出期间,一些空气会通过后面的入口进入管内。这部分注入不含汽油(唯一被注入燃烧室的燃料),主要是空气的增加。通过后面入口进入管道的空气,流向相反,但会随着飞行速度的提高而更加困难。为了改进这一点,建议使用两条管道,在一根管子的前部加装另外一个管子。如图 3-2-7 所示。那么在抽气和流出期间,气流进入第二个 B 栅阀,然后充满至第二个管道。然而,这个想法还未彻底经过验证。

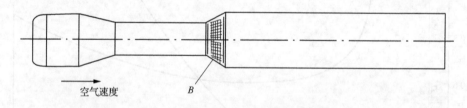

空气速度

B

图 3-2-7　管道前加一个小管子示意图

通过使用引爆燃料,可以提升燃烧压力。当然,这种燃料的注入必须有严格的时序,而不是靠目前连续且未受控制的流动。这时,使用计时火花塞点燃混合物更为必要。使用这种方法带来的性能提高,受限于它的复杂性,只能以实验来验证。目前脉动式喷气发动机的重量约是 300 磅,推力为 70 磅。如果采用更好的材料与方法,这个值可能会变小,这是另外的可能发展方向。

三、无阀脉动式喷气发动机

目前脉动式喷气发动机的显著改善即是去掉弹簧阀和文氏管。如果不用阀门和文氏管,就可避免强大的扼流作用。结果是注入过程终结时,室压上升,直至达到滞点压力值,或达到当前值的两倍。这会导致燃烧室内空气密度更大,从而引起更大的流量和更大的推力。同时,燃烧结束且在一个较高温度时压力会上升,因此引起更为有效的扩散和低燃料消耗率。当然,在低速飞行时,无阀的脉动式喷气发动机效能并不太好,因为燃料通过前面的入口时会有部分扩散,丧失了脉动或推力。超音速飞行时,能够避免这样的损失,因为压力以大于音速的速度扩散。如果高速气流能从管道前部保持到后部,压力就不会在管道前部扩散,也就是说,热流直接向后扩散。换言之,管道前部的高速气流惯量充当了阀门的角色,无需再安装机构阀门。事实上,如果管道设计适当,在亚音速时,这种可能性也极高。

1. 燃料消耗率的改进

在前面的简化假设下,可以期望注入过程终结时燃烧室压力等于滞点压力,燃料消耗率很容易计算。结果如图 3-2-4 所示。可以看出,燃料压力比(燃烧前和燃烧后的压力比)的增加,会使燃料消耗率增大。然而,压力比 9 与压力比 6 虽然不同,但燃料消耗率增加的差别非常小。飞行马赫数小于 1 的曲线部分用虚线表示,以表明简单的理论与实际的情况是不相符的,因为忽略了扩散以及燃料从管道前面入口处的渗漏。因此,通常来说,理想的无阀脉动喷气发动机的燃料消耗率应为超音速区中总推力的 2 磅/每小时/磅推力。事实上,较小的消耗是不可避免的,无阀脉动式喷气发动机的燃料消耗率在某种程度上要高于这个值,如 2~3 磅/每小时/磅推力。发动机的消耗率要高于像用于飞弹的德国脉动式喷气发动机这样的有阀脉动式喷气发动机。

2. 推力系数的提升

对于无阀脉动式喷气发动机,弹簧阀和文氏管的扼流作用已经消除,燃烧开始时燃烧室的空气压力是有阀喷气发动机的两倍。因为空气温度与前面的相同,燃烧室的空气密度也是有阀喷气发动机的两倍。因此,通过给定管道的气流流量也加倍了。在燃烧压力比相同情况下,单位流量的热量增加,所增添的全部热量也会增加两倍。另一方面,如前所述,燃料消耗率降低三分之二。因此,给定尺寸的管道推力将为有阀喷气发动机的三倍。事实上,如果有消耗,差别不会这样大。不过,在超音速飞行中,无阀脉动式喷气发动机的 C_F 值取为 1.0 似乎是合理的。

四、结束语

在前面的章节里,讨论了脉动式喷气发动机改进的可能性。通过这些改进可开发出轻量脉动式喷气发动机,其重量在海平面,尤其是高速飞行时可达到 0.16 磅/磅总推力量级。这个总推力下的燃料消耗率可降低至约为 2 磅/小时/磅推力。不过,为了进行这些研究,试验部分需要有足够大的超音速风洞,以支持一架脉动式喷气发动机进行燃烧试验。在脉动式喷气发动机周围和内部的强大冲击气流说明了在内部管道流动和在管道外部流动间的紧密关系。因此,只有一个完整的模拟气流的模拟试验能够再现正确的流动环境。气流通过发动机的静态试验具有误导性及不可靠性。

第三节　冲压式喷气发动机性能及设计问题[*]

　　冲压式喷气发动机由三部分组成,分别是:一个扩散器,用于对高速前进运动产生的高速气流进行减速和压缩;一个用于增加气流热量的燃烧室;一个释放高速运动下燃烧产物的喷嘴。如图 3-3-1 所示。燃烧室内的压力,由于充气压缩,必须低于以同速运动的脉动式喷射发动机的压力。实际上,在静止状态下,冲压式喷气发动机燃烧室内的压力与大气压力相同,不产生推力。另一方面,冲压式喷气发动机的不断运作使燃烧压力获得更为高效的利用。此外,从工程学角度来看,即使与脉动式喷射发动机相比,动力装置简单的内部构造也是非常值得研究的。

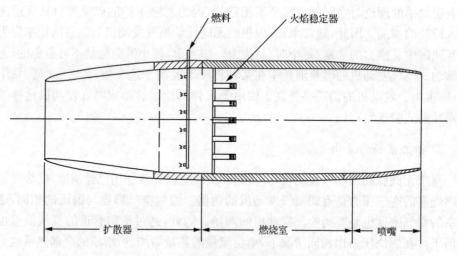

图 3-3-1　冲压式喷气发动机内部部件

　　与涡轮式喷气发动机相比,冲压式喷气发动机燃料消耗率更大,尤其是在飞行速度较低的情况下。就目前掌握的情况来看,当飞行速度的马赫数大于 2.5,或时速超过 1800 英里时,冲压式喷气发动机的燃料消耗率与涡轮式喷气发动机的燃料消耗率相当。冲压式喷气发动机的简单构造及重量轻的特点说明,它是高速飞行

　　* 本节是钱学森 1945 年用《Toward New Horizons(迈向新高度)》第 6 卷《飞机发动机》第 3 部分的内容,邓永军、吕婧、姚垚,译,刘玉文,校审。

的理想动力装置,条件是当空气密度足够提供所需推力。鉴于这些原因,目前对冲压式喷气发动机产生了广泛的关注。然而,关于该动力装置的实验研究才刚开始。唯一完整的数据是关于 Focke-Wulf 冲压式喷气发动机的氢燃烧[1]。美国海军军械局的"大黄蜂"计划已经证明,在飞行马赫数为 1.5,导弹的测量加速度为 1g 时,超音速冲压式喷气发动机的可行性,但是缺少具体的性能数据。

从历史来看,冲压式喷气发动机作为动力装置的概念并非新想法。过去的几十年,因构造简单,它曾多次被"发明"。然而,深入研究就不难发现,与其他常规动力装置如飞机往复式发动机相比,冲压式喷气发动机燃料消耗高且不能用于低速飞行。因为冲压式喷气发动机是依靠飞机的移动来完成高效运转的空气动力发动机,所以它的缺陷也是意料之中的。然而,常规往复式发动机是平稳的动力装置,它的运行与前向运动无关。随着飞行器速度的提高,空气动力装置,即冲压式喷气发动机的优越性就越来越明显。

二战的最后几年,德国的工程师和技术人员对冲压式喷气发动机进行了大量的研究。因为缺少液体燃料,他们将煤块直接放入燃烧室进行燃烧实验。但是对长时间的运转来说,这是相当不便的。日本从 1937 年开始了冲压式喷气发动机的研究,但却没有获得有用的结果。

这篇报告的目的就是研究冲压式喷气发动机的一般性能,并对可能的速度范围进行评估。此外,关于其性能的分析,则是以加利福尼亚理工学院喷气推进实验室[2]及美国海军航空局[3]的研究人员所做的理论分析为基础。报告还包括对研发问题,尤其是燃烧室的设计问题的讨论。

一、理论分析基础

鉴于冲压式喷气发动机主要由扩散器、燃烧室和喷嘴组成,要做出一份准确的理论分析,就必须获得每个部件的准确性能数据。所需的基本数据有扩散器效能、燃烧效能、燃烧室压降及喷嘴效能。下面是对这些情况做出的评估,并形成了理论分析结果可靠性与准确性的评判方法。

1. 扩散器

扩散器内等熵压缩的偏离是由扩散器表面摩擦缺失引起的,原因是附面层分离导致涡流分散,以及超音速流的不可逆冲击波。在超音速流中不会发生冲击损失,损失只是由扩散器的内壁引起。因此,考虑到经过冲压式喷气发动机的气流的压缩,最好不经过扩散器,而是通过管道前分散的气流获得增强的压力。这就是图 3-3-2 所示的外部压缩。然而,管道前的发散气流则要求管道外表面有大型整流罩,以降低外部阻力。但是,即使满足这些要求,外部阻力还是会大量增加。因此,最佳的设计要求实现一种恰当的折中,要么用长扩散器作完整的内部压缩,要么取消扩散器作完整的外部压缩。NACA 的测试结果说明,如果设计合理,扩散器在亚音速流中的效能,或者扩散器内部增加的实际压力与等熵压缩中理论增加压力的比值,可达到 85％或更高[4]。这就是参考文献[3]的基础。

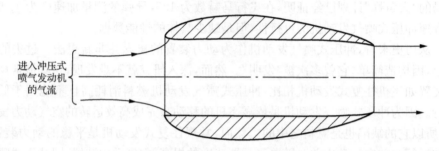

进入冲压式
喷气发动机
的气流

图 3-3-2　进入冲压式喷气发动机的气流

对于超音速流而言,因为存在激波的原因,原理更为复杂。如果穿过管道的气流比管道小,管道中的气流速度则很低,激波就被挤压至扩散器前端开口处。在此种情况下,增加的压力可通过假设从超音速飞行速度到亚音速所产生的正常激波来计算。激波之后,气流减为亚音速,亚音速测试数据就可以应用,即激波后的气流的扩散器效能为 85％。然而,包括激波在内的整体效能变得更低。当马赫数为3 时,效能仅为 30％。这就是参考文献[2]的基础。

然而,这样实际上是过分简单化了,因为激波并非总在扩散器入口之前产生。如果穿过管道的气流较大,激波是偏离气流方向的,而且在扩散器内部产生。因此,这与经过风洞试验的扩散器情况相同。然而,对于后一种情况,扩散器前段有一层较厚的边界层,而冲压式喷气发动机的扩散器入口处却没有。众所周知,边界层会导致激波过早产生,这对压缩过程来说是不利的。如果扩散器入口的激波比风洞扩散器的弱,则可获得比参考文献[2]更高的整体效能。Kantrowitz 和Donaldson[5]近期的测试已经清楚地表明了效果。这些测试说明,高效超音速扩散器的设计,应当在最终的扩大部分前加入一个收缩入口部分。这样激波就能在临近的窄路产生。这就意味着,在激波产生之前,气流速度就被收缩部分大大降低了。因为如果激波前方的速度降低,激波导致的损耗也会降低,那么,与参考文献[2]中假设的在入口前方产生正常激波的扩散器相比,后者的效能要高很多。因此,参考文献[2]中使用的扩散器压缩效能就属于保守的数据。

另一个提高扩散器效能的办法是设计一种入口,在这种入口处形成的斜激波能在气流进入扩散器扩大部分之前降低它的速度。与正常激波相比,穿过斜激波造成的能耗要少许多,因此压缩效能也增加。Oswatitsch[6]设计了一种马赫数为2.9 的扩散器,其总压力恢复为 60％(图 3-3-3)。它高于参考文献[3]中使用的压缩效能。这些新扩散器设计方案的不同之处或改进之处主要体现在高马赫数上。

因此,参考文献[2]中估计的冲压式喷气发动机的超音速性能,可能远远低于所能获得的最高性能。

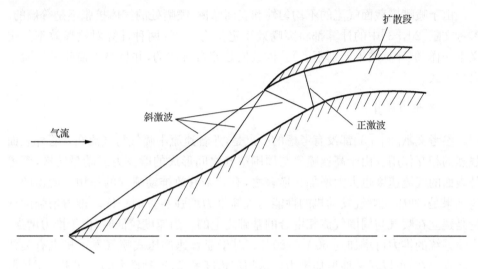

图 3-3-3 Oswatitsch 扩散器

2. 燃烧室

因为冲压式喷气发动机燃烧室内压力相对较低,因此,除非燃烧后温度可增加至较高值,否则产生的推力也较小。此外,为了降低外部阻力,燃烧室部分区域内的阻力也由通过燃烧室的高速气流而降低。高速和高附加热这两个因素是冲压式喷气发动机燃烧室与涡轮喷气发动机燃烧室的不同之处。因为目前试验才刚开始,因此我们对冲压式喷气发动机燃烧室的性能了解的还不多。然而,有一点可以肯定:燃烧室的静压降是温度的函数。与涡轮喷气发动机燃烧室情况相同,高附加热的压降,比低附加热要高几倍。物理原因是因为高温引起的气体扩散。体积增加,气流速度必然加快。然而,速度的增加也可以仅通过增加与压降相应的加速力来实现。

参考文献[2]中的计算也考虑到了这一因素。燃烧研究是在麻省理工学院进行的,由燃烧和导流形成的涡流运动而产生的附加压降也是由早期的实验数据得来。在第一份报告中,该附加压降被假定为是燃烧室入口处动压的 4 倍。根据后期试验,第二份报告已将该压降降低为 1 倍动压。然而,目前进行实验的冲压式喷气发动机燃烧室的最佳设计说明,二分之一的动压压降也是可能的。因此,计算或许有些保守。此外,参考文献[3]的计算是基于涡轮喷气发动机燃烧室在低附加热条件下的试验。因此,对于高附加热而言,压降必须远远高于假定值。鉴于这个原因,参考文献[3]中使用的数值则是比较乐观的。

3. 喷嘴

由于喷嘴横截面气流的不均匀性和表面摩擦,喷嘴处的气体扩张不是等熵的。参考文献[2],[3]中的计算都将喷嘴效率定位为 95％(两种计算对喷嘴效率的定义不一样,但计算结果差别不大)。该数值是非常合理的,并且与火箭喷嘴试验结果相一致。

4. 总推力计算

参考文献[2],[3]都没有考虑的一点是,亚音速流中喷气与气流在导管外表面强烈的相互作用。由于高速喷气与周围空气之间形成的摩擦力或动量转换,管道外表面的气流速度也大大增加。换言之,有一个有效推动喷气的作用。所得的最终结果是,冲压式喷气发动机的性能与火箭推力增强装置的一样。推力增强的理论是建立在喷气与周围气流相混合的基础之上的。当速度较低时,由于推力增强,火箭系统的推力可增加到 60％～80％。对于亚音速冲压式喷气发动机也有类似的增强存在,可以显著地增加推力。从物理角度考虑,这种推力的增加来自于扩散器前缘强大的吸取力,而产生该力的原因是流速的增加。参考文献[2],[3]的理论计算忽略了这种效果,获得的结果比较保守。我们必须做的事情就是将理论数据与实验数据作对比。

二、计算性能

现在开始讨论参考文献[2],[3]中关于冲压式喷气发动机的计算性能。理论分析结果通常都是通过实验数据来证实的。

1. 燃料消耗率

鉴于高度对燃料消耗率的影响较小,因此需要验证的仅为海平面条件下的结果。图 3-3-4 对两种计算进行了比较。可以看出,与参考文献[2]中较为保守的计算相比,由于对参考文献[3]中压降的乐观假设,其计算所得的燃料消耗率就较低。然而,根据曲线的趋势,该不同点仅在亚音速飞行速度时才表现。对于超音速飞行速度而言,两种计算都认为,每产生 1 磅总推力的燃料消耗率为每小时 3 磅。当然,严格意义上来讲,必须认真比较两种结果,因为假设中的燃烧温度并不同。参考文献[2]设定的燃烧室端口静态温度为华氏 3000 度,而参考文献[3]中,按照所给曲线,即燃烧后温度与大气温度的比值 τ,为固定值。然而,如前所述,τ 值变化引起的差别不大,不会改变一般结果。

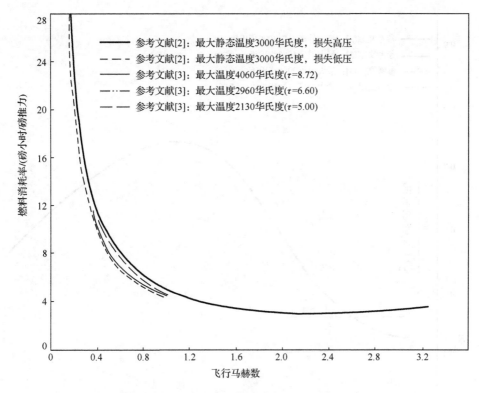

图 3-3-4　海平面条件下冲压式喷气发动机燃料消耗估算

2. 推力系数

图 3-3-5 又对海平面条件下的计算结果进行了比较,画出了总推力系数与飞行马赫数的关系。推力系数定义为两个数的比值,一个数是推力,一个数是自由流动压与燃烧室截面积的乘积。参考文献[2]假设了一个恒定静态温度。因此,随着飞行速度的提高,气流附加更多能量,该附加能量在燃烧室出口处直接转化为速度,而非温度。能量的增加表现为推力系数的快速上升。然而,由于燃烧室的阻塞,当飞行马赫数很高时,推力系数上升速度会减慢甚至降低。阻塞条件是稳定燃烧的限制因素,它限制了能进行高效燃烧的燃料的数量。当然,也可以通过降低进入燃烧室气流的速度来延迟该条件。这就需要扩大燃烧室体积,而增加的推力系数将很小。

对于亚音速速度而言,应该在 τ 为 6.6 时对比参考文献[2],[3]的结果。最高温度将大致相同。可看出,两种计算所得的推力系数几乎相等。

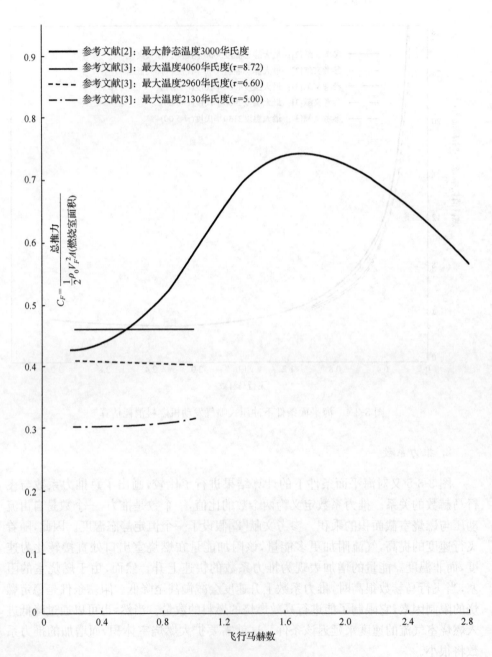

图 3-3-5　海平面条件下冲压式喷气发动机推力估算

从图 3-3-5 可知,最高温度为 3000 华氏度,飞行马赫数为 1~2.6 时,推力系数最高。然而,正如"理论分析基础"所述,当飞行马赫数大于 2.0 时对扩散器效能的设定或许太低。因此,当马赫数很高时,冲压式喷气发动机的性能将远远高于图 3-3-4 和图 3-3-5 所示。实际上,马赫数大于 3 时,我们就可以认为,每产生 1 磅推力燃料消耗率接近于每小时 2 磅,推力系数大致为 0.8。可以明确的一点是,冲压式喷气发动机从本质上来讲是一种极高速的推进式动力装置。换言之,如果导弹弹道不是很高,有足够氧气支持燃烧的话,冲压式喷气发动机是时速为 2000mph 导弹的理想动力装置。

三、冲压式喷气发动机的重量

因为目前还未制造出一台冲压式喷气发动机,所以很难估算其重量。然而,考虑到它简单的内部构造,每磅推力的重量应该低于脉动式喷气发动机。

四、前进速度较低时冲压式喷气发动机的加速

如前所述,冲压式喷气发动机的静态推力为零。换言之,它不能自启动。当然,可以通过火箭发射带动,直至其达到运行速度。另一个更为有效的方法可能是使用管道火箭。在这种情况下,火箭发动机安装在冲压式喷气发动机的管道内。即使前进速度很低,火箭喷气也可引导气流通过导管。附加燃料通过冲压式喷气发动机注入燃烧,产生巨大推力。初步计算表明,当前进速度较低时,冲压式火箭的推力是普通火箭推力的数倍。对应的推进剂和燃料的消耗率为 6 磅/时/磅推力。因此,此系统值得今后进行进一步的分析与实验研究。

五、冲压式喷气发动机的研究与发展

如前所述,对冲压式喷气发动机的性能研究还处于初级阶段。完整的实验应该包括所有的飞行马赫数、扩散器、燃烧室以及喷嘴设计。当然,还应该对在低速时增加推力的可能性进行认真研究。此外还有几个关于冲压式喷气发动机发展的特殊问题。

1. 动力装置安装的空气动力学原理

除了扩散器和喷嘴的最佳设计问题之外,飞行器上动力装置的安装也会引起许多问题。尤其是不可压缩热喷气它需要相当大速率的气流,因此动力装置也比飞行器上的其他部件要大许多。以下几点需要明确:发动机管道与升力面间的相互干扰;热气体与飞行器其他部件周围气流的相互作用;将管道与飞行器机身相连的可能,即内部安装的可能性;通过内部安装,高速气流从进气口到燃烧室的导入问题。

进行这样的研究需要超音速风洞,允许燃料在发动机内燃烧。可以通过一个开路风洞或气体交换系统实现。风洞应该足够大,从而可容纳原型的大型精确

模型。

2. 高能燃料

如果可以提高燃料的热值,那么燃料消耗率也可以相应降低。用于无压缩热喷气发动机燃料的限制条件并不严格。例如,如果燃烧产物包括固体微粒,该燃料就不适合用于涡轮喷气发动机,因为这些微粒可能具有腐蚀性,会对涡轮叶片产生腐蚀作用。但是这样的燃料却可以用于无压缩热喷气发动机。此外,即使热值增加一点,飞行器的有效载荷也会发生较大变化,因为此种飞行器所需燃料的比重相当高。例如,如果燃料为总重量的70%,有效载荷为10%,则热值每增加1%,有效载荷相应增加7%。

由于高速气流和大量加热的因素,燃烧室的设计问题非常困难。多家研究实验室,尤其是美国国家标准局和麻省理工学院化学工程部进行的各种实验已经找到了许多问题的答案。然而,我们必须认识到,这样的测试仅仅是探索性的,并非系统性的实验。冲压式喷气发动机的燃烧问题主要是空气动力学问题。因此,最好的解决方法就是利用流体力学现有的研究成果。后面将对这个重要问题做出详细论述。

六、从流体力学角度看冲压式喷气发动机的燃烧问题

如果时间充足,燃烧就可以达到化学平衡所要求的温度和成分。在不均匀的混合物中,某些过稠密的地方的燃烧温度相当高,伴随而生的离解作用将降低燃烧效能。换言之,空气和燃料的不均匀混合物会降低热释放。因此,为了获得高燃烧效能,最重要的是获得燃料与空气的均匀混合物。

1. 燃料雾化与燃料和空气的混合

如果使用液体燃料,要得到燃料-空气混合物,首先进行燃料雾化,接着部分雾化液滴蒸发,最终燃料蒸汽和气流的混合物与扩散液滴混合,但是不一定与燃料-空气混合物相同。根本问题是扩散与混合。众所周知,层流中的扩散和混合是个比较缓慢的过程。但是因为速度太慢,所以对冲压式喷气发动机燃烧室来说没有用处。然而,如果改为湍流,液体成分就会进行激烈搅拌,成分之间就会进行更大的交换。湍流中的扩散与混合比层流中的快上千倍。因此,湍流是冲压式喷气发动机燃烧室的必备条件。

现代对于湍流的研究说明,仅通过波动速度与平均速度的比值确定湍流度是不够的。我们必须确定湍流的特性。湍流的特性通常用湍流大小、相关系数及衰变因素等项来表示。所有这些特性都与扩散和混合过程密切相关。因此,仅在气流中引入湍流是不够的,而是引入正确的湍流。实际上,我们甚至必须引入压力损

失最小的湍流。在解决这个阶段的燃烧问题时,关于湍流运动的现代理论可能帮助不大。

为了给空气和燃料足够的时间混合,液体燃料一般都是在燃烧区域前方被注入的。最近关于冲压式喷气发动机的设计通常都在管道的扩散部分装有燃料注射器。燃料-空气均匀混合物的最佳位置以及引入适当湍流的必要方法将成为研究的主要课题。然而,如果扩散与混合是主要问题,就没有理由不对该问题进行研究。换言之,可以将燃烧阶段的问题与扩散和混合阶段的问题分开研究。当要获得燃料-空气的均匀混合物时,不需要点燃混合物。实际上,在冷实验中采集气流样本比在进行燃烧的热实验中采集容易很多。有人或许会从其他方面着手:如果可以找到一种液体,它的基本特性接近液体燃料,如表面张力、蒸汽压力、黏度、蒸汽温度和密度等,该液体就可以用于实验,也可以避免爆炸和其他不便的发生。这种解决扩散与混合问题的方法或将利用流体动力学的所有仪器和方法,而这些仪器和方法都是在过去15年内取得重大发展的。

2. 点火与火焰锋

在获得燃料-空气的均匀混合物之后,还需合理解决燃烧问题,如混合物的点火,以及燃烧过程中保持火焰稳定。通常认为,要想在气流速度非常高的情况下保持火焰稳定,就必须使用火焰稳定器。火焰稳定器是个钝形体,主要用于形成死水区域,该区域内气流速度很低,从而能保持小火焰的存在。这些小火焰则不断点燃主要的高速气流。如果气流速度是 q,火焰传播速度是 v_f,则来自火焰稳定器的火焰的 β 扩散角度应为:$\sin^{-1} \dfrac{v_f}{q} = \beta$。如图 3-3-6 所示。因此,为了缩短燃烧室,必须引入许多点火器或火焰稳定器。

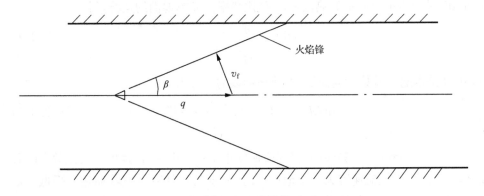

图 3-3-6　火焰锋

当然,火焰传播速度的问题与燃烧过程中的化学动能紧密相关。然而,还应当考虑流体的化学特性。首先,气流不是层流而是湍流,例如除分子之间微观的搅动之外,流体成分之间也发生搅动。有一点可以明确,即火焰传播速度是湍流大小和角度作用的结果,必须认真研究之间的联系。Chambre 和 Lin[7]已经在该领域做出了一些研究,但是今后还有很多工作需要做。

3. 加速气流中的燃烧

当气体混合物通过火焰锋后,化学反应还未完成。我们可能会认为火焰锋后的反应仅在化学动能方面有问题。然而,情况却不是这样。我们必须再次考虑流体力学问题。首先,湍流极大地改变了发生反应的分子的扩散率。其次,由于燃烧室有内壁,一般情况下,如果不提高速度,燃烧产物就不能扩散。这是加热与惯性力共同作用的结果,即空气热动力效应。

为了说明这一点,可以将等截面管道中理想气体的加热考虑在内。简单来说,认为该区域中的速度是均匀的,这样就可以进行一维计算。我们假设气体的热是常数。分别设 p、ρ、v 和 T 为气体的压力、密度、速度和温度,则连续性方程为

$$\frac{\mathrm{d}\rho}{\rho} + \frac{\mathrm{d}v}{v} = 0 \qquad (3.3.1)$$

动量方程为

$$\rho v \mathrm{d}v = -\mathrm{d}p \qquad (3.3.2)$$

能量方程为

$$\mathrm{d}h = \mathrm{d}\left(\frac{1}{2}v^2 + \frac{\delta}{\delta - 1}\frac{p}{\rho}\right) \qquad (3.3.3)$$

这里 $\mathrm{d}h$ 是加给单位质量的热微分,γ 是比热率。简单地消约运算,得

$$v\mathrm{d}v = \frac{\delta - 1}{\dfrac{1}{M^2} - 1}\mathrm{d}h \qquad (3.3.4)$$

其中 M 是本地马赫数。类似地,本地马赫数的变分为

$$\mathrm{d}(M^2) = (\delta - 1)\frac{\delta M^2 - 1}{\dfrac{1}{M^2} - 1}\frac{\mathrm{d}h}{a^2} \qquad (3.3.5)$$

式(3.3.4)和(3.3.5)说明,当气流速度小于本地声速时,速度和马赫数会随着加热而升高。当气流速度大于本地声速时,速度与马赫数则随着加热而降低。对于超音速气流中增加的这些量来说,必须减去气流中的热,也就是使 $\mathrm{d}h$ 成负值。因此,如果入口处马赫数小于1,进行持续加热,则不可能在燃烧室出口等截面处获得超音速速度。实际上,能加的最大热量与提升气流速度至本地声速所需的量

是对应的。这一限制称为临界过混合限制或简称为阻塞限制。如果仅限于考虑化学动能因素,上述限制确实会或多或少令我们感到诧异。毫无疑问,这是惯性力与加热共同作用的效果。

现在自然要问:如果逐渐提高燃料-空气比率,同时保持入口处马赫数不变,当混合物比率大于上述临界值时会发生什么? 一个可能就是,火焰快速移动到管道出口,在管道外部燃烧。如果火焰速度小于未燃烧的气体混合物的出口速度,火焰将被熄灭。需要提醒一点,在达到这个极限之前,可能伴有大量振荡的粗燃烧。

冲压式喷气发动机燃烧过程的三个阶段,即为获得均匀燃料-空气混合物而进行的混合与扩散,点火与火焰锋传播以及最终在火焰锋后的燃烧,都与流体力学联系密切。应该重点关注气流的湍流效应以及惯性力和由化学反应释放的热能的耦合效应。作为涉及流体力学与化学动能两个领域的问题,这个关于燃烧问题的观点是初步了解冲压式喷气发动机燃烧室设计原理的基础。

参 考 文 献

[1] Pabst,Test Report of Focke-Wulf Co.

[2] Tangren,R. F. ,"Estimated Ramjet Performance," Progress Report 3-1,Jet-Propulsion Laboratory,California Institute of Technology,(November 1944).

Tangren,R. F. ,"Estimated Performance of Ramjets at Subsonic Speeds," Progress Report 3-3,(August,1945).

[3] Bollay,W. ,and Redding,E. M. ,"Performance of Open-Duct Propulsion Systems (Ramjets) at Subsonic Speeds," Power Plant Memorandum No. 5,Bureau of Aeronautics,U. S. Navy (December,1943).

[4] Becker, J. V. , and Baals, D. D. , "High-Speed Tests of a Ducted Body With Various Air-Outlet Openings," NACA Advisory Conference Report (May,1942).

[5] Kantrowitz, A. , and Donaldson, C. duP. , "Preliminary Investigation of Super-sonic Diffusers," NACA Advisory Conference Report No. L5D20 (May,1942).

[6] Oswatitsch,K. ,and Bohm,H. ,"Luftkrafte und Stromungsvorginge bei angetriebenen Geschossen," Forschungen und Entwicklungen des Heereswaft'enamtes,Bericht Nr. 1010/1,1010/2 (1944).

[7] Chambre,P. ,and Lin,C. C. ,"The Effect of Turbulence on Flame Propagation," Progress Report 3-S,Jet-Propulsion Laboratory,California Institute of Technology (November,1945).

附录 亚音速冲压式喷气发动机的理论与实验对比

关于冲压式喷气式发动机的唯一一份完整实验数据是 Focke-Wulf 公司的 Pabst 设计亚音速冲压式喷气发动机时得到的[1]。该实验是在德国不伦瑞克 Hermann Göring 研究中心的 A-9 号风洞中进行的。冲压式喷气发动机的直径约 7 英寸。由流线型撑杆支撑。撑杆的阻力与测量的推力相加,得到冲压式喷气式发动机的净推力。使用的燃料为气态氢。因为气态氢的低热值为50,700BTU/1b,如果汽油的低热值为 19,000 BTU/1b,则乘上系数 50,700/19,000＝2.67,氢气燃料消耗率就很容易转换成汽油燃料消耗率。

图 3-3-7 和图 3-3-8 给出了得到的测试数据。当喷气温度等于华氏 1,472 度时,我们就可以将结果与参考文献[2]中的计算值进行比较(计算时取燃烧室出口处的静态温度为华氏 1,500 度,喷嘴收缩率为 0.8)。可以看出,除非速度很高,否则计算出的推力系数就低于观测值,并且计算所得的燃料消耗率也会略高于观测值。因此,计算出的推力也很小。在"理论分析基础"一节已经指出,喷气的喷射作用将增加其净推力。现有的数据也可说明这一点。如果喷气的速度较高,或者其推力较大,喷射作用就较强。这就意味着,当飞行马赫数一定,如果喷气温度较高,就可望在管道外表面形成高速。因此,喷气温度较高,外表面激波就会较早产生。也就是说,如果喷气温度很高,激波出现在自由气流马赫数较小的情况,阻力就会增加或推力系数会降低。如图 3-3-7 所示。

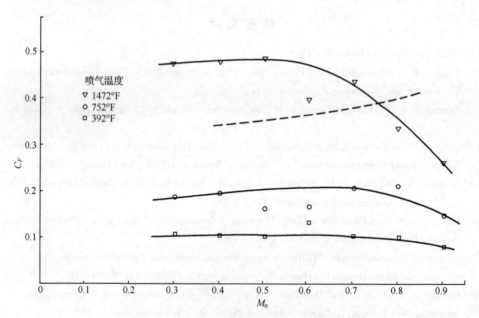

图 3-3-7　喷气温度为 1,500 华氏度且喷嘴收缩比为 0.80(参考文献[2])时的计算值

因此,理论与实验的不同就很好解释了。然而,理论中关于燃料消耗率的趋势和数量以及推力系数都有满意的预测。所以,理论分析中的假设是正确的。

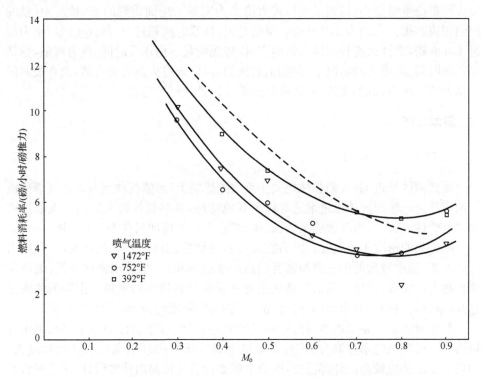

图 3-3-8 喷气温度为 1,500 华氏度且喷嘴收缩比为 0.80 时的计算值

第四节 固、液体火箭的设计及发展趋势*

一、火箭的类型及其应用现状

火箭按其推进剂来分，主要分为两种类型：固体火箭和液体火箭。现今使用和建议使用的固体火箭适用于炮兵火箭、飞行器的助推器、飞弹的发射（装置）以及大型导弹的助推器。液体火箭适用于起飞助推火箭、大型导弹和飞机的助推器。两者在操作方面几乎没有本质区别。因此，是否有新的应用技术的突破，还是值得我们探究的，确凿的论据也还是需要掌握的。固体火箭的推进剂置于高压燃烧室，因此，如果运行时间过长，室内体积膨胀过大，燃烧室重量剧增。所以，持续的时间过长，如这个过程在 30～40 秒时，固体火箭的重量较液体火箭大，而主要的划分还是火箭本身的推力。差异在于液体火箭的单位重量直接决定火箭的推力，较大推力

---

* 本节是钱学森 1945 年《Toward New Horizons（迈向新高度）》第 6 卷《飞机发动机》第 4 部分的内容，赵敏，译。

使火箭单位重量变小,特别是泵压式火箭尤为明显。前面讲到的 30 秒或 40 秒的时间相应的推力大约为 4,000 磅。也就是说,持续时间超过 30 秒或 40 秒,推力超过 4,000 磅,液体火箭较固体火箭而言,优势颇明显。由于受时间、推力所限,也就是在短时间、大推力的情况下,例如炮兵火箭,固体推进火箭会更合适,而在长时间小推力的情况下,例如飞机,液体推进火箭或许是最好的选择。

二、固体火箭

1. 固体火箭的现状

谈到固体推进剂,人们往往把关注点放到热能上,热能往往与有效排气速率或耗油率相关。然而固体推进剂还有许多其他特性,这些特性极大影响着火箭推进剂的有效性。密度、温度敏感系数、燃速、燃速系数等特性列在表 3-4-1 中。

推进剂的密度十分重要。因为它决定着燃烧室的体积。也就是说,一旦推力保持不变,密度较低的推进剂与密度较高的推进剂相比,推进剂密度越低,燃烧室体积越大。那么,固体火箭的发动机主要重量就是燃烧室的重量。推进剂的密度越高,重量就越轻。对于大部分固体推进剂来讲,密度约为 100 磅/立方英尺。

温度敏感系数是指燃速对药柱初温的敏感程度,这里药柱初温主要取决于环境温度。温度敏感系数高,意味着发动机燃烧室压力随环境温度的变化幅度大。为使火箭能适应较高的外部温度,燃烧室就必须经过抗高温特殊设计,这将导致发动机质量的增加,而在温度较低时,燃烧室压力又太低,无法维持稳定燃烧。因此,如果药柱温度敏感系数比较高,就必须对发动机的工作环境温度进行限制。双基固体推进剂便是这种高温度敏感推进剂中的一种。

推进剂的燃速决定着燃烧面。从表 3-4-1 中我们可见燃速的变化并不大。由于推进剂药柱设计的差异,导弹发动机在 0.5 秒内,助推起飞火箭运行在 30 秒以内,燃速变化比较大。如果燃烧时间要求较短,则药柱就要按照大燃面设计,相应的单位时间燃烧的药柱体积和质量就大,这就是所谓的不限燃烧设计方法。相应的按照燃烧时间较长设计药柱,就称为限制燃烧设计方法。限制燃烧时,发动机药柱通常采用端面燃烧设计。显而易见,限燃装药发动机,由于药柱不需要设计燃气通道,因此,发动机结构就变得非常紧凑,相应的质量也就减轻。从这个角度来看,一般倾向于使用限燃发动机。表 3-4-2 对固体火箭性能作了对比,可以看出,不限燃发动机比冲低于限燃发动机。

固体推进剂燃速是压力的 n 次方函数,喷管流量是压力的 1 次方函数。仅当 n 小于 1 的时候,稳定的燃烧过程才能维持,而且 n 越小,燃烧越稳定,越不受外界扰动因素的影响,如燃烧面变化的影响。根据这一理论,n 为 0.75 的双基推进剂与 $0.4 \sim 0.5$ 的混合推进剂差异还是很大的,正是这种差别,使得混合推进剂具有更好的复用性和可靠性。

表 3-4-1　几类固体推进剂特性

| | 双固体燃料 | 复合推进剂 | | 加州理工学院航空天文天学研究生实验室 53 (Aspbaltic) | 加州理工学院航空天文天学研究生实验室 58 (Aspbaltic) | 加州理工学院航空航空天文天学研究生实验室 61 (Aspbaltic) | 加州理工学院航空天文天学研究生实验室 65 (Aspbaltic) |
		慢	快				
比冲/(磅·秒/磅)	210	160	170	170	174	186	177
排气速度/(英尺/秒)	6,800	5,150	5,500	5,500	5,600	5,900	5,700
密度/(磅/立方英尺)	101.5	101	112	104	108	110	110
单位体积推力/(百分比)	100	76	90	83	89	96	92
气温敏感度(室温在40°~90华氏,增加的百分比)	29	10	14	10	10	11	11
安全运行温度范围/华氏(实验室测试)	限制	-40~140	-40~140	30~120	15~120	-9~120	-5~120
燃烧速率/(英寸/秒)	1.40	0.25	1.32	1.32	1.80	1.60	1.46
燃速系数	0.69	0.40	0.40	0.69	0.8	0.76	0.7
燃烧室温度/华氏	5,000~6,000	3,000~3,500	3,000~3,500	3,000~3,500	3,000~3,500	3,000~3,500	3,000~3,500

注：以上数据均为在室压压力为2,000磅/平方英寸、室外压值为14.7磅/平方英寸条件下。

表 3-4-2　固体火箭性能

	类型	总重/磅	冲力/（磅/秒）	冲力重量比	推进剂重量
不限燃火箭	3.5 in. AR-M5 型	33.8	1,820	52.3	8.5
	5 in. AR-M7 型	33.8	1,800	53.2	8.5
	5 in. HVAR 型	88.4	5,320	61.0	24.0
	11.75 in. AR-M3 型	690.0	32,900	47.6	148
	7.2 in. T21 型	20.54	877	42.6	5.74
限燃火箭	X8AS-1000 型	150	12,500	83.3	69
	X10AS-1000 型	200	16,000	80.0	90
	12 AS-1000 型	250	20,000	80.0	108
	30 AS-1000 型	415	36,000	86.7	192

2. 固体火箭性能的发展空间

通过提高推进剂能量来提高固体火箭性能的作用并不明显。但是从火箭外形来考虑，很显然火箭设计的目的是提高发动机单位总质量的比冲。这里的单位总质量包括推进剂质量和发动机质量，因而，提高发动机单位总质量比冲可以通过减少推进剂质量或者发动机质量实现。上述结论从图 3-4-1 和图 3-4-2 中不难看出，

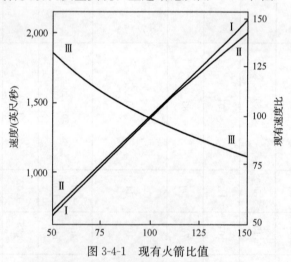

图 3-4-1　现有火箭比值

（5.0 in. HVAR 型运行速度受气流速度、推进剂重量、发动机重量影响而变化的情况。纵坐标显示为火箭速度。

曲线 I：受气流速度变化影响，变化范围 50%～150%，火箭运行速度为 7,130 英尺/秒，所有重量为常数。

曲线 II：受推进剂重量影响，变化范围 50%～150%，火箭重量 24.0 磅，气流速度 7,130 英尺/秒，有效载荷 48.2 磅，发动机重量 64.4 磅保持不变。

曲线 III：受发动机重量影响，变化范围 50%～150% 范围，火箭 64.1 磅。气流速度为 7,130 英尺/秒，有效载荷 48.2 磅，推进剂 24.0 磅。）

图 3-4-1 和图 3-4-2 为上述提高单位总质量措施在导弹上的典型应用。图 3-4-1 有效载荷为常数,发动机排气速度和发动机质量随最大飞行速度变化而变化的情况。图 3-4-2 为最大飞行速度为常数,发动机排气速度和发动机质量随火箭有效载荷变化而变化的情况。很显然,通过提高排气速度和降低发动机质量,单位总质量比冲的提高百分比相同。因此,提高发动机设计水平和提高推进剂自身性能对提高单位总质量比冲同等重要。

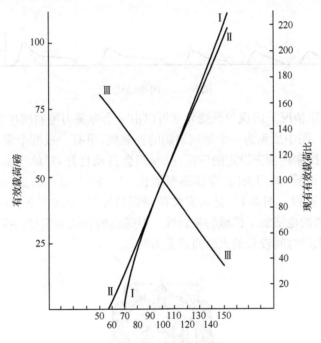

图 3-4-2 现有火箭比值

(5.0 in. HVAR 型有效载荷受气流速度、推进剂重量及发动机重量影响而变化的情况。纵坐标显示为火箭有效载荷值。

曲线Ⅰ:以 5.0 in. HVAR 型为例,受气流速度影响,变化范围 50%～150%范围,气流速度(7,130英尺/秒)。发动机重量(64.4 磅),推进剂重量(24.0 磅)及发射速度(1,375 英尺/秒)均不变。

曲线Ⅱ:受推进剂重量变化影响,变化范围 50%～150%范围,推进剂重量(24.0 磅),气流速度(7,130英尺/秒),发射速度(1,375 英尺/秒)及发动机重量(64.4 磅)均不变。

曲线Ⅲ:受发动机重量变化影响,变化范围 50%～150%范围,火箭发动机重量(64.4 磅),气流速度(7,130英尺/秒),发射速度(1,375 英尺/秒)及推进剂重量(24.0 磅)均不变。)

下面详细探讨降低发动机重量的一些措施。

① 低燃烧室压力。由于发动机重量与燃烧室压力成正比,因此,当排气速度变化不太显著时,降低燃烧室压力在发动机设计中被优先考虑,直到燃烧室压力低

于 500 磅/平方英寸时,通过降低燃烧室压力减轻发动机重量的措施才不如其他因素显著。一般认为,固体推进剂存在一个最低压力限制,当低于最低压力限制时,燃烧将失败,或者异常不完全燃烧。这个特性如图 3-4-3 所示。图 3-4-3 中给出了双基推进剂在低压中的室压记录情况。这种推进剂正常燃压大约在 1,000 磅/平方英寸,低压条件下异常燃烧是非常明显的。最低压力限制是指能够维持稳定燃烧的最低压力。显然最低压力限制值要小,如何实现这一点很值得研究。

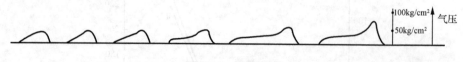

图 3-4-3　间断燃烧

　　燃烧室低压情况下出现的燃烧异常可以由一个弹簧力控制阀控制并避免。如图 3-4-4 所示。图中所见为一个德国研制的控制阀,里有一或两个常规排放喷嘴,当室内压高于控制阀预先设定的气压,控制阀会自动打开,释放气压,当气压低于控制阀的预先设置,阀门关闭,室压逐渐增长。图 3-4-5 显示的是,在控制阀作用下平稳燃烧的过程。图 3-4-3 是未安装控制阀情况下,有较大起伏问题的燃烧过程。当然,控制阀也增加了机械的复杂性。但燃压的降低和重量的控制,抵偿了这些缺点,这对飞行时间较长的火箭而言尤为明显。

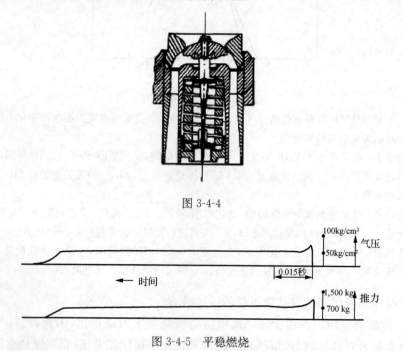

图 3-4-4

图 3-4-5　平稳燃烧

② 小燃烧律指数。小指数燃烧具有稳定、可再生性强的特点,其优越性在于在燃烧室设计时可采用比较低的安全系数,从而可以减轻发动机重量。

火箭弹之类发动机长度较长、直径较小,燃烧室一般设计成管状或十字形燃烧面,它的低燃烧律指数数值比较高。当试图采用推进剂重量对发动机重量的最高质量比时,有限的燃烧室空间限制了燃气流向喷管,假如燃烧空间小,将在燃烧室产生压力梯度,在高压区域,药柱燃速将提高,这种效果将随着燃烧律指数的变大而被放大。因此,如果给定燃烧时间要求,采用低指数燃烧律可以允许较高的推进剂-发动机的重量比。正是由于上述原因,强度较高的推进剂比较适用于这类发动机,主要原因是高强度推进剂可防止药柱在外力作用下变形,阻碍燃气通道。

③ 低温度敏感性。如前所述,温度敏感性与使用环境温度范围紧密相关,一般都希望推进剂温度敏感性越低越好。就这一点,从降低发动机重量角度来说,也是非常期望的。如果推进剂温度敏感性高,当发动机在允许的环境温度上限范围使用时,燃烧室压力将达到温度的 4～5 次方,低燃烧室压力带来的发动机重量降低优势将不复存在。

鲍林·L 推荐将低温度敏感性、高燃速的火药颗粒或小直径火药束,混合到具有高温度敏感性、低燃速的药柱中,可以降低整个药柱的温度敏感性。这种情况下,燃面某些颗粒未燃烧但燃烧面积由快燃火药性能决定。经验证明,在双基推进剂中添加索芬托耳复合推进剂,可降低双基推进剂的温度敏感系数。

④ 限燃和高燃速。之前提到的限燃固体推进剂火箭,与非限燃火箭相比,载荷性能更为出色。然而,为使限燃火箭在较短燃烧时间提高一个或一组推进剂的燃烧速率,而添加某些金属火药,如在阿伯丁推进剂。此类固体推进剂的实际研究工作才刚刚开始,离最终令人满意的结果还很遥远。作为一个在研试验,燃料速率定为 100 英尺/秒,为了提高推进剂性能,加深对燃烧现象的判断理解是必需的。此方面的理解不仅仅是针对燃烧速率的研究,还有针对降低温度敏感性的研究。一般地,对同一种推进剂,不限燃时温度敏感系数要比限燃时温度敏感系数高,因此,从温度敏感性角度来看,应该发展高燃速推进剂,以便能够将药柱燃烧限制为端面燃烧。

⑤ 其他方面所需改善。当温度达到发动机壁面设计温度时,金属强度将降低,因此,为减轻发动机重量,应降低发动机壁面温度。对飞程较短的火箭来说,推进剂本身就是很好的绝缘体,燃烧从药柱中心孔沿轴线开始燃烧,逐步燃烧到壁面,在这种情况下,铝、镁、甚至塑料都可以作为发动机壁面材料。预计将来可以采用陶瓷涂层对发动机壁面防热。

就地面发射的火箭来说,有时要考虑去烟。但这点对于其他火箭并不重要,比如空载导弹。但对照明弹、闪光弹之类也要考虑去烟问题。

3. 总结

在这部分中,我们简要回顾了现代固体火箭的发展现状。讨论了提高诸如温度敏感性、低燃烧室压力以及低燃烧律指数等各种性能的可能性。相信这些问题的解决,将大大增加固体火箭的应用,固体火箭具有内部结构简约的优点。

三、液体火箭

1. 液体火箭的设计标准及其推进剂的选择

液体火箭主要有两方面用途,一个是大型飞行器的助飞器,大型飞行器飞行时间大于 40 秒时助飞器的推力要大于 6,000 磅;另一个是大型制导导弹的推力,大型制导导弹飞行时间大于 80 秒时其推力通常需要大于 20,000 磅。两个设计标准是截然不同的。如果是应用于助飞,主要需要具备以下几个基本特点:运行稳定,易维修,寿命长。另一方面,它的耗油量不是主要问题。火箭推进剂重量只是飞机起飞重量的一个小部分,进入助推过程末段时助飞器被消耗掉,它不是一个恒定的负荷。对于导弹的应用,第一要点是要有高射程;第二要设计简洁易操作;第三如导弹大规模投入使用,成本也是需要考虑的问题。

表 3-4-3 展示了不同液体燃料的性能计算值或期望值。一些不可抗拒的因素致使大部分实验值都低于计算值 10%。在燃烧室低温环境下,硝基甲烷推进剂和过氧化氢推进剂具有出色的表现。这样的优势使它们能轻松适应飞机助推器。硝基甲烷是敏感材料,但通过少量的抗敏剂(如甲醇),其敏感性可得到相应改善。过氧化氢推进剂有最低室温限制。实际上,室温很低(1,220 华氏度)并不需要发动机安装冷却装置,这是一个很大的优势。另一方面,浓缩过氧化氢推进剂有机物质(例如纤维素)的易燃性,会带来推进剂操作的一些困难,尽管这些难题看似已经被德国专家解决了。作为飞机推进剂的第二选择是二元推进剂,如过氧化氢＋甲醇,硝酸＋苯胺。这些推进剂都有很好的性能,但两个成分使供应系统复杂化。高燃烧温度使发动机冷却系统更加困难。尽管红烟硝酸推进剂的性能比白烟硝酸＋少量催化剂制成的推进剂性能好。二氧化氮(NO_2)不适合飞机应用,后者更适合。

远程导弹的应用,以液氧作为氧化剂的燃料是最有效的推进剂。高燃烧温度引发高热流,用液氧作为发动机冷却剂有一定的难度。比较好的选择是把液态燃料放在冷管中,利用冷管的温度和压力环境。合成物质使用液氧＋乙醇,液氧＋甲醇或液氧＋联氨。最后提到的液氧＋联氨是最新的合成物质,还未经过测试,其性能极高,发展前景不可估量。

表 3-4-3　各种液体推进剂的计算性能（室压 300 磅/平方英寸）

推进剂	混合比例	排气速度/（英尺/秒）	比冲/（磅-秒/磅）	容积比冲/（秒/立方英尺）	燃烧室温/华氏	燃烧室出口温度/华氏	产品比热率	产品平均分子量
液态氧,汽油	2.5	7,780	242	14,958	5,470	2,990	1.219	22.66
液态氧 乙醇	1.5	7,830	244	14,777	5,260	2,965	1.212	21.69
液态氧 甲醇	1.0	7,587	236	13,702	4,760	…	…	…
液态氧,氢	1.4	8,000	248	13,161	4,950	…	…	…
液态氧,联氨	0.4	8,285	257	17,327	4,120	…	…	25.40
红烟硝酸 苯胺	3.0	7,091	221	18,763	5,065	2,746	1.220	…
白发烟硝酸 苯胺	3.0	7,035	219	18,184	4,900	2,635	1.221	25.01
白发烟硝酸 糠醇	2.0	6,840	212	17,867	4,293	2,578	…	…
混酸 单乙基苯胺	2.5	6,780	210	17,569	4,600	2,800	…	…
硝基甲烷 二乙二醇,二硝酸盐	…	7,008	218	15,515	3,950	1,980	1.245	20.31
过氧化氢(100%)	…	6,865	213	18,484	4,078	2,061	1.236	21.79
过氧化氢(87%)	…	4,710	146	13,184	1,794	714	1.249	22.70
过氧化氢(87%) 甲醇	…	4,065	126	11,039	1,216	379	1.271	21.92
过氧化氢(87%) 甲醇	4.0	7,180	223	16,845	4,156	2,538	…	…
过氧化氢(87%) 硝基甲烷+30%甲醇	1.0	7,305	227	17,007	4,050	…	…	…
硝基甲烷+35%硝基乙烷	0.3	7,014	218	15,788	2,864	1,966	…	…
过氧化氢(87%) 水合肼	1.6	7,009	218	16,468	4,000	1,950	…	…

推进剂密度与比冲紧密相关。液态氢因其低密度的特性,无形扩大了存储量,被视为一种潜在燃料。因而特别适用于在稠密空气中高速行进的防空导弹。空气阻力与物体较大体积有关,体积大要求推进剂密度越低,这是一个明显的缺陷。如表 3-4-4 中所示,三枚装有爆炸载荷的飞航导弹,被填装三种不同推进剂加以比较。与其他较高性能推进剂相比,填充物为硝酸和苯胺推进剂的飞行时间相同。它易于制造和良好的自燃性,使第二次世界大战中的德国将此类推进剂应用于其防空导弹中。大规模将硝酸和苯胺投入到推进剂中使用有一个弊端,就是苯胺的成本太高。德国研究发现,通过添加成本较低的惰性燃料,可以利用催化剂保持自燃性的稳定。该研究引起极大的兴趣,值得开发利用。同时为了扩大火箭温度运行范围,混合燃料提供了一种控制推进剂其他一些特性的手段,如冰点和黏性。

表 3-4-4　推进剂性能比较

推进剂	液态氧＋液态氢	液态氧＋甲醇	硝酸＋苯胺
结构重量及有效负荷/磅	3,340	3,130	3,100
推进剂重量/磅	3,700	4,770	5,260
总重/磅	7,040	7,900	8,360
推进剂比重	0.4	1	1.4
单位消耗量/(磅/小时/磅-推力)	12.6	16.2	18
推进剂容器容量/立方英尺	150	77	61
弹体前端面/平方英尺	19.4	12.9	10.8
翼面/平方英尺	161	183	194
飞行时间/分钟	19.5	20.5	19.5

2. 推进剂供应系统

① 各种供应系统比较。由于液体火箭推进剂贮存在容器中,供应系统必须在高压环境下,把推进剂从容器输送到燃烧室,所以供应系统是必不可少的。目前开发的系统有加压气体系统、燃气发生系统以及涡轮泵系统(推进剂重量和燃烧室压力相同条件下,重量轻的供应系统排在前)。加压气体系统中的惰性气体,诸如氮或者空气,是在高压条件(高于 2,000 磅/平方英寸)下贮存的。气体通过调压器扩散并直接作用于推进剂燃料箱,使推进剂喷射器向燃烧室加速。推进剂燃料箱在高压环境中,应具备坚固、厚实的特点。惰性气体和高压气体箱的重量与注入推进剂的容量是成正比的。

燃气发生系统中,所需的高压气体并非来自高压气箱,而是由固体燃料和一部分推进剂燃烧产生的。源源不绝的高压气体与注入推进剂总量无关,却与注入推进剂的比率成正比。尽管这个系统仍要求向推进剂燃料箱增压,加压气体系统高压气箱的重量被排除。所以,整个系统的重量就减轻了。

涡轮泵系统是推进剂供料系统中最轻的。推进剂容器可以做得很轻是因为未处于压力之下。少量液体推进剂燃烧的热气驱动涡轮,涡轮驱动泵把推进剂从容器送到燃烧室。而现今,可供使用的泵只有一种,就是离心泵。这种泵的优点是尺寸小、重量轻。一旦推进剂在流量小、输送压力高的情形下,离心泵便会出现运行异常。其他液体泵也应予以开发,特别是高蒸气压液体泵有改进前景,例如使用发烟硝酸和液态氧的泵。涡轮泵的总重量与推进剂流速成正比,而与被泵的总量无关。

加压气体系统和泵系统的基本区别在于,前者的重量与推进剂的总量成正比,而后者的重量与推进剂流量相关。因此,相对短距离、大推力情况下,加压气体系统显然具有更良好的性能。但相对于长距离运行条件,泵供料系统较为适合。如飞行时间为 60 秒,推力 4,000 磅,泵供料系统处在最轻状态。泵系统拥有的复杂机械装置抬高了其加工成本。而作为一种消耗武器,如导弹,是否大规模投入使用还在探讨中,当受生产工时所限,加压气体系统的简洁便衍生出诸多优势。因此供料系统应集中发展加压气体系统和涡轮泵系统。

② 泵传动。在液体火箭的许多应用中,泵也需要由别的动力来驱动。这些动力主要有:与飞行器辅助发动机或者主要动力设备机械相连;通过火箭推进剂驱动的燃气涡轮机;旋转式火箭发动机;螺旋式发动机。

作为飞机或高性能飞机的助飞器,飞机的主要动力装置为泵动力提供了最大便捷。需要注意的两点是:

第一,涡轮喷气动力装置能精确平衡燃气涡轮机动力输出装置与压缩装置。如果将一部分涡轮机动力输出去驱动供料泵,就要采用合适的方法确保涡轮喷气系统满意地运行,例如通过齿轮调节的泵维持涡轮机和压缩机之间的匹配。

第二,在飞行器最初的设计阶段,就要慎重考虑泵和主要发动机安装适当的自动机械装置,努力做好之间的协调。火箭发动机系统应被看做推进系统的整体。非在飞行器设计完成后,被看做飞行器的一个辅助装置。

用主发动机动力装置的有专用的辅助发动机传动和燃气涡轮机传动,主要采用涡轮喷气发动机或者燃气涡轮动力机械燃烧室燃气工作。由于缺乏用于高空运行的小型输出增压发动机,辅助发动机方案存在一定的缺陷。因此,此类泵传动装置较复杂,只有在上节讨论的直接使用机械联结传动时,才考虑使用。

假设火箭发动机是飞行器上唯一的一个动力装置,且能自给泵动力,这样一种直接与离心泵相连的小型燃气涡轮机就成为这种最有发展前景的动力系统。小型辅助燃气发生器或火箭燃烧室分离出的燃烧物给燃气涡轮带来动力。这个系统被称为涡轮火箭发动机。推进剂燃烧物通常温度太高,出于安全考虑,小型燃气涡轮机若长时间运行,就必须有喷水设计进行冷却降温。在较低气温下分解推进剂物质时,使用过氧化氢就不需这种喷注冷却。通过涡轮泵的流量占总流量的 $2\%\sim3\%$。因此对几千磅的小推力,辅助燃气发生器可能会遇到计量困难,特别是使用双组分推进剂的时候。这些系统大都具有的优势是泵动力装置和火箭发动机装置的位置独立。对于飞行器或导弹的应用,有时候这种自由度是很令人满意的。此外,系统在高空甚至真空状态下能够完全自如地运行。

R·H·戈达德已对类似的燃气涡轮泵动力装置做出相应的研究。系统由火箭喷气管带动燃气涡轮机叶轮,通过叶轮边缘进入排气喷气机,使叶轮的大部分处于喷气发动机的外部。由于涡轮叶片与高温排气只有短时间接触,因而尽管温度很高,但仍能实现适当的冷却效果。初步估计,燃气涡轮泵动力装置对推进剂的消耗量与涡轮火箭发动机几乎相同。但是,泵动力装置和火箭发动机位置灵活的优点就不复存在了。

另一个推进剂供料方法是将泵动力装置和火箭发动机结合为一个部件,例如中央喷气机。这里火箭发动机是高速旋转的。目前,尽管已经展示了系统的一些可能性,但其部件的有效性和可靠性还有待完善,旋转燃烧室的燃烧和冷却功能还需更多研究支持。内部紧凑简单的优点促使大家沿着这个方向进一步研究。

有人建议使用空气涡轮动力装置。高速飞行时,使用管道风车更有效,叶片端速能保持很低。与涡轮火箭发动机系统相比,在所设计高度上,由于使用风车而增加的推进剂消耗量约占总量的 4%,相当于一个涡轮火箭。如何在一个高度较宽的范围内有效工作,是目前面临的一个设计难题。在使用极限高度上,风车的尺寸因太大而无法使用。因此,这类传动系统被看做是一个适用范围有限的特殊装置。

3. 发动机构造及设计

发动机设计的两个主要问题是,为了有效燃烧推进剂的最佳注入问题和为了长时间运行发动机壁的冷却问题。

推进剂的注入问题与燃烧室的几何形状紧密相关。目的是要充分利用燃烧室的容量,用最小发动机,实现燃料的完全燃烧。不仅要减轻发动机的重量,还要缩小发动机的壁面,从而减少冷却需要的热量。目前,并不清楚燃烧室详细的循环模式,也很难确定燃烧室是否充分利用。如果我们认为燃烧只是推进剂粒子在燃烧室内停留时间长短的函数,则推力变化范围内燃烧室长度应保持几乎恒定的值。如图 3-4-6 所示。然而,燃烧室中燃烧气流的路径未必遵循轴向,也就是说,气流的长度和时间取决于燃烧室内的流型。

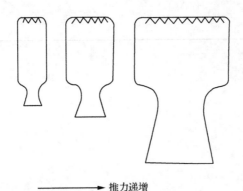

推力递增

图 3-4-6　燃烧室示意图

经过长时间运行,例如 10 秒以上时间,发动机壁必须冷却,以维持结构强度。有 3 个发动机冷却的可行方法:推进剂部分或整体穿过由保护壳包围的发动机和管壁,如由美国航空发动机工程公司研制的液体火箭发动机;部分推进剂以低速沿壁面注入,在壁面形成一层液膜隔离高温燃气,例如 V-2 发动机;推进剂部分被多孔的材质壁面渗透,通过液体/蒸发作用使壁面冷却。

第一个方法被称为再生冷却。其困难是,很可能会遇到冷循环局部淤塞,在壁面形成热点,以及不能充分使用冷却剂,最佳混合比例的汽油和液氧推进剂,以汽油作为冷却剂就可能会堵塞。这样,可能会放弃汽油和液态氧混合推进剂。当然,也可以想办法尝试补救,最初是在外壁涂上一层耐热、绝热的陶瓷制外层,但热气流速率会降低。发展陶瓷隔热外层还只是个开始,进一步的研究还在进行中。

第二和第三个冷却方法原则上是相似的。两者都是依靠汽化器热度将热量传递到壁面。蒸发的推进剂部分也参与燃烧,但与通过普通喷射器注入推进剂主要燃烧区的燃烧效果相差甚远。因此增加推进剂消耗量是无法避免的。当然,消耗的不大也不重要。比较两种蒸发冷却方法知道,孔壁面上冷却剂分布越均匀,冷却剂使用就越有效。初期试验(图 3-4-7)显示这种方法有效。这两个方法还需要研究更加确定的比较方法。

四、总结

由此可见,固体火箭的发展前景更偏重于改善推进剂的特性,而液体火箭则更侧重机械设计方面的研究。重型导弹的大尺寸火箭设计特别需要注意加强燃烧、冷却以及泵动力系统等工程设计问题的研究。

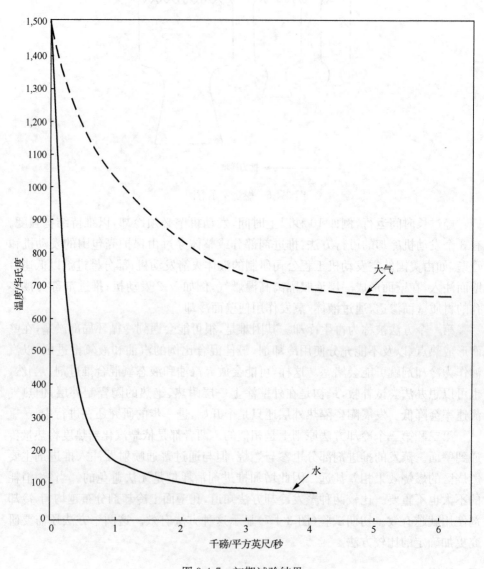

图 3-4-7　初期试验结果

第五节 原子能燃料作为飞机动力的可行性*

一、引言

原子弹爆炸后,原子能作为动力的可行性成为讨论的主题,然而除原子弹计划外,并无对原子燃料和常规分子燃料用于飞行器分析比较的可用信息,本报告将试图给出这样的分析。当然,由于原子弹计划研究的大量数据并未公布,本分析报告主要依据核现象保密条例生效前出版物上的成果。另一方面,核反应的原理在1940年前已被理解,从那以后,并未在本质上发现新的现象,所以当兴趣点不在于准确定量回答问题而在于给出定性结论,作为研究开发原子燃料用于飞机动力系统的指导方向时,下面的分析结果本质上是正确的。

二、可用于发电的原子能燃料特征

外层电子与原子核之间的结合能对每个电子而言通常在几个电子伏特量级,但每个核粒子原子核内质子和中子的结合能却可到达几百万电子伏特量级。任何分子反应,如碳氢化合物在空气中燃烧,对参加反应的原子而言涉及外层电子的重排,而对于核反应,如裂变,则涉及核粒子的重排,所以与每一步分子反应相关的能量在几个电子伏特的量级,而与每一步核反应相关的能量在几百万电子伏特量级。换言之,核反应释放的能量或热量是常规燃料的百万倍,试验也验证了该结论的正确性。如每一步铀-235裂变释放的能量发表的测量值[1]为177,000,000电子伏特,转换为工程单位,U^{235}的热量值为3.120×10^{10} BTU/lb。即使对于低能原子燃料,如钋-210,裂解为铅-206和阿尔法粒子,其热量值也达到3.30×10^8 BTU/lb,而汽油的热量值仅为1.87×10^4 BTU/lb。

热量值的剧增意味着对所有工程应用,"燃料"消耗量可减少至忽略不计的程度,而以原子能为动力的飞机其航程几乎是无限的。但是即使不考虑经济因素,也并不意味着所有的飞机和导弹都要使用原子能燃料,问题的关键是能量释放的速率,飞机携带燃料的重量是长期以来都需要考虑的一个重要问题。对于给定的发动机,若用原子能燃料替换常规燃料,那么原子能燃料能量释放的速率必须与所替代的常规燃料能量释放速率相同。若每磅原子能燃料能量释放速率很小,那么就必须加大原子能燃料的重量以达到所需总的能量释放速率。这样,若工作时间较短,那么所携带的常规燃料的重量就会比原子能燃料轻,在这样的情况下,就没有

---

* 本节是钱学森1945年《Toward New Horizons(迈向新高度)》第7卷《飞机燃料和推进剂》第5部分的内容,刘玉文,译。

① Henderson, M. C., "The Heat of Fission of Uranium," Physical Review, 1940, 58:774-780.

必要使用原子能燃料。

那么原子能燃料的能量释放速率到底如何？

最简单的核反应是自然辐射，这类反应不可控，其速率取决于衰变原子的内部结构。如元素钋-210[①]通过辐射阿尔法粒子裂解，产生的总能量为 $3.30 \times 10^8 BTU/lb$，半衰期 136 天，能量释放的平均初始速率为 $5.06 \times 10^4 BTU/hr/lb$。不能对该原子能燃料进行控制是其主要缺点，因为在对其控制的过程中，将不可避免地带来更大损耗。另一方面，由于燃料只辐射阿尔法粒子，易于吸收，又是其一大优点，这样对飞行员和其他乘员而言，就不需要笨重的屏蔽防护。要将材料的热量转换为可运转的流体的热量，可将钋片与流体方向平行放置，这样可提供更大的外表面。

另外一类核反应是裂变链式反应。该类反应的反应速度可通过人工方法进行控制，如将能够吸收中子的材料片或棒插入反应室中，这样即使较高的反应速率也是安全的。事实上，原子弹只是一个极端的例子。对于发电，不需要原子弹爆炸那样高的反应速率，从安全角度考虑，也不需要太高的反应速率，此处，核材料依然做成片状在反应室中与流体方向平行放置。要有效进行核反应，设计时有两个因素必须考虑，即整个反应室的临界体积；材料片所需厚度。在缺乏准确数据亦并未进行计算的情况下，我们假定整个反应材料的大小必须大于 10cm 见方的立方体，中子在纯裂变材料中的自由路径也大约在 10cm，若用 U^{235}，能够连续反应的最小量为 40 lb。为计算在该反应室中达到的热量释放速率，假设表面热传递率为 1 BTU/sec/sq.in.[②]，材料片厚度为 1/2 cm，那么热量释放速率为 $5.44 \times 10^4 BTU/hr/lb$。

前述讨论表明放射性衰变不可控，但取决于材料自身，链式裂变反应速率可根据设计进行调节，考虑的两种情况都可使原子能燃料的热量释放速率达到大约 $5 \times 10^4 BTU/hr/lb$。用该热量释放速率可能达到的值，就可估计原子能燃料用于飞机的可行性。

三、原子能燃料用于热喷发动机的可行性

对于诸如冲压或涡轮等热喷发动机，其燃烧室可由前一小节提及的核反应室替代。如果热喷发动机的消耗率为每磅推力每小时 s 磅汽油，由于汽油产生 1 lb 推力的热量值为 18,700 BTU/lb，所以需要的热量速率为 18,700 BTU/hr，那么

---

① 钋-210 可根据下面的方程用铀堆中的中子源通过铋进行制造

$$_{83}Bi^{209} + _0n^1 \rightarrow _{83}Bi^{210} \rightarrow _{84}Po^{210} + _{-1}e^0$$

该燃料首先由乔治·华盛顿大学的 G. Gamow 博士提出。

② 该值与火箭发动机壁的热传递率比较接近。

相应的原子能燃料需求量为

$$\frac{18,700s}{5\times10^4}\text{lb}$$

其中，5×10^4 为前面计算的每磅原子能燃料每小时的热量释放率，单位 BTU。工作时间为 t，相同重量的原子能燃料和汽油由下式给出

$$\frac{18,700s}{5\times10^4}=st$$

或

$$t=\frac{18,700}{5\times10^4}\text{ hr}=22.4\quad\text{min.}$$

所以，若工作时间大于 22 分钟，单纯从重量的角度考虑，采用原子能燃料比用汽油更具优势。这样看原子能燃料应首先用于涡轮螺旋桨和涡轮喷气这类长期工作的发动机，而冲压发动机通常工作时间较短。若不能在前述估值的基础上进一步提高原子能燃料的热量释放速率，那么原子能应用的可能性将很小。当然，此处并未考虑经济方面的问题。事实上，根据前面的计算，1,000 lb 推力的涡轮发动机大约需要 300 lb 的原子能燃料，这一点需引起注意。若原子能燃料的花费巨大，除极长航程飞机上可用外其他应用并不具可行性。

四、原子能燃料用于火箭的可行性

原子能燃料用于火箭的可行性研究受到采用何种液体作为工质的困扰。为了计算，我们假设火箭燃烧室的压力和温度分别为 40 个大气压和 $5,000°F$，那么在假设燃烧室喷流等熵膨胀的条件下，火箭喷流速度 c 为

$$c=10^4\sqrt{\frac{\delta}{\delta-1}\frac{4.96}{m}\left[1-\left(\frac{1}{40}\right)^{\frac{\delta-1}{\delta}}\right]}$$

其中，m 为工质的分子重量；δ 为热量比。

首先，考虑工质为液氢，$m=2,\delta=1.4$，那么喷流速度为

$$c=23,800\text{ ft/sec}$$

消耗率为 4.87 /lb/hr/lb-推力。

若工质为氦，$m=4,\delta=5/3$，在相同的燃烧室条件下，喷流速度为

$$c=15,000\text{ ft/sec}$$

消耗率为 7.48 /lb/hr/lb-推力。

液氢和液氦的汽化温度都较低，若工质以液态形式贮存，那么用 $C_P\cdot5000$ 计算每磅液态工质增加的热量带来的误差可忽略不计，其中 C_P 是压力为常数时热量释放速率。对于纯正气体

$$C_P = \frac{\delta}{\delta - 1} \frac{1.984}{m}$$

这样,氢增加的热量为 17,350 BTU/lb,氨增加的热量为 6,200 BTU/lb。

对于原子能火箭和常规火箭,燃料重量相同时,假设常规火箭的燃料消耗率为 15/lb/hr/lb-推力,时间 t(以小时计)的方程为

氢　　　　　　　　$\left(\dfrac{17,350}{5 \times 10^4} + t\right)4.87 = 15\,t$

氨　　　　　　　　$\left(\dfrac{6,200}{5 \times 10^4} + t\right)7.48 = 15\,t$

求解上面两个方程

对氢而言　　　　　　　　$t = 0.167\text{hr} = 10\text{min}$

对氨而言　　　　　　　　$t = 0.123\text{hr} = 7.4\text{min}$

由于火箭的工作时间通常远小于 10 分钟,所以除非原子能燃料的热量释放速率远大于估计值 $5 \times 10^4 \text{BTU/hr/lb}$;否则,不会将原子能燃料用于火箭。

五、后记

原子能燃料替代碳氢化合物是否可行的主要因素不是原子能燃料的热量值而是其热量释放速率。对于估值为 $5 \times 10^4 \text{BTU/hr/lb}$ 的热量释放速率,在只考虑重量的情况下,原子能燃料用于涡轮螺旋桨和涡轮喷气发动机具有一定的可行性,用于原子能冲压发动机的可行性较小;而对于原子能火箭,不管采用氢还是氨作为工质,都难以实用。

前述结论都是基于核反应室的设计可行的情况,然而原子能工程或对原子能的应用还处在初期,期待未来会有更好的能量生成方法。例如,对于火箭应用,可将少量气态 U^{235} 同位素氟化铀喷入氦流中,若氦流尺寸较大,一旦铀化合物与氦流完全混合,那么整个体积将会超过临界体积,在几分之一秒内就会完全反应,此时氦的作用相当于慢化剂。在反应室的出口处,氦气与裂变物被加热至很高的温度,如同在常规火箭中一样,高温气体通过喷管膨胀排出。这里,与常规燃烧类似之处,在于通过调节铀化合物的喷入量控制热量的释放速率,因为铀化物喷流的体积处于此临界状态,在喷射器中并不会开始裂变。由于任何自发裂变都会启动核反应,所以这类反应室都是自点火的。选择氦作为慢化剂是由于其自身的慢化特性,若空气作为慢化剂,那么对热喷发动机而言也需采用相同的机制。原子能动力系统比前面提及的常规系统的优越性要达到实用程度尚需进一步研究。

第六节　今天苏联及美国星际航行中的火箭动力及其展望[*]

一、星际航行与洲际弹道式火箭

常听到人说：人造卫星是远程火箭的一种表现，意思是有了远程火箭也就有人造卫星。星际航行的动力是否和远程火箭的动力一样，我想了一想，它们还不是一个简单关系。星际航行所需要的动力要比远程火箭大得多，星际航行的动力如果限于远程火箭的动力，动力就会显得不足。

美国发射了近 40 个卫星，所用运载火箭的第一级三分之二以上是"雷神"。那是一种定型了的中程弹道火箭，比较可靠，起飞重量约 50 吨，它的推力是 70～80 吨。美国用作发射卫星的运载火箭还有"宇宙神"，"宇宙神"火箭的推力约为 180 吨，比"雷神"要大两倍多。美国在 1958 年下半年把宇宙神运载火箭送到轨道上去，美国宣传送上去的卫星重达 4 吨，实际上它包括运载火箭空壳的重量，火箭的真正有效负载只有 67 公斤。美国"水星"载人容器的重量为 980 公斤，差不多是 1 吨重，用"宇宙神"火箭送上卫星轨道。它的起飞重量是 110 吨，因此把 1 吨重的东西送上卫星轨道大约要起飞重量为 110 吨的运载火箭，其推力约为 180 吨。

苏联用来发射卫星式飞船（重 4 吨半左右）的运载火箭，如果按这个比例推算，初重为 450 吨左右，推力在 600 吨到 700 吨之间。我现在把它们做一些分析和计算，看着这种估计有没有依据。

二、对苏联使用的星际航行动力的估计

如果 g 是地球引力常数，I_1 为第一级的平均比冲（秒），I_2 为第二级的平均比冲（秒）；$M_1^{(1)}$ 为整个火箭的起飞重量，$M_2^{(1)}$ 为第一级燃烧终了时的全火箭重量，$M_1^{(2)}$ 为第二级的点火重量，$M_2^{(2)}$ 为第二级燃烧终了时的重量；而两级火箭的总燃烧时间为 T；那么两级火箭的终了速度 v 以下列公式表示：

$$v = gI_1\ln\frac{M_1^{(1)}}{M_2^{(1)}} + gI_2\ln\frac{M_1^{(2)}}{M_2^{(2)}} - \int_0^T g\sin\theta dt - \int_0^T \frac{D}{M}dt$$

其中 θ 为轨道与当地水平面所成的角，D 为空气阻力，M 为瞬时火箭质量，而时间 t 的积分从起飞一直到第二级停火。后两个积分代表地心引力所产生的损失及阻力所引起的损失。对一般的星际航行轨道来说，这两项中以第一项为主，而两项之和为 1.3 公里/秒，或 1,300 米/秒。因为对发射低高度的卫星来说，$v =$

＊　本节是钱学森 1961 年 6 月 3 日在中国科学院举行第一次星际航行座谈会上的中心发言。原载 1965 年科学出版社出版的《星际航行科技资料汇编》（第一集），1～13 页。

8,000 米/秒,那么

$$gI_1 \ln \frac{M_1^{(1)}}{M_2^{(1)}} + gI_2 \ln \frac{M_1^{(2)}}{M_2^{(2)}} = 8,000 \text{ 米/秒} + 1,300 \text{ 米/秒} = 9,300 \text{ 米/秒}$$

用现在所习用的推进剂,三级火箭与二级火箭相比,还是用二级火箭比较合适,级数多了,就需要一套比较复杂的自动控制系统,这不太合算;所以上面和下面的计算,都假设卫星的运载火箭是两级的。美国发射第一颗人造卫星时,第一级以上采用了多级固体火箭,也没有控制系统,那是一时权宜之计,不足为训。

如果我们用推进剂为液氧煤油的发动机,那么 I_1 为 260 秒,而第二级基本上在真空操作,I_2 略高,取为 290 秒。让第一级的负担略重,占 9,300 米/秒中的 4,700 米/秒,而第二级占 4,600 米/秒。如果火箭的起飞重量在几百吨的范围,那么第一级的结构重可以估计占全重的 0.065;第二级的结构重可以估计占第二级全重的 0.090。这是比较保守的估计。("雷神"总重 10 吨,结构比为 7.2%;"大力神"总重 100 吨,结构比为 6.3%;"宇宙神"总重 110 吨,结构比为 5.1%。)

因此,4,700 米/秒 = 9.80 米/秒² × 260 秒 × ln ($M_1^{(1)}/M_2^{(1)}$);故 $M_2^{(1)}/M_1^{(1)}$ = 0.1577

从而第二级的重量和火箭全重的比例,即 ($M_1^{(1)}/M_1^{(1)}$) = 0.1577 − 0.065 = 0.0927。同样,第二级 4,600 米/秒 = 9.80 米/秒² × 290 秒 × ln ($M_1^{(2)}/M_2^{(2)}$);故 $M_2^{(2)}/M_1^{(2)}$ = 0.1980。如果 m 为卫星的重量,第二级的结构重量比为 0.090,$m/M_1^{(2)}$ = 0.1980 − 0.090 = 0.1080。总的来说:$M_1^{(1)}/m = 1/[(m/M_1^{(2)})(M_1^{(2)}/M_1^{(1)})]$ = 1/(0.1080 × 0.0927) = 100。以此推测,苏联发射的卫星式飞船,重量约为 4.7 吨,故两级火箭的起飞重量当为 470 吨,起飞推力当在 600 吨到 700 吨;第二级点火重量 $M_1^{(2)}$ = 0.0927 × 470 = 43.6 吨,第二级结构重量为 0.090 × 43.6 = 3.92 吨。

1961 年 6 月 2 日人民日报报道说东方号飞船是用多级火箭发射的,火箭上装有推力很高的六个液体燃料火箭发动机,运载火箭所有各级发动机的总的最大有效功率为 2,000 万匹马力。假定第一级有 5 个发动机,每个发动机的推力是 120 吨到 140 吨;第二级有一个发动机。F 为推力,单位为吨,$v^{(1)}$ 为一级火箭飞行得最快时的速度,单位为公里/秒,那么依照最大功率为 2,000 万匹马力的说法,$F \cdot v^{(1)}$ = 1,500 吨公里/秒。因此如假定第一级火箭脱落时最大的速度 v = 3 公里/秒,则 F = 500 吨。

如用另一种计算方法,假定喷气动能有效功率为 1,500 吨公里/秒,c 为排气速度,单位为公里/秒,$F \cdot c/2$ = 1,500 吨公里/秒,设 c 为 3 公里/秒,则 F 为 1,000 吨。因此可以大概估计东方号飞船多级火箭的推力在 500 吨以上,这与我们前面的计算相符合。

现在看一看 6.483 吨的重型地球卫星(第四个人造地球卫星)是如何发射的。我估计第一级不变,第二级起飞重量 $M_1^{(2)}$ 仍然不变,结构重量也不变,为 3.92 吨,但卫星加大了,故 $M_2^{(2)} = 3.92$ 吨 $+6.5$ 吨 $=10.42$ 吨。然后反过来计算第二级发动机的平均比冲 I_2

$$4,600 \text{ 米/秒} = 9.80 \text{ 米/秒}^2 \times I_2 \text{ 秒} \times \ln(43.6/10.42)$$

因此 I_2 为 328 秒,这比液氧煤油的 290 秒大;但如果用了高能燃料,则完全可以做到。

有了这个基础,再分析一下宇宙火箭。根据公布材料,最后一级不带燃料的重量为 1.5 吨,速度达到第二宇宙速度 11.2 公里/秒,如果头两级火箭的轨道有适当的倾斜,第三级火箭轨道差不多平行于地球表面,即 $\theta \approx 0$;同时第三级火箭飞得高,没有空气阻力损失,所以如果 v_3 是第三级的理想速度,那么

$$v_3 = 11.2 \text{ 公里/秒} - 8 \text{ 公里/秒} = 3.2 \text{ 公里/秒}$$

让第三级的初始重量 $M_1^{(3)}$ 等于以前卫星的重量,即

$$M_1^{(3)} = 4.7 \text{ 吨}, M_2^{(3)} = 1.5 \text{ 吨}$$

因此

$$v_3 = 3,200 \text{ 米/秒} = 9.80 \text{ 米/秒}^2 \times I_3 \text{ 秒} \times \ln(4.7/1.5)$$

得到第三级的平均比冲为 $I_3 = 286$ 秒。

因为在真空中比冲要比地面的大些,I_3 完全可以达到 286 秒,只需用一种较好的自然性燃料就行了。

金星火箭是从 6.5 吨重的卫星上发射的,如果卫星上的定向及其他设备共重 0.5 吨,金星火箭点火时的重量是 6 吨。根据苏联公布的资料,金星火箭当燃烧完了后的速度要比第二宇宙速度大 661 米/秒,因此金星火箭增加的速度应是 11.2 公里/秒$+0.661$ 公里/秒-8 公里/秒$=3.861$ 公里/秒,比冲 I_3 仍取 286 秒,那么

$$3,861 \text{ 米/秒} = 9.80 \text{ 米/秒}^2 \times 286 \text{ 秒} \times \ln(M_1^{(3)}/M_2^{(3)}), \text{其中 } M_1^{(3)} = 6 \text{ 吨},$$

$$\therefore M_2^{(3)} = 1.513 \text{ 吨}$$

金星火箭燃料燃烧完后,放出一个行星际站,而行星际站的重量为 0.643 吨,所以金星火箭的结构重量是 1.513 吨-0.643 吨$=0.870$ 吨,结构比为 $0.870/6 = 0.145$,这对 6 吨的火箭来说是完全合理的。

从以上分析,苏联的宇宙火箭第一级是用五个 $120 \sim 140$ 吨推力的发动机,起飞重量为 470 吨,第二级是用两个型号,点火重量都是 43.6 吨,一个型号用液氧煤油的发动机,这是用得较多的;而苏联当发射重型卫星和金星火箭时用了另一个改进的型号,用了高能推进剂。

以上可以看出发射金星火箭和自动行星际站的星际航行动力系统确实是很大的,比远程火箭的动力要大几倍。

三、美国星际航行动力的情况

美国"土星"火箭和"新星"火箭的设计方案。肯尼迪上台后,加速发展所宣扬

的"土星"火箭。最初设计方案是(见表 3-6-1、表 3-6-2):第一级是用 S_1 级,有 8 个 H-1 型发动机,用 RP-1 煤油液氧作推进剂,推力 683.2 吨;已经作了几次的试射。第二级是用 S_4 级,是用 4 台以液氢液氧作推进剂的发动机,总推力为 31.76 吨,美国已经做出来了。第三级是用 S_5 级也是以液氢液氧作推进剂的发动机,用 2 台,推力为 15.9 吨。

表 3-6-1 "土星"运载火箭的方案

运载火箭方案		C-1	C-2	C-3
级 数		3	4	5
各级标记(设计名称)		$S_1+S_4+S_5$	$S_1+S_3+S_4+S_5$	$S_1+S_2+S_3+S_4+S_5$
全长(米)		约 56.5	65~70	—
起飞重量(吨)		550~580	—	—
第一次发射时间		1964 年以后	1965~1967 年	
有效载荷(公斤)	将卫星送入 480 公里高的地球卫星轨道	9,980	20,400	25,000
	将仪表容器送入绕月球运行的轨道	5,440	—	
	将火箭送入行星际轨道	4,080	7,700	
	将卫星送入 24 小时的地球卫星轨道	2,040	4,080	
	向月球实行软着陆	1,090	2,270	
	其他种类载荷	将流浪者核火箭作为第三级,在 1965 年发射时用重为 6,800 公斤的载人高速滑翔机"载纳锁尔"做第三级	用流浪者核子火箭做第三级,有人驾驶并操纵	有人驾驶飞行器向月球实行软着陆,并返回地球

表 3-6-2 "土星"运载火箭的各级性能

各级标记	S_1	S_2	S_3	S_4	S_5
C-1 方案用途	各方案内的第一级	—	—	第二级	第三级
C-2 方案用途		—	第二级	第三级	第四级
C-3 方案用途		第二级	第三级	第四级	第五级
承制公司	马歇尔空间飞行科研中心	—	—	道格拉斯	康维尔
直径(米)	约 6.7	—	—	5.5~5.6	3.05
长度(米)	25.0	—	28.6	15.25	16.20

续表

各级标记	S_1	S_2	S_3	S_4	S_5
发动机数和型号	8×H-1[1]	4×J-2[2]	2×J-2[3]	4×LR-115	2×LR-115
发动机承制公司	火箭达因公司	同左	同左	普拉特-惠特尼公司	同左
推进剂	RP-1 煤油液氧	液氢液氧	同左	同左	同左
推力(吨)	8×85.4[4]	4×90.7 =362.8	2×90.7 =181.4	4×7.94 =31.76[5]	2×7.94 =15.88[6]

注:1)"雷神"发动机的改型。

2)可能安装 6 台 J-2 发动机。

3)可能安装 4 台 J-2 主动机。

4)推力预计可增到 8×113.4=907.2 吨。

5)推力预计可增到 4×9.07=36.28 吨。

6)推力预计可增到 2×9.07=18.14 吨。

美国还准备制造 S_2 级、S_3 级,S_2 级是用 4 台液氢液氧发动机,总推力为(4×90.70 吨)362.80 吨;S_3 级是用 2 台液氢液氧发动机,总推力为(2×90.70 吨)181.40 吨,但 S_2、S_3 级未做出来。近期实现的只是用 S_1 作一级,S_4 作二级,S_5 作三级的方案,全长为 56.5 米,起飞重量为 550~580 吨,发射时间为 1964 年以后。

根据美国 C-1 运载火箭方案,采用 S_1、S_4、S_5 三级,可以把 9.98 吨重的卫星送入 480 公里高的地球卫星轨道。如要发送月球行星际站,其重量可达 5.44 吨。如要发送火星行星际站,其重量为 4.28 吨。如要发送离地球很高的周期为 24 小时的卫星,其重量为 2 吨。如要向月球实行软着陆,即用火箭刹车,使着陆速度很小,则到月球的重量为 1 吨。

如果 S_2、S_3 搞出来,C-2 方案采用 S_1、S_3、S_4、S_5 四级,可以发射 20.4 吨重的卫星。C-3 方案采用 S_1、S_2、S_3、S_4、S_5 五级,可以发射 25 吨重的卫星。美国还打算用原子火箭做第三级或者用超高速滑翔机作第三级。目前 S_2、S_3 尚在研制阶段。

这些方案的第一级采用 S_1 级,有效推力都在 600~700 吨范围内。但是 8 台发动机拼凑起来很复杂,可能会出现问题,因此准备先作十次的试验性发射,直到现在为止已作了四次发射(1961 年 10 月 27 日,1962 年 4 月 25 日,1962 年 11 月 16 日,及 1963 年 3 月 28 日)。据苏联公布,宇宙火箭只用 6 个发动机,因此单机推力比美国的要大得多。美国为了扭转这个落后的局面也在搞大推力的发动机,在试车台上的 F-1 型煤油、液氧发动机,单机推力为 680 吨,他们自己估计在 1963 年可以实际使用。这个发动机的燃烧室直径是 1 米,喷管出口直径差不多是 3 米,全长 3.4 米。开车时,每秒差不多要烧两吨液氧,一吨 RP-1 煤油,液氧和煤油是用涡轮泵打入燃烧室的,涡轮泵外径 1.2 米,长 1.5 米,重 1.14 吨,功率 6 万匹马力。全发动机重约 6.8 吨。

　　我们在估计苏联所用的星际航行动力时,得出放 4.6 吨重的卫星要 600 吨到 700 吨推力;而美国尚未实现的"土星"C-2 及 C-3 型却能用差不多同一推力放 20.4 吨重的或 25 吨重的卫星。其中缘故是:我们估计时认为没有用高能燃料,而 "土星"C-2 及 C-3 型则在第一级以上都用液氢液氧高能推进剂。一般推进剂在高空的比冲约为 300 秒,而液氢液氧在高空的比冲约为 420 秒。液氢液氧推进剂不但比冲大,而且没有毒性;自然,液氢挥发性大,密度又小,需要较大的储箱,这都是缺点。但是权衡优缺点,对星际航行来说,优点胜过缺点。在今天液氢液氧发动机是星际航行中最现实的高能推进剂。美国已经研制成推力为 7.94 吨的 LR-115 液氢液氧发动机;而正在研制的液氢液氧发动机有表 3-6-2 中的 J-2 发动机,推力为 90.7 吨。

　　为了把人送上月球降落并返回地球,必须把约 60 吨的月球飞船先加速到接近第二宇宙速度,因此 C-1,C-2,C-3 等"土星"火箭还是不够的,只能进行一些在地球附近的试飞。所以美国还在设计推力更大的 C-5"土星"火箭[1,2],它的第一级用 5 台 F-1 发动机,以液氧和 RP-1 煤油作推进剂,总推力约 3,400 吨,火箭直径约为 10 米。但据计算,这样大的运载火箭还只是实现载人星际航行的最低要求,为了作更下一步的准备,美国还在考虑更巨大的"新星"火箭[3],它的推力达一万吨级,一个方案是用 12 台 F-1 发动机,总推力为 8,200 吨;另一方案是用一台巨型液体推进剂的火箭发动机,推力为 12,000 吨,只是发动机就有 21 米长,喷管出口直径达 14 米。再一个"新星"火箭的方案是用 4 台直径为 6.6 米巨型固体推进剂火箭发动机,每台推力约 2,730 吨,总推力 10,900 吨。

四、星际航行动力的展望

　　从液氢液氧发动机再往前走一步是原子火箭发动机,也就是用裂变原子反应堆为热源,使用氢为工质,吸收反应堆的热能,加到高温,然后从喷管喷出。如果反应堆能承受约 3,000℃的温度,那么这种原子火箭发动机的比冲可以提高到 800～1,000 秒。这是星际航行动力的下一步,它可以充分利用液氢液氧发动机中处理液氢的那一套技术,但由于这种火箭的排气有较强的放射性,不宜用作第一级运载火箭的动力。

　　从原子火箭发动机再往前走一步将是电原子火箭发动机,也就是让从原子反应堆出来的高温氢气先在气涡轮中膨胀一次,膨胀后的氢气用液氢来冷却,冷却了的氢气再用压气机压到高压,再进入反应堆吸热。第二次加热后的氢气出了反应堆又进入电弧室,这是利用氢气涡轮带动发电机所产的电,把氢加温到反应堆所不能承受的更高温,约 4,500℃,再喷出喷管。估计这种电原子火箭发动机的比冲可以达到 1,400 秒。

　　比 1,400 秒更高的发动机将是所谓离子火箭发动机,即用裂变原子反应堆作能源,以涡轮发电机或其他热能发电器发电;再用电来加速较重的离子如铯,铯离子在离开发动机前混入适量的电子成为等离子喷气,产生推力,比冲可以到达万秒以上。但这里的问题是发电系统的重量较大,必需限制等离子流的量,尽管比冲大,推力不能大。因此这种离子火箭发动机的推力只能是飞行器重量的几千分之一以至万分之一,也就是加速度为几千分之一或万分之一。所以首先不能用在从地面起飞,只能用在从卫星轨道上起飞的星际飞船。但就是那样,也因为加速度小而会延长星际旅行的时间;这是载人星际飞船所不允许的。所以这样的离子火箭将用于不载人的,即完全自动化的星际货船。当然,本来不用大推力的,像为保持人造卫星的高度、抵消微小的大气阻力用的发动机,那可以用离子火箭发动机。所以离子发动机的应用范围是有限的,在那范围以内,它具有高比冲的优越性。

　　自然,一旦受控热核反应成为现实,反应器中的气体本身就是等离子体,喷出去就是等离子气,这就是离子火箭发动机了;而推力也不会受限制,这样情况又有所不同了,那将是星际航行中一次革命性的发展。

　　以上是从加大比冲,降低推进剂消耗量,从而提高有效负载来看问题。但星际航行的动力问题也还有另外一个方面,即经济问题:运载火箭只用一次,把有效负载送上天就算完成任务,就报废了,这不能算是很经济的办法;对巨型运载火箭来说就更是如此。解决的办法可能有三个:一个是尽量降低火箭的造价,尤其是庞大的第一级火箭;现在趋向于用固体推进剂的发动机作为第一级动力,因为在相近推力的条件下,固体发动机的研制及生产费用小于液体发动机。第二个办法是设法回收第一级火箭的空体,修补后再用第二次,这个问题现在也未解决,尚在研究阶段。最彻底的办法是引用超声速飞机作为第一级运载工具,即在飞机上发射运载火箭[4]。飞机可以多次使用;而且每次飞行后不需要修补。但要实现这个方案就必须设计出能在几十公里高空中作七倍到十倍声速飞行的大飞机才行,这就提出一连串航空技术上的新问题,如高超声速气动力设计、耐热结构超高速空气喷气发动机,以及设计能从低速加速到超高速的经济动力系统。问题是困难的,但为了星际航行的进一步发展,我们应该研究这些问题。

参 考 文 献

[1] G. P. Pedigo and A. G. Orillion, Launch-Vchicle Design, SAE National Aeronautics Meeting, April, 1962, Preprint No. 513B.

[2] C. C .Johnson, Apollo Spacecraft Design, SAE National Aeronautics Meeting, April, 1962, Preprint No. 513A.

[3] Missiles and Rockets, 1962 年 11 月 12 日,13 页。

[4] R. J. Lane, Recoverable Air-Breathing Boosters for Space Vehicles, Journal of Royal Aeronautical Socie-ty, 66, No. 618, 371~386, 1962.

附　图

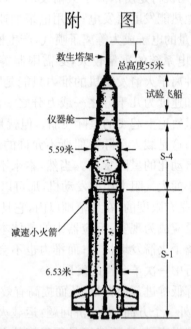

图 3-6-1　C-1 运载火箭及"阿波罗"月球飞船的组合，用来把飞船射入地球卫星轨道，
以进行各种试验。这是美国想把人送上月球降落并返回地球的第一步

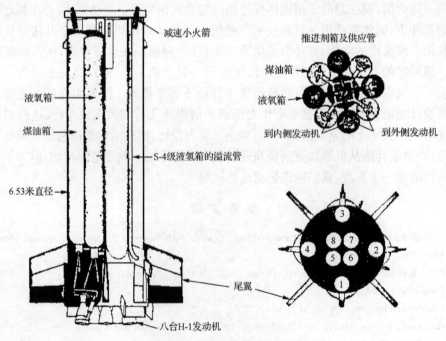

图 3-6-2　S-1 级的结构示意图

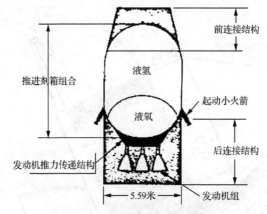

图 3-6-3　S-4 级的结构示意图

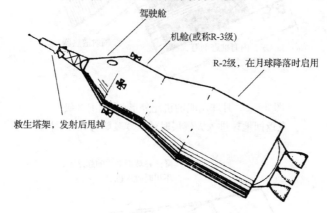

图 3-6-4　"阿波罗"月球飞船示意图

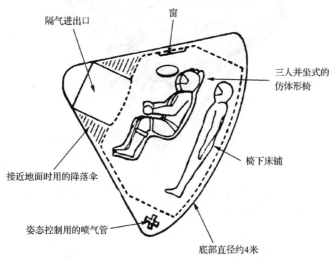

图 3-6-5　月球飞船的驾驶舱,在返回地球时,只有这部分是降落到地面的

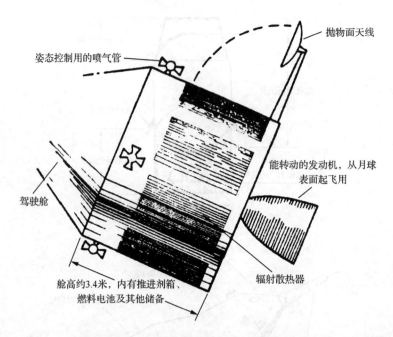

图 3-6-6　月球飞船的机舱外形（或称 R-3 级）。
在返回地球进入大气层时就从驾驶舱分开，甩掉

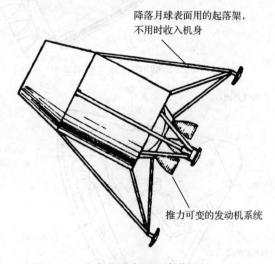

图 3-6-7　为在月球表面上降落用的 R-2 级

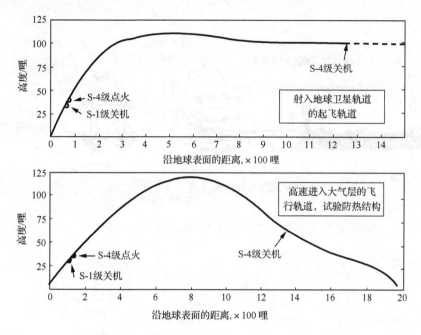

图 3-6-8　用 C-1 运载火箭进行月球飞船试飞的两种典型轨道(1 哩等于 1.853 公里)

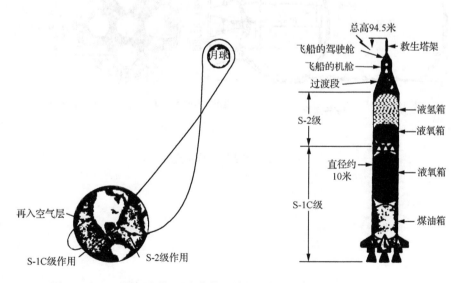

图 3-6-9　C-5 两级火箭,用来作绕月球的飞行,这是美国想把人送上月球
降落并返回地球的第二步

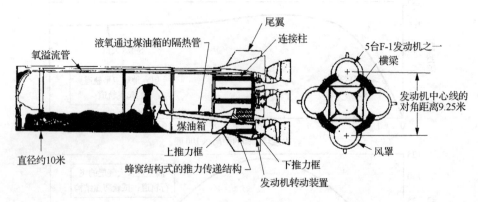

图 3-6-10　S-1C 级的结构示意图

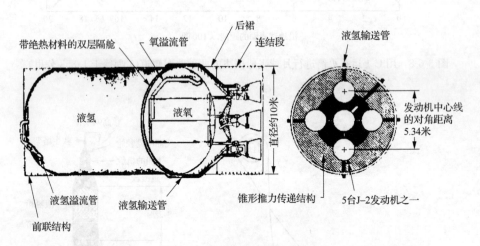

图 3-6-11　S-2 级结构示意图

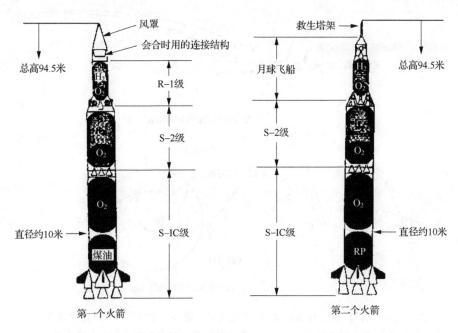

图 3-6-12 用两个 C-5 运载火箭分别把月球飞船与 R-1 级送上地球卫星轨道,然后再在
卫星轨道上会合,联在一起;再从卫星轨道上起飞,飞向月球(这是美国想把人送上
月球表面降落并返回地球的一种方案)

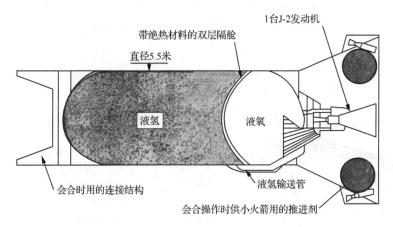

图 3-6-13 R-1 级结构示意图(R-1 级是用来把月球飞船从卫星轨道速度加速到
第二宇宙速度用的)

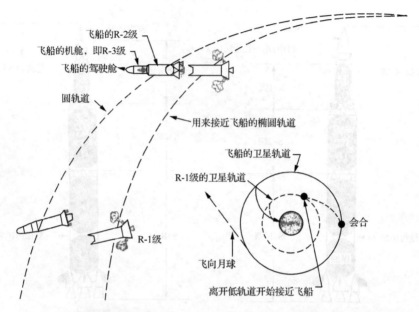

图 3-6-14　月球飞船(包括驾驶舱、机舱或 R-3 级、R-2 级)与 R-1 级在地球卫星
轨道上会合时的飞行轨道,会合的操作主要由 R-1 上的会合小火箭来做

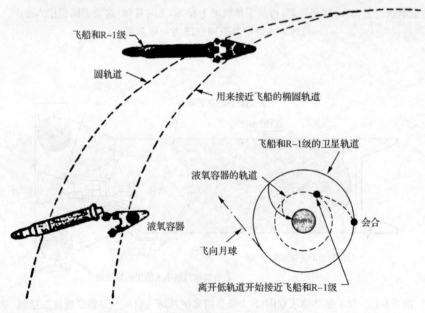

图 3-6-15　另一个在地球卫星轨道上组合飞船和 R-1 级的方案(用一个 C-5 运载火箭
把月球飞船连同只盛液氢的 R-1 级送上地球卫星轨道,用另一个运载火箭把 R-1 级
所需的液氧装入容器送上另一个卫星轨道;然后执行会合,把液氧注入 R-1 级的液
氧箱;最后甩掉空的液氧容器,在轨道上起飞)

第四章　航空航天工程组织管理

第一节　聂荣臻同志开创了中国大规模科学技术研制工作的现代化组织管理*

20 世纪 50 年代中期,在我国当时十分困难的条件下,党中央、毛泽东主席决定研制并生产中华人民共和国自己的导弹核武器,并且批准了"自力更生为主,力争外援为辅,充分利用资本主义国家的科学技术成果"的方针。周恩来总理负责这项工作全局性的领导和组织,而具体的组织领导者就是聂荣臻同志。中央军委副主席聂荣臻同志那时也是国务院副总理,国家科学技术委员会主任,国防科学技术委员会主任,统筹兼顾,全面调度,充分发挥了科学技术人员的聪明才干,研制工作取得了迅速的进展。一九六四年十月十六日第一颗原子弹爆炸成功,一九六六年十月二十七日在我国国土内发射并爆炸了一枚导弹核武器,一九六七年六月十七日我国第一颗氢弹爆炸成功。我们的科学技术人员在今天回顾往事,都十分怀念那个时代,称之为中国科学技术的"黄金时代",也十分尊敬和爱戴我们的领导人——聂老总。

聂荣臻同志赢得中国广大科学技术人员的敬爱,因为他模范地贯彻执行了党的知识分子政策,不受错误路线的干扰,在林彪、"四人帮"反革命分子猖狂破坏时,挺身而出,保护科技人员,这都表现一个革命的共产党人的崇高品德和领导水平。对这些,因为有这本书中的其他文章,我在这篇文章中就不多谈了,我在这里想专门讲讲在聂荣臻同志领导下,开创了中国大规模科学技术研制工作的现代化组织管理体制和其深远影响。

(一)

先讲讲在我国搞大规模科学技术研制工作的指导方针。

什么叫大规模的科学技术研制工作? 首先,什么叫研制? 研制是研究、设计、试制的缩写,包括科学研究,但目前是出产品,能到达一定预先制订的目的和性能的产品。所以研制不同于基础科学研究,如果说基础科学研究是为了认识客观世界,那么研制就是直接改造客观世界了。形象地说,基础科学研究是"文的",研制是"武的"。那么,什么是大规模科学技术研制呢? 规模为什么大? 因为最终要取

---

* 本节原载 1984 年《聂荣臻同志和科技工作》,130～137 页。

得的产品非常复杂,包罗了许多组成部分,而每一个组成部分又由许许多多仪器、组件构成,一个仪器、组件又由许多单元、元件构成,其中有很多项目需经过多次研究试验才能成功。所以工作量之大,规模之大,就可以想见。

为什么要干这样费力的大规模科学技术研制工作呢? 原因就是产品的有或没有,关系到国家大事。就以导弹核武器而言,它在今天的世界上,有它或没有它关系到一个国家的国际地位,关系到国家安危的大事。但我们有的同志却认为搞导弹核武器、搞国防尖端技术规模大,花钱多,是好大喜功,是"极左路线"。试问:如果我们今天还没有导弹核武器,我们国家的国际地位将如何? 你们还能不能安心搞正常的工作? 恐怕大成问题吧。所以大规模的科学技术研制工作不能不搞。当然,我们国力有限,也不能什么都搞,而要有选择地搞,只搞那些在我国现阶段发展所必需的。

因为研制规模大,花钱多,所以就尤其要讲经济效益,尽可能节约。决不能只要能出成果,费用在所不计。又如一项技术,是我们工作所必需的,又有从先进国家引进的可能,费用还比我们自己搞省,那我们当然应该引进。这就是党的十一届三中全会以来制订的正确对外开放政策,闭关自守是愚蠢的。我们一定要通过一切可能的途径吸取对我有用的国外技术。但正如前面阐述的,大规模科学技术研制工作往往涉及一国的政治经济要害,触及国际间极为复杂而激烈的政治斗争,即使我们想引进,也可能是一厢情愿,是空想。聂荣臻同志今年对我们的人民代表讲①,"所以,一切都要靠自力更生。这不只是讲尖端,稍微进步一点的东西都靠进口,花钱到外国去买,那是不可能的,妄想!"聂总还讲有:"许多教训使我们深刻认识到,只能靠自力更生,只有自力更生才靠得住。不要先着眼于去要外国的先进技术,他要赚钱,公开的,流行的,一般的,他还可以给你,但凡是比较先进的都不会给你,去参观也很少看到。所以说靠人家靠不住,靠自己才靠得住。"

这是聂荣臻同志在今天新的历史条件下,对我国科学技术发展,特别是对我国大规模科学技术研制工作,基本方针的明确阐述。这个方针完全符合我们国家和世界的实际情况,并且是实践证明了的。我想这也是工业系统中科研生产的普遍规律。过去我们没有导弹核武器,中国的科学技术人员,在全国各方面的大力支援下,不是以远比国外快的进度搞出来了吗? 党和人民信任和相信我们科技人员,我们中国的科技人员,中国的知识分子没有辜负党和人民的信托。中国的科学技术工作者,中国的知识分子能攻关!

(二)

我们也常常说新产品是从改造老产品来的。一件产品在实际使用中发现了它

---

① 聂荣臻同志一九八三年六月十八日接见国防科工委出席六届人大一次会议代表的讲话。

的不足之处,我们可以使用掌握了的科学技术进行设计上和制造上的改进,从而生产出性能更好的产品。但这是说小改进,变动不大的改进。如果要有比较大的改进,设计和制造方法要有较大的变动,问题就不这样简单,可能要先试试看:先试制出新设计的产品的样品或样机,然后要经过严格的试运转和鉴定。例如,不久前,长春第一汽车厂的新解放牌卡车就是这么办的。鉴定后,认为产品符合要求,合格了,再正式把新产品定型,才能投入生产。这就分了新产品的试制定型(或鉴定)和定型(或鉴定)后投入生产这样两个阶段,不是小改进的一个阶段。

但对现代大规模的科学技术研制工作来讲,例如研制一个新型号的导弹核武器,因为技术发展的步伐要加快,新型号还必须引用老产品所完全没有用过的某些新技术。一方面从科学理论上讲,相信新技术是可以实现的;但另一方面我们对如何实现这项新技术,制造出什么样的部件,什么样的仪器,能最后达到什么样的性能却心中无数。这样,就不能冒冒失失地开始新型号的正式设计工作,那样会欲速则不达。我们应该对这些新技术进行科学研究——应用科学研究或科学发展性研究,经过试验,从失败到成功,最后搞出性能满意的部件或仪器的试样。这一阶段的工作称为预先研究,比正式全型号或全产品设计要先行的研究工作,是为正式研制打基础的科技研究工作。当然,预先研究不是漫无目的的,而是为了某一具体新型号、新产品而作的。有了它,型号的设计才有把握,尽管新设计比老产品的性能有很大的提高,引用了前所未知的新技术。

所以在现代大规模科学技术研制工作中,全过程分三个大阶段:第一阶段,预先研究;第二阶段,型号研制,包括设计、试制、试验和定型(或鉴定);第三阶段,正式生产。每一个阶段还可以再细分为几个小阶段,所以国外还有分成更多阶段的说法,但三个阶段的分法比较合乎我们国家的实际。

聂荣臻同志总结了我们自己多年的实践经验,肯定了三个阶段的分法,提出大规模科学技术研制工作的"三步棋":预先研究,研制和定型(或鉴定),定型(或鉴定)后生产。聂总还从工作的连续性出发,提出对每一类型号都要同时有一个型号在生产阶段,还有一个在研制阶段,还有一个在预先研究阶段,这也是"三步棋"。这些都是荣臻同志领导我们发现的,符合我国实际的大规模科学技术研制工作的客观规律。运用它,就可以高速地向前发展尖端技术产业。

(三)

现代化大规模科学技术研制工作该如何组织管理呢?这当然要符合科学技术工作的客观规律,也要结合中国的具体实际。但这又从何说起?

前面已经阐明了现代化大规模科学技术研制工作的复杂性:多层次,多部件、多组件的并进和三个大阶段的划分。头绪多,结构紧密,容不得任何差错。技术组织管理空前繁重。在这种情况下,多少年习惯的总工程师或总设计师制应付不了了,一位总工程师,即使再加上几位各有分工的副总工程师,就是他们有水平,有充沛的精力也应付不了全部技术组织管理和多方面的技术组织和协调工作。于是要有一个一百人、几百人规模的总体设计部;一类产品一个总体设计部。总体设计部是一个实体,制订一个型号的设计,出设计图纸,设计文书,定进度,定对各分系统的性能和可靠性要求。拟定试验计划,制订定型(或鉴定)文书,最后出定型(或鉴定)文件及生产图纸。在整个研制过程中,总体设计部还要不断地协调各部门的技术数据、性能参数等,使得型号的各分系统能汇总成一个整体,达到原设计的总性能和可靠性要求。总体设计部是型号总设计师和副总设计师的参谋机构。总设计师和副总设计师是型号的技术指挥员。这个集体以及下面各个组成部分的技术负责人就是型号研制工作的技术指挥系统或技术指挥线。

型号或产品的技术指挥系统是主管一个个型号、产品的,但具体的研制工作又分散在专业的技术单位和车间、工厂。每一个技术单位,每一个车间、工厂同时要承担不同型号、不同产品的工作。如何协调? 这是生产的管理和调度要解决的问题。为了做好这项工作,要有各级的调度指挥部门和负责每一个型号的调度指挥员。

两个各有专职的系统,技术指挥系统和调度指挥系统,每个型号两组指挥员,总设计师和副总设计师是技术指挥员,还有调度指挥员。两个系统、两组指挥员都向部门的领导负责,在部门领导的领导下亲密协作编好一个型号、一个产品的研制工作。这就是我国通过国防尖端技术,导弹核武器和人造地球卫星研制工作逐步形成的大规模科学技术研制工作的现代化组织管理体制。

这个体制的形成,每一步都是在聂荣臻同志领导下完成的。早在一九六一年,中央批转了《关于自然科学工作中若干政策问题的请示报告》和《关于自然科学研究机构当前工作的十四条章(草案)》(即"科研十四条"),聂总专门就两个文件在原国防部第五研究院干部大会上作报告,动员大家贯彻执行。接着在一九六二年十一月又指示原五院领导在"科研十四条"的基础上制订了《第五研究院暂行条例》。按这个条例的规定,研制工作的两条指挥线的体制已基本形成。在"十年内乱"中这个体制遭到严重破坏。但在粉碎"四人帮"以后,特别是在党的十一届三中全会精神为指引下,这个大规模科学技术研制工作的体制已经得到恢复和完善。现在张爱萍同志多次强调要把这种三个阶段,两条指挥线的工作制度在整个国防科学技术工业部门推广实行。聂荣臻同志开创的中国大规模科学技术研究工作的现代化组织管理制度已在祖国大地上扎根开花结果了。

为了做好技术指挥系统和调度指挥系统的工作都可以引用系统工程的技术;为了前者,用工程系统工程,为了后者,用企业系统工程①。这样就可以用上电子

---

① 钱学森,等. 论系统工程. 长沙:湖南科学技术出版社,1982:180.

计算机,在把工作做得更细、更准的同时,又节省人力和时间。现在这也已开始在我国实现了。

既然是最大规模科学技术研究工作的现代化组织管理体制,当然不能说它是局限于国防科学技术工作的。周恩来同志在生前一次听取我们汇报工作时就说过,这套工作体制要推广到所有包括民用工业在内的大规模科学技术研制工作中去,并说将来建设长江三峡水利枢纽就可以用。这就是说这种工作体系可以为所有社会主义建设中的大型工程服务,提高工作效率。

作为由于大规模科学技术研制工作的现代化组织管理所发展起来的系统工程方法,它的应用范围就更广泛了。它可以用到大规模的科学实验[1][2]。它可以用到国民经济和社会发展的计划、规划[3]。它还可以用到国家的整个事务中去[4]。所以当我们看到这些前景的时候,也就体会到聂荣臻同志开创的中国大规模科学技术研制工作的现代化组织管理,的确是一件具有深远意义的大事。我们一定要深刻认识,并进一步发展完善它,以继承和发展老一辈无产阶级革命家创立的伟大事业,全面开创社会主义现代化建设的新局面。

第二节　"稳妥可靠,万无一失"*
——周恩来总理关怀和领导"两弹"研究、制造和试验的情况

(一)

关于"两弹"的情况你们还要找朱光亚,核弹都是他主持的,他知道的情况比别人要清楚。还有李觉也是领导核弹科研工作的。李觉现在是全国政协委员,在北京。在导弹方面与总理接触较多的有原航天工业部部长张钧,原国防科工委政委刘有光(他现在是第六届全国人大常委),还有王秉璋;科技人员就很多了,如现在航天工业部的科技委主任任新民和副主任们,委员们。周总理跟我们这些人都有接触。我们的事,总的是周总理主管,下面就是聂帅具体领导,负责经常工作安排。你们要拜访一下聂帅,他说的比我要确切。　　　　　　　[1][2][3][4]

过去有一个中央专门委员会(简称中央专委),会议的档案、记录都在,每次会议都有记录,这个是最可靠的。每次专委会都是周恩来总理主持的,周总理的具体

---

　　* 本节是中央文献研究室周恩来研究组 1986 年 5 月 21 日访问钱学森的谈话记录,并经钱学森审阅定稿,原载 1987 年《文献和研究》第 1 期,38～41 页。

　　① 钱学森. 大规模的科学实验工作. 人民日报. 1964-8-30(6).

　　② 钱学森. 论系统工程. 长沙:湖南科学技术出版社,1982;99,137.

　　③ 戴诗正. 试论建立国民经济总体部的可行性. 系统工程理论与实践,1982,1;1.

　　④ 钱学森. 研究和创立社会主义建设的科学. 中共中央党校,1982 年 11 月 2 日.

行动、决策,上面都有,比我们个人记的要可靠得多。

总而言之,原子弹、氢弹、导弹、人造卫星,都是周总理领导的。前几天我跟驻京外国记者谈话,我就说我们这些科技人员都很怀念周总理。"文革"期间,周总理仍然抓住这项工作不放,别的工作乱了,做不了啦,但"两弹"的工作一直没停。

我感受最深的是总理确实肯花时间认真听我们的意见。这是总理一贯的作风。每次开会来的人很多,不同意见的人也请来,总理反复问:"有什么意见没有?"听了我们的意见,他最后决定怎么办。在一次会中,总理问大家对一个问题有什么意见,秘书跑过去对总理小声说:"这件事你曾经批过"(我猜想秘书大概是这么说的)。总理大声说:"那有什么关系,我批了的事大家觉得不对可以改嘛!"

我参加专委的会很晚,从前都是部门的领导去,我们听传达。一九六七年我才开始参加。所以,很多事情我讲不清楚,还要看档案,幸亏还有这些档案,档案是最可靠的。

有一次原子弹试验,那时我们的通信设备就在我们这个大楼里,那天早上要试验,总理大概夜里十二点就来了,到这个楼上专门听情况。这事朱光亚知道。我不管原子弹,所以我不知道,我是听说的。

(二)

我个人有什么? 个人没什么可以说的。我回国搞导弹,第一个跟我说这事的是陈赓大将。一九五五年秋末冬初,我回到祖国不久,在科学院,科学院领导说:"你刚回来看看中国的工业吧,中国的工业最好的是东北。"我说东北我还没去过。就这样到东北去学习。后来转来转去到了哈尔滨,在哈尔滨安排我跟军事工程学院的院长陈赓大将见面。陈赓接见了我,还吃了顿晚饭。陈赓问我:"中国人能不能搞导弹?"我说:"为什么不能搞! 外国人能搞,我们中国人就不能搞? 难道中国人比外国人矮一截!"陈赓大将说:"好!"后来人家告诉我:陈赓那天上午从北京赶到哈尔滨就是为了晚上接见我,我听了很感动。后来,也是他很积极,有一次叶帅在家请我们吃饭,我爱人也去了,陈赓也在,吃完饭,大概是星期六晚上,他们说找总理去,说总理就在三座门跳舞。我们跑到那儿,等一场舞下来,总理走过来,叶帅、陈赓他们与总理谈话。后来大概就谈定了,总理交给我一个任务,叫我写个意见——怎么组织这个研究机构? 后来我写了一个意见,又在西花厅开了一次会,决定搞导弹了。那天开完会后在总理那里吃了一顿午饭,桌上有蒸鸡蛋,碗放在总理那边,总理还特意盛了一勺给我。那个意见书就是聂帅回忆录里谈到的,在档案中有。(我听刘柏罗一次说:"你那个意见书还在档案中。")现在想起来真是惭愧,那时我对中国的情况一点也不了解,意见书中错误一定不少。

（三）

还有一件事情，是一九六四年十二月二十六日毛主席寿辰。当时我也不知道这天是毛主席寿辰。我在参加人大的会议，叫我去参加一个宴会，等了一会儿，邓颖超同志来了，她跟我说起来，问我小学、中学是在哪儿上的，我说起小学是在师大附小上的，她问什么时候，我说是二十年代初，她高兴地说："你不认识我吗？那时我是师大附小的第一批女教师啊！"所以邓颖超同志还是我的老师呢！不过她没教过我。她又问我干什么？我说我是搞火箭、导弹的，并且介绍了一些搞导弹的科技人员，他们不怕艰苦和危险，在试验中出了问题，就是在很危险的情况下，只要需要立刻就上去。我们那时的导弹叫做"东风二号"，是最早自己设计的导弹，用液氧、酒精做燃料。都快发射了，出了问题。要把液氧卸下来，阀门又不灵了，我们的科技人员就上去处理，那很危险啊！后来她把这件事对总理说了，说错了，说成原子弹。后来她又见到我，告诉我，总理对她说："你搞乱了，他不会跟你这么说的，他是搞导弹的，不是搞原子弹的。"邓颖超同志对我说："我是会搞错的。因为我与恩来约定好了，不该我管的事，我是不问的。我搞不清是导弹还是原子弹。"对这件事我的印象很深。

（四）

"文革"中我们都是受保护的。没有总理的保护恐怕我这个人早就不在人世了。这些事可以问海军杨国宇。那时候我们都是军管的。军管会每星期都要向总理汇报一次。总理下了一个命令，要搞一个科学家的名单。名单送上去后，总理说："名单中的每个人，你们要保证，出了问题我找你们！"杨国宇知道这件事，他是军管会的副主任，主管科技的，和我们接触很多，他说起这些事来生动极了。核工业部那部分要问朱光亚了。

我们体会，中国在那样一个工业、技术都很薄弱的情况下搞"两弹"，没有社会主义制度是不行的。那就是党中央、毛主席一声号令，没二话，我们就干，而直接执行者、组织者就是周恩来总理和聂帅。

我们的科技人员爱国是一贯的，是有光荣传统的。聂老总有句评语说："中国科学家不笨！"的确如此。我还说：中国的科学家聪明得很！而且中国科技人员都是拼命干的，外国人少有像中国人这样拼命干的。

（五）

中国过去没有搞过大规模科学技术研究，"两弹"才是大规模的科学技术研究，那要几千人、上万人的协作，中国过去没有。组织是十分庞大的，形象地说，那时候我们每次搞试验，全国的通信线路将近一半要由我们占用，可见规模之大。那时是周恩来总理挂帅,下面由聂帅具体抓,这个经验从前中国是没有的。我想,他们是把组织人民军队、指挥革命战争的那套经验拿来用了,当然很灵,从而创造了一套组织领导"两弹"工作的方法。这在新时代下有很大意义。有一次专委会上,总理讲了这么一句话,他说:"我们这套东西将来也可以民用嘛!三峡工程就可以用这个。"我记得很清楚,他这句话我很赞成。这就是指那套组织、指挥大规模科学技术以及研究、生产的一套领导方法,可以并应该推广。

现在对三峡工程提不同意见的可多啦,但大部分都是一得之见,有道理,可不见得全面。在我们这一行,一得之见也是多得很呀,但是在我们这里有一条,最后是总设计师拍板。由总设计师听了各种意见之后,经过分析平衡,最后由总设计师拍板。总设计师他不是一个人,他还有一个总体设计部,还有一个大班子呢,用现在的话说就是系统工程的班子。他们运用系统工程,衡量各种因素,选择最优方案,总设计师听了各方面的专家意见,又看了总体设计部的报告,最后下决心拍板;拍了板,谁再有意见也不算数了。这就是周总理、聂老总给我们规定的,总设计师就是总设计师。我们现在的总设计师都是这么锻炼出来的;像刚才我说的任新民就当过总设计师,还有屠守锷、谢光选都是搞导弹的总设计师。总设计师要有风度呢,大将的风度啊!

这很有意义啊!现在很多部门不会用这个,效果不好。现代工程都很庞大,复杂得很,一种意见对局部来说是好的,但对整体就不一定好。以上是就技术方面而言,要有总设计师和总体设计部;还有一个总调度的体制,组织管理的一套系统。为了衔接研究、制造、试验、生产,有一个很庞大的组织管理系统。调度跟打仗一样,出了问题要解决,生产要加班……所以有一个总设计师还要有一个总调度。张爱萍讲得很好,他总结说,要有两条线:一条是总设计师这条线;另一条是总调度这条线。最后汇总到领导(在军队就是党委),最后决定是领导。这一套组织是完全符合科学的,又是具有中国特色的,符合中国实际的,是中国土生土长的。这套东西的形成,就是在周总理领导下创立的,这是很重要的经验。

那时中央专委的决定,要哪一个单位办一件什么事,那是没有二话的。那决定也很简单:中央专委哪次哪次会议,决定要你单位办什么什么,限什么时间完成,……也不说为什么,这就是命令!中央专委的同志拿去,把领导找来,命令一宣读,那就得照办啊!好多协作都是这样办的,有时候铁路运输要车辆,一道命令,车就发出来了。没这套怎么行呢!千军万马的事,原子弹要爆炸,导弹要发射了,到那时候大家不齐心怎么行呢!按电钮那好按呀,按一下全国都有影响,都要跟上动作啊!当然,现在我们国家正在进行一系列体制改革,什么都用指令是不行的,但可以搞合同嘛,那也是合同说到的要做到呀。

不久前,我们发射通信卫星,领导亲临现场去观察指导,对我们这套评价很高。以前他们没有到过现场,这次看了说,"你们的组织真严密"。说到电子技术,李鹏同志说:"你们的电子计算机并不怎么先进嘛!(我们的计算机单位是六十年代组建的)但就是靠了严密的组织,别的地方用先进的计算机有时还做不出活来!"我们靠的一是执行任务的都是穿军装的,讲组织纪律;二是中国科技人员总是拼命干,夜以继日地干!因此可以说中国人是很严肃、很严密、很认真的。所以我们的"两弹"试验事故最少、伤亡也最小,都是在总理的严格要求下取得的。总理有句话,他说:"一定要稳妥可靠,万无一失。"这条指示,我们每次试验都要讲,检查很严格,所以才很少事故,很少伤亡。当然,也不是说绝对不出事故,因为总有没有认识到的事物。但是,由于我们贯彻了总理的指示,所以事故、伤亡要比外国少得多。

(六)

现在有那么一些误解,认为搞"两弹"是个错误,花那么多钱,没有用来发展生产。这还不是个别人的意见。我总是解释说:"不是这样的。首先,我们搞'两弹'花钱比外国少,因为有党的领导,具体就是周恩来总理和聂帅在领导我们。再就是中国科技人员的优秀品质,所以完成了这个任务,损失最小,花费最少。"当然,也不能说我们没有错误,也不是说一点冤枉钱都没花。那是没有认识客观事物,是花学费,没办法嘛。中国的工业、科技那样落后,我还算是在国外接触了一点火箭、导弹的,但是四十年代到五十年代初国外也才刚刚开始,我也跟大家一样,也是一知半解。所以说不是没有犯错误,不能说一点钱没浪费,这是学费。但是总的看要比国外好得多,原因就在上面讲的两个方面。我还说:"你说不该搞,那好,如果不搞,没有原子弹、导弹、人造卫星,那中国是什么地位!你要搞经济建设也不可能,因为没有那样的和平环境。"我们这些搞国防科学技术的,听到这些不正确的议论很有意见。

应该看到,从大的方面说,这是关系到国家战略地位的问题;从小的方面说,我们创造了一套经验是很珍贵的。过去是小生产,二亩地的搞法,小炉匠的搞法;我们现在是大规模建设。总理生前说过这套办法可以用到民用上去,但是我们还没有很好总结这套经验,并把它应用到民用上去。在这方面总理是有伟大功绩的,他为中国大规模科学技术的发展创造了成功的经验,而且是结合中国实际的,具有中国特色的。

第三节　核导弹和系统工程[*]

在复杂的工程技术工作当中,比如说,在发射人造卫星、研究原子弹、氢弹这些很复杂的科学技术工作当中,我们发现需要一个为党的领导当技术参谋的部门。

---

* 本节原载 1987 年《社会主义现代化建设的科学与系统工程》,89～92 页。题目为编者所加。

也就是说,一个工程师,或者一个总工程师加上几个副总工程师,已经不能够应付局面,已经不能够抓总复杂体系的设计工作了,必须要有一个在我们的工作当中,称之为总体设计部的部门。这个部门不是几个人,也不是十几个人,常常是几百人,甚至于近千人的组织。这样一个组织来抓总复杂系统的设计工作,这是现代科学技术里面复杂的大工程所必需的。比如说,作为个体劳动者的一位泥瓦匠造一所简单房子,首先他要搞到材料,要选定一个可行的方案,然后再进行建造。在他动手建造以前,当然在他脑子里头已经有要盖的这个房子的形象了。要盖这个房子,先怎么办,后又怎么办,他也有一个方案。在整个建造过程当中,他既是构想这所房子的结构设计师,又是从每一个局部来实现房子的建造工人。他既是管理工作者,也是劳动者。两者是合一的。后来在手工业的工场里出现了以分工为基础的协作,对此马克思说:许多人在同一生产过程中,或在不同的但互相联系的生产过程中,有计划地一起协同劳动,这种劳动形式叫做协作。马克思又说:一切规模较大的直接社会劳动和共同劳动,都或多或少地需要指挥,以协调个人的活动,并执行生产总体的运动——不同于这一总体的独立器官的运动——所产生的各种一般职能。一个单独的提琴手是自己指挥自己,一个乐队就需要一个乐队指挥。也就是说,在集体劳动的时候。就有职能的分工,在一切规模比较大的工程技术里面,都有所谓总体。总体是干什么的呢? 就是把复杂的工程体系里面各个部分协调好,使得最后的体系能够达到所要求的性能。总体就是指挥各个具体的组成部分,怎么样设计,使得最后联系起来的整体能够更好地工作。在手工业的工场里,这个指挥就是监工,后来生产进一步发展了,在产业革命以后出现的大工业的生产当中,这个指挥就是我们习惯说的总工程师。在制造一部复杂的机器设备的时候,如果它的一个一个的局部构件彼此协调不好的话,最后的这部机器也是不行的,不会是先进的。所以在设计过程当中要有一个人来协调各方面的工作。这就是我们说的总设计师。

这基本上是在 19 世纪或者到 20 世纪初的一些情况。到了 20 世纪以后,科学技术活动的规模有了很大的发展,工程技术装置的复杂程度不断地提高。比如说20 世纪 40 年代,在美国研制原子弹的时候,参加这个研究工作的人一共有 1.5 万人。到了 60 年代美国人搞登月飞行的时候,参加制造火箭、飞船整个活动的有多少人呢? 有 42 万人。可以想象,要指挥规模如此之大的社会劳动(它已经是社会劳动了,不是个人的活动),靠一个总工程师或总设计师,不管他有多大的本事,那也是不可能的。这个时候就需要把这个总工程师、总设计师的活动充实起来,加以扩大,需要组织一个几十人、几百人的集体,来承担起这么复杂的工作。这就是刚才提出来的为领导做技术参谋的部门,已经不是一个人了,而是一个部门了,就是总体设计部。我们国家的情况也是这样,在 50 年代的后期,我国搞国防尖端技术也就是开始搞原子弹、氢弹,搞导弹的时候,也碰到了这个问题。我们发现,复杂性在于我们所要从事的这项任务,是一个庞大的系统,是由相互作用和相互依赖的若干个组成部分结合起来的,结合到一个规定达到的功能和指标。当然有的时候我们还要考虑更大的系统。比如说,我们研制一个导弹核武器,这个核武器又是我们国家国防力量的更大系统的一个组成部分。战略核导弹,本身有弹体、弹头、发动机、制导系统。在试验的时候,导弹的工作状态还要由无线电信号传下来,这叫遥远测量,简称遥测。还有,在进行飞行试验的时候,为了观察导弹是不是按原来设计的飞行轨道飞行,还要有一大套测量导弹外弹道飞行状态的地面测量系统,即外弹道测量系统。发射之前,对导弹各个部位预先要用仪器测试,看是不是能够正常地工作,然后才能够决定发射还是不发射。如果这个导弹用的是液体燃料,那么还要及时地把燃料加入到导弹里面去。发射的时候,还要有一套光学测量设备,观测起飞是不是正常。所有这些东西,构成一个很复杂的体系。但是还不止于此。对于战略核导弹,还要考虑它完成任务时的指标,比如说,射程要多大? 命中精度要求有多高? 氢弹头爆炸的威力到底要多大? 要考虑还有其他的战略武器。比如说,由核动力潜艇发射的导弹,以及其他不属于战略武器的武器,我们全部的国防武器体系要有一个总的安排。从核导弹本身来说,它是一个复杂的系统,但是要决定核导弹这个复杂系统,还要考虑更复杂的、包括更大范围的系统,就是我们整个国防力量的构成。这么复杂的问题要由一个设计师或者一个总设计师、几个副总设计师去解决,那是很难设想的。

刚才说了,美国人在研制原子弹的时候,参加工作的有 1.5 万人,后来搞登月飞行,参加工作的有 42 万人。这么大规模的一个组织,联系到每一个部位、每一个人的工作都要安排好,这么复杂的一个系统设计工作,当然靠一个人几个人是不行的,所以这就产生了一个新的行业,叫系统工程,是专门搞这种复杂系统的协调,搞总体工作的……。

第四节　航天技术引起的技术革命[*]

卫星是由发展火箭、洲际导弹、远程导弹产生的,但是它的出现,给我们解决了许多生产、科研当中的问题。现在最有效的远距离通信工具就是通信卫星。地面远距离通信必须有很多接口,而且信号主要在大气层内运动,接口多了,信号在大气层内运动的时间长了,干扰因素就多了,可靠性也就差了。通信卫星的好处就是一个地面站向天上通信卫星发报,通信卫星转接过来,用另外一个频率向地面再发报到受信站,就这么一个接口,信号穿越大气层的距离也相对很短,所以它很简单,很可靠,从经济效果来看,也很便宜。这是通信。广播更是这样,天上广播比地面

* 本节原载 1987 年《社会主义现代化建设的科学和系统工程》,80～82 页。题目为编者所加。

广播效率高得多,高高在上,一照下来就是一大片。我们广播事业局的同志算过,这么大一个国家,不能一套节目,每个省市都有节目,但也只要发射两个广播卫星在上面就能解决问题了。我们搞广播的同志非常欢迎搞广播卫星,搞通信的同志也是非常欢迎搞通信卫星。还有,搞气象的同志说,气象卫星可是个好东西,因为地面台站收集材料,一点一点收很费劲,气象卫星在天上绕地球转一圈,一个半小时,全世界的资料都收集到了。现在还有美国人搞的所谓资源卫星,实际上是大面积收集地面的情报资料。我们国家搞测绘的同志当然欢迎这样的卫星,搞地质勘探的同志也欢迎这样的卫星。地震局的同志也说需要有这样的卫星,用这种卫星从天上就能把断裂带都照出来。他们拿了一些外国卫星拍的地球照片给我们看,确实看得出来。所以资源卫星对考察地面,对测绘、地质勘探,对预报地震都有密切关系。科学院对于科学卫星的要求也是很急迫的,因为地面上终究是蒙上了一层大气,许多天上的现象看不大清楚,要看清楚得到天上去。我们上一段讲的天文学上的新发现,很多都依赖于天文卫星。

刚才说的一些,仅仅是现在卫星已经能够做到的一些事,至于进一步发展就更多了。有人设想过,能不能在卫星上把太阳的光能变成电,然后再把电变为微波无线电波定向发射到地面接收站,地面接收站再转换成工业和民用所需的电能,这就是说把天空的太阳光变成电送到地球上来。也许同志们说干嘛这么麻烦,地面上接收太阳光不行吗? 地面上接收太阳光有个白天和夜里的区别,你夜里正需要的时候,太阳光没有了,天上不一样,什么时候都有太阳光。诸如此类,用卫星在天上可以解决很多问题,确实促进生产和各方面的建设。

天上这么多东西要放上去,就有个怎么提高效率的问题,现在搞卫星,说起来有一点浪费。什么浪费? 就是把卫星送上去的火箭是一次使用,火箭把卫星送上去,自己就完成任务了,甩掉了。一般是三级火箭或两级火箭,第一级先工作完了,第二级再点火,第二级工作完了,第三级再点火。第一级和第二级火箭比较低,不能上天,工作完了掉下来,是一次使用。第三级最后把卫星送上去,那是留在天空的,但是本身也是完成任务以后没有用了。这三级我们叫运载火箭,把卫星运载到天上去,都是一次用完就甩掉了。这多么可惜! 现在有一种新的航天运载系统,叫航天飞机,说它是飞机,因为它能够飞还能够降落,像个飞机的样子,但是起飞的时候又不像飞机那样,是绑着几个大火箭垂直起飞的,把它送上去后,它靠自己的动力系统推动进入环绕地球的轨道,再从自己的货舱里把卫星放出来。任务完成后,飞回地面,可以多次使用,这样就能大大提高送卫星的效率。航天飞机也需要有人驾驶,没有人全靠自动化也是不行的,就是说还是要人上天。人上天不是待在天上,而是把东西送上去,然后回来,第二次再送上去,再回来。这个系统,美国人叫航天运载系统,这是航天技术的一个新发展,提高送卫星的效率,节约费用。航天技术的上述这些发展和将来的其他发展,一定会对我们地面上人的生活、社会活动、生产活动、科学试验有深刻的影响,所以这也是一项技术革命。

第五节　在航天高技术讨论会上的讲话*

今天我想讲两个问题。

第一,我认为这样的讨论会很重要。因为航天技术已经远远不只是一个技术问题,也不仅仅是一个科学技术问题,还涉及政治、经济,恐怕还涉及人的思想意识等许多问题。这么样的一个国家规模的、复杂的事情,我们决不能把它作为一个单纯技术问题来考虑。

刚才两位同志的报告,对世界各国发展航天技术的历史做了分析,我认为都很好。早在三十年代就有许多人在考虑这个问题,半个世纪以来,各国所走的道路并不一样。虽然他们走在前面,但当时他们也没有经验,是实践教育了他们。因此,我们分析这些国家走过的道路,总结他们的经验非常重要。这个经验不仅是科学技术的,还有政治、经济、军事、国际形势,以至于它本国内人民的思想意识。总结到什么程度呢? 我想就是要能够说清问题:苏联、美国、日本为什么这样搞? 西欧、法国、英国、西德为什么这样搞? 要弄清楚他们什么做对了,什么做得不对。这本身就是一门学问,叫航天技术学。我们一定要掌握这门学问,否则就不能正确地将党中央的方针、政策贯彻到我们这项工作中,今天,科技人员考虑问题不能只局限于科学技术本身,要跳出这个范围,考虑整个政治、经济、军事、外交形势,以至于意识形态问题。我们国家的航天技术究竟怎么搞? 这次会议的讨论、交流仅仅是个开始,今后还要继续下去。

第二,世界技术经济研究所的钱振业、杨广耀二位同志写的材料中有这样一句话,说"美国航天飞机的失事在其国内外都引起了不小的震动,相对来说,我们承受这类风险的能力要小得多,对此,必须有充分的估计"。我同意这句话。正因为如此,就要对广大的干部和人民做认真的宣传和教育。倒不是说要发布什么消息,说明年我们如何如何搞,而要说清楚我们社会主义中国为什么要发展航天技术,这从一般的道理上讲完全可以说得通。或者说用马克思列宁主义、毛泽东思想来讲清楚,或者说可以用历史唯物主义的观点来讲清楚。从前我就说过,人类的发展从陆地到海洋、大气层,后来又到天上,这是历史发展的必然。然后,也可以讲讲,人要巡视大地,要飞,要飞一个距离,假设这个距离比较短,要求的速度也不高,就用不着我们说的这套技术。假设飞的距离很远,要求的速度很高的话,就自然要涉及航空航天技术。举简单的例子讲,用飞机飞,要不断地耗费燃料,若打一颗卫星的话,就在天上飞好长好长的时间,不费燃料。要考虑这方面的技术,要发展,就自然到

---

* 本节原载 1987 年 11 月《航天系统工程(一)》,1～2 页。

了要发展"空天飞机"（或者说"东方快车"）等系统了。到天上去,怎么提高经济效益? 一方面可以通过维修延长卫星寿命,另一方面就要考虑采用往返工具的问题。一千克的质量以第一宇宙速度运动,其动能大约也就是一千克标准煤燃烧放出的能量,可见也不是了不起的能量。如何设计一种天地往返系统,使其效益比现有的高得多,这是我们要做的事情。第一,最好能往返,现在我们还要用一次使用的运载工具,这是过渡的,将来希望要能多次使用。道理很简单,不要用了一次就扔掉。第二,要想提高效益就要利用空气中的氧气。总之,这些都是说我们要向人民讲清楚,我们为什么要发展航天技术,这方面的宣传工作很重要,一定要向干部、人民讲清楚,要争取对我们事业的支持。

最后我还想强调我们航天高技术小组的专家同志们要有强烈的责任感,要感到压力:是党和国家把这么复杂、难度极高的任务交给同志们,而且国家尊重同志们的意见,会批准同志们的建议,照着去做。将来结果如何? 那是"千古功罪,自有评说",历史的责任呵!

第六节　总结"两弹一星"工作的经验是有现实意义的 [*]

新中国的国防科学技术事业已走过了 30 多年的历程。30 多年来,我国的国防科学技术事业取得了伟大成就,举世瞩目。我认为,认真总结这一事业中的经验教训,特别是五六十年代我们搞"两弹一星"(即原子弹、导弹和人造卫星)的经验,在今天是有现实意义的。因为这些经验是社会主义的、现代化的,是适合中国国情的,也就是具有中国特色的。本文仅就怎样坚持、继承和发扬这些经验,并与深化改革中所创造的新经验结合起来,开创国防科学技术事业的新局面提出以下几点看法。

（一）邓小平同志最近指出,科学技术不仅是生产力,而且是"第一生产力"。我觉得,中国的科学技术力量是不小的,应该说,这是我们的一大优势。但是,当前的科学技术工作,存在着多头、分散的问题。这不是社会主义的,也不是现代化的。所以,我认为,当前首要的问题是加强科学技术工作的组织领导,把我们在科学技术上的优势,变成实际的力量,变成社会主义现代化建设中的"第一生产力"。在这里,过去搞"两弹一星"的经验就有现实的意义。因为那是一件千头万绪的工作,需要组织成千上万人参加。那时参加这项工作的人,都是在极其困难的条件下,艰苦奋斗,夜以继日,甚至不惜牺牲地干。这样一支庞大的队伍,完成了这么艰巨的任务,首先是因为有一个非常有力而且很有效的领导,这就是中国共产党的领导,其具体代表是周恩来同志和聂荣臻同志。他们是怎样组织领导这项复杂而又艰巨任

---

* 本节原载 1989 年《回顾与展望——新中国的国防科技工业》,82～84 页。

务的？回想起来,他们就是用解放战争和抗美援朝战争中,组织指挥大规模军事行动的那套办法。他们把那套经验,有效地应用到科学技术工作中来了,从而取得了很大成就。具体做法是:(1)有一个总的指挥。这个指挥是代表党和国家的,是有权威的,说话算数的。(2)技术上也有个总的指挥。这就是总设计师每一个型号都有一个总设计师,当然,还有副总设计师。但是更重要的是,有一个为总师服务的参谋机构——总体设计部,没有总体设计部,总师和副总师是无法工作的。(3)有一个有效的组织调度系统。因为一项研制计划,不是一定下来就准能实现的,一有变动,就应马上反映到生产组织工作中去。所以,生产调度,或者叫组织调度的机构和它的负责人是非常重要的。

从前的这一套系统工程经验,现在是不是还适用？我觉得,从原则上说是适用的,并且应该发扬光大。但是,今天国家在改革、开放,我们要把这些成功做法,放到当今的具体条件下来加以考虑。譬如说,生产调度问题,从前是靠行政命令,说一不二。现在光靠命令就不行了,主要靠经济手段,要择优、订合同等等,这就复杂多了。如果对老的一套生产调度很熟悉的人对今天的这一套不熟悉的话,那就要重新学习了。另一方面,总指挥、总设计师的工作也更复杂了。因为现在要科学地决策,考虑的不光是科学技术问题,还会涉及国内外经济甚至政治问题。所以,今天当总设计师、总指挥的人,知识面应该比过去宽广得多。当然,无论从生产调度、总指挥,还是从总设计师的角度讲,老的那一套虽然是好的,但也不能照搬。时代不同了,有了许多新的内容,我们的同志需要学习。不然的话,新时代的任务是完成不好的。

(二)有了集中统一的领导和组织管理的体系,就应组织科技力量,重点攻关突破。现在大家都说钱少,要用到点子上,这个"点"是什么？在五六十年代是"两弹一星",叫尖端技术,那是毛泽东同志定的。现在不用这个词了,新名词叫高技术。但是高技术多得很,不能样样都是重点。而尖端技术才是对社会主义建设有关键性作用,需要组织力量重点突击实现的技术。所以,我认为还应使用"尖端技术"一词,英译可以是 Hypertechnology,比高技术(High-tech)还"高"!

现在我国的尖端技术搞什么？这是国家大事,只有党中央、全国人大、国务院才能定。但是,作为一名年老的科技人员,我可以提一个建议,那就是搞智能机。在三四十年代,电子计算机刚出现的时候,并没有很多人料到它的巨大作用。从那时到现在,几十年的发展证明,计算机对当今科学技术和生产力的发展,乃至对整个社会的发展,都有着了不起的作用。今天谁也不能说不需要计算机了,没有它许多事情都无法进行。但是,计算机真的那么了不起吗？如果仔细看一看现在的计算机,那就会觉得,它其实是很笨的。你教它干什么,它就干什么,没教它干的,它就一点儿也不会。要从人的角度来说,它算是个很笨的"人"了。所以说,现在这么了不起的计算机,其实就是这么一个笨家伙。那么,假设这种机器能够变得有点智慧,有点智能,且不是说有多大智能,而是有一点小聪明,不要完全靠人来教它,而是自己能够根据题目稍微变通变通,这就是下一步将会出现的智能机。既然那么笨的计算机,对于我们整个社会有那么大的影响,那么,有一定智慧的智能机(尽管还不能完全不要人管它),当然就更加了不起了,它对未来社会的影响就可想而知了。所以,智能机的研究当前在全世界都争夺得非常厉害,没有一个有技术力量的国家放弃这项工作,都在拼命地干:美国做了很多研究,日本在拼命,西欧国家联合起来也不甘落后,苏联正在努力。所以,我们国家今天选什么项目作为尖端技术?我想就是智能机,而智能机研究在近期所需的资金也是我们花得起的。

(三)关于卫星技术。这是我国五六十年代的尖端技术之一。经过这些年的努力,我们已经完全掌握了这套技术。我认为这种技术在今天是大有作为的,它可以使我们国家一下子跳过所谓发达国家 100 多年所走过的,现在看来并不十分高明的路子,达到现代化水平。譬如说通信技术现代化的问题,如果将通信卫星和光纤通信结合使用,那我们就可以一下子达到现在的国际水平,又如,要搞规划计划,当然要对国家的各种资源作调查研究,有时还要监视事态的发展。这些方面的工作,难道还有比用卫星技术更有效的吗?还有我们国家的教育问题是严重的,教育手段也很落后。现在完全可以通过卫星进行电化教育,把国家一级教师"送到"每个偏远村镇的学校"亲自"给学生上课。为什么不把卫星变成教育工具呢?至于气象、水文方面的应用就更不用说了。总而言之,我们已经掌握了卫星技术,而且可以为社会主义初级阶段的现代化建设作出很大贡献。这件事需要向领导讲清楚,这条路打通了,很多事就可以办。航空航天工业部和其他一些有关部门的技术力量,就有用武之地了。这无论从经济效益,还是从社会效益上来说,肯定都是好的。

(四)高技术航天领域的跟踪怎么办?我觉得要把眼光放远一点,看到 21 世纪中叶去。如果把眼光放得更远一些,看到 21 世纪中叶,到那个时候,我们要干的,就比现在想的要高得多。是什么?是真正的空天飞机,就是从地面水平起飞又水平降落的运载系统。即使到 21 世纪初,我们的国力恐怕也干不起这件事,没那么多钱。这个问题当然难极了,因为实际上要造 25 倍音速的飞机。美国人曾经有个雄心勃勃的计划,打算头一个样机要在 1993 年搞出来。不过,美国的科学家担心办不到。因为这里面的问题复杂极了,仅就材料来说,那里面所需的材料全都是新的。发动机动力系统跟机体系统怎么结合?也是全新的问题。其他问题还多着呢。所以在卫星技术直接为国民经济、为社会主义建设服务这个主战场外,我们应该抓的,就是瞄准 21 世纪中叶的真正的高技术,做预先研究工作。而这个项目的预研是很不容易的,要搞三五十年才行。这样,到 21 世纪中叶,我们在空天飞机技术的某些方面,也许能达到世界先进水平,也就有资格加入国际合作了。总之,我们千万不可目光短浅,拼死拼活,花了国家大量的人力、物力,到 21 世纪初,搞出个像今天美国和苏联都在搞的什么"航天飞机",效率很低,那将是远远落后于 21 世纪世界先进水平的东西,或者说人家要淘汰的东西,那我们就无法向人民交代了。

（五）关于军民结合。过去我们搞"两弹",曾经带动许多科学技术的发展,也包括民用科技工业的发展。今天,军民结合是一个重要的方针,这方面有许多工作可做。现在国家计委有攻关计划,项目很多;国家科委有"火炬计划","星火计划"高技术的攻关项目等等。在这些方面,我们都应发挥军工优势,为国民经济建设多作贡献。但是,有些人认为我们的技术不行,要买外国的设备,引进外国的产品。我觉得,如果把中国的科技人员组织好了,所有问题都能解决。关键是怎么组织?就是用我们组织研制"两弹一星"的那一套方法,即系统工程的方法,设立总指挥、总设计师、总工程师,或者现在叫的首席科学家,还有他们的参谋机构——总体设计部,以及统一调度指挥的机构等。总之,要有在技术民主基础上的统一集中,决不能各自单干。

（六）我们过去的经验,即关于总体设计的那一套东西,怎么用到整个国家建设上去?北京信息控制研究所这几年就尝试做过这方面的工作,即把系统工程的方法用到整个国民经济问题上去,很成功。他们测算出来的结果比别的单位要准。我认为这是我国社会主义建设中的一项关键措施,这个工作还有待进一步开发。

（七）关于总设计师。要当好一个总设计师、总工程师、首席科学家,就需要联系到这些人的风度、气魄问题。因为他们处理的是一件非常复杂的工作,涉及各个方面,光有科学技术知识还不够,还要有一个怎么看问题,怎么在复杂的条件下做出决策的问题。老一辈革命家周恩来总理,在气魄、风度方面给我们留下了深刻的印象。要向老一辈革命家周恩来同志,向直接领导我们工作的聂荣臻同志学习,提高我们的管理水平和能力。我认为,这个问题并不是虚无缥缈的,说到底是一个掌握和运用马克思主义哲学的问题,会用辩证唯物主义、历史唯物主义来分析、处理问题。外国人有些东西,我们要学习,但也不要把外国人捧到天上去了,至少在掌握马克思主义这一条上,他们不如我们。从我回到祖国之后,就有这个体会,现在越想越觉得对。新一代的中国科学技术带头人是第一生产力的带头人,不但要有丰富广博的现代科学技术知识,而且要会运用马克思列宁主义毛泽东思想的观点和方法,并通晓世界形势,运筹帷幄,决胜千里!

第五章　科普和教育

第一节　苏联发射人造地球卫星在科学技术上的意义 *

——在首都科学界庆祝十月革命 40 周年大会上的报告

苏联的科学技术工作者在今年 10 月 4 日发射了世界上第一个人造地球卫星。这颗人造地球卫星是一个球形，它的重量是 83.6 公斤，它的直径是 58 厘米，卫星的轨道高度平均是 900 公里，周期是 96 分钟。高度和周期都会因为高空空气的阻力而逐渐减小，终于会下降到大气的下层，在那里因为空气密度高，由于空气摩擦所生的热量很大，卫星的表面就会达到赤热的温度，因而烧毁。苏联的第一颗人造地球卫星带有两台无线电讯发报机和必须的天线与电源。无线电波长是 7.5 米和 15 米；平均一种波长的发射时间和间隔时间都是 0.8 秒。一种波长休息的时候，另一种波长发射。现在在工作了二十几天之后，电源已经用完，发射机停止工作了。

这一颗卫星的重量和体积看来都并不惊人，但是作为一个科学技术问题来看，我们必须把我们的注意力转到发射这颗卫星的工具上去。根据已经公布的资料，发射卫星用的工具是一个三级火箭。虽然我们还没有具体的数据，但是我们可以利用已经知道的现代火箭技术资料来估计这个火箭的重量和尺寸。中国科学院力学研究所的郭永怀先生作出这样一个计算（见"人民日报"1957 年 10 月 23 日第 7 版），他说火箭起飞的总重量是一百零九吨，第一级火箭用完脱落以后，剩下的部分共重十七吨多，而最后一级火箭连卫星在内约重 1.7 吨。估计火箭的高度有四五十米。郭永怀还说第一级火箭的推力约为 180 吨。这就是说发射苏联第一颗人造地球卫星的火箭比起著名的 V-2 火箭要大得多。V-2 火箭的推力只有 27 吨。因此苏联发射人造地球卫星的成功标志着苏联的科学技术工作者在火箭技术方面的高度成就。此外，发射的问题还不只限于火箭。因为发射是垂直起飞的，在第一级火箭作用终了的时候第二级火箭就必须和第一级火箭脱离，同时开始作用。在这一段时间里，必须维持轨道的稳定，而且还得给轨道以一定的倾角，使火箭的飞行方向转向水平。在第二级火箭作用停止以后第三级火箭并不立刻点火，一定要等到轨道接近水平方向的时候才开始作用，这样才能把卫星送入近于圆形的轨道。我们可以看

---

* 本节原载 1957 年 11 月 3 日《光明日报》第 3 版。

得出来,这一连串的操作是要求非常精确地控制和遥测系统。所以苏联发射人造卫星的成功也标志着苏联的科学技术工作者在自动控制和计算技术方面的高度成就。

在这里我想分析一下苏联的这些伟大的成就在科学技术方面的意义。

我们首先注意的是卫星的高速度,8公里/秒。这一个速度已经接近了物体脱离地球引力场的必须速度,即11.14公里/秒。能脱离地球引力就能飞到其他天体上去,就有可能作星际的旅行。诚然,苏联的科学技术工作者已经在制定星际旅行的计划,他们将首先继续为了解高空情况发放更重的、更高的人造地球卫星,在此之后,他们将发放到月球或火星上去的,无人的测视体。这些测视体不预备在月球或火星上降落,是靠遥远控制来进行工作的。测视的结果也将靠无线电信号发送回来,不需要测视体本身回到地球表面。因为不必要求在天体上降落,也不要求回到地面,这一类的星际探访者是比较简单的,而且它们对速度的要求也不太高。如果光是要到月球上去,那么11.14公里/秒的速度就完全够了。如果要到太阳系的其他行星上去,除了首先必须脱离地球的引力场还必须对太阳的引力场作些调整:对水星或金星这些离太阳比地球近的行星来说,光是能离开地球的火箭,它的围绕太阳的速度还太快,必须减速才能"落"到太阳系里面去。对火星、木星等离太阳比地球远的行星来说,光是能离开地球的火箭,它的围绕太阳的速度还太慢,必须加速才能"升"到太阳系外面去。不管减速也好,加速也好都需要火箭的作用,都需要燃料,我们可以把这要求推算为对火箭速度的要求。这样我们就得到下面的数据见表1。

表1　行星测视体的最低速度要求

目的地	速度(公里/秒)	单程到达日数
月球	11.14	4.8
水星	11.14+5.96	115
金星	11.14+2.58	145
火星	11.14+2.25	237
木星	11.14+8.69	937
土星	11.14+10.13	2,043
天王星	11.14+11.25	5,466
海王星	11.14+12.06	10,972

从现在的火箭技术水平来看要到月球去,11.14公里/秒的速度就要求一个四级火箭的发射器,如果这个无人测视体的重量是100公斤,火箭的起飞重量就得有两三千吨。要到火星上去,同一测视体的重量就要求一个重几万吨的五级大火箭来发射它。

我们可以看得出来,如果我们要求在天体上降落,那么就必须要减速,这问题就比无人测视体要复杂和困难得多。为了解决这问题而真正做到行星探险,我们必须分段来达到要求的速度:我们先把物质用火箭运到一个大型人造地球卫星上去累积起来,这大型人造卫星就成了一个星际航行港。在这个港上我们装配起星际航行船,因为港本身就已经有很大的速度,星际航行船只要由一级火箭就能达到脱离地球引力场的速度了。所以利用人造卫星的星际航行港的这一个概念,我们就可以看到人类自己到太阳系各行星旅行的可能性。

自然这种大胆的星际旅行理想并不是现在才有,在一百年前诞生的伟大俄国科学家 K.З 齐奥尔科夫斯基早已作出星际航行的计算。但是只有在苏联发射了第一颗人造地球卫星以后才肯定了这理想的实现可能性。正如塔斯社在 10 月 5 日的公告所说的:"人造卫星将为星际旅行开辟一条道路。"同志们:无可怀疑,我们正在从航空气的航空时代转入航空间的真正航空时代,我们是正处在人类文化的一个新纪元的前夜。

当然,我们一方面对这新时代的到来怀着无限的憧憬,我们一方面也得对它取得明确的认识。我们应当知道这一个新时代是航行于行星间的时代,而不可能是航行于恒星间的时代。要明白这一点,我们必须注意到恒星间距离之大,这距离远远超出了太阳系里的距离。例如我们的近邻天狼星,它离我们有 9 光年。也就是 85 万亿公里,所以就是以 20 公里/秒的速度来航行,也得走 13.6 万年。因此,如果要求恒星间的旅行时间是几年,不是几十万年,我们就得用近于光的速度来航行(详见"远程星际航行",力学学报,第一卷,第四期,即将出版)可是要达到光的速度,用现在有的化学的火箭推进剂是不能想象的,就是用现在已知的核裂变或核聚变燃料也不可能达到接近光的速度。也许会有人说,不是有所谓光子火箭吗? 光子是以光速发射出去的,而正物质(像质子、电子)和反物质(像反质子、正电子)碰在一起的时候就能产生光子,把全部静质量转为动质量。看来好像光子火箭是可以解决问题了,但是我们那里去找一公斤的反物质呢? 以现有的技术来说,光子火箭只能算是一个科学理想,而不是说做就能做到的,它没有技术上的现实性。所以航行于恒星间的旅行还只是一个理想,要等待更远的一个时代才能实现。我们也可以说,航行于行星间的飞行是一级星际航行,而航行于恒星间的飞行是二级星际航行。一级的是就可以做到的,而二级的还有待于将来。

苏联发射第一颗人造地球卫星是一级星际航行的先锋。但是它的在科学技术上的意义并不限于此,它对地球表面本身的交通也指出了新的可能:也就是用火箭来推进弹道式的飞机,因而创造出超高速的交通工具。举一个具体的例子,如果一架带翅膀的火箭能加速到 3.5 公里/秒的速度,如果这时候它的高度很大,在一百公里以上,那么由于那里的空气密度低,火箭的翅膀不发生作用,火箭就如炮弹一样,照着一条椭圆轨道飞行。如果在火箭终止作用时候,轨道的仰角差不多是 45 度,那么这样的速度就能达到 375 公里高,而那时候火箭离开起飞点的地面距离是 800 公里。过了最高点,火箭就下降了,大约再走 800 公里的地面距离就重新进入空气层。在高度为 45 公里的时候,火箭的翅膀就能产生足够的升力把飞行轨道拉平,使火箭进入滑翔。因为这时的速度很大,有 3.8 公里/秒,所以动能大,滑翔的距离可以到 4,800 公里。所以总的飞行距离,从起飞点到着陆点一共有 6,400 公里。计算的飞行时间是 52 分钟。因此平均时速是 7,400 公里,也就是 2.05 公里/秒。6,400 公里的航程是足够作北京同莫斯科之间的旅行了,而飞行时间只有现用的 TУ-104 喷气飞机的 1/8。这可以说是超高速飞行了吧!

　　自然这里有几点必须加以说明:第一我们注意到这种飞行器利用了滑翔,滑翔一方面延长了航程,因而提高了效率;而另一方面也是一种减速措施,使着陆速度和现有的飞行一样。不用滑翔就不能避免 3.8 公里/秒的着陆速度,那是不可想象的。第二,这种飞行器的起飞重量大,不能像一般飞行那样,一定要垂直起飞,完全靠大推力的火箭发动机把它推升起来。这时候有较高的加速度,也就是旅客要感到较大的重力。而在火箭熄火以后,在高空沿着椭圆轨道飞行的时候,旅客又感不到重力的作用。在这些情况下的生理效果,都要明确。好在苏联的科学家们已经开始了这方面的实验。第三,为了着陆就必须要有起落架,为了能在飞行场选择跑道和作其他着陆的操作,还得带一架小型涡轮喷气式推进机和短时间的燃料作为临时动力。但这些都是现有的航空技术所能解决的问题,不是不能克服的困难。

　　由此看来,通过了人造地球卫星的发射所取得的火箭技术和控制技术的成就,就使得我们在地球表面的点与点之间能作超高速的旅行,这里的速度不光是超过声速,而是 6 倍、7 倍或更多倍于声速,这就必然为交通技术带来新的面貌。

　　以上是苏联发射人造地球卫星在与它直接有关的科学技术领域中的意义。在下面我将就已发表的资料,对苏联在这一项伟大科学工作中所使用的研究方法的特点作些探索,从而分析一下这一工作方法在广泛的科学技术工作中的意义。

　　据苏联出席今年 10 月初的国际地球物理年的火箭及人造卫星会议的 A. 布拉冈拉沃夫谈话,苏联发射人造地球卫星之前,并没有作过任何试放,而是第一次放就完全成功。苏联对发射人造卫星的各项公报中也常常提到卫星的运转经过完全符合于预先的计算。在去年 6 月间所举行的全苏数学会议中,苏联科学院计算中心主任 A. A. 多罗尼真也曾在他的论文中解说了如何用电子数值计算机来精密地算出高速气流的种种复杂情况。他并且说,由于现代高速电子数值计算机的出现,许多在以前因以计算太繁而用实验去解决的问题,现在都应当用计算机去解决。在这些问题上用计算机要比用实验方法经济得多,时间既短,对广大实验设备的投资也因此省下了。再从另一方面来看,我们知道关于超高速飞行所产生的一系列空气动力学问题和结构强度问题现在还没有适当的实验设备去研究它,要用实验的方法来研究这些问题就得在高速之外再加上高温,也就是说二十倍声速的风洞还不行,还得要求风洞的驻点温度在一万度以上。但是现在我们还没有方法来设计和建造这样的风洞,也就是不可能完全用实验的方法去解决有关发射人造卫星的科学技术问题。从以上各项资料来看我们只能得出这样的结论：苏联在解决人造地球卫星的科学技术问题的时候是采取了使用电子计算机的方法，利用电子计算机的大量和高速计算把理论和局部的实验结果综合起来，就这样地用计算方法代替了大型实验方法。

很显然，这种使用电子计算机的方法是非常成功的，所以我们应当看看这种新的研究方法能不能更广泛地应用到其他科学技术领域中去。当然，我们可以分两种情况来讨论：一种情况是没有法子来做实验的，这是说除了计算方法之外并无另外的方法。另一种情况是可以用实验方法，但是计算的方法更经济。属于第一种情况的是原子弹或氢弹的设计问题，这里是炸或不炸的问题，是不能用模型实验的。因为非用计算方法不可，这一类情况就简单，不必多说。下面我想就第二种情况谈一谈。

我们自然会认识到，在科学技术工作中，就是在电子计算机出现之前也并不是完全靠实物试验来解决问题的。一位桥梁工程师设计一座大桥像长江大桥，他决不会建议先造一座长江大桥来试试看，一面试一面作设计。他是用结构理论、材料的实验强度以及从前建桥所总结出的经验来把桥的设计完全计算出来的。所以在桥梁设计以及其他土建设计中，计算方法早就是通行的。

但是在其余许多科学技术问题中情况就不同了，一位动力机械工程师设计一台100匹马力汽油机就是靠经验和一些简化了的理论做出设计，把机器先作出来，然后在实验室里作多次试验，一面试一面改进，以求机器的各部都得到协调，达到平衡，能最好地满足使用的要求。这才算是定型的设计，才能开始成批生产了。我们再看一下化学工程师的工作方法，一个在实验室里制订的生产过程必须先建一个中间工厂来试验，对困难的问题有时还得建几个大小不同的中间工厂，先小后大，来研究生产过程中各个部分的平衡，逐步考究如何取得最大效率。做到了这一点才能开始大型工厂的设计，才有把握正式生产能够妥善地进行。显然，这种工作方法是耗费时日的，是要较大的投资的。问题是这种实验设计方法能不能用计算方法来代替。自然，要用计算方法就得满足两个条件：一个是计算的原始资料必须具备，这些原始资料可能是基础实验的结果，像化学平衡常数，热传导系数等等。也可能是各种有关技术科学的理论结果，像运动方程式、边界条件等等。要具备这个条件就是发展基础科学和技术科学的问题。

可是另一个使用计算方法的条件是计算的要求必须与计算的工具相适应，也就是说计算的复杂程度不能超过计算的能力。诚然，在电子计算机出现以前，前面所举的汽油机设计和化工厂设计问题，就是原始资料具备也不能算，因为，其中因素太多，计算繁难。可以说一辈子也算不完，自然不能用计算方法来作出设计了。但是真如多罗尼真院士所说的，现在不同了，有了高速电子计算机，计算尽管繁，计算量尽管大，也能在短时间内完成工作。以前因为计算太繁而转用实验方法来解决的，现在就能计算，从而节省时间，减少投资。从苏联在人造地球卫星的工作来看，肯定这是一个优越的方法。我们应该首先研究有那些以前用实验方法来解决的科学技术问题现在可以用计算方法来代替了，这是立刻可以动手做的。其次我们应该对科学技术的各个领域研究和发展计划，在这个新的工作概念下作一番分析，有那些基础科学和技术科学部门应该推动以满足使用计算方法的第一个条件，也就是为使用计算方法准备原始资料。更不用说，计算技术本身，不论在计算机的设计方面或计算机的有效使用方面都得大力研究。

同志们，值得我们深思的是：苏联并不是第一个发展电子计算技术的。第一个制成现代大型计算机的是美国。但是美国光有了这个有力的工具，不会好好地使用它，真正使用了计算机的是苏联。这是什么缘故？我看这是因为美国的科学技术工作者是资本主义制度下的科学技术工作者，他们充满了个人主义，争权夺利。因而做实验的看不起作理论的，作理论的也看不起做实验的，两方面的人永远碰不到一起。我们可以看到在科学技术工作中有效地使用计算方法是等于用理论的方法去解决实际的问题，理论工作者必须和实验工作者紧密地结合起来。这是资本主义国家里的科学技术工作者所作不到的，而且理论与实际的结合绝不是一种机械的联结，而是辩证唯物的。所以只有在社会主义国家里，只有在马克思列宁主义的党的光辉领导下，科学技术工作者才能普遍地掌握理论联系实际的原则，才能把这一项宝贵的原则灵活地运用到所有的问题上去，从而取得卓越的成就。苏联的科学技术工作者最近在人造地球卫星上，以及其他一系列重大科学领域上所以能作出这样的丰功伟绩，归根结底是由于社会主义的优越性，是由于有党领导的科学的不可战胜的力量。

今天在这个隆重的庆祝伟大的十月革命的四十周年纪念集会上，我谨对苏联最近发射人造地球卫星在科学技术上的意义，谈了几点个人的体会，是否有当，还要请同志们指正。

第二节　从飞机、导弹说到生产过程的自动化[*]

一、飞机的发展过程

飞机的迅速发展只不过几十年的历史。我们知道：飞机所以能飞，是靠翅膀，有翅膀才有升力。翅膀面积大、飞行速度高，升力就大，但是飞机所受的阻力也就随着加大，所需要的动力也就增加，这样飞行的速度就有了限制。也因为同样的缘故，翅膀有一定面积的飞机不能飞得太慢，飞得太慢了升力就不够，就要从空中跌落。所以飞机有一个最大速度，也还有一个最低速度。飞机初发明的时候，因为动

---

* 本节原载 1958 年《从飞机、导弹说到生产过程的自动化》（修订版）。

力小,它的最大速度很小,和最低速度差不多一样大。因此,能飞十尺高,二三十尺远,就算是很大成功。飞机是在这样很简陋很困难情形下开始成长的。以后逐步加以改进。这种改进有几个方面。一个是在空气动力方面,改进翅膀形状,一面增加升力,一面又要减少阻力。减少阻力的办法是使外露的部分简单和流线型化。早年,飞机有两层翅膀,再早有三层、四层的,支架也很多。现在不同了,飞机只有一个翅膀。这些发展都尽量改进飞机的外形,减少阻力,提高空气动力的效率。另一方面是把飞机做得更结实,改良它的材料和结构。早年,飞机是木结构,包上布喷上漆。初步的改进是在第一次世界大战以后,用钢架代替了木架,但仍包布喷漆。后来不用包布喷漆了,用钢架外包千层板。直到1930年以后才有了更进一步的改进,开始制全金属飞机。用的金属是铝合金,在工程学上叫硬铝(图1)。

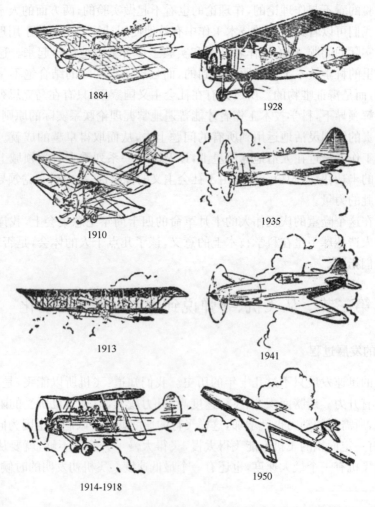

图 1　飞机形状的改变从第一架飞机(莫扎伊斯基设计)到现在的喷气式飞机

所有这些改进的目的都是使飞机能飞得更快,但是一个基本问题仍然没有解决,那就是推进力量的问题。这个问题的重要性是早就被航空家所注意了。怎样衡量推进的力量呢?那可以从每产生一马力的动力需要多少重量的机器来衡量。因为减轻重量和飞行效率的关系很大。轮船上的蒸汽机,发一马力就要有 20 多公斤重。对飞机来说,这样就太重了。早年曾有人考虑在飞机上用蒸汽机,但那太重,不行。后来用内燃机,经过很大改造,发一马力还要 5 公斤重。直到 1930 年以后,才做到发一马力只要半公斤了。到这时,旅客机速度达每小时 300 公里,军用歼击机达每小时 400 公里,而在三十年代,世界飞行速度竞赛的冠军飞机的速度达每小时 600 公里,到 1939 年,德国的一架空军飞机得了锦标,速度每小时 700 多公里(那些飞机不带客货,才能达到这速度)。在这个时期里,航空界流传一句话:"飞机速度到了顶点了,超过 700 多公里再向前发展就难了"。因为再要快,就要接近声速了,也就是要达到每小时 1,000 公里,而越接近声速,阻力就越大,要花很大动力去推进飞机。装上内燃机的飞机,用活塞带螺旋桨,从整个机组重量来说,每发一马力就要一公斤,也就是说在一定重量的限度内,动力不够大,不可能使飞机接近声速。因此那时的航空工程师说,声速好像一堵墙,飞机不能超过这堵声速的墙。那时代可以说是航空技术的黑暗时代。但就在那个时候,空气动力学家早已算出机翼在超声速下所受的力;他们已经在试验室得出这方面的资料。那是把飞机模型放在风洞里(风洞就是一个大管子,用鼓风机吹风,风的速度就由鼓风机来控制。这样就把飞机与风的关系倒过来,飞机不动,风动。而空气对飞机的作用,和飞机动、风不动时是一样的)。在模型支架上,可以测量出飞机各部分所受的力。可以说超声飞机所受的力的问题,理论上和实验上都已经有了答案,问题就是没有能发生巨大推力的、轻的机器。这是二次世界大战前的航空界的情况。

二、喷气式飞机

在二次世界大战里,航空动力方面有了很大改变,创造了喷气式推进机。喷气式推进机和活塞带螺旋桨的有什么不同呢? 在基本原则上它们是一样的,都是把气体向后推,飞机就向前进。这个科学原理就跟用桨划船一样,桨把水向后推,桨受到反作用,就带动着船向前去。螺旋桨把空气向后推,空气把飞机向前推。不同的是喷气式推进机所推后的那股气流通过内部机件,而螺旋桨所推后的空气不经过内部。喷气式飞机把空气从机头吸入机身,经过空气压缩机把空气压力提高(图 2)。空气压缩机的作用和离心式的水泵一样,但比水泵转得快,水泵每分钟转几百转,压缩机每分钟转 1 万转以上。被压缩的空气,通到燃烧箱,使喷进的煤油燃烧,温度更高。用这样高温高压的气体,吹动了涡轮,所产生的动能,正好能转动空气压缩机;所以涡轮的动能在机件内部就消耗掉了。但通过涡轮后的空气,温度压力还相当高,就在尾管中膨胀,从尾管中喷出去的气体速度很高。所以对总的推进系统

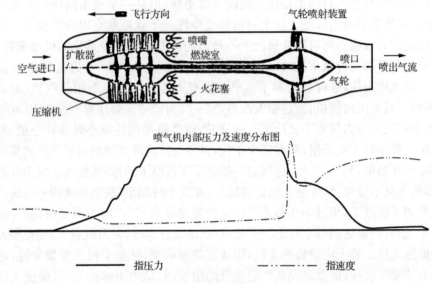

图 2　轴向压缩机式涡轮喷气式发动机简图
（图下曲线表示发动机内部燃气的压力、速度的变化情形）

来说，进气慢，出气快，就等于把空气朝后推，因此空气就把飞机向前推。这是用空气压缩机的喷气式飞机，也就是涡轮式喷气推进机。还有一种喷气推进机是不要空气压缩机和涡轮的。我们可以用一个比拟来理解它：假如一只船在水里走，水冲击船头，水位迎着船头向上升，船头的压力就增大，这就是说流体的速度的改变，会改变压力，流速小，压力就大。空气流动时，也有同样情况。这种喷气推进机的整个机器，就是一条开口管子，进口比较小，随后管子就粗了。飞机从机头吸进空气后（图 3），进入管子比较粗的部分，空气就流得慢，压力就增高。然后喷入油料，燃烧加热，再从出口喷出，喷出去速度比吸入速度大，因此也能推动飞机，这就叫做冲压式喷气推进机。此外也还有不用吸入空气的喷气式推进机，它自己带了液体氧和燃料，可以在机器中燃烧，得到高温高压的气体，再喷出去，这就是火箭。德国的 V-2 火箭就带了酒精和液体氧。

　　喷气推进机和活塞式比较起来，机件比较简单，也比较轻。早期的涡轮喷气式推进机，就可以做到每一马力半公斤重，现在做到 1/10 公斤，而活塞式一马力就要一公斤。这就是说同重量的机器，喷气式的比活塞式的力量大 10 倍，因此就解决了活塞式不能解决的加大动力问题。飞机速度也可以大大地提高了。二次世界大战中叶开始试验喷气式飞机，末期才出现了军用喷气式飞机，以后几年发展很快。最早期的喷气推进机的推力只有 500 公斤，现在已到 10,000 公斤，而歼击机的速度，到现在已经比声速高，每小时 2,000 公里左右，比二次世界大战前每小时 700 公里的最快飞速，增加近两倍，这是很大的进步。现在实验和试造的飞机已超过每

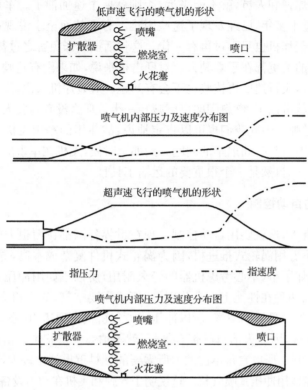

低声速飞行的喷气机的形状

喷嘴

扩散器　　燃烧室　　　　　　　喷口

火花塞

喷气机内部压力及速度分布图

超声速飞行的喷气机的形状

——— 指压力　　　　　　　－·—·— 指速度

喷气机内部压力及速度分布图

喷嘴

扩散器　　燃烧室　　　　　　喷口

火花塞

图 3　冲压式空气喷气式发动机简图

（图下曲线所示系发动机内部燃气的压力、速度的变化情形）

小时 2,000 公里。轰炸机还没有达到声速,可是设计中的轰炸机要超过音速。

这是五十多年来飞机的发展的情况。

从另一面来看,军用的喷气机的速度越过了声速,也就显示出它内在的矛盾,产生了消灭它自己的条件。原因是这样的:歼击机的速度达到了每小时 2,000 公里,人能否受得住呢? 人对速度本身没有什么反应,例如地球绕太阳转的速度远比声音的速度快得多,可是在地球上的人类却毫无感觉,但人们对加速度的反应却很大。歼击机跑得很快,转弯就得转大弯,如果转小弯,就会脑中失血、晕眩,看不见东西;下冲加速太快,也会脑充血、晕眩,看不见东西。速度再加快就转不过弯来,歼击机就失去了作用。另外因为飞机太快了,人脑反应就跟不上,两个飞机对着飞,还来不及瞄准就过去了。无法瞄准,就无法打仗,这样的飞机就没有战斗的效能。在轰炸机方面,高速度所需要的动力很大,因此燃料的消耗也很大,10,000 公斤推进力的喷气推进机的用油量,一秒钟就要几公斤,因此超声速轰炸机跑 3,000 公里,投了弹,再飞回来,来回 6,000 公里,燃油量就大成问题。苏联旅客机 ТУ-104,飞行航程最远 4,000 公里,速度每小时 800 多公里,还低于声速。轰炸机想跑得更快,又带上炸弹和人员,就不能飞远,否则就要中途加油了。军用喷气飞机发展到现在只不过十多年,已经发现了这些困难。有人甚而至于说现在的歼击机是最后一代了,而轰炸机也只不过再有一代。这句话虽然未免言之过甚,但也有它一面的道理:问题的关键都在于驾驶人。对歼击机来说,如果没有驾驶人就可以不考虑加速度的极限,飞行速度再快些也不会有问题。对轰炸机来说,没有人就不需要飞个来回,单程就可以了,燃料问题也就减轻一半。那么没有驾驶人员的飞机是什么呢?那就是导弹。因此我们也可以肯定地说:战斗用的军用飞机终究是要被导弹所代替的,只不过是时间迟早的问题。到那个时候,飞机在军事应用上就只是一个运输工具了——自然是一个很重要的运输工具!

三、导弹和它的自动控制

导弹上没有人,这就要用自动控制。现在世界各国都在用很大的力气发展导弹。导弹上犯不着用涡轮式推进机,因为涡轮式机件复杂成本高,导弹只用一次,到达目标后,一炸了事,不必考虑机器的经久耐用,所以不如用冲压式喷气机或火箭来推进。后面两种在性能上也有分别,冲压式需要空气,如飞得太高,高空的空气稀薄,就不能吸入足够的空气,所以冲压式喷气机很难到达 40 公里以上的高空。在高空就要用火箭,因为火箭自己带有氧气,就不怕高空空气少。正因为它除燃料外,还需要消耗氧气,所以它每单位推力所需要的燃料重也就比较大,因此在导弹上我们也该尽可能地用冲压式喷气机。这说明了导弹和飞机在动力设备上有所不同。

导弹有好几种,它可以根据从什么地方放出和到达什么目标来分类。有的导弹在空中放,有的在地上放;有的是打空中的目标,有的是打地上目标。因此共分四种,就是:从空中到空中;从空中到地面;从地面到空中;从地面到地面。空中到空中的是歼击机使用的武器。飞机速度高了,枪炮打不准,用歼击机带导弹在远处放,再用自动控制设备让导弹自动去找目标,就可以补救现在枪炮的缺点。从空中到地面或海面的一类中,有一种比较简单的可控制的导弹,这种导弹等于一架小飞机,它没有人来驾驶,但弹头有电视,可把地面情况传到另一架飞机或地面上的控制站。控制站根据情况,再发出信号控制导弹的飞行。从地面到空中是防空导弹,因为高射炮只能打到一万多公尺,而喷气机可飞达一万八千公尺以上,以后还可能达到二、三万公尺,因此高射炮就打不着它,要靠防空导弹来打。从地面到地面的导弹,其中远射程的就是所谓洲际武器,是一个很大的火箭,也就像炮弹一样无翅膀完全靠速度大来达到距离远的目标,所以又叫做洲际弹道式火箭。它实在就是两节接力式的火箭,一个大火箭顶着小火箭,大火箭先放,获得一定速度以后,扔掉大火箭,点上小火箭,使它得到更快的速度。这样射程就可以达到 6,000 公里,甚至 10,000 公里,速度达到声速的 15 或 20 倍。比这类洲际武器小一些的是单节火箭,是和 V-2 火箭同一类型的。它们的射程小些,约有 600~2,000 多公里,叫做中程弹道式火箭。这类弹道式火箭有什么好处呢？和轰炸机来比，中程火箭比较灵活，不需要飞行场，因为它可以从地面垂直起飞，达到相应速度以后转向目标，只要用一个卡车带一块大铁板，把铁板在地上一铺，就能放，在任何地点都可以放。就是巨型的洲际火箭也是由隐蔽的发射基地施放的，不用大型机场。速度也比轰炸机高得多，难防御。

　　导弹的主要问题是怎样才打得准确，如果放一个就能打中目标，那么它的价钱虽高，全面计算起来还是便宜。所以在导弹的整个的发展中，主要问题是准确，防空导弹更应该要求这样。对防空导弹来说，空气动力学和推进部分的问题，大致都已解决，困难的是自动控制部分。初步估计，要发展防空导弹，20％力量投到空气动力学、材料强度、推进方面，80％投到控制方面。怎样来控制呢？首先是使防空导弹长上眼睛，自己能找目标。这件事说起来像封神榜和西游记上的故事，其实也并不神秘，主要是利用目标的特点来找目标。例如，飞机发出的声音很响，飞机后面又喷气发热，这都是目标的特点。所以我们只要在弹头上安装了对声音和热特别敏感的仪器，当导弹到达目标附近时，便向声音最响或温度最热的地方前进。或者我们也可以在弹头上安装了雷达来探测。但是我们要注意到：正像人的目力是有限度的，有眼睛的导弹弹头也不可能从离目标太远的地方来找寻目标，因此要把这导弹先引到目标的附近，然后才可利用它的弹头来自动找目标，这中间需要一个引导它到目标附近的控制系统。防空导弹的控制系统，就要利用测敌机位置的雷达。雷达放出的无线电波，跟着敌机走（图4），然后使用对电波特别敏感的导弹，沿着无线电波打上去，这样导弹就一定能碰上敌机。

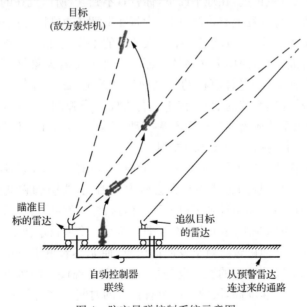

图4　防空导弹控制系统示意图

用雷达测飞机或导弹的位置,同时还要作快速计算,方才能及时作出适当的控制决定;这就要电子计算机,用人的计算是不够快的。所以导弹的脑筋是电子计算机,它是整个控制系统的中心环节。现在我们就来讲讲电子计算机。

人们一般用十进位计算。电子计算机用的是开关,开或关只有两个可能性,并没有十个可能性,所以电子计算机用的是二进位。零是 0,一是 1,到了二就要进一位,写作 10,到四就要进二位写作 100。由此可见引用了二进位,我们就把计算过程变为电路的开关过程,这也是数字式计算机的原则。计算的快慢就看开关跳得多快多慢,用电子去开关,只要百万分之一秒就行了。

所以电子的数字计算机是现在最快而又很准确的计算机。此外还有一种电子计算机是模拟式的,它不靠数字的运算,它的原理是利用一定电路系统和所要计算现象之间的相似性,也就是拿电的系统来模拟自然现象。一般来说模拟计算机比数字计算机简单,但没有数字计算机的准确度。一般的电子计算机都不能说是小巧的,要把它们装到导弹中去是不可能的,它们只可以留在地面上作为控制系统中的一部分。如果要把电子计算机装到导弹里面去,作为弹身内控制系统的一部分,我们首先就必须把它"专业化",只作一件事(控制计算),不要它万能,作通用计算;这样的计算机就可以简单一些。但是只专业化还不够,我们还要小型化和超小型化,竭力缩小体积,从相当于一个柜子的大小缩到一个盒子的大小。这不是一件容易的事。所以光能作通用计算机还不能解决导弹问题,我们还要进一步制造出超小型的专业计算机。

我们在上面所说的自动控制系就是依靠雷达定位装置的。雷达发出的电波是直线前进的,如果对象很远,在地平面下,你就看不到它,所以现在的弹道式火箭只在起飞后一小段飞行过程上有控制,以后太远了就没有控制。另一种从地面到地面的远程导弹是飞航式的,也就是一架无人驾驶的单程飞机,这种洲际武器的控制系统就不能用电波控制,而用天文系统控制。导弹上带着天象仪、自动记忆系统,某时观测太阳在何方,经过计算机的记忆和计算系统,查对出自己所在的正确位置,然后通过自动控制系统的活动,校正飞行方向。导弹跑得很快,又要带这样一批东西,天文观测系统还需要平稳而不受震动,这就难设计了。但好处也大,因为它可以不受别人的干扰,只受天体的控制。

洲际弹道式火箭的速度快,它大部分的弹道又没有控制,也就不能接受人为的干扰,所以不能用电干扰的方法使它失去效力。因此,要防御它就要用另一种导弹。也就是我们最后还要用导弹来打导弹。但这种反导弹的导弹准确度比现在要求的高得多,需要更高一级的科学技术水平。这是一个尚待解决的问题。

我们在前面约略地讲过了航空发展的历史,而尤其着重于军用航空技术的问题。当然我们知道民用航空的发展也是很快的,它是现代人们所不可缺的交通运输工具。它的优点是速度高,因此可以节省很多的时间。拿它和火车比:我国铁路行车速度一般不过每小时 70 公里,而喷气式旅客机像 ТУ-104 就有每小时

800～1,000公里的速度，约为火车的十倍。所以飞机的发展已经对人类文化作出了很大的贡献。现在火箭导弹的研究成果，也可以应用到交通运输上去，把交通速度也再提高十倍多，比火车的速度快一百多倍！这一个可能性可以这样来说明：我们在前面，讲过洲际火箭，它的射程有 6,000 公里；它的最高速度在每小时 16,000 公里以上。因为，最大速度是在接近地面时出现的，这样的火箭落地的速度是很大很大的。我们如果在火箭机身上装上一对翅膀（图 5），当火箭从高空回到地面的时候，空气的密度增加了，翅膀就生出升力使火箭飘起滑翔，速度也逐渐因阻力而减小，最后着落地面。这样加上了一段滑翔过程，火箭就可以达到更远的距离。据计算，航程可以因此增加两倍，也就是 18,000 公里。其实因为地球的半径只不过 6,500 公里，地球上最远的距离也不过 20,000 公里，用了这种有翅膀的火箭差不多可以"一口气"从地球上的一点飞到任何其他一点。不但如此，因为这种远程火箭的起飞重量的大约 80％是燃料，燃料烧完之后是很轻的，一装上了翅膀，就像一架飞机，因此它的着陆速度是和飞机的着陆速度不相上下的。这类有翼的火箭也可以坐人，用它作为交通运输工具；这样从北京到莫斯科只要三、四十分钟，当它实现的时候，交通运输可以说进入一个新阶段了。

图 5　V-2 火箭改装后，用一个更大的火箭推送到高空，就能达到更远的目标

　　火箭技术的高度发展使我们可以发送人造地球卫星，肯定了人类在星际空间航行的可能性，打开了空间时代。苏联在 1957～1958 年陆续地放了一个比一个大的卫星，1959 年 1 月 2 日又成功地发射了宇宙火箭，这是人类历史上划时代的成就，是社会主义伟大的胜利！在不太远的明天，我们一定能建立起巨型卫星的星际航行站，从那里起飞到月球、到火星更远一些的行星上去旅行。这就是导弹技术的和平利用，它给人类的活动开辟了前所未有的广阔园地。

　　从另一面看，导弹的发展是依靠了自动控制技术在过去 20 年的进展。像前面所说，自动控制技术对导弹是非常重要的，导弹的发展也就把自动控制技术推到更高的水平。这就必然地会影响工业生产方法，掀起技术上的大革命。

四、自动控制在工业中的应用

　　我们知道现在一般用车床生产的方法是：先要人看蓝图，装料，夹刀具然后开始切削，人在其中只起了翻译的作用，是把蓝图翻成机器的动作，让刀具按照需要去切削。其实这些工作并不一定要人去作,可以用电子计算机和自动控制系统来代替人。工程师不必画蓝图,把自己所设计的东西,记录在卡片上或录音带里,再把卡片和音带安置车床上去。卡片或录音带的信号一出来,自动计算和控制系就指挥机器完全自动地进行工作。此外,在一台机器完成几个加工步骤后,往往要把半成品送到另外的机器上再加工,这也可以自动化。把机器连起来,装上自动运输带,自动搬运、安装工件,启动调换车刀,自动完成全部加工过程,一台机器坏了就自动换上备用的机器,走另一条路线;这就是通常所说的自动化。但还需要工程师或车间主任来照管机器的运行。现在,需要车间主任做的工作也可以用机器来代替了。用现在的计算机能做数字计算外,还能作逻辑计算,也就是能有条有理地从几个可能性中选出最好的决定。机器操作的情况,用自动记录仪反映到计算上,经过逻辑计算,再去指挥机器。按照这个发展方向,不但体力劳动逐渐可以代替掉,一般变化不大的日常管理工作,也可让机器来做,由电子计算机和自动控制系统来操纵。这就是无人工厂,从而达到了最高级的自动化。

不但在工厂里是如此,在机关里我们也可以利用自动控制系统处理日常例行的事。像我们的有些图书馆,书多,管理人员少,往往书一进去就找不到了。而管理图书、档案的工作,一般比较简单,其中有体力劳动和非创造性的脑力劳动,这也可以用机器代替。有的图书馆已经用压缩空气传递书了,可是还需要人去找书,把书从书架上送到输送书的机器上去。将来,只要你把书摆在一定地方,有一定序列,然后编上一定号码,放进电子计算机的记忆系统里,人们借书时,先找到片卡,打书号,到记忆系统就翻译成书的位置,然后就自动送书。这就利用自动控制和记忆系统代替了图书管理员。

人事管理局也可以按人编号,把人事记录放在录音带上,需用时一按号码,就自动通话传来,并自动把记录打出。其他的管理和记录工作中,像管理原材料和成品的仓库,公文档案,银行账目等等,这一切都可以利用记忆系统和计算系统来代替了。这就是自动化了的管理和办公机关。

最后必须讲一讲机械化和自动化这两个名词内部的区别。我们如果把人类生产方法的整个演化过程分析一下,最早的生产方法是完全靠人们自己的体力,主要的是两只手。再进一步,人们制造了工具,最初用石器,后来利用金属。但这还是手工业,生产过程中所用的动力也还是靠人们自己的体力。从十八世纪开始,工业革命到来了,机械的动力代替了体力,动力加强了,动力集中了,使生产方法起了飞跃的变化,开始了生产机械化过程。从那时起,我们不断地用机械代替了人力,不断地把主要工序机械化了。我们用了各式各样的车床、钻床、铣床、拉床、磨床等,来代替人的操作。以后连一般的辅助工序也机械化了。这也就是逐步地加强了机械化。但是无论机械化程度多么高,我们只做到用机械代替体力劳动。在工厂里还是需要技术工人来看管机械,一个车间也必须要设车间主任,一个厂也必须要生产主任,要工程师。这些管理的人员一般不做体力劳动,那么他们做些什么事呢?让我们来分析一下,可以看出:他们第一是"看"机器,"看"生产情况,也就是收集生产情报;然后他们根据这些生产情报,运用他们的知识和经验作出调整机器和生产过程的决定;最后他们执行这些决定。所以如果从自动控制体系的角度来看,管理人员的工作基本上是三部分:"看"是测定;作决定是利用记忆系统的内容来运算,包含数据运算和逻辑运算;执行决定是控制。照我们在前面所说的自动控制和电子计算系统,这三部分的工作都不需要人,自动系统都能作。如果我们真的用了自动系统代替了管理人员的非创造性脑力劳动,这就是生产自动化。当然,创造性的脑力劳动,机器是做不了的。所以可以说:机械化是用机器代替人的体力劳动,而自动化是用机械系统来替人作非创造性的脑力劳动。其实自动化的意义还不是只限于以机器代人,更重要的是代替人的机器工作得比人还好,它比人工作得更快,更准确。快,就能增加生产的速度,准确,就能提高生产的效率。所以自动化是提高生产率、降低成本的一项重要措施,也因为自动化能强化生产过程,同一生产量就可以用小一点规模的设备,从而减少投资。因此自动化也是符合多、快、好、省的总原则的。

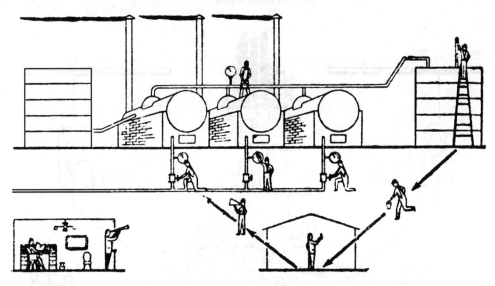

图 6　旧式的石油精炼工厂

现在生产自动化正在开始,无人工厂还没有出现,所以我们还处在技术大革命的前夜,明天才是超高速飞行、星际航行、无人工厂、自动化办公室和图书馆的时代,也就是人类生产方式的一个新阶段。到那个时候、人们终于摆脱了一切非创造性的劳动,实现了共产主义的生产方法。

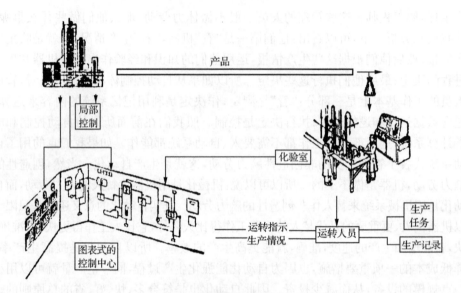

图 7　现在的石油精炼厂

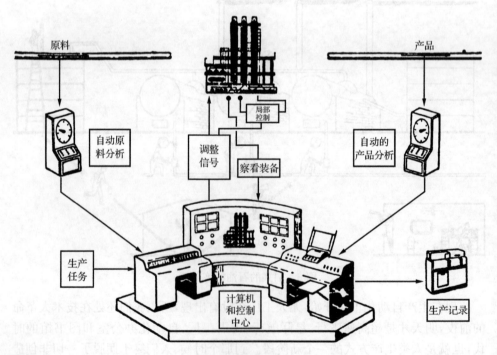

图 8　完全自动了的石油精炼厂(无人工厂)

第三节　谈宇宙航行的远景和从化学角度考虑农业工业化[*]

从现在火箭技术的发展进度来看,解决太阳系行星间的星际航行将不是太远的事。有些苏联的科学家认为 10 年内人就可以到其他行星上去了。但是宇宙太大了,光是能到其他行星上去,并不等于说我们就解决了宇宙航行的问题。从地球到我们所知道的最近的一颗恒星——"半人马"座的 α 星,就约有 40 万亿公里。如果我们用原子反应堆的原子火箭,每秒喷气速度可以达到 8 公里,再加上多级火箭设计原理,最大速度就有可能达到每秒 40 公里。但即使这样,用每秒 40 公里的速度到离我们最近的一颗恒星去也得一万亿秒,也就是 31,700 年! 自然,一旦到了那颗恒星上去,我们就可以真的看一看宇宙的奇观:半人马座 α 星实际上是紧紧靠近的三颗恒星,其中一颗比我们的太阳还要大些,其他两颗是光度较小的黄色以及发红的星。在天空中有三个不同颜色的太阳,岂非奇观。

因此到恒星上去的宇宙航行既不是化学燃料的火箭能解决的问题,也不是原子火箭能解决的问题,而是一个超高能燃料的问题。所谓超高能就是燃料释放的能,其所关联的质量要占燃料原来静质量的几分之一。只有用这样燃料的火箭才能达到接近于光的速度,才能用几年的时间达到另一颗恒星附近去,才能去发现新的太阳系。

我们现在所知道的核燃料离这个要求还很远,裂变燃料所释放的能,其关联的质量还不到原来燃料静质量的千分之一;就是能量较高的由氕聚变成氦的反应,这个相应数字也只是 0.635%。虽说我们知道一个电子和一个正电子能生成一对光子,从而把电子和正电子的内在能量全部变成光能,在这一点上是合乎我们的要求的。但是,我们怎么能装一箱电子和装一箱正电子呢? 因此用电子和正电子为火箭燃料还不现实。

我想以任务带学科的精神向物理学家们提出这么一个任务:创造能释放能量当量为静质量几分之一的超高能燃料,并提出利用这种超高能燃料的火箭设计原理。这项任务能带动什么学科呢? 它能带动基本粒子的研究,因为看来只有在基本粒子中我们才能找到能量当量为静质量几分之一的反应。例如,Ξ^- 粒子的静质量为电子的 2,585 倍,它蜕变为一个 Λ^0 粒子及一个 π^- 粒子。Λ^0 粒子和 π^- 粒子又继续蜕变。Ξ^- 粒子的最终产物是两个电子,一个质子,其他是静质量为零的微中子。所以最终产物的静质量是 1,838.1 倍电子静质量,所以释放的能量、其关联的质量为静质量的 28.9%。我们能不能从本来稳定的物质产生大量的 Ξ^- 粒子,或其他不稳定的基本粒子呢? 要解答这个问题我们必须掌握基本粒子的产生、相互作用、蜕变等规律,这也就是对基本粒子物理的研究了。

---

[*] 本节原载 1959 年《科学通报》第 3 期,86 页。

我们的党已经提出了农业工业化的口号。我想,农业工业化能不能从化学的角度来考虑呢? 农业生产中的农、林、牧、副、渔基本上是生物化学的过程;而公社中工农业并举中的工业,其中一大部分如综合利用、化肥、农药的生产基本上也是化工过程。所以我们的任务是巧妙地把生物体中的化学过程和机器中的化学过程结合起来,提高生产,强化生产。自然,要实现这样一个复杂交错生产的生产系统,里面自然有电气化、自动化的问题,但也有尖端的科学问题。例如,从日光能源来计算通过光合作用所产生的碳水化合物,每亩年产干物质约 24 万斤。如果一半是粮食,那么稻、麦、玉米等的年产量可以是每亩 12 万斤(拼秧的不在此例)。但这是说作物只能从光合作用生产粮食,不能直接利用土壤中的有机物。到底能不能? 如果农作物这样的高级植物也能像菌类一样直接利用有机物,岂不就突破了太阳光能量的限制,那么每亩年产量可以无限制地提高吗? 这问题很值得研究。

第四节　宇宙火箭和星际飞行 *

各位同志:

今天科协、中苏友协要我来做一次报告,讲一讲关于宇宙火箭的问题,我觉得我所知道的太少,是外行。所以,我今天在这里也是以外行来讲宇宙火箭,所讲的不一定对,请大家指教。

我们都知道,苏联在人造卫星、星际航行这方面是付出了巨大的劳动的,他们在这方面技术上已达到最先进的水平。

苏联在一年多以前,也就是 1957 年 10 月 4 日放出了全世界第一个人造卫星,它的重量是 83.6 公斤,一个月之后,1957 年 11 月 3 日,又放出一个更大更重的人造卫星,重 508.3 公斤;而去年 5 月又放出了第三个人造卫星,这的确可以说是巨大的人造卫星,因为它的重量已超过了一吨,是 1,327 公斤。这一系列的成就,说明了苏联在星际航行的技术上,已经走出第一步;也就是已经能够把超出一吨重的物体,用强力的火箭发动机推送出去,达到第一宇宙速度即每秒 8 公里的这样一个速度。

一、苏联宇宙火箭的运行

苏联在这个基础上,继续工作,继续提高火箭发动机的威力,继续把火箭的自动控制系统搞得更精密。又隔了几个月,距离发射第一个人造卫星一年多一点,在今年的 1 月 2 日,莫斯科时间大约晚上八点钟左右,也就是莫斯科城市居民刚刚吃

* 本节原载 1959 年《宇宙火箭和星际航行》,59~74 页。1959 年 1 月 8 日钱学森在中华人民共和国科学技术协会全国委员会、北京市科学技术协会筹委会、中苏友好协会总会、北京市中苏友好协会联合举办的报告会上所作的报告。

过晚饭,西伯利亚地区差不多午夜的时候,在发射场上,升起了巨大的火箭,宇宙火箭开始起飞了!

这一发射时间,是完全经过仔细安排好了的。1 月 2 日,正是"下弦",正当月球走到地球绕太阳公转的轨道前面。宇宙火箭的发射,就是要选择这样的时候,让它从月球区域的左面穿过,跑到地球绕太阳公转的轨道前面去。

宇宙火箭起飞后;很快地提高了速度,并且转向刚从地平线升起的月球飞去,越过苏联东部的边疆,达到预定要达到的速度——超过第二宇宙速度。

根据塔斯社发表的公告,在莫斯科时间 1 月 3 日上午 3 时 10 分,宇宙火箭已经离地球 11 万公里,这时,它已经走到地球绕太阳公转的轨道的前面;

到上午 6 时,离地球 13 万 7 千公里;

到正午 12 时,离地球 20 万公里;

到下午 1 时,离地球 20 万 9 千公里;

到下午 4 时,离地球 23 万 7 千公里,这时它离地球的距离已经比离月球的距离要多了;

到下午 7 时,离地球 26 万 5 千公里;

到下午 9 时,离地球 28 万 4 千公里;

到下午 12 时,也就是午夜,离地球 31 万 1 千公里。

莫斯科时间 1 月 4 日上午 5 时 59 分,也就是差不多 6 点钟的时候,宇宙火箭已经走到月球区域,在月球的左面穿过去,这时候它的速度,据测定是每秒钟 2.45 公里,在从月球左面穿过的时候,它和月球的距离是 7,500 公里。在 34 小时之内,宇宙火箭由地球向月球飞行了 37 万公里。

到 1 月 4 日上午 9 时,宇宙火箭已经跑到月球的前面,离地球 39 万公里;

到中午 12 时,离地球 41 万 6 千公里;

到下午 7 时,离地球 47 万 4 千公里;

到下午 10 时,离地球 51 万公里。

莫斯科时间 1 月 5 日上午 4 时,离地球 55 万公里;

到上午 10 时,离地球 59 万 7 千公里,这时候,宇宙火箭已经超出了地球和月球的引力区域,而逐渐进入它自己围绕太阳公转的最后的椭圆轨道,成为有史以来太阳系的第一个人造行星。

这一人造行星,因为它当初的发射方向就是朝着地球绕太阳公转的轨道前面发射的,所以,当它克服了地球和月球的引力之后,它在宇宙空间的速度,也就是对太阳来说的速度,应该是它克服了地球和月球的引力之后的余速,加上地球绕太阳公转的速度。我们知道,地球绕太阳公转的速度,差不多是每秒 30 公里,那么这时候,人造行星的速度就是每秒钟 30 公里多一点。而由于它的速度比地球绕太阳公转的速度多一点,因此,它的运行的轨道也就比地球绕太阳公转的轨道大一些,而介乎地球轨道和火星轨道之间。

人造行星的轨道是椭圆的,最大的直径是 3 亿 4,360 万公里,它的公转的周期差不多是 15 个月,更具体地说是 450 个地球日,它的椭圆轨道的偏心率,也就是椭圆的程度是 0.148。既然轨道是椭圆的,就有一个长轴、一个短轴。地球的轨道也是这样,是椭圆的,有长轴、短轴。人造行星轨道的长轴和地球轨道的长轴,有一个角度,是 15 度,但是两个轨道是在同一平面上的。

宇宙火箭——人造行星完全脱离地球和月球的引力场而进入自己围绕太阳公转轨道的时刻,大约是 1 月 7 日至 8 日。它将在 1 月 14 日,走到轨道上的近日点,距离太阳据估计大约为 1 亿 4,640 万公里,那时它的速度将是每秒 32 公里。今年 9 月初,它将走到轨道上的远日点,距离太阳据估计为 1 亿 9,700 万公里,那时它的速度将是每秒 27.75 公里。

从这个轨道的特性,我们可以知道,人造行星轨道和火星轨道之间最小的距离是 1,500 万公里,这个距离听起来好像很大,实际它比起地球轨道和火星轨道之间的距离要小四倍,也就是只占地球离火星最近时距离的四分之一。

据计算,这个宇宙火箭变成的人造行星,将要在大约五年后重新接近地球。大家不要害怕,它不会跑到地球的空气层里来,因为那时它离地球虽说是比较接近,而距离还要几千万公里。

以上所讲的是,发射第一个宇宙火箭的情况和宇宙火箭成为人造行星的一些特性。

二、苏联宇宙火箭的科学研究任务

当然,苏联发射宇宙火箭,不仅是使它成为人造行星;还有许多要进行的研究工作。

首先,是研究怎样具体达到第二宇宙速度,即脱离地球引力场需要每秒钟 11.2 公里速度所关系的一系列动力上的和控制上的问题。

此外,宇宙火箭上还装载了许多精密的科学测量仪器,这些仪器和无线电发报机以及电源设备,一共重 361.3 公斤,这可以说是宇宙火箭的有效负载,它的最后真正执行任务的部分。

发射宇宙火箭,用的当然是多级火箭。其最后一级包括装载的仪器等,计重 1,472 公斤,比第三个人造卫星还要多 145 公斤。所以说苏联发射这样一个宇宙火箭的工具,乃是一个威力非常强大的工具。

仪器中包括有三台无线电发报机:

一台有两个频率——19.997 兆周和 19.995 兆周,信号长短的交替为 0.8 秒和 1.6 秒;

第二台的频率是 19.993 兆周,信号的长短交替是 0.5 秒和 0.9 秒,这台发报机是为了传递科学观测数据用的。

还有第三台，频率为 183.6 兆周，是用来测量运动的特征也就是运动参数，并且向地球上发射科学情报用的。

担任进行测量的仪器一共有九种：

第一种是探测月球磁场的仪器。为什么要测量月球磁场呢？因为我们对天体磁场知道得还很少。当然，我们住在地球上，对地球的磁场是知道了，对太阳的也知道；但是其他天体是否有磁场，这在以前我们是不知道的，现在由宇宙火箭经过月球区域，探测月球的磁场，这样就可使原来仅有的两个测量数据上又加上一个数据，这是很重要的事情。假如我们有更多的数据，就可以帮助我们进一步了解地球、太阳和其他天体为什么会有磁场的问题。

第二种是在地球磁场以外考察宇宙线的强度和强度变化的仪器。这也是了解宇宙线方面的一个很重要的工作。宇宙线是从远离地球的宇宙空间产生，然后射到地球附近来的粒子，由于这些粒子是带电的，因此在运行过程中也就是在接近地球时，就受到地球磁场的作用。苏联发射的三个人造卫星，就曾找出关于宇宙线的新资料，如发现了在地表上空相当高的地方宇宙线的密度很高，这是以前未曾想到的。因此，在地球磁场以外考察宇宙线的强度和强度变化，对于了解宇宙线到底是怎么来的，将会有重要的贡献。

第三种是记录宇宙线中的光子的仪器，即观测或记录宇宙线中除粒子以外的光子。这也是进一步了解宇宙线的作用和起源的重要工作。

第四种是探查月球的放射性的仪器，即是要了解月球到底是否有和我们相似之处？我们地球上有放射性，月球是否有放射性？这在以前因未能接近月球，在地球上无法测量，现在，正好利用宇宙火箭的穿过月球区域来做工作，知道了月球是否有放射性，可帮助我们进一步了解月球的构造。

第五种是研究在宇宙空间也就是在地球磁场影响之外的宇宙线中重原子核的分布的仪器。也是为了解决宇宙的产生的问题。因为我们已经对星际空间各种物质的原子核的分布有了一些数据，如果测量出宇宙线中的重原子核的分布与前者相合的话，那么我们就更可以说，宇宙线的产生是由于星际空间的物质受了空间磁场的作用，好像一个大加速器一样，从而得到接近于光的速度。所以，这也是一件重要的工作。

第六种是研究行星际物质的气体成分的仪器，也就是要了解星际空间的物质到底是什么？我们通常粗浅地说，星际空间是空的，但认真地说来，并不是绝对空的，除了光之外，多少总有些东西，但这些东西是何成分，以前没有直接测量的可能，现在有了宇宙火箭就可直接测量了。

第七种是研究太阳微粒辐射的仪器。我们知道，太阳的温度很高，差不多有6,000 度，太阳的表面不断地放出很多微粒子，这些微粒子到底是什么、它的分布如何？这在以前没有什么直接测量的办法，因为地表面为大气层包围，只能从它对大气层作用的各种结果来间接推论。现在有了宇宙火箭就可以直接研究它了。

第八种是研究流星粒子的机器。在宇宙空间中不断地有流星，一般流星是很小的，肉眼看不见，但是运动的速度很大，研究它对于将来宇宙航行是有一定的重要性的，也就是要研究它如果撞到宇宙火箭或飞船上，将会起什么样的作用以及它的强度如何。

第九种是用于制造钠云——人造彗星的仪器。钠是金属钠，钠云即钠的蒸汽。在宇宙火箭接近月球区域以前还在高空时，就放出预先安排好了的一定量的钠的蒸汽，钠云在空间受到日光的刺激，可以变得很亮，很容易观测到。钠云至少可起两种作用：一种是研究钠的蒸汽在空间的移动、扩散和变形，由此推论其附近空间物质的浓度有多大，从而了解星际空间物质的分布情况。还有一种，苏联科学家曾提到了，即如果我们能使钠云有足够的高度，并且 24 小时绕地球转一圈，这样在地球上看起来，钠云就是不动的，那么在全球弄上几块钠云，就可以利用它做电视反射站，在全世界范围内播送电视节目了。不过，当前主要还是为了研究星际空间物质的分布。

以上是介绍在宇宙火箭中装置的仪器。

三、利用宇宙火箭可到大阳系其他行星

苏联能够把装有这些仪器的重达 1,472 公斤的宇宙火箭，以超过第二宇宙速度的 11.2 公里的速度，送出地球和月球的引力场之外，这说明了苏联已经有了非常强大的火箭发动机、非常准确的控制系统。根据这一伟大成就，我们可以说，到太阳系其他行星上去，已经不是很遥远的将来的事情了。

有史以来，我们人类被局限在地球这个圈子里，现在，我们一旦创造了第二宇宙速度，打破地球的引力的束缚，就如同出了大门，眼睛所看到的是广阔的世界。

地球和月球，这只不过是个小家庭，它们的平均距离只是 38 万 4 千公里。

走出这个小家庭，在太阳系的大家庭里，首先要认识一下地球和太阳的距离。地球和太阳的平均距离是 1 亿 4,950 万公里，这个距离就是地球和月球的距离的400 倍了！

太阳系这个大家庭到底有多大呢？离太阳最近的行星是水星，靠外边是金星，再外边是地球，再外边是火星，再外边是木星、土星、天王星、海王星以至冥王星，离太阳最远的是冥王星，而冥王星和太阳的平均距离则又是地球和太阳平均距离的40 倍。

宇宙火箭的发射成功，使我们由地球和月亮的小家庭迈出去一步，走向太阳系的大家庭。

我们刚刚能以第二宇宙速度走出家门，就把这个火箭叫做宇宙火箭，是否恰当呢？是恰当的。因为我们最困难的问题就是怎样摆脱地球的引力场，现在克服了

这个困难,到其他星球上去是不难的。

这话怎讲?

前面说过,宇宙火箭——人造行星的轨道,接近火星的轨道。我们摆脱了地球的引力场之后,进一步的问题,就是如何战胜太阳的引力场。太阳虽然大,但是距离远,引力的作用不是太强的,战胜它不太难。举个例子,譬如我们真正要到火星上去,怎么办呢?我们可以采取许多办法,有的办法快,有的办法慢。先说一种慢而省力的办法,就是使人造行星的轨道再大一些,使它既和地球的轨道相切,又和火星的轨道相切,这样就可沿着椭圆轨道,用 237 天的时间到火星上去。要造成这样一个轨道,就要使人造行星在摆脱地球引力场之后开始进入自己轨道的速度,比地球公转的速度更大一些,不然甩不出去,但也不要太大,只要快个每秒 2.3 公里就行了。

大家也许会这样说,第二宇宙速度是 11.2 公里,现在速度还要更大一些,每秒快 2.3 公里,那不就是需要 13.5 公里了吗?不是的,假如我们让宇宙火箭以每秒钟 11.2 公里的速度,摆脱地球的引力场,再给它加上每秒 2.3 公里的速度,加的总速度诚然是每秒 13.5 公里。但这不是聪明的办法,因为这样就得要连加速用的燃料也费很大的力气送到地球引力场之外去。我们可以采取更巧妙的方法,即在宇宙火箭发射时,自低处给它多加把劲儿,让它一口气冲出地球的引力场,还能多剩余些力量,再加上地球公转时的速度,就足可以把宇宙火箭甩出去,飞往火星。这样把加速用的燃料所占的重量,早些减掉,比较经济,而速度也就不需要 13.5 公里,只要每秒 11.4 公里就够了,也就是只要比第二宇宙速度的 11.2 公里再多 200 公尺就行了。苏联现在发射的宇宙火箭速度已经在 11.2 公里与 11.4 公里之间,只要再加上一点点,就可以到火星上去了。

火星,对我们来说,是比较感兴趣的。因为,这个行星上的条件还不算坏,人大概还可以受得了,温度是蛮舒服的;它那里的夏天最高温度,有 30℃,比较热一些。火星上也有大气,只是比地球上稀薄;它表面的大气压力为地球上的十分之一。空气的成分和我们地球上不一样,基本上是氮气,占 90% 以上,里边含有一点水分和氧气,所以火星的表面是比较干燥的。它离太阳较远,比地球要远 52%。火星的一年较长,为 687 个地球日;不过火星上的一天还和我们差不多,是 24.6 小时。火星的直径只有地球的一半多一点,比较小,质量也大约只有地球的十分之一。在这种情况下,有一个特点,就是如果在火星上搞人造卫星比较容易,火星上的第一宇宙速度只是每秒 3.6 公里,第二宇宙速度只是每秒 5.1 公里。

这是到地球外圈的火星上去,我们能不能到地球里圈的水星、金星上去呢?也可以,只要使宇宙火箭在摆脱地球的引力场之后所具有的速度,比地球公转的速度再减少一些就行了。怎样减少呢?就是在发射宇宙火箭时,速度要比 11.2 公里略大些,使它在摆脱地球引力场之后,还有一点余速,而方向要和地球绕太阳的速度相反,使得最后相对于太阳的速度等于地球绕太阳的速度减去这点速度。这就是说如果也要向月球方向发射,就不能在下弦的时候,而要在上弦的时候发射,这时月球正走在地球绕太阳公转的轨道后边。这样,当宇宙火箭摆脱地球引力场之后,就会比地球绕太阳公转的速度慢些,于是,宇宙火箭就会掉在地球的里圈里。这样做,所需要的宇宙火箭的发射速度也是可以计算得出来的。到金星上去,需要每秒11.5公里。到水星上去,因为它比金星还靠里,掉得还要深,减速还要多,也就是要求它在摆脱地球引力场之后朝着相反方向的速度还要大些,所以它的发射速度也要更快些,需要每秒12.7公里。

水星对我们来说,兴趣也许不太大,因为它离太阳太近了,烫的不得了,由于多年以来,受着太阳的很强的潮汐作用,自转的速度越来越慢,和公转的周期逐渐相同,像月亮似的,永远以一面向着太阳。水星离太阳本来就近,只有地球和太阳的距离的39%,再这样一烤,它赤道上边的温度就高得厉害,能熔化铅。所以到水星上去,只好在两极附近待着,它的体积又较小,质量只有地球质量的40%,这样一来,在它表面上的空气就跑得差不多了,据现在仔细的研究,也还有一点点空气,但少得可怜,它的地表面的大气压力仅有地球上的千分之一。

水星的外圈是金星,金星对我们来说可能很有兴趣。因为它看起来和地球相似,质量是地球的81%,直径是地球的93%,它上边有浓厚的大气,最高温度是60℃,不过,大气的大部分都是二氧化碳,还测不到有多少氧气。这种情况跟地球在太古洪荒时差不多,研究金星,可能像是温习一番地球的几千万年前的历史。

我们再看一看地球的外圈,火星之外,就是木星、土星、天王星、海王星、冥王星,木、土、天王、海王这四个行星,有其类似的地方,都是平均密度比地球小得多,譬如,地球的平均比重是5.52,木星则是1.34,天王星是1.27,海王星是1.58,土星就更怪了,是0.71,比水还轻。它们的体积则很大,木星是行星中的大王,直径是地球的11倍,土星是8倍,天王星是4倍,海王星也差不多是4倍。这些星不像地球似的基本上是石头,而基本上都是氢气。这些行星上的条件,简直令人不可想象,木星上温度是-138℃,土星是-153℃,天王星是-184℃,海王星就更冷了,是-201℃。在这些行星上,氢气都液化了,压到大气层底下,它的海是液体氢,地是固体氢,越往中心,压力越大,有人说,压力加大到80万个大气压,固体氢竟变成了金属氢,这真有点难以想象。只有冥王星和地球的结构差不多,温度现已量出来是-211℃,看起来密度比较大,此外还知道得不多,因为它很小而距离非常远。

到这些行星上去,也有可以利用的地方,就是它们有较多的卫星,可以先到那些卫星上去,如木星有11个卫星,土星有9个,天王星有4个,海王星有1个(也许还有,尚未找到,因为太远了),冥王星是否有卫星,也还未找到。假如能够去,站在这些卫星上,看看这些行星,都是那么大,几乎遮了半边天,真是奇观。而且这些行星都非常亮,比月球还亮,月球能反射7%的日光,这些行星能反射50%。

到这些行星上去,也不太难,所需要的速度也是可以计算出来的,因为它们一个比一个远,所以我们去时的速度也一个比一个快,去木星要每秒 14.3 公里,去土星每秒要 15.1 公里,去天王星每秒要 15.9 公里,去海王星每秒要 16.5 公里,去冥王星也要每秒 16.5 公里,因冥王星的轨道是椭圆的,有一部分几乎和海王星相重。

虽然,我们知道,在去冥王星的速度上,再在每秒 16.5 公里加上 200 公尺,就等于 16.7 公里,也就是第三宇宙速度,就可以跑出太阳系。不过,这中间还有个小问题,就是火星和木星之间有一大群小行星,有人估计约 4 万多个,宇宙火箭要穿过这些小星,难免有些波折。

从上面所讲的一些来看,苏联宇宙火箭已可以解决到离地球较近的行星上去的问题。因为到火星、金星上去,只需要比现在宇宙火箭的速度再增加一点点,这是苏联火箭技术可以做到的。

四、苏联宇宙火箭的科学成就

现在我们讲到第一、第二、第三宇宙速度,也许不大体会达到这样一些速度的困难。要想得到深刻的体会,必须从这个速度所代表的动能来看。首先,我们看由第一宇宙速度每秒 8 公里到第二宇宙速度 11.2 公里,这中间的动能实际增加的并不是很小的部分,而是要以 8 公里的平方和 11.2 公里的平方去比,这样,第二宇宙速度所代表的动能就恰恰是第一宇宙速度所代表的动能的两倍,而第三宇宙速度所代表的动能则又是第一宇宙速度所代表的动能的 4.5 倍,也就是差不多又是第二宇宙速度所代表的动能的两倍。从第一宇宙速度到第二宇宙速度,从第二宇宙速度到第三宇宙速度,中间是阶段性的变化,都要增加一番。

由此可以知道,为什么我说苏联在实现了第一宇宙速度之后,仅一年多一点,又实现了第二宇宙速度,这是非常不容易的,原因就是它的艰巨性是要以动能的大小来衡量的。

要进一步了解达到宇宙速度的困难,可以举我们常见的事物做对比,如火车每小时的速度是 70 公里,要跟第一宇宙速度每秒 8 公里来比,后者所代表的动能就要为前者的 17 万倍,而第二宇宙速度 11.2 公里所代表的动能还要翻一番,是 34 万倍。所以,要把火车开到最大的速度并不难,而要达到第一、第二宇宙速度,在科学上就是极大成就。

由此,可以理解,为什么推动宇宙火箭的动力机械是那样的非常庞大,一个火车头不过是列车重量的五十分之一罢! 可是我们要谈的不是火车头的问题,而是比火车头所能加的动能要大十几万、几十万倍的发射人造卫星、宇宙火箭的同题,推动的机构总是要比被推动的机构大得多。因此,发射人造卫星、宇宙火箭的多级火箭,它在起飞时的重量,那真是大得惊人的。

根据现有的资料,我们可以大约地说,每一级火箭它能够产生的速度,是等于火箭的喷气速度;也就是说每多一级火箭,速度就加一个喷气速度。此外,每级火箭与它上一级的重量比是十比一。

现在,让我们看一看火箭发动机的喷气速度。要用一般的燃料,如液氧、酒精,每秒的喷气速度为 2.6~2.8 公里;如用好的能量更大的燃料,如液氢、液氟,有人计算过,就可达到每秒 4 公里;用液氧、液氢,也有人计算过,也差不多可以达到每秒 4 公里。

这样,如果用一般燃料要达到第一宇宙速度,就不能是一、二级火箭,而得二、三级。每一级对上一级的重量比是十比一,也就是说,如最后被推送的有效重量为 1 公斤,那么第三级就是 10,第二级就是 100,而第一级就是 1,000 公斤,即一吨。如果要达到第二宇宙速度,恐怕就不是三级火箭能解决的了,起码也得四级。如果要达到第三宇宙速度,那就不是四级,而要六级。六级的话,那比例还了得,就是 1:100万,也就是要把 1 公斤的物体送出太阳系,需要 1,000 吨重的火箭。

当然,要用高能燃料,喷气速度达到每秒 4 公里的话,这比例就可减少一些。则放卫星就不是 1:1,000,而是 1 比 100;放宇宙火箭就不是 1:10,000,而是1:1,000。

由此看来,苏联现在所放的宇宙火箭,就是用高能燃料,起飞时的多级火箭也一定不是几十吨重,而是几百吨重,可能是 400 吨。而 400 吨的多级火箭被推上去,其推力还要比这个大得多,可能要有 600 吨的推力。所以,发射宇宙火箭这件事,不能只看到它送上去的是多重,而是还要看到它起飞的重量。

问题还不止于此,我们还得研究如何控制火箭的轨道,必须有精密的控制。二次大战时,希特勒纳粹政府曾放过 V-2 火箭,它只有 12 吨重,推力只有 27 吨,射程不到 300 公里;而且就在这 300 公里的射程中,还瞄不准,落弹点的误差可达到 4 公里。那是 1942~1943 年的事了。

从那时代起,苏联科学家、工程师、工人,用了不到十几年的功夫,就能够把火箭的技术和控制的技术提高到今天这样的高度,发射火箭的估计重量不是几十吨,而是成百吨,如用普通燃料,可能几千吨;而且放这样的火箭不是随便放上去,像美国搞的,上去又掉下来;而是控制得非常精确,在长到几千公里的发射轨道上,每一点都有精密控制,哪级何时点火、熄火,轨道偏了如何校正。这都是需要用很快、很敏感、很准确的自动控制系统。

这一工作无论从其困难的程度和所需要工作量来说,我们不易想象到底有多大。比如,举这样一个参考数字,美国在苏联发射成功第一个人造卫星之后,在一年内,它在对于发射人造卫星这上面,就花了 60 亿美元。当然,这是不足为训的,资本主义国家花钱,大部分跑到资本家口袋里去了,但由此我们也可以看到一些情况,可以想见,像苏联放射这么大的人造卫星、宇宙火箭,的确不简单。从事这样一个事业,那绝非是少数人所能承担得了的,必须动员全国科学技术人员,搞全国大协作;如果不是每十个人中有一个,那也比每一百个人中有一个要多得多;不但要有一个大队伍,而且要有计划、有步骤地,经过艰苦的劳动,才能达成这个目标。

同志们,发射宇宙火箭这一伟大的成就,的确是苏联劳动人民花了多少辛勤劳动,做了多少艰苦卓绝的工作,才取得的。这也是全体苏联人民,在苏联共产党的领导下,在马克思列宁主义思想指导下,为了全人类的幸福而立下的丰功伟绩。

我们对于苏联人民,对于参加这一工作的苏联工人、科学家、工程师、技术员表示衷心的祝贺,祝贺他们在伟大的星际航行事业里取得更伟大的成就。我们对他们表示感谢、表示钦佩。

我们中国的全体科学工作者同志们,也要好好地学习苏联,他们是我们光辉的榜样。

第五节　祝《航空知识》复刊[*]

古人没有精确的测量方法,不可能知道天有多高;看到空中的飞鸟而想出嫦娥奔月的神话故事。他们把在空气中的飞行与在空气层外的飞行混淆起来,而不知道这两件事是多么不一样。

20世纪初发展起来的航空技术,实际上是航空器的技术,离地面不过十几公里,比起地球半径的6,400公里,简直是贴地面的飞行。即便如此,这门航空技术也大大地影响了人类的社会活动;成为20世纪前半叶的一项伟大的科学技术成就。

受过伟大的列宁教导的苏联人民,在斯大林领导下奠定了雄厚的科学和工业基础,从而在五十年代后期一举成功,开辟了人类进入太空的新纪元,开创了航空间的技术。今天我们说的航空技术必须包括航空气和航空间这两个部分,即从地表面起一直到整个约120亿公里范围的太阳系都是人类活动的场所了。所以航空技术是现代科学技术的一个重要组成部分。

我国人民在中国共产党和毛泽东主席领导下,奋发图强、自力更生、正在从事于伟大祖国的社会主义建设,我们也一定要掌握全部的现代航空技术! 除了建设专业的航空技术队伍外,普及航空科学技术知识也是一件非常重要的工作。而后者就是《航空知识》的光荣任务。

作为一个力学工作者,我的工作与航空技术有着密切的联系,因此对《航空知识》的复刊感到特别高兴,并在此表示祝贺,祝《航空知识》在这一项重要的科学技术普及工作中取得成就。

---

[*] 本节原载1964年《航空知识》第1期,1页。

第六节　对所谓"人类旅行的极限"的意见*

P. 俄歇说人类有旅行的极限:"不可能访问任何其他行星系"。这是把目前科学技术上还做不到的事,当做是人类永远也做不到的事;也就是他不承认科学还一定会进一步发展。我们诚然知道:如果限制于利用现有的化学燃料和可以想象得到的裂变及聚变核燃料,要加速到 0.8 倍光速,以便用几年的时间到邻近太阳的其他恒星上去旅行,需要的质量比最小也要 35 亿! 但这还不够,在接近目的地的恒星时,还要再从 0.8 倍光速减到很小的速度以便着陆到恒星的行星上;最后再次起飞,飞回地球;总的质量比将是 35 亿的四次方,即 1.50×10^{38},即如果回到地球的质量为 1 吨的话,起飞质量将是 1.50×10^{38},这比太阳系的总质量还大! 但是这是用现有的燃料。问题在于人类是不是永远限于现有的燃料。如果火箭燃料的能量大大提高,使有效喷气速度上升到 0.5 倍光速,那么上述的起飞质量将不是 1.50×10^{38} 吨而是将近七千吨;这虽然也是个大的飞行器,但可以在技术上实现。怎样使火箭的有效喷气速度达到 0.5 倍光速? 我们需要在物质结构的认识上来一个飞跃,就像从化学能到核能那样的一个飞跃:从化学能到核能是人们对物质结构的认识深入了(从分子阶层到原子阶层,再从原子阶层到原子核阶层)而后完成的,是两个阶层的差别。因此是不是也可以设想,如果我们再来两个阶层,从原子核到"基本粒子",从基本粒子到次基本粒子的阶层,就可以完成又一次能量释放的飞跃? 而今天物理学的研究又正在向物质的次基本粒子阶层进军①,我们正处在揭露这一物质结构新阶层的前夜。所以俄歇的悲观论调是没有依据的。**①

第七节　同学们要学好科学基础知识**

——在全国青少年航空夏令营的讲话

我向你们讲话有些担心,由于接触青少年少,不知怎么讲。但要我讲,我就讲一点。

你们知不知道,飞机是什么时候有的? (营员们高声回答:1903 年!)对。自从有了飞机,又是怎样改进和提高性能的呢? 不是凭空能想出来的。一方面要搞大量的实验工作;另一方面,要发展指导我们实验工作、设计工作的科学理论。这个

＊　本节原载 1965 年《自然辩证法研究通讯》第 3 期,38 页。

＊＊　本节原载 1978 年《航空知识》10 月号,5 页。

①　坂田昌一:《基本粒子论的哲学问题》,《自然辩证法研究通讯》1965 年第 1 期。

问题，从航空历史上看就很清楚。

1903 有了飞机，但是要进一步提高性能，没有理论的指导是不行的。后来发展了流体力学、空气动力学，它们的研究说明，当时所造的飞机，升阻比可以大大提高，也就是升力可以提高，阻力可以下降。这给飞机的进一步发展指明了方向，不久就出现了流线型的、单翼的、金属结构，展弦比很大的飞机，飞机的性能、续航能力和速度也随之大大提高了。发动机、螺旋桨的性能也提高了。到了 30 年代末、40 年代初，出现了一个问题，就是在第二次世界大战中，军用飞机迫切需要进一步提高速度。要提高速度，老办法是把发动机搞得大一些，推力大一些，但是当飞机接近音速的时候，速度怎么也上不去了，出现了所谓"音障"。设计师就找科学家研究，从理论上、科学上证明了没有不可逾越的音障。空气动力学的实验和研究表明，可以用后掠翼、面积率，使飞机的波阻大大降低。加上 40 年代出现涡轮喷气发动机，超音速飞机就出现了。

所以从航空事业过去七十多年的历史来看，划时代的技术改革都要以科学理论为基础。我国唐代诗人李贺有句诗："笔补造化天无功"！这笔是科学之笔，补是就已有的自然加以改造，科学为革命人民所用，改造自然，"补造化"，你老天爷是沾不上功劳的。

同学们现在正在打基础的时候，希望大家下一个决心，一定要学好科学基础知识，学好科学理论，为祖国的航空事业多作贡献。

第六章　书　信[*]

第一节　综　述

一　空中、水面、水下都能航行的"三栖机"技术困难分析——1963 年致孙式性

我最近收到一封人民来信（全信附上）：建议一种既能在空中飞行，又能在水面航行，也能潜入水下航行的所谓"三栖机"。我想在技术上，实现这种三栖机是十分困难的；而且在战术上有没有这种需要也是个问题。但对有没有这种需要，我的知识很不够，无把握，所以把我的意见写出来，呈上，请您决定处理这个问题并回答建议者。

技术上，我的意见如下：

1. 由于使用了基本上相同的外形（即外形不变）来进行空中及水下的航行，机体所受的流体动力是大约比例于 ξV^2（ξ 为流体密度，V 为航行速度）。所以如果运动的力学关系不变，则诚如建议者所说三栖机在空中的航行速度约为水中航行速度的 $\sqrt{\xi_1 \xi_2}$ 倍（ξ_1 为水的密度，ξ_2 为空气的密度），假如空中飞行的高度不大，而 $\sqrt{\xi_1 \xi_2} \approx \sqrt{800} \approx 28.3$，假如空中飞行的高度大约为 6,500 米，$\sqrt{\xi_1 \xi_2} \approx \sqrt{1,600}$ $=40$。这就是说，如果空中飞行的速度为 2,000 公里/时，则水中速度分别为 70.7 公里/时或 50 公里/时。只就这一点看问题三栖机的概念还是行得通的。

2. 但是问题不止于此。要上述运动的力学关系完全不变，机体的重量在水中必须远远重于机体的排水重，就如飞机的重量在空中远远重于机体所排的空气重。飞机在飞行中的机重基本上完全由气动力来支撑的，所以三栖机在水中航行时，机重应约有排水重量的两倍，但在由空中飞行变为水中航行时，我们只能将水打入机身，用这个方法来加重机体；由于机身内部可以储水的容积有限，不可能使机重增加到排水量的两倍。这也就是说，在水中航行不需要由机翼产生那么大的升力，三栖机在水中的外形必须改变，水中机翼远比空中飞行时的机翼要小。其实我们只要比较现有飞机和潜水艇的外形就能看出这一点。外形要做这么大的变化是个不好解决的设计问题。

3. 即便能够解决变外形的问题，再一个难题是结构强度与重量的矛盾。在低

---

[*]　为节省篇幅，各信略去了开头的称呼和结尾的问候语等。

空做两倍于声速的飞行，机身表面所受的压力也只有几个大气压；但每潜入水中10米，就加一个大气压，所以如果用飞机式的轻质结构，三栖机只能潜入水几十米。如果要潜得更深，就必须大大加强结构，也就使重量大大增加，不利于在空中飞行。

4. 在动力问题方面，三栖机也提出了非常困难的技术问题，建议意见中提到用几种发动机；因要既能在空中飞行又能在水中航行，必须用两套以上的不同类型的推进系统。这就大大增加了推进系统的重量及复杂程度。

5. 看来三栖机的实现是非常困难的；而"两栖机"，即既能在空中飞行也能在水面长期航行，或既能在水面高速航行也能潜入水中航行，这比较容易实现。但问题仍然是：有没有这种要求，这种两栖机是不是很好的武器？

以上意见供参考。

二 太阳系的运动和卫星寿命——1984年1月11日致刘岳松

您在1984年元旦给我的信及论文两份和其他都收到。您对我的称呼我实不敢当，因为我对天文学没有研究，不能做老师！

您寄来一个空白的贺年片，我就利用它，填好，寄回给您，向您贺春节吧！这是第一件事，也是祝贺您在新的一年里，一切更加顺利些。但我也想，您已是一个所的领导，这不是党和人民表示承认您30年来的辛勤劳动吗？我常说：作为一个中国的科技人员，党和人民肯定他的辛勤劳动，就是最高的光荣！

我也要说，正如您在信中猜测的，我以前没有从水电部接到您的论文；所谓批写什么"没有时间看"也不是我的做法。但您的论文和报纸材料我只得退还给您，我不在行，无法评价。您何不送我国著名天文学家、中国科学院学部委员、南京紫金山天文台张钰哲老师？他是一位严肃负责的科学家。

我读了您论文后，固然不太懂，但也想提两点看法，供您参考：

（一）太阳系的运动不是直线等速运动，不能用相似于特殊相对论的分析方法，而应该用相似于广义相对论的方法，即四维非欧时空。

（二）1979年美国"天空实验室"坠毁，是由于外层大气对它的阻力，这一点是肯定的；当时确定坠毁时间的困难在于它在自由翻滚，从而难于确定其空气阻力系数；不是什么别的困难。

也还有个反证：您的公式(20)如用于其他高一些的人造地球卫星，就会得出远小于实际的寿命。

您在信中说到我国科技界现有的其他毛病，如缺乏百家争鸣精神，我完全有同感。

三 几个航天名词的讨论和统一问题——1967年2月4日致褚桂拍

借此开展空间技术工作之时，最好大家能统一一下名词。以下几页算是开个头,请同志们讨论一下,纠正补充如何? 然后印发给大家用。

最高指示:"共产党员应是实事求是的模范,又是具有远见卓识的模范。因为只有实事求是,才能完成确定的任务;只有远见卓识,才能不失前进的方向。"(毛主席语录 239 页)

1. 用"空间技术",不用"宇宙空间技术",不能夸大。

2. 用"行星际航行",以区别于"宇宙航行",即"恒星际航行"。

3. 用"卫星飞船",不用"宇宙飞船"。

4. "载人卫星"即"卫星飞船","仪器卫星","广播卫星","通信卫星","侦察卫星","气象卫星"……

5. "月球探测器","金星探测器"。

6. 用"星际航行员",不用"宇宙航行员"

7. "卫星天文台","卫星中间站","卫星实验室"。

8. 载人的"月球飞船","火星飞船"。

9. "空间发电装置",即卫星或飞船上的发电装置。

10. 24 小时周期的赤道平面圆轨道,称"同步轨道"。

11. "一级运载火箭","三级运载火箭"(如卫运一号),运载火箭的第一级等。

四　关于决心开发卫星应用技术和发展应用卫星的意见——1989 年 1 月 27 日致朱光亚、聂力

《关于发展我国航天事业的建议》是个关系重大的文件,就像 50 年代向中央建议搞原子弹和导弹。这样重要的文件应一方面实事求是,严肃负责,而另一方面又要敢于讲,不要拘束。我看此件在前一方面有余,而在后一方面又很不足!

我认为我国的现况是:如下决心开发卫星的应用、发展应用卫星技术,就可以在下世纪初在通信、在信息产业、在教育事业、在资源探测、在气象海洋观测等方面进入世界先进行列。这也就为 21 世纪的航天事业发展打下坚实的基础。这可是一次难逢的机遇,千万不要失此良机! 国家大事啊! 一失足就倒退几十年! 所以不能受拘束,要敢讲!

以上当否? 请示。

五　关于跟踪高超声速飞机、空天飞机航空航天技术的建议——1990 年 12 月 28 日致朱光亚

近见美国 Aviation Week/Space Technology 好几期都有关于高超声速飞机乃至空天飞机研制报道,美国是主力,其他好几国也在搞。看来这是 21 世纪的航空航天技术。

我们中国怎么办？国防科技工业委员会能不管吗？我们科技委总要考虑吧。现在我们组织力量在"跟踪"了吗？以上请酌。

六 关于空天飞机跟踪和国际合作开发问题——1993 年 7 月 23 日致黄志澄

7 月 20 日信及大作九篇都收到，我十分感谢！

昨在《科技导报》1993 年 7 期又见您的《发展载人航天的经验教训》，所谈六点我都同意。我认为我们尤其应该重视遥控技术及遥操作技术，以大大节约人长期在天上"受罪"的巨大代价。我希望我国航天事业能后来居上，胜人一筹！

航天事业的又一重大发展是空天飞机，尤其是把它作为用半小时即可横跨 2 万公里的民航工具。所以空天飞机应是 21 世纪的重大成就。但此项技术工作规模和难度空前，耗资将达千亿美元以上。今天世界上无论何国都无法独家承受此负担，只有国际合作才行。请看，就是将费 100 亿美元的超导超级质子反质子对撞机（SSC）也是多国共建的，我国将参加，贡献价值 1 亿多美元的设备。因此我请您研究以下工作设想：

1. 继续跟踪国外有关空天飞机的发展动态。

2. 研究各种可能的方案，进行国际共同开发空天飞机。

3. 我国作为将来的国际合作参加者，该如何做准备，也就是争取参加国的资格，人家需要我们。我们能参加 SSC，就因为我们通过北京正负电子对撞机工作，使人看到我国的科技力量和加工生产能力。

21 世纪的中国人一定要在空天飞机上显一显身手，一件国家大事！

以上当否？请酌。

七 航天几个名词的译法——1994 年 1 月 12 日致《863 先进防御技术通讯（A 类）》编辑部

我一直在读贵刊，非常感谢你们的辛勤劳动！

现谈谈译作问题。

贵刊 1993 年 11 期 43 页有直心义同志的《智能眼卫星——按新的环境发展小型空间系统》一文，其中"智能眼"为 brilliant eye 的译名。我认为这样译不合适，原文的意思是说明亮的眼睛，所以与智能无关，应译为"明眼"卫星。再，该期 53 页有温德义同志的《美国战区导弹防御倡议计划》一文，题目似不合适：这是美国国防部提交美国众议院军事委员会的一个计划，尚未正式认可；所以题目似宜改为《美国国防部的战区导弹防御设想》。

由此我想到译技术文件也不容易，用词要审慎。过去把激光 Laser 音译为"莱塞"，把航天技术 Space Technology 译为"空间技术"，把航天飞机 Space Shuttle 直译为"空间穿梭机",把空天飞机 Aerospace Plane 译为"航空航天飞机"等也都不合适。再如 Data Fusion 实是我多年前讲的"信息激活"。我也建议 Virtual Reality 译名应是"灵境"。

此外一门新技术 telescience,译名不应是"遥科学"应是遥作技术;同样 teleoperation 为遥作,telesensation 为遥触,teleperception 为遥知,telepresence 为遥在。这一建议我已告 502 所的黄玉明同志,他已表示同意。

我以上这些话的意思就是科学技术名词的翻译要慎重,既要科学又要不背离中国文化传统。请酌。

附上一复制件供参阅。

八　吸气式运载工具——1996 年 5 月 15 日致黄祖蔚

您 5 月 12 日来信及《对吸气式航天运载工具发展的看法》都收到。

从航天事业的长远发展看,吸气式运载工具是有特殊优越性的;我们都相信世界航天界总要走上这条路的。但现在谈国际合作又无条件,国际国内都如此。所以我们现在能做的只能是做准备,做到一旦国际条件成熟,我们能参加。火箭运载不就如此吗? 怎么办? 我想只能在"863"计划中的有关项目中争取有此内容,这是可能性比较高的。

此意当否? 请酌。

第二节　气　动　研　究

一　对气动研究院装备规划中设备的建议——1967 年 8 月 17 日致郭永怀

你看力学所所承担的一部分气动研究院装备规划工作是否可以考虑如下的方向?

一、这部分吹风设备是工作时间为几毫秒至十几毫秒,是为了解决再入飞行器的全部气动问题的,即应能模拟第二宇宙速度的再入。

二、可以有以下几种设备:

a. 激波管(用高压加热的氢气为驱动气体?),直径约 600 毫米;

b. 激波膨胀管(见 *Proc. of 2nd. Symposium on Hypervelocity Techniques*, Ed. A. M. Krill, p425, Plenum Press, 1962),直径约 600 毫米;

c. 激波风洞,工作室直径约 2 米;

d. 脉冲放电风洞,工作室直径约 2 米;

e. 其他辅助用的小装置。

三、此外还有一个脉冲电源,储能约 1~5 亿焦耳;这个储能系统,科学院电工所同志正在(为上海光机所)设计。

脉冲电源除了在脉冲放电风洞中用以外,也可以用在激波管、激波膨胀管以及激波风洞,以加热像氢气那样的驱动气体。一个储能电源,多个用户(负荷)。

1~5 亿焦耳的储能系统也要有个大的直流电源,而这个直流电源又可以兼供(那些由 701 所规划的)电弧加热装置用。再就把两大类吹风装置连成一个大体系,将来使用起来有个总调度。直流电源的负荷周转率是每 10 分钟一次放电?

这个电源要请科学院电工所同志帮助设计。

四、几个毫秒至十几个毫秒的测量系统如何搞,也要有个规划,以便外协、订货。

以上零星意见很不成熟,请您研究一下,再同力学所有关同志商量,看看到底如何开展工作。

二 考虑 30 公里/秒以上吹风装置的建议——1967 年 8 月 20 日致郭永怀、气动院筹备组科技小组

上次写了一封信,说的是能达到第二宇宙速度的脉冲式风洞(即激波膨胀管),那都是技术上比较成熟的,可以进行设计的吹风装置。现在我想与此同时,我们还应给在此以后的再下一步做准备,对能达到 30 公里/秒以上的吹风装置也应开始考虑;设想在 1970 年或稍后,建一个模型装置。

30 公里/秒的风速标志着极大的能量,即便试验段的密度为海面标准密度的 0.003,试验段直径 2 米,在运行 10 毫秒中,试验段气流的动能就有

$$\frac{1}{2} \times \frac{1}{8} \times 0.003 \times (30000)^3 \times \frac{\pi}{4} \times 2^2 \times 9.807 \times 10^{-2} \text{ 焦耳} = 15.8 \text{ 亿焦耳}$$

如果产生气流的能量效率为 52%,就要 30.4 亿焦耳。这就是科学院电工所同志所谓"九号"储能装置的容量。

要达到这个速度用激波管的方法以及激波膨胀管的方法当然都不行;用离子火箭发动机的方法也不行,因为气流的密度太小,而且也不是脉冲式的。我想也许可以用脉冲式电磁流体火箭发动机的方法来产生这样的气流,这有人[P. Gloersen, B. Gorowitz, W. A. Hovis, Jr. 及 R. B. Thomas, Jr. 的,*An Investigation of the Properties of a Repetitively-fired Two-stage Coaxial Plasma Engine*,见 *Proc. 3d Annual Symposium on Engineering Aspect of Magnetohydrodynamics*,p465-478;N. W. Mather 及 G. W. Suhon 编,Gordor and Beach,Science Publishers, Inc.,New York,1964]做过试验,气流速度可高达 100 公里/秒。当然我们还得从这个起点自己做不少独创工作,例如:延长脉冲时间,取得一段约 10 毫秒的平

稳气流;流场也必须足够地均匀。这项工作可否请电工所同志承担?

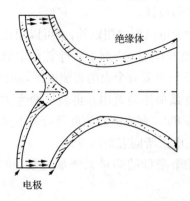

能否设想在 1970 年或稍后,利用三线 1～5 亿焦耳的电储能装置先搞一个试验段直径为 100 毫米至 200 毫米的模型风洞? 至于全尺寸风洞,因储能装置投资大,可能达 2 亿元,恐应与激光的研究结合起来考虑,那是第四个五年计划的事了。

以上的想法,不知对头不对头,请批评指正。

三　气动力及飞行力学试验方法——1967 年 9 月 4 日致郭永怀、气动院筹备组办公室技术小组

关于气动院的飞行力学及自由飞工作我们经验极少,做起来困难会更多些,但一定要搞,是国防科学技术所需要的。我现在提点不成熟的看法,供大家研究。

根据十六专业组办公室所拟的初步设想,气动院飞行力学试验研究所,包括三个方面的工作,即①用火箭撬来进行气动力及飞行力学试验,②用火箭在导弹飞行靶场把模型打入空中来进行气动力及飞行力学试验,③用特种专门的试验飞机或结合新型飞机的试飞来进行气动力及飞行力学试验。是否可以考虑让航空研究院(六院)为主,负责第③项工作,而气动院参加和协助?

火箭撬一事,据说航空研究院试飞研究所想建,我想我们支持他们搞;将来气动院可以到那里去做实验。第②项中的运载火箭可以用无控制的固体燃料多级火箭;近期可以用和平二号火箭,将来要其他类型,都可以由空间技术研究院的探空技术所来设计试制提供。这样一来,两种运载工具:火箭撬和多级固体火箭都以协作方式解决了,剩下要气动院飞行力学试验研究所干的就只是两种运载工具所运载的模型,模型的设计制造、安装模型中的测量或遥测系统。这些模型可以先放在我们的风洞中去试试,行了再安到火箭撬和火箭上去。试验是在火箭撬场及导弹飞行靶场做的,使用他们的各种数据收集系统。有了实验数据,气动院的工作是分析整理。模型的遥测系统可以用空间技术研究院遥测技术所的。

这样一来,气动院飞行力学试验研究所的任务就比较明确了,重点是模型的设计及制造,以及试验工作的抓总协调。能不能设想:这个所在 1968 年筹建,提出基建工艺要求,以便 1968 年搞好三线该所的土建设计及设备订货;1969 年搞基建,年底安装,迁入;1970 年开始工作。这个所在明年有十几位同志也许就行了,1969 年扩大到一百余人;1970 年再补充到二三百人?

关于气动院什么搞、什么不搞的问题,我想以下三件不搞:火箭撬不搞,请航空院搞;轻气炮不搞,请 6405 搞;炮风洞(Gun Tunnel,即长脉冲,约 0.1 秒以上的风洞)不搞,下决心走短脉冲(几毫秒到十几毫秒)的道路,以节约投资。

这些意见不成熟,请同志们讨论,提出更好的办法。

是否请技术小组的同志向郭永怀同志汇报一下我们于 9 月 2 日下午讨论的情况?请郭永怀同志提意见。

四 空气动力学研究的重要性——1980 年 6 月 7 日致空气动力学研究会成立大会的贺信

我因事不能来参加今天开始的空气动力学研究会成立大会,但我的心是想往你们这个集会的。所以写这封信,寄托一点心意。

在四十多年前到三十多年前的一段时间里,我做过一点空气动力的理论工作,但后来条件变了,时过境迁,我差不多完全脱离了这个研究领域。我始终认为这是一个非常重要的,因而是富有生命力的一门科学。重要,因为社会主义建设、实现四个现代化需要它,也就是人民需要它。人民将感谢空气动力工作者。

空气动力是一门艰深的学问。实践中提出的、悬而未决的问题还很多,另有一些引人入胜的理论问题也等待我们去突破。怎么办? 个人努力当然是必需的,但集体的力量总比一个人的力量大,互相商榷讨论,认真贯彻百花齐放、百家争鸣的方针是推进空气动力研究的好办法。比如三十四年前,郭永怀同志和我对某些物体如圆柱外的二维无粘无旋流,提出一个猜想,即当来流马赫数 M_0 达到某一临界值,大于首次在流场出现局部声速,而又小于 1 时,方程式的解不存在。我们称这为高临界马赫数,而把首次出现声速的称为低临界马赫数。我们的猜想涉及非线性偏微分方程的理论。我们当时,我现在,都无力解决。这个猜想可能不对,现在是否可以解决,请大家考虑。

群策群力是必要的,而我们这个研究会正好这样做。旧的社会习气一定要克服,我们是社会主义国家嘛,怎么还不能战胜落后的社会意识呢? 我们的成立大会是个很好的开始,因为大家都说我们是学术组织,不为权来不为利,而是为航空技术服务,也为宇航技术服务,而且也为一切要用空气动力的事业服务。这是崇高的精神。

我们一定会取得成绩。

祝大会圆满成功!

祝空气动力学研究会做出它预期的业绩!

此致革命敬礼

第三节　结构材料和航空安全

一　机身结构和材料问题——1992 年 4 月 18 日致牛春匀

先生 3 月 7 日的信早已拜读。先生在信中对我过奖了,我很不敢当!

前赐先生著作早已收到,读后深感先生对复合材料机身的工作是开创性的,有此成就亦我炎黄子孙之一大光荣,因而对先生尊敬之心油然而生! 本应乘先生此次来北京,赶去拜谒请教,奈我近日身体不适,已入耄耋之年,医嘱要绝对休息静养,不能办事活动,故不能与先生面谈,真一大憾! 请先生谅我失礼!

航空机身结构已经历了 30 年代前的框架加蒙皮阶段和 30 年代后期发展起来的薄壳结构这两个时代。先生是在开创又一个新时代:CAS 时代。这是了不起的大事:机身结构的需要可以直接输入到复合材料的细观(mesoscopic)设计,材料本身无论是复合纤维材料还是粉末复合材料,都可以应设计要求而达到最佳状态。所以 CAS 是从材料设计开始的,不是像以前那样从已有材料开始的。这是一个新的航空设计时代! 而先生是此新时代的开创人! 敬祝先生把 CAS 从材料细观设计、材料工艺、结构制作一体化,使航空航天工程改换面貌!

以上所见不知是否有当? 请指教。此致敬礼! 并再致失礼歉意!

二　保证民航飞机起落安全——1992 年 12 月 11 日致朱光亚、叶正大

附上一篇关于今年 11 月 24 日桂林空难的报道,请阅。我想我国现在及将来的机场有许多地形复杂、气候多变,所以我们应该研究如何帮助民航客机驾驶员,避免"1124"事件再出现。

一种可能的技术方案是:

1. 机上有电子计算机驾驶系统,处理各种飞行信息,提出飞行建议供机长参考;

2. 有机场地面气象监测系统,提供"切变风"、"次声波"等的数据,并输送到机上计算机驾驶系统,使驾驶系统能全面考察飞行环境,得出完善的飞行方案。

这是地面与机上联合、电子计算机与人结合的方案。它能保证民航飞机起落的安全。

当否? 请指示。

第四节　燃料和动力

一　喷气技术中的燃料和燃料问题——1958 年 6 月 28 日致杨光华

您 6 月 6 日的信收到了,我很高兴地知道祖国有像您这样一位科学工作者,这对我国燃烧技术的发展,一定有很大的好处。

对于喷气技术里的燃烧问题,如今当务之急自然是如何引用高能燃料如 B_5H_9, $B_{10}H_{14}$, $B_5H_8(C_2H_5)$, $B_{10}H_{13}(C_2H_5)$,使它们与空气燃烧;如何用这些高能燃料使与液氟有效地并稳定地燃烧也是待解决的问题。

更广泛的使用石油类燃料问题,我个人意见是如何使石油类燃料的每单位容积的热量增加。这里包括重油中加碳粉的胶体燃料,以及如何在喷气涡轮机或内燃机中烧这样的燃料。

二　宇宙航行需要多少级火箭的估计及进一步研究的建议——1964 年 8 月 8 日致朱毅麟

《远程星际航行补篇》及来信收读。您的多级火箭计算结果与预料的情况相符合,可见分析和计算是正确的。如果文章的目的是提出一个比我以前文章更一般(不限 w/c 值)的公式和多级火箭的计算结果,那倒可以把这篇稿子发表了;但是我想这样做实际意义不太大。我们应该考虑到:现阶段的科学技术对解决行星际间的航行已十分肯定,技术途径也十分清楚。问题是对太阳系以外的宇宙航行还没有个技术途径,今代科学工作者的任务是像 Чиолковский 那样,在技术实现宇宙航行之前,提出宇宙航行的技术途径。我想现在已知的最高能燃料是氢、氘、氚的聚变,这样我们能够取得的 w/c 约为 0.05,因此您如果能够实现一个最后能达到 $v/c \approx 0.94$,而 $w/c \approx 0.05$ 的多级火箭就更有意义。每级的 v_i 如何取? 我觉得预计到材料及工艺上的发展,$v_i \approx 100$(即 70,100,150,200)应该是允许的。这样看看需要多少级。可能也不过是十级。如果是这样,那么宇宙航行就算有个实现的途径,今后工作就在于通过大量科学技术工作来实现它。

您看如何? 稿子也可以按这个意思加以充实。此致敬礼!

原报告附还。

三　关于聚变反应的讨论——1964 年 10 月 29 日致朱毅麟

10 月 20 日来信收读。你的计算是对的,我看能量的分析就是这样了。但在具体的聚变反应器中问题恐要复杂些,如氘的反应要更高的温度,也许用一部分氚有好处。这个问题我们现在不好讨论。

我同意只用 $w/c=0.05$ 及 $w/c=0.10$ 来计算。此致敬礼!

原件附还。

至于聚变反应所能达到的 w,《星际航行概论》上的 70% 能量有误,应是 70% 理想速度(即令 T 能量转化为动能)。再:只算两个氦核,两个质子是不对的,那样两个中子不就累积起来了;所以不算两个中子的动能(这动能将在机器的包壳中转化为热而散掉),但得算两个中子的质量。

四　飞机螺旋桨安装部位问题——1987 年 4 月 3 日致宗怀祥

3 月 15 日信收到。飞机如用螺旋桨推进,其安装位置与发动机重量有关。原因是:发动机到螺旋桨不宜用长轴以节省轴重;而发动机的重量又能左右飞机重心所在,从而与飞机的稳定控制有关。飞机早期用活塞式发动机,单位马力机重比较大,所以发动机及螺旋桨大都放在机首,或机翼前沿。现在用涡轮发动机了,单位马力机重比较轻,所以新一代的螺旋桨飞机,又有将螺旋桨安放在尾部的设计。

至于螺旋桨安在飞机的部位,随部位不同,各有利弊,但差别不大,不是决定因素。

五　高超声速飞行用冲压式发动机试验——1992 年 11 月 2 日致朱光亚

我前读"*Aviation Week/Space Technology*"1992 年 9 月 14 日期 67～70 页有关美国研制空天飞机高超声速飞行用超声速燃烧冲压式发动机时,看到,在应用研究阶段对燃烧室模拟试验采用了瞬时作用的风洞,其运转有效时间才 2～3 毫秒;从而大大简化了试验装置和节约能量消耗。毫秒级试验虽短,但已大大超过燃烧所需的时间,故试验是有真实意义的。报道还说,毫秒级模拟试验也验证了电子计算机计算模拟,所以实是毫秒级模拟试验与电子计算机计算模拟的结合。毫秒级试验的测量手段只能用光学的,用激光照相。

这就要求我们研究:

1. 毫秒级实验与计算模拟如何结合,这是新方案;

2. 毫秒级实验的光学探测技术;

3. 计算模拟的物理、力学等理论基础,如燃烧动力学、非中性等离子体动力学等。

我想这是个重要问题,故向您报告。请示。我们有原子弹、氢弹研制的经历,对此是有基础的。

第五节　动力学、速度和加速度

一　有关弹道的论文技术内容的修改和处理意见——1963 年 5 月 21 日致叶述武

大作拜读。我认为您解决了一个值得解决的问题,结果虽然不如电子计算机直接计算那么精确,但简单方便,对设计工程师作初步方案性研究中还是有用的。

但另一方面我也觉得这类的工作不是星际航行动力学中的主要工作;因为设计师对这样的轨道问题是很熟悉的,他们在日常工作中早已会算。对他们来说,这不是迫切需要科学家帮助的问题。今后您所领导的小组似应更多考虑星际航行动力学中的关键性问题。

我认为您的论文由于上述的理由,保密性不大,可以公开发表。如果您决定发表的话,我想力学学报的编辑部将会欢迎的。

此外还有一些具体问题:

1. 文中第 8 页所述"这个弹道还随着 α 连续变化,这一点是用电子计算机所作不到的"一句话似可略加更改,因为电子计算机没有什么做不到的,能作图就能用电子计算机,而且算得更精确。

2. 全文的妙处在于略去 $\sin^2 \frac{\alpha}{2}$ 的项,既然已求得"0 级近似"(即不随 α 变的解),似可用"0 级近似"去估计略去各项所能引起的误差。这样方法的可靠性就更加明确。

3. 在实际问题中初速 v_0 常常等于 0,那么 Ⅱ、Ⅲ 两节中的公式似应变动一下以便实际运算。

4. 参考文献的写法似非正规的,如缺出版年,出版者等。

以上意见仅供您参考。

二　星际飞船加速度的需求、约束以及喷气速度计算——1964 年 9 月 20 日致朱毅麟

来件收读。

我看在一定的级数,一定的总距离(地球到恒星的距离),一定的船上感到的"初始"加速度 a_2,那么就有一个最小的 w/c,这个 w/c 使均匀飞行段为零,即飞行为一个加速段,紧接着就是减速段。我们如此计算出来的飞船上总时间是在这个 w/c 值下最短的时间。如果这个时间由于人的生命,有个单程时间的上限(譬如说 10 年),那么就说有一个必需的 w/c,少了不现实。

因为人体长期受超重的 a_2 是有限度的,以上的考虑是有意义的。

我们也可以先简化为等加速度的火箭,同样可以做以上计算。是否先算这个?请您考虑考虑,有什么看法请告诉我。原件附还。此致敬礼!

氘聚变

我们考虑到从聚变反应器中射出的中子必须首先经过与固体慢化剂慢化,然后与锂−6作用,产生 T;T 又可以加入聚变反应。即

$$
\left.
\begin{aligned}
D+D &\rightarrow T(1.0)+p(3.0)\\
D+D &\rightarrow \text{He}^3(0.8)+n(2.45)\\
D+D &\rightarrow \text{He}^4(3.5)+n(14.1)\\
D+\text{He}^3 &\rightarrow \text{He}^4(3.6)+p(14.7)
\end{aligned}
\right\} \times \eta
$$

$$\text{Li}^6+n^1 \rightarrow \text{He}^4+T^3+4.6$$

从平衡的要求,如设中子慢化中有一部分散失,没有能加入(5)式反应,而效率为 η,则

$$(1+\beta)\eta = \gamma, \quad \gamma+1 = \beta$$

或

$$\eta = \frac{\beta-1}{\beta+1}, \quad \gamma = \beta+1$$

也可以写作

$$\beta = \frac{1+\eta}{1-\eta}, \quad \gamma = \frac{2\eta}{1-\eta}$$

我们可以把这几个反应都加在一起,得

$$(\beta+5)D+\gamma\text{Li}^6 \rightarrow (1+\beta+\gamma)\text{He}^4 + 2p + \overbrace{(1+\beta-\gamma)n}^{\text{慢化后无动能}} + \underbrace{[4.0+0.8+3.5\beta+18.3+4.6\gamma]}_{\text{是 He}^4\text{ 及 }p\text{ 的动能,不计入转换的效率}} \text{兆电子伏}$$

$$\left(5+\frac{1+\eta}{1-\eta}\right)D + \left(\frac{2\eta}{1-\eta}\right)\text{Li}^6 \rightarrow 2\left(\frac{1+\eta}{1-\eta}\right)\text{He}^4 + 2p + 2n$$

$$+ \left[23.1 + 3.5\frac{1+\eta}{1-\eta} + 4.6\frac{2\eta}{1-\eta}\right] \text{兆电子伏}$$

氦及氢的喷气速度 w' 为 $[w'$ 厘米/秒$]$

$$\frac{1}{2}\left[2\left(\frac{1+\eta}{1-\eta}\right)\times 4 + 2\times 1\right] \times 1.67\times 10^{-24} \times w'^2$$

$$= \left[23.1 + 3.5\frac{1+\eta}{1-\eta} + 4.6\frac{2\eta}{1-\eta}\right] \times 1.60\times 10^{-6}$$

$$w' = 10^9 \sqrt{\frac{\left[23.1 + 3.5\left(\frac{1+\eta}{1-\eta}\right) + 9.2\left(\frac{\eta}{1-\eta}\right)\right] \times 1.60}{\left[4\left(\frac{1+\eta}{1-\eta}\right) + 1\right] \times 1.67}} \quad \text{厘米／秒}$$

$$w' = 10^4 \sqrt{\frac{1.60\left[23.1 + 3.5\left(\frac{1+\eta}{1-\eta}\right) + 9.2\left(\frac{\eta}{1-\eta}\right)\right]}{1.67\left[4\left(\frac{1+\eta}{1-\eta}\right) + 1\right]}} \quad \text{公里／秒}$$

如果把 $2n$ 也算入燃料消耗中,则有效排气速度为

$$w = w' \sqrt{\frac{4\left(\frac{1+\eta}{1-\eta}\right) + 1}{4\left(\frac{1+\eta}{1-\eta}\right) + 2}}$$

会不会出现在某一个 η, w 最大?似可以分析一下。

三 寻找提高喷气速度的路子——1964 年 10 月 2 日致朱毅麟

我想我们也可以打破氘聚变的框框,看看氢聚变能做到些什么。

$$4_1H^1 \rightarrow \;_2He^4 + 2\beta^4 + 2\gamma + 2\nu$$

中微子(0.5兆电子伏)

$2e^-$　4γ

26.2兆电子伏

这部分能量因 ν 将散出(挡不住)而失去

如果这个能量都变成 $_2He^4$ 的动能,那么喷气速度 w 为

$$w = \sqrt{\frac{2 \times 26.2 \times 1.60}{4 \times 1.67}} \times 10^4 \;\text{公里／秒} = 34,400 \;\text{公里／秒}$$

我们也可以再进一步,由 $_1H^1$ 逐步合成 Fe^{56},那么每个 $_1H^1$ 能释放 8.79 兆电子伏,仍然假设都变成动能,那么喷气速度 w 为

$$w = \sqrt{\frac{2 \times 8.79 \times 1.60}{4 \times 1.67}} \times 10^4 \;\text{公里／秒} = 41,050 \;\text{公里／秒}$$

因此如果我们从中子、质子里想办法,从现在已知的物理规律(包括高能物理)中找出路,我们最大的理想喷气速度 w 也不到光速 c 的 1.5%。如果我们考虑到技术实现上的问题,恐怕 $w/c < 10\%$。所以我们在今天讨论宇宙航行必须以此为基础。

自然,我们认识客观是会有变化的,将来会找到释放全部或更大部分 m_0c^2 能

量的办法;但我们现在对此无发言权。

以上意见,请您考虑。此致敬礼!

四　关于飞船加速度和速度的讨论及建议——1964 年 10 月 18 日致朱毅麟

10 月 10 日来件收读,感到我们看问题逐渐深入,还得追踪下去。

你的一般分析很好,事情就是如你所说的那样。我特别喜欢图 2,从它能把问题看清楚。但我想建议:竖坐标可照原来的 x_a^0/c,而横坐标不用 v,而用 T_a。因为我们真正关心的是飞船上的时间而不是飞行速度。飞船最终的速度我们也不十分关心,所以 v/c 也不重要。那么图的曲线如何画法? 我看可以仍用每级最大加速度 $a_2=20$ 米/秒²,而以每级的质量比为参数,即 γ。另一个参数是 μ。例如:固定 μ,$v=1$ 时为均匀加速度,(即 $a\equiv20$ 米/秒²)而 T_a 最小;$\gamma>1$ 时(例如取 $\gamma=2$,$\gamma=6$,$\gamma=15$,$\gamma=50$,$\gamma=100$)将每级达到的 x_a^0/c 及 T_a 点在图上。把同 n 的点子连成曲线。以便使用时内插出 γ 值。也可以固定 γ,变 μ。这种图很实用。

另一个问题是 μ 的问题。你很强调加大 μ,但现阶段我们限于物理规律,未便乱做不切实际的假想。所以我说 $\mu<0.10$ 或 $\mu<0.15$。但现在也可以探讨一下,如果我们把推进剂的能量,通过电转换,集中到一部分排气之中,使那一部分排气速度加大,而其余的排气速度为 0,这样有没有好处? 在牛顿力学的领域内,这样做没有好处,因为简单的计算即能表明推力将以 $\sqrt{\varepsilon}$ 的比例下降,其中 ε 表示能量集中到 ε 部分排气中,$\varepsilon<1$。但在相对论力学中如何? 你可以仔细分析一下。

顺便说一下,我们在《星际航行概论》中说电火箭的好处,那也是因为那儿的排气速度实在远远小于我们在这儿的 μ。

原件附还。此致敬礼!

五　速度、加速度的具体计算——1964 年 11 月 29 日致朱毅麟

11 月 7 日来信早已收读,因你说 11 月份在劳动,迟复想也不致误事。

1) 我看靠电子计算机不如靠自己,可以先人工干,自己动手。

2) 至于公式 $a^0 = \left(1 - \dfrac{u^{0^2}}{c^2}\right)^{3/2} a$ 的来源,如我以前说过是由于广义相对论,那是误言,请你原谅! 这个公式还是来自狭义相对论:

如果坐标 (z',y',z') 以 $v(x'$向$)$ 速度相对于 (x,y,z) 运动,t' 为 (x',y',z') 中的时间,t 为 (x,y,z) 中的时间,则

$$x' = \frac{x - vt}{\sqrt{1 - \dfrac{v^2}{c^2}}} \tag{1}$$

$$t' = \frac{t - \dfrac{xv}{c^2}}{\sqrt{1 - \dfrac{v^2}{c^2}}} \tag{2}$$

而从（2）式微分

$$\frac{\mathrm{d}t'}{\mathrm{d}t} = \frac{1 - \dfrac{\dfrac{\mathrm{d}x}{\mathrm{d}t}v}{c^2}}{\sqrt{1 - \dfrac{v^2}{c^2}}} \tag{3}$$

现把（1）式微分

$$\frac{\mathrm{d}x'}{\mathrm{d}t} = \dot{x}' = \frac{\mathrm{d}t'}{\mathrm{d}t}\frac{\mathrm{d}}{\mathrm{d}t}\left(\frac{x - vt}{\sqrt{1 - \dfrac{v^2}{c^2}}}\right) = \frac{\sqrt{1 - \dfrac{v^2}{c^2}}}{\dfrac{\dot{x}v}{c^2}}\frac{\dot{x} - v}{\sqrt{1 - \dfrac{v^2}{c^2}}}$$

$$\dot{x}' = \frac{\dot{x} - v}{1 - \dfrac{\dot{x}v}{c^2}} \quad 或 \quad \dot{x}' = \frac{\dot{x}' + v}{1 + \dfrac{\dot{x}'v}{c^2}} \tag{4}$$

再把（4）式微分即得

$$\ddot{x} = \left(1 + \frac{\dot{x}'v}{c^2}\right)^{-3}\left(1 - \frac{v^2}{c^2}\right)^{3/2}\ddot{x}' \tag{5}$$

把（5）式用到我们的问题上去，$\ddot{x} = a^0, \ddot{x}' = a, \dot{x}' = 0$，故

$$a^0 = \left(1 - \frac{v^2}{c^2}\right)^{3/2}a$$

3）听说你们现在工作还有不少困难，任务也不够具体。我想万事开头难，必须以革命者的干劲来冲破层层障碍！希望你深思！

六　飞船减速技术的建议——1965 年 3 月 20 日致朱毅麟

接到你春节后写的信。因其他的事较多，所以直到现在才复你。不知你是不是还在搞"四清"？好在这件研究并不是什么急事，有空就抓一抓，没有空就放下。你能争取到搞"四清"，那是件大好事，一定能推动你的革命化，我很为你高兴！

我看你的计算是有意义的。现在把来信及图附还。

你提出 $4n$ 的问题是很对的。我看两个加速段是无法免去的，但是两个减速段能不能想想办法？飞船有接近光速的大能量，问题是如何把这个能量发散出去，从而减速。我想也许有两个方向可以考虑：

1. 利用一颗恒星的气球，把飞船引入它，冲入气层，就如卫星冲入地球的大气层那样，用阻力降速。自然恒星气层的温度非常高，有几千度，飞船的高速会造成

千万度的附面层,必须用磁场来使气体脱开飞船的表面,以免飞船烧毁。

2. 一个以接近光速运动的物体,能不能产生一个电磁场,电磁场随飞船走,从而发射电磁波,散出能量?

有时间可以想想这些问题。祝你前进!

第六节　载人航天

一　载人航天的问题——1970 年 6 月 30 日致王秉璋

我们这里面有两个问题,应区别对待:

(1)更远的事是"航天站"和"航天飞机",这可以留待 8 月中旬开的计划会议中去解决。

(2)更迫切的是我国第一艘载人飞船"曙光一号"研制的组织落实问题,要开一次会安排任务。〔现在看来发射载人飞船必须有全球的跟踪、遥测、遥控和通讯网,所以除我国的台站外,还得至少有两个船队(718 工程),分别布置于大西洋和太平洋。船队何时能准备好是个关键问题。从现在正在华侨大厦由造船工业领导小组召开的会议看来,1972 年"十一"以前是最早的了;所以发射飞船时间也要与此配合。〕

建议任务安排会议可由科委发个通知,具体开会由七机部去办。

二　载人航天和飞行模拟——1977 年 1 月 10 日致陈信

元月六日信和两篇文章收阅。

我想我们首先要认清形势。党中央一举粉碎"四人帮"篡党夺权的阴谋,人民大解放,思想大解放,生产力大解放,我国社会主义革命和社会主义建设必将以前所未有的速度迅猛发展,载人航天也必然如此。我们要做在 1985 年(以前?)中国人上天的打算。

我们也要以此目标来考虑计算机成像技术如何用于飞行模拟;我国百万次/秒的电子计算机已出来了,一千万次/秒的正在研制,条件还是有的。我们也要研究把目前的设计和计算机成像相结合的方案,以减少对计算机的要求。比如:能不能把预先录入磁带的电视信息,用计算机加以处理,得出所要模拟飞行图像? 我想外国人现在用的可能是这一类东西,因为从广告看,用的计算机不是很高级的。我们的目的是更好地造出飞行模拟器。

再就是能不能用无人照相卫星来实际照出飞船飞行的图像(电影),以此来作为飞行模拟器的成像资料? 这不是更逼真? 我们有条件干这样的事。

我们要认真地搞载人航天,要比苏美搞得好、快、省,当然要吸取他们的好经验。

又：美国 Government Printing Office 出版了四卷集的美苏同写的航天生理医学论文集：

Vol. I——*Space as Habitat*

Vol. II——*Ecological and Phyiological Foundations of Space Biology and Medicine*

Vol. III（两本）——*Technology and Procedures：Necessary to Sustain Life and Human Function in Space*

你们订购了吗？

第七节 组织管理

一 院校可以作的研究工作以及与五院的关系——1961 年 1 月 20 日致安东

18 日上午范主任口头传达了聂总指示，要我考虑一下七个院校的研究工作问题；在范主任组织下，于 19 日下午在华侨大厦与五个院校（西北工大及上海交大未参加）的领导同志及钱志道同志座谈一次，交换了意见；20 日晚，由我院刘政委约定，又与哈工大领导同志做了进一步的交谈。现将我根据这两次交谈的情况而提到的一些想法，报告如下：

在五院业务范围内，这七个院校可以做下列几件事：①为了提高教学质量，每一个院校都应该开展一个型号的设计工作。这个型号必须是我国国防所要的，而五院尚无力进行的。院校限于条件，必不能真正完成设计、试制及定型全套工作，但能做多少就算多少，就是只能做 20%，五院将来接过来，那也可以省 20% 的工作。这条主要的是必须有的放矢，型号纳入国家计划。②五院力所不及，而又比较简单，院校可以合作完成的，如飞靶、气象火箭等，院校可以组织力量搞。这条是"补"。③院校必须承担五院所提单项协作研究课题。④院校可以与五院及三机部的设计协作厂挂钩，如哈工大可与 115 厂挂钩，负责小电机的设计工作，哈工大也可以与精密轴承厂挂钩负责精密轴承的设计。这样院校可以成为某一部件的设计权威，五院以后要这项部件，就找他们。考虑成都通讯学院或可成为遥测设备的设计单位。⑤院校也可以建立一个问题的研究单位，如哈工大对焊接工艺有基础，就可以成立焊接工艺研究所，专为新技术解决焊接工艺问题；北京工业学院可以成立双基药推进剂研究所，专研究改性的双基药。

以上④、⑤两项似为以前所没有提过的；这种想法是否对，请您指示。在您肯定原则后，我们可以提出草案，呈阅。此致敬礼！

二　走自己的路搞好我国航空工业——1975 年 2 月致《航空知识》编辑部

同志们春节好！

我要向同志们检讨！去年我在你刊选题计划上写了"用马克思列宁主义、毛泽东思想的立场、观点和方法，来总结半个多世纪以来航空技术在资本主义国家和社会主义国家中的发展，然后明确我国航空事业的任务"。这个题目显然太太，我又未加说明，使同志们难办。现在我来说明一下：

我想我们是社会主义国家，我们应该走我们自己的道路。我们应该怎样贯彻党的路线，让航空技术为我国社会主义建设做出更多的贡献呢？第一位的当然是加强国防力量。第二位是民航。但一个大问题是如何发动全国人民来发展航空事业，光靠航空工业、空军和现在的民航似乎还不够。有没有发动更大范围的人民群众的可能？这就要看航空技术能不能和我国的经济建设实践联系起来，如飞机在农业生产、石油勘探等方面的应用，一定还有许许多多其他方面的应用。

因为有这么广泛的应用，到 2000 年我们要有几万架直接为工农业生产服务的飞机、直升机。如果这个前景是对的，那就应该让民用工业以至县办工业去造，去维修这种（当然是低速的）飞机和直升机。能造滑翔机的地方也能造这种飞机；能造摩托车发动机的地方也能造小型活塞式航空发动机。这样航空技术就在日常生活中同亿万群众连在一起了，我国的航空事业也就有了广泛的基础。

我去年说的总结外国的经验，找出我们自己的路，主要想的是以上讲的问题。不知道这样看问题对头不对头？我向同志们请教，错了请批评。

如果说的是对的，那《航空知识》就要宣传飞机在工农业生产上的应用，就要宣传"土法"造飞机。关于这个大题目就说到这里。

《航空知识》复刊以来是越办越好的。祝同志们在新的一年里取得更大的成绩。

三　航天技术的组织实施以及应用领域——1988 年 6 月 8 日致朱光亚、聂力

遵丁主任示，谨对科技部五局的《对发展我国航天技术发展战略若干问题的思考》提如下几点看法：

（一）航天技术是国家大事，除国防方面外，还涉及国务院各部门，所以应由国务院统筹规划，不能分散管理。计划的调查、分析，以及最后提出，可交国防科工委办；计划决定后的具体组织实施可由国防科工委负责。

（二）航天技术的"863"方面，已有专家组负责。我个人意见已在 1987 年专家组会议上讲过，现不再重复。

（三）航天技术的其他方面主要是人造地球卫星技术的应用，这是大有可为的；搞得好，能对国民经济、社会发展和国防建设起极大的推动作用，而且经济效益

好。所以是一项新技术革命。有以下几个领域：

1. 信息产业——用卫星通信、光纤通信为主，结合传统通信技术，在我国广阔的国土上建立起面向 21 世纪的信息产业，并与全世界联系。

2. 教育事业——把卫星广播与电化教育结合起来，消除在基础教育及中等技术教育中城乡的差别，大大提高水平；在高等教育和成人教育中也可开阔眼界、提高效益。

3. 文化事业——用卫星将全国广播电视形成网络，大大提高其水平及社会效益。

4. 国土监测——用卫星技术可以对气象、海洋、资源、灾害等做详细、不间断的监视及测量，在提高工作质量的同时降低费用。随着技术进步，有可能采用米波探测地下。

当然，卫星技术还有其他应用，所以应召集国务院各有关方面共同研究。总之，人造地球卫星技术在我国无论在研制、发射、测量等方面都有强大的基础，一定要开发利用，为我国社会主义建设做出应有的贡献。

以上所见当否？请指示。

四 载人航天工程的组织管理——1996 年 2 月 27 日致王永志

您 2 月 19 日春节来信及录像带都收到，录像带也看了。921 工程远比我从前参加过的航天任务复杂得多，而且也关系到中国人民和中华人民共和国的威望，只能成功，不可失败！

严格说来，我可以讲的只此一句话；因为我早已离开航天技术，已转宏观科技与社会问题。但您是我多年中敬重的总工程师，您既然写信问我，那我就多说几句，供参考。

既然事关大局，只能成功，不可失败，那大家就必须按当年周恩来总理的指示办："周到细致，万无一失。"但现在发射阵地系统归国防科工委，研制系统归航天工业总公司，因此在现场处理问题不能像过去那样。（那时有周总理一句话，或聂帅一句话，我就可以在现场决定所有技术问题。）但 921 工程没有统管的总工程师能行吗？要令行禁止呵！多头分散的技术管理是必然导致不负责任，那就一定出问题！因此我建议必须有严格的技术责任制。

最后，让我衷心祝愿您这位总师在 1997 年或最终的决定，完成党和国家交给您的任务！

五 关于航天工作民主集中和系统工程问题——1998 年 4 月 19 日致中国航天工业总公司办公厅

您们 4 月 16 日来信要我为"党和国家三代领导人关怀航天事业回顾座谈会"

写几句话。遵命。我谨陈述两点意见：

（一）我从周恩来同志和聂荣臻同志多年亲自领导我们工作有一点体会特别深刻：对航天工作这样高技术而又复杂的科技工作，必须用民主集中制。也就是要发扬民主，以充分调动大家的积极性和能力，各尽所能，分工负责；另外又必须强调集中，有组织有纪律，关键时刻要由领导决策，大家按照贯彻实施。要民主与集中并重，不能只民主不集中，也不能只集中不民主。

（二）我们必须总结这项复杂工作的经验，上升到一门科学，这就是我们在 70年代末提出的系统工程。可喜的是中国航天工业总公司还专门设置了做这项工作的 710 所。现在这方面的工作已得到国家认可，在中国自然科学基金会已设置了管理科学部。今年 4 月 15 日中国工程院还专门召开了管理科学讨论会，710 所的于景元同志在会上作了报告（附上报告稿）。我谨祝中国航天工业总公司利用系统工程推进工作，为我国现代化建设再创佳绩。

第八节　科普教育

一　号召青年努力专研航空理论和技术——1956 年 5 月 1 日致青年团华东航空学院委员会各位委员

我们敬爱的毛主席号召青年要做到"三好"；党在最近又提出了在十二年内把祖国所急需的科学部门接近世界先进水平；现在又逢"五四"青年节。这三件事放在一起，是有重大意义的！而因为航空技术是祖国国防所迫切需要的一项技术，在你院"五四"青年节举行的青年"三好"积极分子大会是有更重大的意义的！我谨向各位提出：

努力专研航空理论和技术，以结合实际；要做到理论和实践的统一。航空技术的进展是一日千里，非有明确的理论不能赶上先进成就。但如果不能结合实际，理论就落空。不要忘了这一点真理！

　　此致敬礼　并祝

青年"三好"积极分子大会胜利成功

二　飞碟飞行、使用以及与滑翔机比较——1961 年 2 月 25 日致邹春座

您写给《参考消息》的信已由新华社转来，我看后有下面一些意见：

您所给出的"飞碟"试验情况说明它是靠上升气流来飞行的：它需要在高楼临风放，不能在平地上放。如果没有上升气流飞碟就会像滑翔机一样地掉下来。再说不论飞碟或是滑翔机，上升气流所给予的升力是与空气的密度成比例的；在高空中，空气密度低，飞碟也会因升力不足升不上去。所以正和滑翔机一样，飞碟不能

飞入高空;在资本主义国家飞碟热中,有人说什么飞碟是太空武器,那真是胡说乱道。

您的飞碟如作为代替五色气球,在节日作观赏用,似有一试的可能。至于飞碟能否代替滑翔机,那是要研究的问题;在资本主义国家中也有人造过飞碟式的飞行器,但都因效率不如滑翔机而未成功。

以上意见供您参考。

三　要加倍努力学习航空航天知识——1978 年 1 月 26 日致北京市青少年科技参观团同学们

在英明领袖华主席为首的党中央抓纲治国一年初见成效的大好形势下,全国科协、北京市科协和北京市教育局联合组织了由六千多名中学同学参加的北京市青少年科技参观团,到科学研究机构和高等院校参观学习,这是很有意义的。我衷心祝愿这次参观活动成功!

现代生产是社会化生产,需要一支宏大的产业大军;现代科学技术是社会化科学技术,需要一支宏大的科学技术大军。在英明领袖华主席的亲切关怀下,你们这一代青少年将继承革命前辈开创的事业,成为我国社会主义产业大军和科技大军的接班人。到公元 2000 年的时候,同学们正是三、四十岁的壮年,你们将实现伟大领袖毛主席和敬爱的周总理的遗愿,把我国建设成为伟大的社会主义的现代化强国。你们还将参加实现共产主义的伟大斗争。在你们身上,寄托着革命先烈的理想,寄托着前辈的期望。为了不辜负这一切,同学们要加倍努力地学习和实践。

当前,原子能技术、计算机技术和航天技术等重大技术改革正在深刻地改变着现代生产和现代科学技术的面貌。现代科学技术还孕育着更新的突破。今天同学们到北京航空学院来,将会学到许多有关造飞机和发射人造地球卫星的知识,它们是现代科学技术的重大成就。现在我们能够造每小时飞两千公里以上的飞机,能够造飞到两万米高空的飞机,能够把航天飞行器发射到几十亿公里范围的整个太阳系。将来你们的成就就会远远超过这些! 全国科协各专门学会通过生动多样的方式,用现代科学技术最新成就启发青少年的头脑,使青少年的成长过程和现代生产、现代科学技术的迅速发展的进程结合起来。我认为,你们这次寒假参观活动的意义就在于此。

借同学们参观北京航空学院的机会,我应中国航空学会理事长、北京航空学院革委会副主任沈元同志的要求写这几句话,供同学们参考。

预祝同学们在新的一年里取得更大进步!

第七章　钱学森与中国航天科技

　　钱学森院士为中国导弹航天事业付出了近半个世纪的心血、智慧和辛勤的劳动,在中国导弹航天发展史上具有无可以比拟的重要地位。可以说,他是中国导弹航天事业的开创者;中国导弹航天事业发展的宏观谋划战略家;中国重大导弹航天技术开发的指导、决策者;中国重大导弹航天计划管理的运筹、组织者。钱老是我国中、青年科技工作者的良师益友,是我国科学技术自主创新的楷模。

第一节　中国导弹航天事业的开创者

　　新中国刚刚诞生,百废待兴,当时的美帝国主义在我国东南沿海部署了一个"新月形"战略包围圈,妄图把新中国扼杀在摇篮之中。中国要生存、要发展,不能没有巩固的国防,党中央和军队的领导人为此日夜操劳。

　　1955 年 10 月,钱学森回到祖国,12 月就由中央安排,赴东北考察,在哈尔滨军事工程学院受到专程赶到哈尔滨的陈赓大将的接见。陈赓大将急切提出他考虑了很久的问题:"中国人能不能搞导弹?"钱老几乎是毫不思索,直率、胸有成竹地回答:"为什么不能搞! 外国人能搞,我们中国人就不能搞? 难道中国人比外国人矮一截!"陈赓大将高兴地说:"好!"

　　钱学森掷地有声的话与党中央一拍即合。1956 年 2 月 27 日,钱老又向党中央提交了《建立我国国防航空工业的意见书》,对如何发展我国导弹航天技术,从组织、科研、设计、试验和生产等方面提出了组织国家规模高科技工程的总体思路和实施方案,进一步推动党中央、毛主席做出了高瞻远瞩的战略决策,启动了中国的导弹航天事业。

　　在评价钱学森开创我国导弹事业的贡献时,聂帅由衷地指出[1]:"从培训干部做起,克服重重困难,终于用 4 年时间,于 1960 年冬成功地发射了我国制造的第一枚中近程导弹。接着又用 4 年时间,成功地发射了我们自行研制的中近程导弹。然后又用 2 年时间,于 1966 年我们有了自己的中近程导弹原子弹。短短 10 年里,我国导弹核武器得到飞速发展,国防力量有了很大的加强,从而震惊中外,使我国跻身于世界强国之列。这是与学森同志出色工作分不开的。"因此,在我国导弹航

---

　　① 聂荣臻. 聂荣臻元帅贺信. 人民日报,1991-10-16.

天开创阶段,他是无人可以取代的。诚如涂元季同志指出[1]"没有他的积极建议与推动,中国的火箭导弹和航天事业的开拓与创建,至少要往后推迟若干年",这是完全符合实际、十分中肯的。

第二节　中国航天事业发展的宏观谋划战略家

钱学森在《建立我国国防航空工业的意见书》(以后简称《意见书》)[2][3]指出:"健全的航空工业,除了制造工厂之外,还应该有一个强大的为设计服务的研究及试验单位,应该有一个做长远及基本研究的单位。自然,这几个部门应该有一个统一的领导机构,做全面规划及安排的工作。"《意见书》还提出了我国导弹、火箭事业初期发展的组织方案、发展计划和具体实施步骤,提出了包括任新民、罗沛霖、梁守槃、庄逢甘等21人的专家名单。钱学森的《意见书》,实际上是中国发展导弹、火箭与航天事业的行动纲领和总体谋划方案。

1956年春,周恩来总理组织数百名科学家、技术专家制定了"1956～1967年科学技术发展远景规划纲要",由钱学森主持拟订了"喷气和火箭技术的建立"的规划[2]~[4]。

1958年1月9日,钱学森主持制定国防部五院第二个五年计划期间的研制规划。

1964年春,钱学森负责制定了我国地地弹道导弹发展的"八年四弹"规划,得到中央批准,并组织实施。

1965年1月8日,钱学森正式提出"早日制定我国人造卫星研究计划,并列入国家计划"的报告[2][3]。

1968年5月30日,作为中国空间研究院院长,钱学森直接领导编制了"我国人造卫星、宇宙飞船十年规划(草案)"[2][3]。

1974年9月,钱学森主持国防科委会议,邀请军委、海军领导和有关部委领导听取了七机部一院"关于向太平洋海域发射我国远程运载火箭的试验方案和请求开展我国首次远洋考察的报告",当即部署了国防科委着手安排我国远洋考察工作,全面启动了我国首批太平洋海域远程运载火箭试验的准备工作。

现在回顾我国导弹航天事业走过的辉煌历程,我们可以清晰地看到一位高瞻远瞩的大科学家对我国国防科学技术发展辛勤操劳、登高望远的身姿。在我国航

①　涂元季.钱学森和中国的导弹航天事业.北京:政协文史出版社,1999:590-598.

②　王寿云,等.钱学森传略.航天,1992,1:2-7.

③　胡士弘.钱学森.北京:中国青年出版社,1997.

④　任新民.航天历程中的几点回忆.北京:政协文史出版社,1999:62-69.

天科技开创和大发展时期,为了我国导弹航天事业的发展,他付出了一位航天科技宏观谋划战略科学家的辛勤劳动和聪明才智,做出了不可磨灭的重大贡献。

第三节　中国重大航天技术开发的指导者、决策者

在我国航天事业的起步阶段,周恩来总理、聂荣臻元帅就明确地建立了技术决策由科学家负责的原则。在周总理、聂帅亲自过问、身体力行下,真正形成的"尊重知识、尊重人才"的工作环境下,钱学森和一批确有真才实学的科学家、技术专家真正有了用武之地。

1960年春,在我国导弹与火箭研制刚刚起步的关键时刻,苏联赫鲁晓夫集团单方面撕毁了中苏技术合作协定,撤退全部专家,使我国导弹与火箭事业发展面临新的重大抉择。当时国防部五院曾提出两种地地导弹发展技术途径,在聂帅"先学走路,再学跑步"的正确思想指导下,钱学森果断地暂缓了东风三号导弹研制,支持先行研制东风二号改进型导弹,为我国自行导弹研制做出了具有重大意义的发展途径决策。

1966年,两弹结合试验。遇到十分棘手的弹头装核装置适应性设计难题,是钱学森以其渊博的学识和工程科学研究的实践经验,果断做出了决策,并协助聂老总在1966年10月27日组织实施了我国,也是世界上首次导弹核武器联合试验,震惊了全世界。

1970年,我国第一颗卫星发射。在研制运载火箭过程中,遇到一系列技术难题,其中有一个运载火箭滑行段推进剂晃动问题,成为研制过程的拦路虎。钱学森亲临实验现场,做出了科学的判断,指出:这一现象是在近于失重的状态下出现的,原来的晃动模型已经不成立了,不会影响正常飞行[1][2]。试验证实钱学森的判断是完全正确的,保证了我国第一颗人造卫星按照预定计划顺利升空。

其他诸如:20世纪70年代,我国洲际导弹弹头防热系统设计、工艺攻关与试验工程;导弹命中精度分析、测量与试验鉴定工程等联合攻关;20世纪70年代中、后期,我国洲际导弹的首批太平洋全程试验方案的制订和组织实施;20世纪70年代后期,他指导国防科工委情报所的研究人员编辑出版了一系列火箭技术最新进展和系统工程文集等专题资料,极大地开阔了我们的眼界,使我们取得了若干重大的科研成果。长征三号运载火箭总设计师谢光选院士在谈到这些珍贵资料时,深有感触地说:"当时按照钱老的要求,国防科工委情报所编辑出版了好几本火箭技术最新进展的专题资料,对我们解决长征三号运载火箭二次启动和滑行段动力学

① 王寿云,等.钱学森传略.航天,1992,1:2-7.
② 胡士弘.钱学森.北京:中国青年出版社,1997.

等问题起了十分重要的作用……"。

在我国航天科技开创和大发展时期,钱学森把他多学科的研究成果、经验和智慧都无私地奉献给了我国的导弹与航天事业,以他科学家的豁达和技术民主作风,对推进我国导弹与航天技术发展做出了令人信服的卓越贡献。

第四节　中国重大导弹航天计划管理的运筹者、组织者

20 世纪中期,在开创我国导弹与航天事业的进程中,钱学森首先遇到的难题,应当说不是导弹与航天技术发展中的具体技术的问题,而是如何组建一个高效、有序的导弹航天工程开发组织管理系统。如何把成千上万的研制人员;数量众多的研究、设计、试制、试验和生产单位;难以计数的研究、研制和试验设备;数量巨大的研究与研制经费;要求严格、种类繁多的物质、器材,按照导弹航天任务的总体目标要求,协调一致的组织起来,有序地投入到导弹航天工程系统的研究、设计、试制、试验和生产过程中去,形成一个具有科学预见性的实施计划,建立起一个高效的工程管理系统网。

1962 年,钱学森推进美国在研制"北极星导弹系统"过程中,提炼出的"计划协调管理技术",结合我国的实际,进行了试点[1][2],在战略导弹地面计算机的研制工作中,很快发现了研制短线,及时地采取了措施,使研制计划提前完成。科学管理的成效,打开了人们的眼界,很快在导弹和火箭参制单位全面推广,明显地加快了研制进度,更加有效地利用了有限的人、财、物资源。

20 世纪 80 年代,在完成我国太平洋火箭试验、水下发射潜地导弹试验和发射我国地球同步卫星等重大科研活动中,都采用了系统工程管理技术,取得很大成功,并且推广到我国国民经济建设诸多部门,取得了重大效益。

在创建我国导弹和火箭研制体系之初,按照钱学森应当"尽先建立包括研究、设计和试制的综合性导弹研究机构"的思想,我国导弹航天技术单位陆续建立起总体设计部、专业研究所及相关的试制、生产厂与配套的试验基地,形成了我国独特的航天系统组织管理体系,把钱学森对我国导弹航天发展的宏观战略谋划付诸实施。对这一成功经验,周总理生前曾期望推广到国民经济建设中去。20 世纪 80 年代,钱老首先把它推广到军队装备建设工作中,在人民解放军总部、海、陆、空军和第二炮兵的建制中陆续地建立起名为系统所、综合所、运筹所、论证中心和准备研究院等新型的研究机构,在我军武器装备与部队建设中正在发挥着重要作用。

---

①　陶家渠. 计划协调技术概说. 系统工程与科学管理,1979,9.
②　钱圣已. 计划协调技术的探索与初步试验. 系统工程与科学管理,1979,8.

第五节　中青年科技工作者的良师益友

1956年10月8日,聂荣臻元帅亲自主持了我国第一个火箭、导弹研究院的成立大会。这是一个别开生面的大会,主要是由钱学森对新中国156名首批投入我国导弹航天事业的大学毕业生讲"导弹概论"课。从此,钱学森开始了培养我国导弹航天技术人才的漫漫征程,承担起培养和指导我国一代中、青年科技人员攀登航天科技高峰的重任。

20世纪60年代初,我国自行研制的第一种弹道导弹发射失败,在钱学森的直接指导下,国防部五院成立了导弹姿控系统研制攻关组。当时钱学森身兼国防部五院技术领导的重任,但是无论工作多忙,他几乎每周都挤出1至2天时间与年轻的科技人员一起进行研讨,钱学森几乎是手把手地把他在美国从事技术研究、系统设计的经验和工程控制论的理论、方法毫无保留地传授给年轻的科技人员,参与过当时这一工作的同事们回忆起这一段亲身经历的时候,都难以忘怀与钱学森既是师生,又是同事、战友的深情。

作为多个型号运载火箭的总体设计师,我有机会在我国导弹、运载火箭重大技术方案和试验方案论证的过程中直接向钱学森汇报工作和请教。他在重大技术问题的决策过程中,总是站得很高,善于抓住关键问题,从总体上提出思路十分清晰的指导意见,不仅使我们明确下一步工作的方向,而且思路更加开阔,从他那里真正学到航天技术和系统工程理论、方法的真经。

20世纪70年代,在研制我国第一代洲际导弹的过程中,受国内有限射程靶场的制约,导弹飞行试验考核遇到了技术上的难题。根据七机部领导的要求,在运载火箭研究院成立了跨部门的专题论证组,由我担任专题组组长。通过专题组同志们群策群力,终于突破关键技术,提出了一整套切实可行的技术方案,得到任新民和钱学森的坚定支持。在听取我们汇报时,钱学森讲了一段使我终生难忘的话:"你们做了一件很有意义的工作,提出了立足国内试验,解决我们面临技术难题的很好的试验方案,技术上是可行的。这个问题,我考虑很久了,是我多年来想解决,而没能解决的问题……现在可以向上级报告了,我们已经找到了解决难题的办法了。"在场的每一位同志都深深地为钱学森高度的事业心和责任感所感动,他不以自己多年没有解决这一问题而讳言,而以年轻同志解决了这一难题而喜悦,自然地流露出一位大科学家博大的胸怀,为我们树立了楷模。

50多年来,钱学森在科技战线树立了一面光洁无瑕的镜子,鞭策和教育我们在科学技术攀登的道路上,要做一个脚踏实地的人、一个诚实的人、一个脱离了低级趣味的人,一个主要依靠自己的诚实劳动立足于科学技术殿堂的人。钱学森把一批批中、青年科技人员带人到了科学技术的殿堂,钱学森是他们名副其实、最可尊敬的良师益友。

第六节　科学技术理论创新的楷模

根据不完全的统计[①②]，钱学森一生中已经发表了 7 部专著，500 余篇学术论文，在应用力学、喷气推进与航天技术、工程控制论、物理力学、系统工程、思维科学、系统科学等方面都做出了重要的理论创新。

1948 年，钱学森发表了"工程与工程科学"的论文，并通过几十年的理论与工程实践超前地推动了世界技术科学体系的建立。

1954 年，完成了传授于世界科学界的《工程控制论》，进一步形成了很有创意的系统思想，在"复杂性科学"研究的重要分支《控制论》的研究中做出了富有创造性的贡献，使其跻身于世界系统科学与复杂性科学早期研究者、开拓者之列，超前地建立了系统工程的理念。

20 世纪 50～70 年代后期，钱学森作为中国航天科技事业的首席科学家，在极其困难的条件下，负责我国现代尖端科学技术发展的组织管理工作，坚定、明智、有效地推广系统工程的理论和方法，创立了航天技术创新、体制创新与组织管理创新三位一体的系统工程管理技术，有效地加速了我国导弹航天事业的发展步伐，推进了具有中国特色的航天系统工程的建立和发展。

20 世纪 70 年代末，在钱学森即将退出我国国防科研领导岗位的过程中，他果断地开始了以理论探索为主的科学生涯。

1978 年，钱学森、许国志与王寿云同志在文汇报联名发表了《组织管理的技术系统工程》，并出版了《论系统工程》一书，创建了具有中国特色的系统工程理论体系。

1979 年 10 月 11 日，在我国系统工程学术讨论会上做了《大力开展系统工程，尽早建立系统工程的科学体系》的报告，明确地提出了创建系统科学体系，落实科学发展观的任务。从创建系统学走向复杂性科学研究，结合中国的实际，寻求解决中国社会主义现代化建设的理论与方法，启动了创建系统学的新的征程。

在钱学森的组织、指导下工作，我们有一种豪气：外国人能干的事，我们敢干；外国人没干过的事，我们也敢试。钱学森常说的一句话是："别人讲不清楚的问题，我们应当讲清楚，我们也能够讲清楚，因为中国人并不笨。"从工程科学、航天系统工程，到系统学、思维科学、人体科学，钱学森走过了一条自主科学创新的道路，对人类和我国科学技术发展做出了不可磨灭的贡献。

---

①　王寿云，等. 钱学森传略. 航天，1992，1：2-7.
②　胡士弘. 钱学森. 北京：中国青年出版社，1997.

　　我们贯彻党的十六届五中全会的战略部署,要学习钱学森几十年如一日,热爱祖国和人民,在科学技术攀登的道路上,坚持科学的发展观,不断探索新的科学领域,着力自主理论与技术创新,促进科学技术和社会进步的大无畏精神。

附录一 《钱学森文集 Collected Works of H. S. Tsien 1938-1956》简介

《钱学森文集 Collected Works of H. S. Tsien 1938-1956》，王寿云编，1991 年科学出版社出版。该文集收集了钱学森 1938-1956 年期间发表在各种学术刊物上的英文论文 51 篇，共 810 页，书末附有编者用中文撰写的"钱学森生平简介"和"后记"。1938-1956 年是钱学森学术成果极为丰硕的时期。书中收集的这些论文比较全面地反映了钱学森在空气动力学、结构力学、动力和推进、火箭导弹飞行理论等多方面的创造性成果。这些论文基本上都属于火箭导弹和航空航天领域，限于篇幅，本书不可能全文收录。为了对钱学森这方面的贡献有所了解，这里列出了文集中 51 篇论文的中、英文题名和当时发表的刊物，对部分论文的论点和主要内容作了简要介绍。

Boundary Layer in Compressible Fluids

可压缩流体边界层——1938 年 1 月 26 日在第 6 届国际航空协会年会上发表，1938 年《航空科学杂志》第 5 卷第 227-232 页刊出。后来也被收入冯·卡门文集第 3 卷。全文分为两大节。第一节研究可压缩流体中的边界层理论，用逐次逼近法把众所周知的不可压缩流的方法推广到了大马赫数的情况，讨论了可压缩流对表面摩擦的影响，估计了喷气推进器及火箭的波阻与摩擦阻尼之比。是钱学森在导师冯·卡门指导下完成的博士学位论文第一部分的主要素材。第二节讨论了热流与冷表面以及热流与冷物体之间的热传递，作为马赫数的函数给出了阻力和热传递之间的普遍关系。

Supersonic Flow over an Inclined Body of Revolution

亚音速流旋转非圆柱体——1938 年《航空科学杂志》第 5 卷第 480-483 页刊出。首先从可压缩流线性运动方程获得了旋转非圆柱体在超音速流中的升力估计，证明了任何确定马赫数下的升力正比于物体的攻角，详细计算了锥体的情况。本文是钱学森博士论文第二部分的主要内容。

Problems in Motion of Compressible Fluids and Reaction Propulsion

可压缩流体运动和反作用推进问题——加州理工大学博士学位论文，1938 年完成。博士论文共分 4 个部分。第 1 部分是可压缩流体边界层。第 2 部分是亚音速流旋转非圆柱体。第 3 部分是 Tschapligin 变换对二维亚音速流的应用。第 4 部分是连续脉冲推进探空火箭飞行分析。论文通过后,于 1939 年获得航空和数学博士学位。

Flight Analysis of a Sounding Rocket with Special Reference to Propulsion by Successive Impulses

连续脉冲推进探空火箭飞行分析——1938 年《航空科学杂志》第 6 卷第 50-58 页刊出,合作者 Malina。主要是博士学位论文的第 4 部分内容。论文共有 4 节。第 1 节给出了连续脉冲推进的物体在真空中垂直飞行能达到的高度的精确求解方法。第 2 节分析了重力加速度随海拔高度变化对探空火箭飞行性能产生的影响。第 3 节用无量纲参数和系数给出了大气中飞行的探空火箭基本性能方程,并讨论了参数的物理意义。第 4 节把前三节的理论应用到连续脉冲推进探空火箭是重加载固体燃料火箭发动机的具体特例。

Two-Dimensional Subsonic Flow of Compressible Fluids

可压缩二维亚音速流——1939 年《航空科学杂志》第 6 卷第 399-407 页刊出。该文的基本思路是用绝热流压力—容积的切线作为该曲线的近似。首先给出了这类绝热流体的一般特性,然后研究了可用于接近声速运动流体的理论。而 Demtchenko 和 Busemann 理论只对小于 1/2 声速的流体给出了近似结果。从这种理论可得到计算物体周围可压缩和不可压缩流场的公式,并把该理论应用于椭圆体周围流场的计算。

The Buckling of Spherical Shells by External Pressure

球壳外压曲屈——1940 年《航空科学杂志》第 7 卷第 43-50 页刊出,合作者冯·卡门。1939 年 10 月完成。作者认为:在加载过程中,球壳除了保持球形位形外,还可能存在多个位能更低的其他位形。受外界干扰时,球形位形会跃变到低位能位形。提出了计算屈曲临界载荷的能量跃变准则。

The Influence of Curvature on the Buckling Characteristics of Structures

曲率对结构曲屈特性的影响——1940 年《航空科学杂志》第 7 卷第 276-289 页刊出,合作者冯·卡门。分为 3 个部分。第 1 部分对有曲率和无曲率的一维二维结构的曲屈进行了比较。第 2 部分柱壳经典曲屈理论与实验结果的差异,失效机理特征的各种研究。第 3 部分从前述得到的结果出发,讨论实验室看到的不同结构的各种曲屈现象。

A Method for Predicting the Compressibility Burble

高速气流突变之测定——1941 年,成都航空研究所技术报告第 2 期第 1-28 页刊出。由高速风洞试验之结果,知压缩性气流中,若流速渐次增加达临界速度,则发生突变现象。经过某物体之最大流速,与该处之音速相近,该物体所受之阻力会剧增。上述之速度,固然可以由试验直接测量确定,但必须具备一高速风洞,需要费用昂贵。该方法可由理论计算得所需之速度,或可由寻常低速风洞之结果,加以推算而测定。文内之计算,系以绝热曲线之切线,代替该曲线。以前诸法,或假设欠准,或解答艰繁,其计算结果,与试验结果不甚符合。该文方法所测定之值,据高速风洞试验结果,较前诸法,得值最近,故最为可靠。

The Buckling of Thin Cylindrical Shells under Axial Compression

柱壳轴压曲屈——1941 年《航空科学杂志》第 8 卷第 303-312 页刊出,合作者冯·卡门。经过大量计算和推演,把球壳外压屈曲研究中得到的准则和方法,推广到了柱壳的情况。

Bucking of a Column with Non-Linear Lateral Supports

非线性侧向支撑下的柱的屈曲——1942 年《航空科学杂志》第 9 卷第 119-132 页刊出。主要内容包括直柱的基本理论、单侧支撑下的初始偏斜效应、单侧支撑下的弹性效应等。

A Theory for the Buckling of Thin Shells

薄壳曲屈理论——1942 年《航空科学杂志》第 9 卷第 373-384 页刊出。内容包括曲屈判别准则、非线性侧向支撑的柱、外压下的球壳等。

Heat Conduction Across a Partially Insulated Wall

通过局部绝缘壁的热传导——1942 年,中国自然科学协会美国西海岸分会文集,第 1 卷第 7-11 页刊出。把通过局部绝缘壁传热问题简化为二维问题,并假设:沿上表面的温度是个常数;冷却区下表面与大气层相接触,热传导很差,因此可假设为绝热;壁很薄,因此通过壁的温度梯度假设为常数。在上述的假设下给出了问题求解方法和结果。

On the Design of the Contraction Cone for a Wind Tunnel

风洞的收缩锥设计——1943 年《航空科学杂志》第 10 卷第 68-70 页刊出。

Symmetrical Joukowsky Airfoils in Shear Flow

剪流中的对称茹可夫斯基翼形——1943 年《应用数学季刊》第 1 卷第 2 期第
130-148 页刊出。二维翼型理论往往假设远离翼型的点具有均匀速度,但实际应
用中往往不满足。该文首先给出了用 Blaius 理论计算翼型上气动力的一般情况,
然后把此结果推广到对称茹可夫斯基翼型,并用图、表给出了结果。

The "Limiting Lane" in Mixed Subsonic and Supersonic Flow of Compressible Fluids

亚音速超音速混合压缩流中的"容许路径"——1944 年 NACA 技术报告第
961 号刊出。内容包括等熵无旋流中断准则、轴向对称流、容许路径、容许速度图
和流线、速度图平面特性包络和物理平面中的常速路径,容许路径之外的连续解、
一般的三维流等。

Loss in Compressor or Turbine due to Twisted Blades

扭旋桨叶引起的压缩机或涡轮机的损耗——1944 年,《中国工程师协会美国
分会杂志》第 2 卷第 1 期第 40-53 页刊出。内容包括涡旋系和导出的速度、一般的
桨叶方程、具体应用的两个例子。

Lifting-Line Theory for a Wing in Non-Uniform Flow

非均匀流中机翼的升力线理论——1945 年《应用数学季刊》第 3 卷第 1-11 页
刊出,合作者冯·卡门。研究了升力线的一般理论、远顺流的状态、最小导出阻力、
只有径向速度变化的流体等。

Atomic Energy

原子能——1946 年《航空科学杂志》第 13 卷第 171-180 页刊出。介绍用原子
能作为飞行器动力这个研究领域的基础知识和动态,以及原子能作为动力应用的
工程途径。

Two-Dimensional Irrotational Mixed Subsonic and Supersonic Flow of a Compressible Fluid and the Upper Critical Mach Number

二维无旋亚音速超音速混合压缩流和上临界马赫数——1946 年 NACA 技术
报告第 995 号,合作者郭永怀。全文 137 页,分 5 个部分 25 个小节,另有 3 个附
录、13 个数值表、16 幅图。第 1 部分为压缩流微分方程及其特解的性质。第 2 部
分为绕物体压缩流解的构成。第 3 部分为用超几何渐近性质改进解的收敛性能。
第 4 部分为上临界马赫数判别准则。第 5 部分为对椭圆柱的应用。该论文已有中

文版,见 1982 年科学出版社《郭永怀文集》第 22-99 页。

Superaerodynamics, Mechanics of Rarefied Gases

超级空气动力学-稀薄气体力学——1946 年《航空科学杂志》第 13 卷第 653-664 页刊出。该文讨论了这个流体力学分支的基本概念和一些已有的研究结果,介绍了分子运动平均自由程 1 的概念,引入 1 与物体特征长度 L 之比作为无量纲常数,把马赫数和雷诺数构成的平面划分为 4 个区域:自由分子流区、过渡区、滑流区、气体动力学区。分别讨论了各种应力和边界条件。

Propagation of Plane Sound Waves in Rarefied Gases

稀薄气体中平面声波的传播——1946 年《美国声学协会杂志》第 18 卷第 334-341 页刊出,合作者 Schamberg。如果气体密度很低,经典的 Navier-Stokes 方程就不够精确。该文研究了解 Boltzmann-Maxwell 方程第三近似方法的效果和影响。更精确的计算表明,即使在极端情况下,传播速度偏离通常值也只有 2%。

Similarity Laws of Hypersonic Flow

高超音速流的相似律——1946 年,《数学物理杂志》第 25 卷第 247-251 页刊出。该文得到了有关高超音速流的升力和阻力系数的相似律,从而可以减少风洞试验和数值计算的工作量。

One-Dimensional Flows of a Gas Characterized by van der Waal's Equation of State

van der Waal 状态方程表征的一维气流——1946 年,《数学物理杂志》第 25 卷第 301-324 页刊出。内容包括 van der Waal 气体的等熵膨胀、在喷嘴里的等熵膨胀、超音速流中的激波等。

Flow Conditions near the Intersection of a Shock Wave with Solid Boundary

激波与固体边界面相交处附近的流状态——1947 年,《数学物理杂志》第 26 卷第 69-75 页刊出。该文证明忽略黏性影响和热传导,在激波与固体边界面相交处的马赫数与固体边界曲率之间存在一个简单的关系。激波到达固体边界前后的压力梯度与曲率也有一个简单关系,激波到达之后的梯度大于激波到达之前的梯度。

Lower Buckling Load in the Non-Linear Buckling Theory for Thin Shells

薄壳非线性曲屈理论中的低曲屈载荷——1947 年,《应用数学季刊》第 5 卷第

236-237 页刊出。这是一篇注记性文章,说明薄壳的载荷与变形之间的关系,在超出常规曲屈载荷时往往是非线性的。

Rockets and Other Thermal Jets Using Nuclear Energy

使用核能的火箭和其他热喷气推进——1947 年 5 月 13 日和 15 日在核反应堆材料应用研讨会上的报告。讨论了采用核动力的火箭及其他喷气推进中出现的一些基本问题:相对论效应,优化设计等。估算了核动力火箭的重量和性能。对减小临界尺寸的可能性与采用多孔材料作为堆体的优点等提出了建议。

Engineering and Engineering Sciences

工程和工程科学——1948 年,《中国工程师协会杂志》第 6 卷第 1-14 页刊出。总结了工程科学的内涵和特点、研究内容和方法、当前的研究领域等。

On Two-Dimensional Non-steady Motion of a Slender Body in a Compressible Fluid

可压缩流中细长体二元非定常运动——1948 年,《数学物理杂志》第 27 卷第 220-231 页刊出,合作者林家翘和 Reissner。研究并给出了绕细长体非定常二元多变位势流体的统一的简单处理方法,讨论了不同情况下速度势方程中各项的量级。

Wind-Tunnel Testing Problems in Superaerodynamics

超级空气动力学的风洞试验问题——1948 年《航空科学杂志》第 15 卷第 573-580 页刊出。讨论了稀薄气体的实验问题。首先展示了风洞喷管中的极大黏性效应,然后研究了流体测量的困难,最后给出了稀薄气体流相似性公式。

Airfoils in Slightly Supersonic Flow

微超音速流中的翼型——1949 年《航空科学杂志》第 16 卷第 55-61 页刊出,合作者 Baron。该文用非线性跨音速理论,研究确定简单薄翼在微超音速流区域的性能。

Interaction between Parallel Streams of Subsonic and Supersonic Velocities

亚音速和超音速平行气流之间的相互作用——1949 年《航空科学杂志》第 16 卷第 515-528 页刊出,合作者 Finston。压缩冲击与边界层之间的互作用现象,其本质的特点是亚音速与超音速平行流共存。激波压缩扰动的传播要先于激波通过边界层的亚音速区。该文目的是用一个简化的模型来验证边界层-激波互作用的这种特性。

Research in Rocket and Jet Propulsion

火箭和喷气推进研究——1950 年,《航空摘报》第 60 卷第 120-125 页刊出。火箭和喷气工程的基本特征是:极短的运行时间和极强的反作用力。火箭发动机以大推力工作的优点。研究了应力分布计算、热传递、壁温效应、远程弹道问题。

A Generalization of Alfrey's Theorem for Visco-Elastic Media

粘缩性介质 Alfrey 定理的推广——1950 年《应用数学季刊》第 8 卷第 104-106 页刊出。Alfrev 证明了在第 1 边值问题中,应力分布与不可压缩弹性材料中在同样瞬时面作用下的分布完全一样。第 2 边值问题也可得到类似的结果。该文的目的是把这个定理推广到等熵可压缩介质的情况。

Instruction and Research at the Daniel and Florence Guggenheim Jet Propulsion Center

在 Daniel 和 Florence 哥根汉姆喷气推进中心的教育与研究——1950 年,《美国火箭协会杂志》第 20 卷第 51-64 页刊出。内容包括喷气推进的几个中心、喷气推进研究教育情况、火箭和喷气推进工程的特征、材料问题、热传递问题、燃烧问题、喷气推进飞行器和火箭的性能。

Influence of Flame Front on the Flow Field

焰锋对流场的影响——1951 年,美国机械工程师学会《应用力学杂志》第 18 卷第 188-194 页刊出。焰锋是流场中流体化学成分快速变化的一个区域。该文用类似于激波零厚度假设下研究可压缩流场动力学的方法来研究焰锋对流场的影响。

Optimum Thrust Programming for a Sounding Rocket

探空火箭的最优推力程序——1951 年,《美国火箭协会杂志》第 21 卷第 99-107 页刊出,合作者 Evans。探空火箭的最优推力程序的问题是用最小的起飞重量到达指定高度,并使剩下的重量满足给定数值。首先将此问题模型化为变分计算问题。然后说明推力编程的好处。

The Emission of Radiation from Diatomic Gases. III Numerical Emissivity Calculations for Carbon Monoxide for Low Optical Densities at 300°K and Atmospheric Pressure

双原子气体辐射:III 低光学密度一氧化碳在 300°K 和大气压下的辐射系数计

算——1952 年,《应用物理杂志》第 23 卷第 256-263 页刊出,合作者 Penneer 和 Ostrander。对前人发射率计算公式中的 Bessel 函数做了渐近展开,用 Eular-Maclaurin 方法计算转动量子数的求和。

The Transfer Functions of Rocket Nozzles

火箭喷嘴的传递函数——1952 年,《美国火箭协会杂志》第 22 卷第 139-143 页刊出。传递函数是振荡频率的函数,对于非常小的频率,传递函数近似于 1。对于大频率,传递函数大于 $1+(\gamma M_1)^{-1}$。

A Similarity Law for Stressing Rapidly Heated Thin-Walled Cylinders

薄壁圆柱体快速热应力相似律——1952 年,《美国火箭协会杂志》第 22 卷第 144-149 页刊出,合作者 Cheng。均匀厚度薄壁圆柱壳被壳内高压热气体快速加热时,材料的温度从内表面的高温逐级递减到外表面的绕流温度。该文目的是把圆柱体的这个应力分析问题简化为与壁上无温度梯度的常规圆柱壳等价的问题。等价的概念就是把热圆柱体的参数用冷圆柱体参数的函数关系来表示。

On the Determination of Rotational Line Half-Widths of Diatomic Molecules

双原子分子旋管半宽的确定——1952 年,《化学物理杂志》第 20 卷第 827-828 页刊出,合作者 Penner

Automatic Navigation of a Long Range Rocket Vehicle

远程火箭自动导航——1952 年,《美国火箭协会杂志》第 22 卷第 192-199 页刊出,合作者 Adamson 和 Knuth。考虑了火箭在地球赤道平面中飞行时,由于大气密度、温度和风速可能产生的干扰问题。这些干扰以及飞行器本身重量、惯性矩等方面可能的偏差,会导致航迹偏离正常路径。该文给出了发动机合适关机条件以及偏差的合适修正。

A Method for Comparing the Performance of Power Plants for Vertical Flight

垂直飞行发动机性能比较方法——1952 年,《美国火箭协会杂志》第 22 卷第 200-203 页刊出。提出了选择垂直飞行发动机的一种新方法。用这种方法可以确定火箭使用不同发动机时设计性能是否得到改进。计算表明,使用冲压发动机可以改进加速和高空性能。

Servo-Stabilization of Combustion in Rocket Motors

火箭发动机燃烧室的伺服稳定——1952 年,《美国火箭协会杂志》第 22 卷第 256-262 页刊出。为了使火箭发动机燃烧稳定,在燃烧室喷嘴前面设置一个由伺服机构控制的容器,反馈控制推进剂喷入燃烧室的速率。

Physical Mechanics, A New Field in Engineering Science

工程科学的一个新领域,物理力学——1953 年,《美国火箭协会杂志》第 23 卷第 14-16 页刊出。物理力学的目的是从分子原子结构微观特性预测大件材料的工程性能。该文讨论了这门新工程科学的基本概念和内容,特别讨论了它对火箭和推进研究的重要性。

The Properties of Pure Liquids

纯净液体的特性——1953 年,《美国火箭协会杂志》第 23 卷第 17-24 页刊出。把液体性质参数关联成相互依存的无量纲量,例如把液体的压缩系数与沸点、密度、分子量等关联起来,用实验结果进行定量化研究。该文内容已被收入他的专著《物理力学讲义》。

Similarity Laws for Stressing Heated Wings

热应力机翼相似律——1953 年,《航空科学杂志》第 20 卷第 1-11 页刊出。该文证明了具有大温度梯度的受热板和类似的常温板可以用同样的微分方程,只要适当更改厚度和加载参数。受热板的应力可以用非受热板测得的应力通过一系列关系式(相似律)进行计算。

Take-Off from Satellite Orbit

从卫星轨道起飞——1953 年,《美国火箭协会杂志》第 23 卷第 233-236 页刊出。对径向推力和圆周推力两种情况计算了从卫星轨道起飞的飞船特征速度。圆周推力更有效,它需要的质量比远小于径向推力。但是,不管哪种推力,增加质量比或特征速度都会减小加速度。

Analysis of Peak-Holding Optimalizing Control

峰值保持优化控制分析——1952 年,《美国火箭协会杂志》第 22 卷第 561-570 页刊出,合作者 Serdengecti。在一阶线性输入输出的假设下分析了峰值保持优化控制。

The Poincare-Lighthill-Kuo Method

Poincare-Lighthill-Kuo 方法——1955 年,《应用力学进展》第 4 卷,第 281-349 页刊出。PLK 方法在应用数学中具有极广泛的应用,但对它的基本概念和含义没有足够的重视。该文对 PLK 方法的发展历史,常微分方程、双曲偏微分方程、椭圆偏微分方程以及它们在流体边界层等力学问题中的应用进行了系统的介绍和归纳。

Thermodynamic Properties of Gas at High Temperatures and Pressures

高温高压下的气体热力学性质——1955 年,《喷气推进》第 25 卷第 471-472 页刊出。介绍了气体动力学方程、Lennard-Jone 和 Devonshire 理论缸及其他的热力学函数。

Thermonuclear Power Plants

热核动力装置——1956 年,《喷气推进》第 26 卷第 559-564 页刊出。讨论了热核动力装置的一些独特性能以及这种装置设计中的主要技术问题。

附录二 《导弹概论》简介

《导弹概论》是在 1956 年 10 月我国导弹研究院刚成立时,钱学森为了向第一代导弹研制人员讲授导弹知识而编写的一份讲稿。2006 年 10 月中国宇航出版社把当年讲课的手稿和打字油印的小册子进行了整理和重新编排,收集了部分图片,加入了当年听课的部分学员的回忆,出版了《导弹概论》一书。全书主要由手稿和校订稿两部分组成。

校订稿全文大约六万字,内容上分为四讲。

第一讲,为什么要导弹。概要地介绍了飞机飞行原理、飞行效率,以及升力阻力计算、结构设计改进等内容。分析了提高飞机飞行速度带来的空气动力学研究等方面的问题,当时飞机发展存在的技术困难,指出了导弹必然会出现。进而介绍了导弹的分类方法。如果按发射点和目标所在位置分类,导弹有空空导弹、空地导弹、地空导弹和地地导弹 4 类。分别给出了它们的定义和特点。用很多表格详细列出了 20 世纪 40～50 年代德国、美国等西方国家研制的导弹型号及其主要性能指标。指出了火箭与导弹的区别:火箭是使用火箭推进机的飞行器,而导弹是放射出去以后还能控制和改变路径的飞行武器,火箭不一定是导弹,导弹也不一定使用火箭推进机。

第二讲,推进系统。分析了导弹推进系统工作时间短、推力大、一次性使用等特点,据此给出了导弹推进系统的选择原则,说明了固体、液体火箭推进机以及冲压式喷气推进机的工作原理,介绍了各类发动机的主要性能参数以及定义和计算方法。推力大小是火箭性能好坏的主要标志。列出了推力计算公式,以及各种推进剂性能数据。分析了核能的特点和导弹使用核能的可能性。

第三讲,空气动力和结构。导弹设计要研究导弹飞行中受的力。一般就靠风洞进行模型试验来获得。首先介绍什么是风洞、风洞试验的原理和工作特点。接着提出了空气动力学中的研究内容,指明了声速在空气动力学中的重要性。讨论了亚声速气流、超声速气流、跨声速气流对导弹设计的不同影响。在导弹结构问题中,主要讨论了导弹表面温度特性以及高温引起的结构变形问题。比较了钛合金、不锈钢、硬铝三种结构材料的性能。指出导弹高速飞行带来的 3 个因素:热应力、结构弹性、空气动力,需要用空气热弹性力学来研究它们之间的相互作用。

第四讲,制导问题。导弹制导就是导弹的控制和导向。介绍了制导问题的起源以及早期的解决方法。用简单追踪弹道作为例子,分导弹追着目标打和对着目标打两种情况,详细地叙述了弹道分析的数学方法。介绍了防空导弹控制系统的设计步骤,地地导弹制导系统的工作原理。描述了天体制导系统和惯性制导系统的特点。强调了第二次世界大战中德国的 V-2 火箭不能算是导弹,因为它的弹道不是能完全控制的。

附录三 《星际航行概论》简介

1961 年 9 月开始,钱学森为中国科技大学近代力学系学生开设并主讲"火箭技术概论",一年后整理成学术著作,定名《星际航行概论》,1963 年 2 月由科学出版社出版。

《星际航行概论》系统地介绍了星际航行技术的各个方面,包括运载火箭的动力系统,运载火箭的设计及制造过程,运载火箭及星际飞船的飞行轨道,控制系统的设计原则及设计过程,星际航行中的通信问题及防辐射问题,星际飞船的设计问题,以及星际航行的前景展望等。具体的章节目录如下:

附录四　美国陆军航空兵科学咨询团咨询报告
《Toward New Horizons(迈向新高度)》简介

　　在 19 世纪 40 年代初,美国与欧洲国家,特别是与德国、瑞士等比较,在军事航空和火箭技术方面是落后的。美军军方看到了这种差距,认识到了科学对发展尖端武器装备的重要性,于 1944 年组织了美国陆军航空兵科学咨询团,由冯·卡门(Von Kármán)任团长。当时在美国工作的中国著名科学家钱学森,是由冯·卡门提名的重要组成成员。该咨询团根据军方要求,通过对相关领域的深入调研以及咨询团专家相关领域知识的积累和整理,形成了著名的《Toward New Horizons(迈向新高度)》咨询报告。报告共 13 卷。钱学森是该报告的主要作者和编辑者,完成了其中第 3 卷的第 1 部分、第 4 卷的第 1 部分、第 6 卷的第 2、3、4 部分、第 7卷的第 5 部分、第 8 卷的第 3 部分等 7 个部分内容的编写。此报告历史意义重大,冯·卡门、钱学森等为美军尖端技术的发展起到了关键作用。此报告原为军方机要文件,尽管早已陆续解密,但尚未见到完整的中文版本。本书收入了钱学森撰写的 7 个部分的中译文。《迈向新高度》咨询报告目录及相应作者如下:

第 1 卷:科学-制空权的关键—Theodore von Kármán

第 2 卷:我们现在的水平—Theodore von Kármán

第 3 卷:技术方面的情报材料

　　第 1 部分　德国瑞士航空技术几个方面的情况—钱学森

　　第 2 部分　德国导弹发展历史注记—Hugh L. Dryden

　　第 3 部分　德国瑞士空气动力学几个方面的情况—Frank L. Wattendorf

　　第 4 部分　日本航空研究计划和成就—W. Williams,Lt. Colonel,A. C.

　　第 5 部分　日本战争科技成就注记—DR. F. Zwicky

　　第 6 部分　德国电子技术发展简述—W. H. Pickering

第 4 卷:空气动力学和飞机设计

　　第 1 部分　高速空气动力学—钱学森

　　第 2 部分　飞机设计和问题—William R. Sears and Irving L. Ashkenas

　　第 3 部分　飞机材料和结构—N. M. Newmark,Consultant

第 5 卷:未来的机载武器—N. M. Newmark,Consultant,T. F. Walkowicz Major,Air Corps

　　提要

引论

机载运用

机载部件的组成、限制和发展

军用运输机的发展

飞机运输能力与机运设备的协调

总结

建议

第 6 卷：飞机发动机

第 1 部分　燃气涡轮推进—Frank L. Wattendorf

第 2 部分　脉动式空气喷气发动机的实验性能和理论性能—钱学森

第 3 部分　冲压式喷气发动机的性能及其设计问题—钱学森

第 4 部分　固、液体燃料火箭发展和设计趋势—钱学森

第 5 部分　飞机推进系统的高温材料—Pol Duwez

第 7 卷：飞机燃料和推进剂

第 1 部分　飞机推进用烃燃料研究—W. J. Sweeney

第 2 部分　石油在动力方面的应用—W. J. Sweeney

第 3 部分　火箭的团体推进剂及其他喷气推进装置—Louis P. Hammett

第 4 部分　火箭型发动机的液体推进剂—A. J. Stosick

第 5 部分　原子能燃料作为飞机动力的可行性—钱学森

第 8 卷：导弹和无人机

第 1 部分　制导导弹技艺现状—H. L. Dryden

第 2 部分　飞行的自动控制—W. H. Pickering

第 3 部分　超音速有翼导弹的发射—钱学森

第 4 部分　远程火箭真空段弹道特性—G. B. Schubauer

第 9 卷：制导、寻的导弹和无人机

第 1 部分　现在研发选择的制导导弹—Hugh L. Dryden

第 2 部分　热制导和电视制导导弹—G. A. Morton

第 3 部分　雷达辅助制导导弹—I. A. Getting

第 4 部分　雷达寻的导弹—Hugh L. Dryden

第 10 卷：炸药和终端弹道

第 1 部分　炸药和爆炸的总体考虑—G. Gamow（最高密级而单独成册）

第 2 部分　高性能炸药特性—D. P. MacDougall

第 3 部分　终端弹道和毁伤效应—N. M. Newmark

第 11 卷：雷达和通信

第 1 部分　雷达在空军作战中的应用—L. A. DuBridge, E. M. Purcell,

附录五 本书部分单位换算表

本书中使用的单位名称	与公制单位的换算
呎,英尺,ft	1 ft=12 in=0.3048 m
时,英寸,in	1 in=25.4 mm
哩,英里,mile	1 mile=5280 ft=1609.344 m
海里,n. mile	1 n. mile=1852 m
光年,l. y.	1 l. y.=9.460730×10^{15} m
码,yd	1 yd=3 ft=36 in=0.9144 m
平方英寸,in^2	1 in^2=645.16 mm^2
平方英尺,ft^2	1 ft^2=0.092903 m^2
立方英寸,in^3	1 in^3=16.387064 cm^3
立方英尺,ft^3	1 ft^3=28.31685 dm^3
呎 1 秒,ft/s	1 ft/s=0.3048 m/s
哩 1 时,英里 1 时,mile/h	1 mile/h=0.44704 m/s
海里 1 时,海里 1 时,n. mile/h	1 n. mile/h=1.852 km/h
啊,英两,oz	1 oz=1/16 lb=28.3495g
磅,lb	1 lb=0.453592kg
加仑,gal	1 gal=231in^3=3.785dm^3
磅秒,lbs	1 lbs=0.453592kg
平方英寸磅, psi,lbf/in^2	1 lbf/in^2=6894.757Pa
BTU,B. t. u.	1 BTU=1055.056 J
马力,hp,匹	1 马力=745.6999 W

后　记

　　1965 年我从浙江大学数学力学系毕业，分配到国防工业部门的导弹武器精度分析、可靠性和质量控制研究所工作。所里有人告诉我们，这是钱学森倡导成立的一个新所。当时知道钱学森是从国外回来的导弹专家，心里很敬仰，到这样的研究所工作觉得很荣幸。参加工作后，逐渐开始关注钱学森发表的文章、讲话和图书著作。后来工作单位虽几经调动，但业务始终没有离开导弹和航天的技术范畴，这方面的文献积累也日益丰厚。2009 年底浏览了一下有关钱学森著作以及含有钱学森文章、讲话、书信的图书期刊，已有数百种，其中不少是涉及导弹和航空航天的。正好科学出版社开始组织出版钱学森科学技术思想研究丛书，就想把这些文献整理出来编成书，供大家学习研究。按理说，把人家文章集中起来编个文集是比较容易做的事，但这次也碰到了不少问题。

　　第一个问题是部分文献发表年代较早，文字带有文言文色彩，不少物理单位量纲使用英制量纲，有些科技名词术语也已变更，当前已经不用或另有含义。为了保持原作风貌和历史痕迹，我们采取了尽量不改动原文，必要时进行加注的办法。

　　第二个问题是钱学森在导弹和航空航天领域已出版的著作，例如《星际航行概论》、《导弹概论》、《钱学森文集》等，因篇幅所限，不可能收入本书，但又想给读者一个概貌的了解，因此只能以附录的形式进行一些简单的介绍。

　　第三个问题是同一种文献可能由不同的媒体在不同的年代刊发或出版，而且内容上并不完全一致。例如《从飞机、导弹说到生产过程的自动化》一文有 4 种版本，最早的 1956 年，最晚的 2009 年。有些用了 20 多幅配图，有些一幅配图也没有。到底选用哪一种也需要多方面折中考虑。

　　第四个问题是所选文献如何分章进行编排。原尝试只以文献发表或产生的时间先后为序编排，以时间段分章。但考虑到相同时间段内的不同文献，往往涉及不同的科技范畴，最终还是按内容范畴分章，而同一章内的文献按发表时间排序进行分节。但这种内容范畴的划分不太严格，各章先后次序在内容上也没有明显的逻辑关系。

　　第五个问题是《迈向新高度》原来想直接用英文稿，但考虑到便于更多的读者阅读，还是译成了中文。译文作了重新标注，不一致的地方难免存在。

　　但愿本书能为许多希望完整地了解钱学森在导弹和航空航天领域学术成就的读者提供一定的帮助。

编　者

2011 年 2 月